装备科技译著出版基金

6G 移动无线网络

6G Mobile Wireless Networks

［英］吴玉磊（Yulei Wu）
［印度］苏赫迪普·辛格（Sukhdeep Singh）
［芬兰］塔里克·塔勒布（Tarik Taleb）
［美］阿布谢克·罗伊（Abhishek Roy）   编著
［美］哈普里特·S·迪伦（Harpreet S. Dhillon）
［印度］马丹·拉吉·卡纳加拉蒂南
　　　　（Madhan Raj Kanagarathinam）
［印度］阿洛克纳特·德（Aloknath De）

宋志群　宋瑞良　王　煜　许书彬　李　晨
刘　宁　薛春宇　黄小军　秦　川　译

国防工业出版社
·北京·

著作权合同登记号:01-2022-4437

图书在版编目（CIP）数据

6G 移动无线网络 /（英）吴玉磊等编著；宋志群等译. -- 北京：国防工业出版社，2024. 7. -- ISBN 978-7-118-13381-3

Ⅰ．TN929.59

中国国家版本馆 CIP 数据核字第 20246NT538 号

First published in English under the title
6G Mobile Wireless Networks
ISBN 9783319585437
edited by Yulei Wu, Sukhdeep Singh, Tarik Taleb, Abhishek Roy, Harpreet S. Dhillon, Madhan Raj Kanagarathinam and Aloknath De
Copyright © 2021
This edition has been translated and published under licence from Springer Nature Switzerland AG.

本书简体中文版由 Springer 授权国防工业出版社独家出版。
版权所有，侵权必究。

※

国防工业出版社出版发行
（北京市海淀区紫竹院南路 23 号　邮政编码 100048）
雅迪云印（天津）科技有限公司印刷
新华书店经销

＊

开本 710×1000　1/16　插页 7　印张 25½　字数 456 千字
2024 年 7 月第 1 版第 1 次印刷　印数 1—2000 册　定价 198.00 元

（本书如有印装错误，我社负责调换）

| 国防书店:(010)88540777 | 书店传真:(010)88540776 |
| 发行业务:(010)88540717 | 发行传真:(010)88540762 |

编者介绍

Yulei Wu,埃克塞特大学,埃克塞特,英国
Sukhdeep Singh,印度三星研发中心,班加罗尔,卡纳塔克邦,印度
Tarik Taleb,阿尔托大学,阿尔托,芬兰
Abhishek Roy,联发科技股份有限公司,圣何塞,加利福尼亚州,美国
Harpreet S. Dhillon,弗吉尼亚理工大学,布莱克斯堡,弗吉尼亚州,美国
Madhan Raj Kanagarathinam,印度三星研发中心,班加罗尔,卡纳塔克邦,印度
Aloknath De,印度三星研发中心,班加罗尔,卡纳塔克邦,印度

前　言

第三代合作伙伴计划(3GPP)于 2020 年 6 月完成了 Release 16,这是初步完成完整第五代移动通信技术(5G)系统规范的一个里程碑,同时有关 Release 17 的讨论和 Release 18 的规划工作也已经开展。通常每 8～10 年就会出现新一代蜂窝技术,所以预计将在 2030 年前后推出第六代移动通信技术(6G)。一些组织、公司、院校和国家已经开始 6G 的初步研究。美国联邦通信委员会(FCC)已率先迈出了第一步,开放了太赫兹频谱(频率在 0.095～3THz),并声称将"加快在 95GHz 以上频谱中部署新业务"。2018 年初,芬兰奥卢大学宣布资助其"6G 旗舰"计划,研究内容涉及材料、天线、软件以及更多可能在 6G 推进中发挥作用的领域,其宗旨是探索 5G 可能无法满足的用例,然后开发算法、协议和硬件来实现这些用例。6G 可以提供高保真全息图、多感官通信、太赫兹(THz)通信和普适人工智能。本书的总体目标是从业务、空口和网络的角度探索从 5G 到 6G 的演进,并展望 6G 的未来。

本书阐述了 6G 的愿景,讨论了实现可持续发展目标以及通过 6G 移动无线网络的全新技术赋能真正生产力同时应对社会挑战的关键研究方向。本书不仅展示了 6G 潜在用例、需求、指标和使能技术,还讨论了一些新兴技术和主题,如 6G 物理层(PHY)技术、智能超表面、毫米波/太赫兹链路、可见光通信、Tb/s 通信传输层、大容量回传连接、云原生、机器类通信、边缘智能和普适人工智能、网络安全和区块链以及开源平台在 6G 中的作用。这些新兴技术的最新研究成果、方法和信息令人特别感兴趣。如何利用新兴技术将 6G 愿景变为现实,也是本书要讨论的一项重要内容。

本书提供了一个更加系统性的视角,描述了实现可支持更广泛垂直行业应用的 6G 新兴技术。此外,本书还介绍了 6G 通信的预期应用及其相关需求和关键技术。本书还概述了未来 6G 移动无线网络研发可能面临的挑战和研究方向。

本书是世界上第一本关于 6G 移动无线网络的专著,希望能够涵盖全球研究人员对 6G 关键驱动因素、用例、研究需求、挑战和开放性问题的全面理解。本书中,我们邀请了全世界相关领域的专家,包括公司代表、学术研究人员,以及其他一些通信协会的创始人和成员为各章节撰稿。本书涵盖以下主题:

(1) 6G 用例、需求、指标和使能技术；
(2) 6G 无线物理层技术；
(3) 用于 6G 无线网络的智能超表面；
(4) 6G 无线毫米波/太赫兹链路；
(5) Tb/s 通信传输层面临的挑战；
(6) 6G 无线大容量回传连接；
(7) 6G 无线网络的云原生；
(8) 6G 中的机器类通信；
(9) 6G 中的边缘智能与普适人工智能（AI）；
(10) 区块链：基础和在 6G 中的作用；
(11) 开源平台在 6G 中的作用；
(12) 量子计算与 6G 无线。

目标受众：本书的目标受众是学术界和工业界读者。研究生也可以从这本书中选择适合其论文或专题的研究方向。通过本书，研究人员将对 6G 移动无线网络所面临的挑战和机遇有深刻的理解，从而找到尚未解决的问题进行研究。来自 IT 公司、服务提供商、内容提供商、网络运营商和设备制造商的行业工程师在阅读本书各章节中描述的一些实用方案后，也可以了解工程设计问题和相应解决方案。

我们已经要求所有章节作者提供尽可能多的技术细节，并在每章最后给出了所有参考文献，供读者进一步研究使用。如果您对某些章节有任何意见或问题，请与编者联系以获得更多信息。

感谢您阅读本书。我们希望本书能对从事 6G 移动无线网络科学研究和解决实际问题有所帮助。

目 录

第1章 概述	1
第2章 6G 用例、需求与指标	5
2.1 引言	5
2.2 6G 无线网络的新兴应用	8
2.3 6G 需求及 KPI 目标	13
2.4 性能指标	16
参考文献	18
第3章 6G 用例与使能技术	20
3.1 引言	20
3.2 6G 用例	22
3.3 6G 使能技术	25
3.4 本章小结	30
参考文献	31
第4章 6G 无线物理层设计挑战	34
4.1 引言	34
4.2 物理层在 6G 中的作用	36
4.3 太赫兹频段的 6G 物理层	36
4.4 6G 物理层中的人工智能及机器学习	37
4.5 6G 物理层安全	39
4.6 本章小结	41
参考文献	41
第5章 智能超表面辅助 6G 无线网络物理层设计中面临的挑战	42
5.1 引言	42
5.2 系统模型	44
5.3 RIS 辅助单用户系统中的信道估计	44
5.4 RIS 辅助多用户系统中的信道估计	49
5.5 本章小结	65
5.6 扩展阅读	65

参考文献 ······ 66

第6章 用于6G无线通信的毫米波和太赫兹频谱 ······ 68
6.1 背景和动机 ······ 68
6.2 毫米波与太赫兹波频谱简述 ······ 69
6.3 毫米波与太赫兹波传播 ······ 72
6.4 毫米波通信系统 ······ 84
6.5 太赫兹通信 ······ 87
6.6 标准化工作 ······ 91
6.7 本章小结 ······ 92
参考文献 ······ 93

第7章 基于太赫兹通信的6G网络传输层设计面临的挑战 ······ 103
7.1 引言 ······ 103
7.2 TCP中的移动性挑战 ······ 105
7.3 TCP中Tb/s的实现 ······ 107
7.4 TCP中的其他挑战 ······ 109
7.5 本章小结 ······ 112
参考文献 ······ 112

第8章 6G无线通信中的抗干扰跳模频 ······ 116
8.1 引言 ······ 116
8.2 跳模频(MFH)系统模型 ······ 118
8.3 跳模(MH)方案 ······ 120
8.4 跳模频(MFH)方案 ······ 129
8.5 性能评估 ······ 134
8.6 本章小结 ······ 139
参考文献 ······ 140

第9章 6G中的光/射频混合网络 ······ 143
9.1 引言 ······ 143
9.2 信道模型 ······ 144
9.3 资源分配 ······ 145
9.4 非正交多址的融合与应用 ······ 148
9.5 具有光波能量传输的超小型电池 ······ 153
9.6 本章小结 ······ 155
参考文献 ······ 156

第 10 章　6G 光无线通信系统中的资源分配 ⋯⋯⋯⋯⋯⋯⋯⋯⋯⋯⋯⋯⋯ 159
10.1　引言 ⋯⋯⋯⋯⋯⋯⋯⋯⋯⋯⋯⋯⋯⋯⋯⋯⋯⋯⋯⋯⋯⋯⋯⋯⋯⋯⋯⋯ 159
10.2　发射机和接收机设计 ⋯⋯⋯⋯⋯⋯⋯⋯⋯⋯⋯⋯⋯⋯⋯⋯⋯⋯⋯⋯ 160
10.3　多址技术 ⋯⋯⋯⋯⋯⋯⋯⋯⋯⋯⋯⋯⋯⋯⋯⋯⋯⋯⋯⋯⋯⋯⋯⋯⋯⋯ 161
10.4　不同室内环境的评估 ⋯⋯⋯⋯⋯⋯⋯⋯⋯⋯⋯⋯⋯⋯⋯⋯⋯⋯⋯⋯ 165
10.5　本章小结 ⋯⋯⋯⋯⋯⋯⋯⋯⋯⋯⋯⋯⋯⋯⋯⋯⋯⋯⋯⋯⋯⋯⋯⋯⋯⋯ 172
参考文献 ⋯⋯⋯⋯⋯⋯⋯⋯⋯⋯⋯⋯⋯⋯⋯⋯⋯⋯⋯⋯⋯⋯⋯⋯⋯⋯⋯⋯⋯ 172

第 11 章　6G 中的机器类通信 ⋯⋯⋯⋯⋯⋯⋯⋯⋯⋯⋯⋯⋯⋯⋯⋯⋯⋯⋯⋯ 177
11.1　引言 ⋯⋯⋯⋯⋯⋯⋯⋯⋯⋯⋯⋯⋯⋯⋯⋯⋯⋯⋯⋯⋯⋯⋯⋯⋯⋯⋯⋯ 177
11.2　MTC 应用和设备 ⋯⋯⋯⋯⋯⋯⋯⋯⋯⋯⋯⋯⋯⋯⋯⋯⋯⋯⋯⋯⋯⋯ 179
11.3　6G MTC 的介质接入和网络结构 ⋯⋯⋯⋯⋯⋯⋯⋯⋯⋯⋯⋯⋯⋯ 183
11.4　网络智能 ⋯⋯⋯⋯⋯⋯⋯⋯⋯⋯⋯⋯⋯⋯⋯⋯⋯⋯⋯⋯⋯⋯⋯⋯⋯⋯ 191
11.5　情境感知应用 ⋯⋯⋯⋯⋯⋯⋯⋯⋯⋯⋯⋯⋯⋯⋯⋯⋯⋯⋯⋯⋯⋯⋯⋯ 192
11.6　本章小结 ⋯⋯⋯⋯⋯⋯⋯⋯⋯⋯⋯⋯⋯⋯⋯⋯⋯⋯⋯⋯⋯⋯⋯⋯⋯⋯ 193
参考文献 ⋯⋯⋯⋯⋯⋯⋯⋯⋯⋯⋯⋯⋯⋯⋯⋯⋯⋯⋯⋯⋯⋯⋯⋯⋯⋯⋯⋯⋯ 193

第 12 章　6G 系统中的边缘智能 ⋯⋯⋯⋯⋯⋯⋯⋯⋯⋯⋯⋯⋯⋯⋯⋯⋯⋯⋯ 200
12.1　引言 ⋯⋯⋯⋯⋯⋯⋯⋯⋯⋯⋯⋯⋯⋯⋯⋯⋯⋯⋯⋯⋯⋯⋯⋯⋯⋯⋯⋯ 200
12.2　什么是边缘,为什么在 6G 网络中要用到它? ⋯⋯⋯⋯⋯⋯⋯⋯ 202
12.3　边缘智能与集中式智能的区别 ⋯⋯⋯⋯⋯⋯⋯⋯⋯⋯⋯⋯⋯⋯⋯ 206
12.4　本章小结 ⋯⋯⋯⋯⋯⋯⋯⋯⋯⋯⋯⋯⋯⋯⋯⋯⋯⋯⋯⋯⋯⋯⋯⋯⋯⋯ 212
参考文献 ⋯⋯⋯⋯⋯⋯⋯⋯⋯⋯⋯⋯⋯⋯⋯⋯⋯⋯⋯⋯⋯⋯⋯⋯⋯⋯⋯⋯⋯ 212

第 13 章　6G 云网:迈向分布式、自动化、联邦 AI 赋能的云边计算 ⋯⋯ 215
13.1　引言 ⋯⋯⋯⋯⋯⋯⋯⋯⋯⋯⋯⋯⋯⋯⋯⋯⋯⋯⋯⋯⋯⋯⋯⋯⋯⋯⋯⋯ 215
13.2　5G 及 B5G 网络 ⋯⋯⋯⋯⋯⋯⋯⋯⋯⋯⋯⋯⋯⋯⋯⋯⋯⋯⋯⋯⋯⋯ 216
13.3　迈向智能优化网络的趋势 ⋯⋯⋯⋯⋯⋯⋯⋯⋯⋯⋯⋯⋯⋯⋯⋯⋯⋯ 223
13.4　6G 潜在技术转型 ⋯⋯⋯⋯⋯⋯⋯⋯⋯⋯⋯⋯⋯⋯⋯⋯⋯⋯⋯⋯⋯ 228
13.5　本章小结 ⋯⋯⋯⋯⋯⋯⋯⋯⋯⋯⋯⋯⋯⋯⋯⋯⋯⋯⋯⋯⋯⋯⋯⋯⋯⋯ 237
参考文献 ⋯⋯⋯⋯⋯⋯⋯⋯⋯⋯⋯⋯⋯⋯⋯⋯⋯⋯⋯⋯⋯⋯⋯⋯⋯⋯⋯⋯⋯ 238

第 14 章　6G 网络中的云雾体系结构 ⋯⋯⋯⋯⋯⋯⋯⋯⋯⋯⋯⋯⋯⋯⋯⋯ 243
14.1　引言 ⋯⋯⋯⋯⋯⋯⋯⋯⋯⋯⋯⋯⋯⋯⋯⋯⋯⋯⋯⋯⋯⋯⋯⋯⋯⋯⋯⋯ 243
14.2　云雾架构 ⋯⋯⋯⋯⋯⋯⋯⋯⋯⋯⋯⋯⋯⋯⋯⋯⋯⋯⋯⋯⋯⋯⋯⋯⋯⋯ 244
14.3　MILP 模型 ⋯⋯⋯⋯⋯⋯⋯⋯⋯⋯⋯⋯⋯⋯⋯⋯⋯⋯⋯⋯⋯⋯⋯⋯⋯ 247
14.4　MILP 模型的输入数据 ⋯⋯⋯⋯⋯⋯⋯⋯⋯⋯⋯⋯⋯⋯⋯⋯⋯⋯⋯ 256
14.5　场景和处理策略结论 ⋯⋯⋯⋯⋯⋯⋯⋯⋯⋯⋯⋯⋯⋯⋯⋯⋯⋯⋯⋯⋯ 259

  14.6 场景与结果 ···················· 269
  14.7 本章小结 ······················ 273
 参考文献 ··························· 274

第15章 面向6G移动网络的全虚拟化、云化和切片感知的无线接入网(RAN) ········ 280
  15.1 6G无线网络中RAN架构的关键概念 ······· 280
  15.2 传统RAN架构 ··················· 282
  15.3 NG-RAN ······················ 293
  15.4 面向6G RAN架构的关键使能技术 ········ 298
  15.5 本章小结 ······················ 304
 参考文献 ··························· 304

第16章 6G移动无线网络中的联邦学习 ············ 309
  16.1 引言 ························· 309
  16.2 联邦学习的基础 ·················· 311
  16.3 无线通信网络中联邦学习的系统模型 ······· 313
  16.4 最优资源分配 ···················· 317
  16.5 仿真结果 ······················ 321
  16.6 本章小结 ······················ 324
 参考文献 ··························· 324

第17章 开源在6G无线网络中的作用 ············· 326
  17.1 引言 ························· 326
  17.2 智能化 ······················· 328
  17.3 自动化 ······················· 332
  17.4 待解决问题 ···················· 335
  17.5 本章小结 ······················ 335
 参考文献 ··························· 336

第18章 区块链与6G技术的交叉 ··············· 338
  18.1 引言 ························· 338
  18.2 区块链 ······················· 340
  18.3 区块链的应用 ··················· 346
  18.4 区块链与6G ···················· 348
  18.5 挑战 ························· 352
  18.6 本章小结 ······················ 353
 参考文献 ··························· 353

第19章 量子技术在6G中的作用 ······ 364
19.1 引言 ······ 364
19.2 Deutsch-Jozsa算法 ······ 366
19.3 超密编码 ······ 368
19.4 纠错 ······ 369
19.5 实际考虑和未来研究展望 ······ 371
19.6 本章小结 ······ 372
参考文献 ······ 372

第20章 6G中的后量子密码 ······ 374
20.1 引言 ······ 374
20.2 密码学与量子计算 ······ 375
20.3 量子计算的发展 ······ 378
20.4 密码学和6G的发展 ······ 380
20.5 用于6G的后量子安全非对称密码 ······ 381
20.6 讨论 ······ 385
20.7 本章小结 ······ 387
参考文献 ······ 387

第21章 6G:待解决问题与结束语 ······ 389
21.1 太赫兹通信 ······ 390
21.2 高精度网络配置 ······ 390
21.3 机器类通信 ······ 391
21.4 增强智能 ······ 392
21.5 采用计算拆分方式的边缘计算 ······ 393
21.6 安全、隐私和可信性 ······ 394
21.7 富媒体服务 ······ 394
参考文献 ······ 395

第1章 概述

第五代移动无线通信已在交通、医疗保健、零售、金融、工厂等广泛领域提供服务。超低时延高带宽 5G 网络的部署为多个业务领域实现数字化和自动化开辟了道路,促使数据流量和智能设备数量爆发式增长。未来十年,社会需求持续大量增加,继而催生出更多 5G 网络无法满足的用例,如全息传送、增强/虚拟现实(扩展现实(XR))、远程手术、无人机等需要微秒级延迟和 Tb/s 级带宽的用例。除此之外,未来十年从工业 4.0 到工业 X.0 的转变也将带来连接密度的激增,这将超出 5G 网络的能力范围,并对后 5G 时代系统的能效提出了更高要求。因此,研究界正将焦点转向移动通信的下一个前沿,即 6G 无线系统,并纳入了多种用例和相关技术,以突破当前 5G 网络的局限性和瓶颈。随着 5G 网络在全球范围内的部署,3GPP Release 17 和 Release 18 已经开始纳入后 5G 网络的部分特性。全球多个研发中心、大学、行业和标准化机构已经开始了关于 6G 无线系统的设想,并启动了前瞻性方向研究。由于 6G 预计将在十年后出现,每个组织都提出了自己关于 6G 无线网络的主张。

然而,在现实中,6G 无线用例、需求和技术能否超出今天的猜想尚且不得而知。本书旨在从端到端的角度提出不同假设(图 1-1),为从事 6G 无线广泛主题的各组织的预标准化前沿研究提供参考。本书的后 20 章旨在涵盖 6G 的端到端全景。

第 2 章介绍了各种新兴应用,这些应用将是推动 6G 技术研究的主要力量。接下来,本章描述了这些新兴应用所产生的新需求,这些需求将为 6G 技术设定标准。随后,本章描述了 6G 的主要性能指标。

第 3 章回顾了表征未来 6G 框架的用例和相关关键使能技术,总结了所列每种技术的关键挑战、潜力和用例。本章确定了 6G 无线的 3 个关键领域:(1)太赫兹和可见光通信,实现超高速宽带接入;(2)无蜂窝架构,实现泛在 3D 覆盖;(3)智能网,简化复杂网络管理,降低成本。在总结了 6G 生态系统中所设想用例和相应关键性能指标后,本章回顾了这些创新的特点,并根据可预见的 2030 时代经济、社会、技术和环境背景,推测它们是否以及如何全面满足最严格的 6G 网络要求。

第 4 章概述了 6G 物理层面临的几个紧迫挑战,这些挑战的研究将交叉利

图 1-1　6G 移动无线网络端到端全景图

用信号处理、信息论、电磁学和物理实现方面的专业知识。本章还描述了在设计新一代 6G 物理层的过程中，必须从应用角度解决的研究挑战和可能的解决方案。克服本章所给出挑战的过程将困难重重，但本章能够为开始朝着许多有希望的开放性方向进行研究提供足够的见解。

第 5 章概述了智能超表面（RIS）辅助 6G 无线网络物理层设计中的几个重要挑战。本章研究了 RIS 信道估计问题，并针对 RIS 辅助单用户多输入多输出（MIMO）和多用户 MIMO 系统，提出了两种基于贝叶斯推理的信道估计方法。此外，本章还提出了一个分析框架来评估后一种方法的渐近估计性能。最后，本章通过大量数值仿真，证明了所提方法的高精度和高效性。

第 6 章深入研究了毫米波和太赫兹通信系统及其与新兴 6G 无线系统的关系，特别是向读者提供了关于这些频段的传播特性、系统设计、关键实现和部署挑战，以及推动这些频段创新的潜在应用方面的知识。本章最后简要讨论了目前商业通信使用这些频段的相关标准化活动。

第 7 章探讨了基于 6G 太赫兹通信网络中的下一代传输层协议（NGTP）设计挑战，讨论了由于用户移动性、高速率和高比特率通信等问题所带来的一些挑战，还介绍了这些问题的影响以及应对这些挑战的潜在方法。本章提供了一个概念，说明了如何利用具有集中式跨层（附加方法）智能的传输层辅助端到端网络更有效运行。

第 8 章提出了一种跳模（MH）方案，它有望成为新的第六代无线网络（6G）

无线通信抗干扰技术。此外,为了进一步提高无线通信的抗干扰性能,本章还提出了跳模频(MFH)方案。该章所提出的 MH 和 MFH 方案采用二进制差分相移键控(DPSK)调制,抗干扰效果优于采用二进制频移键控(FSK)调制的方案。

第 9 章详细分析了光波/射频混合网络面临的挑战,还讨论了光波/射频混合网络与下一代无线接入技术之间的相互影响,最后提出了跨频段网络设计概念,作为 6G 的使能技术。

第 10 章讨论了 6G 光无线系统资源分配问题。本章介绍并讨论了光无线通信(OWC)系统,特别是可见光通信(VLC)系统中的资源分配优化问题,以及一种利用波分多址(WDMA)提供多址接入的室内 OWC 系统。本章考虑了不同波长和接入点资源分配优化,尽可能提升所有用户的信干噪比(SINR)总和,还提出了一种混合整数线性规划(MILP)模型来优化资源配置。

第 11 章从物理层到应用层综述了未来以机器为中心且不影响人类通信(HTC)的 6G 网络相关工作,总结了机器类通信(MTC)涉及的设备和应用。然后讨论了实现 MTC 的物理层和接入层基础技术。此外,本章还讨论了网络层和传输层的需求,以及为实现这些需求应在 6G 中开发的技术和策略。最后,本章提出了具体应用需求,讨论了如何利用跨层方法实现这些需求之间的融合。

第 12 章概述了边缘智能及其对 6G 技术的关键推动。具体地说,本章洞察了这种新型服务的无线需求和变革,这些服务需要一种智能骨干来交互支持其网络,远不同于边缘计算在 5G 中的传统作用。随后,为了成功交付具有承诺性能的复杂 6G 应用,本章研究了控制边缘的 AI 机制需要发生的必要变化。

第 13 章深入研究了分布式、自治和联邦 AI 赋能的 6G 无线云和边缘计算以及 6G 网络的设想用例、网络架构、部署场景和技术驱动的范式变化。本章还说明了人工智能作为实现高度自动化的有效平台,对当前和未来复杂网络的优化和管理至关重要。此外,本章还展示了 5G 及后 5G 网络的关键技术领域和技术进展,如认知频谱共享、基于光子的认知无线电、创新架构模型、太赫兹通信、全息无线电和先进调制方案。

第 14 章评估了未来 6G 网络的云和雾架构,特别关注了能效和延迟问题,提出了一种通用的、与技术和应用无关的 MILP 模型,之后证明了云雾/云数据中心在节能、处理能力和效率方面的有效性。

第 15 章旨在对 6G 系统无线接入网(RAN)关键概念进行全面概述。本章从不同角度对文献中报道的各种既有的 RAN 实现进行了研究,介绍了根据后续几代移动通信要求对其进行重建和重新设计的动机。此外,本章还对 NG-RAN 进行了专门回顾,重点介绍了资源和服务的云化和虚拟化,以及 RAN 切片的管理和编排。本章确定了将推动增强海量机器类通信(mMTC)、超可靠低时延通信(URLLC)与增强移动宽带(eMBB)服务和应用的关键驱动力;最后提出了部署 NG-6G-RAN 所面临的关键挑战和未来研究方向。

第 16 章讨论了关于将联邦学习(FL)技术与 6G 无线网络相结合的初步研究和关键挑战,还研究了无线通信网络中联邦学习的时延最小化问题。计算时延和传输时延之间的权衡要由学习精度决定。为了解决这一问题,本章首先证明了总时延是学习精度的凸函数,然后利用二分法得出最优解。仿真结果展示了所提方案的各种特性。

第 17 章讨论了 6G 无线网络中的开源需求,随后提出了 6G 的两个主要支柱:智能化和自动化。本章讨论了开源在为智能化和自动化关键赋能提供敏捷性和互操作性方面的作用。最后,本章探讨了实现开放性所面临的开放式问题和挑战。

第 18 章概述了利用区块链提供 6G 网络和服务的潜在优势,以及区块链与 6G 关键使能技术的相互作用。此外,本章还概述了区块链技术及相关概念,并对利用移动网络的基于区块链的应用进行了深入分析。最后,本章综述了基于区块链应用的相关挑战。

第 19 章探讨了量子通信的各种原理,描述了相关挑战。此外,本章还介绍了量子通信在 6G 及之后通信中的作用,以及量子通信的一些实际考虑和未来发展方向。

第 20 章概述了用于密钥建立、加密和数字签名的最先进后量子安全公钥原语,这些原语已被选入参与第三轮美国国家标准与技术研究院(NIST)后量子安全密码学标准化后量子密码学(PQC)竞争。本章还讨论了其特性及对未来 6G 网络性能的影响。

第 21 章讨论了一些开放性问题,并从以下 7 个维度给出了结束语:

(1)太赫兹通信底层设计;

(2)高精度网络、动态拓扑和开源;

(3)实现能效大幅提升的物联网中的机器通信;

(4)具有学习能力和可解释性的全普适人工智能;

(5)具备分割处理能力的边缘计算和雾计算;

(6)系统安全性、隐私性和可信性;

(7)富媒体用例和服务。

第 2 章 6G 用例、需求与指标

近年来启动的商业 5G 无线网络承诺提升网络性能,确保实现泛在连接。然而,许多新兴应用,如扩展现实、远程呈现、远程手术、自动驾驶等,都要求在保持相关可靠性和延迟限制的同时实现超高数据速率。随着智能设备数量和物联网(IoT)数量的激增,这些需求可能会在未来使 5G 网络饱和,促使研究界开始考虑后 5G 无线技术。关于 6G 无线技术的讨论已开始成形,其主要目标是服务于未来 10 年左右的需求。6G 蜂窝无线网络旨在满足海量智能设备的极高数据速率、极低延迟和可靠性需求。本章介绍了 6G 中有趣、新颖的应用及其关键需求和性能指标。

2.1 引言

在过去 30 年里,无线网络经历了从第二代到第五代的逐步稳定发展。智能手机、物联网设备和新兴多媒体应用的渗透,明显推动了移动数据业务的空前增长。随着智能设备的日益普及,有数百万人会经常使用基于全 IP 的 4G 和 5G 网络。这促成了一系列新应用的出现,如视频会议、XR、实时视频流、远程医疗和在线游戏。其他此类重要应用包括智慧城市、自动驾驶互联车辆、互联智慧医疗系统等。在满足用户需求的同时,这些应用也使无线运营商能够通过开拓新的业务用例来增加收入。

图 2-1 描述了持续增长的用户需求和从最初 1G 蜂窝无线网络技术发展到 6G 无线技术过程中出现的多种用例。对更高数据速率和网络容量进一步增长的需求是蜂窝无线网络不断演进的主要原因。2018 年,3GPP R15 对第五代蜂窝网络进行了标准化[1]。5G 技术改变了游戏规则,可实现大量设备和机器的连接。到 2025 年,5G NR 有可能覆盖全球总人口的 65%,所产生的业务量将高达全球所有移动数据业务的 45%①。5G NR 提供了灵活的网络设计,以应对与增强移动宽带(eMBB)、超高可靠性与低时延通信(URLLC)、大规模机器类通信(mMTC)和增强型车联网(eV2X)相关的大量应用。考虑到

---

① "爱立信移动性报告" https://www.ericsson.com/4acd7e/assets/local/mobilityreport/documents/2019/emrnovember-2019.pdf。

目前的发展趋势,5G 将导致大规模站点密集化,造成网络容量大幅增加。3GPP 还研究了免授权频段上 NR(NR‐U)对上行链路和下行链路运行的适用性[2]。NR‐U 有潜力通过扩展免授权频段上的带宽资源提高工业物联网、专网等多种应用性能。

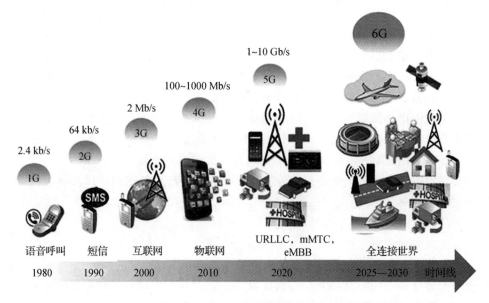

图 2‐1 蜂窝技术 1～6G 的演进路线图及代表性应用

随着通信技术和 AI、大数据等技术的发展,扩展现实、全息显示等新兴应用不断涌现。这些应用需要极高的数据速率,很可能耗尽现有无线容量。例如,16K 虚拟现实(VR)需要 0.9Gb/s 的吞吐量才能提供充分的用户体验。现有 5G 技术无法提供无缝流传输所需的这种高数据速率。同样,提供全息显示也需要极高数据速率传输。在普通尺寸的手机上进行全息图显示至少需要 0.58Tb/s 的数据速率,远高于 5G 技术提供的峰值速率①。因此,随着新业务的不断引入,制造商和运营商预测 5G 将在 2030 年达到极限,然而对数据、容量和覆盖范围的需求将有增无减。

1. 6G:5G 之后的一步

虽然 5G 蜂窝系统仍处于部署阶段,但关于 6G 的讨论已经以缓慢而明确的趋势发展起来。6G 无线技术预计将在 2030 年左右出现,有望使从 XR 应用、电子医疗(E‐Healthcare)、脑‐机交互(BCI)到飞行器和互联自动驾驶等大量有趣

---

① https://news.samsung.com/global/samsungs‐6g‐white‐paper‐lays‐out‐the‐companys‐vision‐forthe‐next‐generation‐of‐communications‐technology.

的数据密集型应用在未来变为现实,并通过更严格的关键性能指标(KPI)为蜂窝无线的发展带来从"物联"到"智联"的革命性变化[3]。6G愿景可以用"泛在无线智能"这一术语来概括[4],"泛在"指的是无处不在的覆盖和无缝链接的业务。用户通过无线链路形成一个相互连接的网络,这使得无线连通能力变得至关重要。6G无线技术设想利用人工智能、机器学习和大数据技术概念,使网络和智能设备对所有用户来说都具备认知和内容感知能力,这将促进智能设备自主决策能力的实现[4]。机器学习和大数据技术还将帮助网络组件处理并评估当前难以处理的大量实时数据。这将使网络能够根据用户体验自动进行自我修改,例如通过机器学习和大数据技术实现快速频谱配置和重配。

无线网络必须以高可靠性和极低延迟提供极高数据速率,这样才能在上行和下行链路上同时成功处理众多业务。这种基本的速率-延迟-可靠性权衡使其必须开发利用太赫兹及以上频段并实现无线网络的转型。6G无线技术的出现有望在数据速率、延迟、用户容量和三维覆盖等方面实现数倍提升。它将集成传感、通信、计算、定位、导航和成像等多个垂直领域。量子计算机和网络将解决以往难以解决的问题,也将有助于保障个人数据隐私和安全。

前文提到的应用场景和具体用例将催生新的需求。虽然现在只处于正式讨论和描述未来6G技术的早期阶段,但毫无疑问,这一领域已经吸引了全球众多研究人员和学者,并开始成形。目前已有多个计划致力于发展6G技术,如芬兰奥卢大学的"6G旗舰[①]"研究计划和英国政府的"6G LiFi 太比特双向多用户光无线系统(TOWS)[②]"。SK电信、爱立信、诺基亚、三星等全球电信组织和学术研究人员也启动了建设6G网络方向的工作。与5G无线系统相比,6G是一个范式的转变,它包括太赫兹通信、超大规模多输入多输出(SM-MIMO)、大规模智能业务(LIS)、全息波束成形(HBF)、轨道角动量复用(OAM复用)、激光通信、VLC、基于区块链的频谱共享和量子通信[5,6]。图2-2中简要描述了6G的关键技术。

2. 本章结构

在本章的其余部分,我们首先介绍了各种新兴应用,它们是6G技术研究背后的主要驱动力。接下来,我们描述了这些新兴应用所产生的新需求,这些需求将为6G技术设定标准。随后,我们描述了6G的主要性能指标。

---

① 由奥卢大学主导的一项研究计划,研究重点是5G生态系统和6G创新。
② 一个研究机构,致力于通过开发利用新频谱提升无线容量。

图 2-2　6G 无线网络使能技术

2.2　6G 无线网络的新兴应用

5G 提供的主要业务可分为 eMBB、URLLC 和 mMTC。随着时间的推移，这些业务所支持的应用不断完善，并激发了研究人员对后 5G 技术的思考。其中部分应用包括全息远程呈现、XR、超智慧城市、远程手术、高清成像、远程教育、自动驾驶等,如图 2-3 所示。这些应用设定了不同的需求和标准,如海量连接、成倍增长的数据速率,以及严格的可靠性和延迟要求等,这些都是在开发 6G 技术时需要探索的问题。上文提及的部分应用通过 5G 技术已经能够实现,而 6G 则设想处理 5G 因资源受限无法处理的超额负担。有趣的是,6G 网络将把通信环境扩展到不仅覆盖地面和天空,还要覆盖太空和水下。目前,6G 技术仍处于起步阶段,还很难预测其完整的应用前景。本节列举了一些代表性用例。

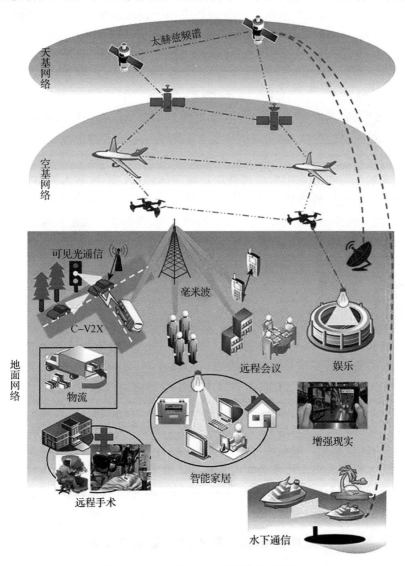

图 2-3 下一代 6G 无线网络新兴应用

2.2.1 虚拟现实、增强现实和混合现实

VR业务是一种模拟体验,使用户能够以第一人称视角体验虚拟的沉浸式环境。VR技术有可能让地理上分开的人们在群体中进行有效交流。他们可以进行眼神交流,也可以操纵常见的虚拟物体。它需要将极高分辨率的电磁信号实时传送到遥远的位置,以传递各种思想和情感。4K/8K高清成像和高分辨率的XR适合于娱乐业务(包括视频游戏和3D相机)、教育和培训、具有物理和社会体验的会议,以及工作空间交流等创新应用[7]。这些新兴应用可能会使现有5G频谱饱和,因为它们所需的数据速率将超过1Tb/s。此外,沉浸式环境中的实时用户交互必然要求极低延迟和超高可靠性。

2.2.2 全息远程呈现

随着技术的不断发展,人类对技术支持下创新的依赖程度越来越高。其中一个创新是全息远程呈现,它可以使处于不同地点的人或物出现在另一人面前。它有可能让我们的交流方式发生巨大变化,正慢慢成为主流交流系统的一部分。远程呈现的部分有趣应用包括增强影视观看体验、游戏、机器人控制、远程手术等。人类远程连接的趋势可能会经历从传统视频会议到虚拟面对面会议的转变,从而减少商务旅行需求。为了捕捉物理呈现,需要将三维图像与立体声语音相结合。三维全息显示需要在超可靠通信网络上实现大约4.32Tb/s的极高数据速率[8]。其延迟要求为毫秒以下量级,这将有助于实现多视角同步。这些显然会对现有5G通信网络造成巨大压力。

2.2.3 自动化:工厂的未来

过去几年间,机器人、增强现实、工业物联网、人工智能和机器学习已经展示了它们有从根本上变革制造业的潜力。伴随着5G出现了工业4.0概念,而未来得到人工智能加持的6G将实质性改变工业和制造过程。6G的潜能将为工业5.0奠定基础。自动控制系统和通信技术的使用很可能会减少工业过程中的人为干预需求。此外,这些行业将在可靠性、传输延迟和安全性方面有严苛要求,从而确保真实工厂的有效管理、维护及运营。这种工业结构有望借助移动机器人和无人机实现自动化和仓库内部运输。由于机器人通信会受到延迟或恶意行为而造成严重不稳定性的影响,未来6G网络需要精确考虑可靠性、时延敏感性、安全性等各方面的要求。

2.2.4 集成大规模物联网带来的智慧生活方式

未来6G技术将有助于构建智慧城市环境。这一环境将连接数以百万计的

应用,包括公用事业(电力、供水和废物管理)、智能交通、智能电网、住宅环境、远程医疗、有安全保障的快乐购物等。大城市将看到飞行出租车的出现,预计它将会有非常严格的连通能力要求。智能设备的无缝泛在连接将使人们的生活质量得到极大提高。

智能家居是智慧生活方式的一个重要组成部分。最初,智能家居的概念主要是通过公共服务和智能设备的发展而逐步发展的,但现在,这一趋势正在改变,因为物联网正处于成熟状态,能够通过促进家电之间的紧密集成来提供随时泛在连接。当然,这需要很高的数据速率并保证用户个人数据的极度安全。6G系统设想通过提供必要的基础设施,将设备与人工智能充分集成实现家庭自主决策,来满足数据速率、延迟和安全性等方面的严格要求。

2.2.5 自动驾驶与互联车辆

运输业可能会在未来几年经历一场巨大变革。自动驾驶、远程驾驶、列队行驶、智能道路等都有望借助 6G 的优势呈现出新形态。除更高可靠性、极低延迟和高精度定位外,V2X 通信还需要安全交换大量驾驶员和周围环境相关的数据。不断更新实况交通和实时道路危险信息对确保人身安全至关重要。同时,由于车辆移动速度非常快,通信往返时间应极短。6G 网络在保持可靠性和时延要求的同时,可提供高效的车辆通信移动性管理和切换。此外,AI 无疑将通过处理自主指令来控制传输网络,从而增强 V2X 通信场景。借助 6G 网络和 AI 的优势,交通控制系统可以主动探查和评估道路交通负荷、拓扑结构、事故等,从而提高公共安全水平。

2.2.6 医疗健康

5G 蜂窝网络已经使医疗领域发生了巨大变化,而即将到来的 6G 技术将帮助这一领域继续发生革命性变化。人口老龄化给现有医疗健康系统带来了巨大负担。随着电子健康业务的普及,医院出现了无处不在的健康监测系统,可以监测人体的各种健康指标,如体温、血压、血糖等,并向有关部门报告这些医疗数据。除了定期监测,医疗行业正在努力实现远程手术,这同样有严格的高业务质量(QoS)要求。极低延迟、广泛网络覆盖、超高数据速率、高可靠性等众多要求是成功实现远程手术的前提。工业界和学术界都非常关注远程医疗健康相关通信和网络领域研究。

2.2.7 非地面通信

通信在自然灾害期间发生连接中断会对人类生命、财产和商业造成巨大损害。6G技术将研究非地面通信(NTC),以支持泛在覆盖和大容量全球连接。为了克服5G覆盖范围的限制,6G技术正在探索非地面网络(NTN),以支持全球泛在持续连接。利用NTN有助于从地面部分动态卸载业务流量,也有助于覆盖无服务地区。因此,无人驾驶飞行器(UAV)、高空平台(HAPS)、无人机和卫星等非地面站有可能对地面网络形成补充[9]。这将带来诸多优势,比如在拥挤区域提供高成本效益覆盖,支持高速移动和高吞吐量业务。可以考虑利用NTN支持气象、监视、广播、遥感和导航等应用[10]。它们可为地面基站提供补充,在地面基站无法提供服务的情况下充当备用路径。同样,NTC有助于向大量静态和移动观众广播预警和娱乐内容。而激光通信可以实现远距离星间传输。

2.2.8 水下通信

地球表面大部分被水覆盖,因此,水下通信环境对确保全球通信连接至关重要。有各种水下网络可用于提供连接,并用于观察和监测各类海洋及深海活动。水下传播特性与陆地不同,双向水下通信需要更多水下枢纽,还需要使用声学和激光通信来实现高速数据传输[11]。可利用水下网络建立水下基站与潜艇、传感器、潜水员等通信节点之间的连接。此外,这种水下通信网络还可与地面网络协同工作。

2.2.9 灾害管理

如上所述,新兴6G技术的侧重点是提供速率—延迟—可靠性、深度覆盖和定位精度。可以设想,利用6G这些严苛要求带来的优势,未来新兴技术在应对自然灾害和新冠肺炎等流行性疾病时可能会更加有效。随着互联网接入的更深入渗透,安全消息传播将更容易实现,人员追踪的准确性将进一步提高。这将使灾区人民能充分了解形势发展,并在危急时刻与全球其他地区保持联系。也可利用无人机和飞行出租车帮助应对危机,在无过多人为干预的情况下提供食品和药品,从而确保人身安全。NTN和无人机的加入将有助于在发生任何自然灾害时与服务不足及无服务地区取得联系。

2.2.10 环境

在无人机、非地面网络和卫星等技术的协助下,6G无线网络将提供大范围覆盖,并将借助这些技术覆盖大部分偏远和难以进入的地区。这将有助于远程监测环境状况、野生动物、污染及农业等。由于具有预定路径上的自主飞行能力,无人机可实时监测活跃的危险位置。同样,无人机可配备能够感知空气污染水平、工业区排放状况等的传感器[12]，还可实现对偏远地区森林状况和野生动物的实时追踪。

2.3 6G 需求及 KPI 目标

上文提到的创新性用例要求重新定义新兴 6G 技术需求。5G 技术潜力巨大，但不能满足新兴应用对速率—延迟—可靠性的严苛要求。6G 技术的需求和 KPI 将更加严格且多样。例如，虽然 5G 网络已经在频率很高的毫米波频段运行，但 6G 可能需要更高频率。6G 技术将侧重于实现更高峰值速率、无缝泛在连接、极低延迟、高可靠性以及强大的安全性和隐私性，从而提供极致用户体验。表 2-1 描述了 5G 和 6G 的 KPI 对比研究。本节将正式描述 6G 技术的主要需求。

表 2-1 5G 与 6G 的 KPI 对比研究

参数	5G	6G
数据速率：下行链路	20Gb/s	>1Tb/s
数据速率：上行链路	10Gb/s	1Tb/s
业务容量	10Mb/s·m^2	1~10Gb/s·m^2
延迟	1ms	10~100μs
可靠性	高达 99.999%	高达 99.99999%
移动性	高达 500km/h	高达 1000km/h
连接密度	10^6 设备/km^2	10^7 设备/km^2
安全性和隐私性	中等	非常高

2.3.1 高数据速率

与 5G 相比，6G 无线系统设计的主要关注点将是提供极高数据速率。它的目标是通过开发新频谱来提供超过每用户 1Tb/s 的峰值速率和每用户 1Gb/s 的平均速率。在当前无线网络中，虽然利用 MIMO 提高了频谱效率并结合多种无线接入技术（RAT）提高了数据速率，但仍无法达到 1Tb/s 的数据速率。如此高的数据速率，可以利用太赫兹频段和可见光波段的极高带宽，以及利用 OAM 复用、激光通信和超过 1000 个天线单元的 SM-MIMO 技术实现。量子通信也可能为提高数据速率做出巨大贡献。数据速率的大幅提升有望实现新的应用前景。

2.3.2 极低延迟

为支持新兴应用,6G 提出了毫秒以下甚至无延迟的严苛要求。例如,触觉互联网和虚拟现实等面向 6G 的高交互性实时应用需要超低延迟。端到端延迟和空中延迟目标分别为 1ms 和 100μs。太赫兹通信、SM-MIMO 和量子计算等技术的加入,有望满足 6G 严苛的延迟要求。此外,人工智能、机器学习和大数据技术也将有助于 6G 网络确定用户和基站间的最优数据交换方式,有望在一定程度上降低延迟[13]。

2.3.3 低功耗

在 4G、5G 时代,智能手机和其他设备需要定期充电。处理人工智能算法所需的高算力会很快耗尽设备的电池电量。6G 技术将充分注意降低功耗以及确保延长智能设备的电池续航时间[14]。为降低能耗,用户可将其计算任务卸载到有可靠供电的智能基站中。通过探索协作式中继通信和网络密集化,可降设备发射功率。6G 将应用多种能量采集技术减少电池更换需求,延长电池使用时间。设备可从周围环境中的电磁信号、太阳光和微振动中获得能量,它们将成为低功耗应用的重要能量来源[15]。远距离无线电池充电技术也可能帮助延长设备电池使用时间。

2.3.4 高频段

蜂窝无线网络每发展一代,其数据速率就提高 10 倍。这种大规模增长无法仅仅通过提高网络频谱效率实现。目前满足数据速率需求的方法是使用更高频率上的更大带宽。研究人员正在研究将亚太赫兹和太赫兹频段作为一种合适的 6G 备选频段。太赫兹通信频段范围为 0.1～10THz,可为电磁和光波提供丰富的频谱资源。这些频段将为室内和室外场景的数据传输提供高达太字节每秒级别的数据速率。太赫兹频段具备天然定向性,可显著减轻小区间干扰。此外,在更高频段上,天线和相关射频器件尺寸将变得更小,但这也会使芯片上制造难度更大。研究界需要在未来几年格外关注这些重大挑战[5]。

2.3.5 超高可靠性

6G 预计将可靠性提高到 99.99999%,比现有 5G 技术提升两个数量级。大多数应用,如工业自动化、远程手术等,都需要极高的可靠性。全息、XR 和触觉互联网等业务的性能同样在很大程度上依赖于空前的可靠性要求。只有这种 99.99999% 的可靠性才可能满足上述各类应用的 QoS 需求。

2.3.6 安全性和隐私性

安全性和隐私性是 6G 的关键性能参数,但在 4G 和 5G 技术中都被忽视了。6G 技术有可能满足其所支持的多种应用的安全性和隐私需求[14]。量子计算是一项重点研究技术,它可以通过应用量子密钥分发实现超安全网络。然而,支持极高数据速率和各类应用的需求可能会给 6G 无线计算的安全性带来一定挑战。区块链技术可用于加密数据并使其难以篡改和操纵,将有助于实现未来通信系统的安全保护和鉴权。

2.3.7 海量连接密度

无线技术发展的主要动力之一是互联网用户的持续增长。预计 2030 年前,每平方千米联网设备将达到 10^7 数量级。未来超智能、全联网环境和生活方式需要海量设备互联。大量的自主业务将催生万物互联(IoE)概念。这些设备包括智能手机、物联网设备、车辆、无人机等。考虑到可能出现的海量连接密度,研究人员正在探索太赫兹通信、可见光通信以及基于区块链的频谱共享等新途径来满足相关需求。

2.3.8 极度覆盖扩展

现有 5G 技术主要集中在大城市地区,在发展中地区及乡村地区还不够普及。因此,大量人口仍然无法享受优质互联网业务。6G 技术设想提供具备深度室内渗透能力的广域覆盖,从而保证乡村地区能够享受到充分公平的服务。为实现全球互联互通目标,6G 将提供一个从地面、天空到水下环境和卫星通信的互联通信网络。由于水中传播特性不同,传统无线通信所使用的电磁信号不适合水下通信。具有超高带宽的激光通信可实现高数据速率自由空间传输和水下通信。而可见光通信亦可用于为室内热点提供覆盖[5]。

2.3.9 移动性

6G 网络将具有高动态的特性,并会根据交通系统的进展支持高速用户。5G 支持的用户移动速度最高为 500km/h,而 6G 预计将支持大约 1000km/h 的速度,但这将导致频繁越区切换。此外,高数据速率、高可靠性和低延迟等其他业务需求可能会使高效切换比较困难[16]。例如,在飞机上提供通信业务时高效切换问题变得突出。人工智能概念有望在满足延迟和可靠性需求的同时,为复杂决策提供支持并实时优化切换策略。

2.4 性能指标

6G 承诺提供高服务质量（QoS）、高体验质量（QoE）和高物理体验质量（QoPE）[17]。QoS 涉及的是网络性能，而 QoE 涉及的是用户感知性能。QoPE 是新引入指标，它还将人类感知考虑在内。XR、全息远程呈现、自动驾驶、电子健康和水下通信等新兴应用正快速实现。为确保最佳用户体验，网络运营商越来越重视端到端的业务质量，因而在向 6G 网络迁移时，满足这些质量需求至关重要。因此，6G 蜂窝网络预期会提供 QoS、QoE、QoPE 以及可靠性和安全性等各种保障。从自组织网络（SON）到自维持网络（SSN）的转变可能有助于 6G 实现可自行维持 QoS、QoE 和 QoPE 的高度自动化网络[17]。由于 6G 仍处于起步阶段，目前对性能指标的考量比较主观，本节着重介绍了可在未来 6G 通信中发挥作用的 QoS、QoE、QoPE 和 SSN 的基础性进步。

2.4.1 提高业务质量（QoS）

XR、全息远程呈现、自动驾驶、电子健康等应用并不遥远。这些应用对满足严苛 QoS 要求的能力提出了挑战，包括 1Tb/s 的极高数据速率，小于 1ms 的端到端往返延迟，99.99999% 的可靠性，地面到空中覆盖以及高频谱效率和能效。因此，QoS 的主要属性包括网络可用性、性能可靠性、不间断覆盖、安全性和隐私性，以及系统完整性。丰富的太赫兹频谱和超大规模 MIMO 技术有望在保证更高 QoS 的同时减少资源限制。人工智能和机器学习也将促进用户信息的有效利用，从而有助于提高服务质量。然而，新兴 6G 应用也带来了新的 QoS 挑战，传统 QoS 模型和参数无法充分解决这些问题。因此，探索新的 QoS 指标和模型，以及它们在各种约束条件下在无线链路中的相互依赖关系，是增强 6G 移动无线网络的必要条件。

2.4.2 提高体验质量（QoE）

由于远程呈现、远程手术等速率-延迟-可靠性敏感应用的出现，普遍认为 QoE 是 6G 时代的一个重要性能指标。QoE 概念因其主观性而难以度量[18]。5G QoS 指标主要包括丢包率、端到端延迟和往返时间。对 6G 无线网络新兴应用来说，这些指标不够有效。QoE 强调用户感知满意度、美学体验、理解，以及应用的可管理性。因此，与 QoS 一样，使用结果也是保证 QoE 的一个基本参数，如图 2-4 所示。为进一步改善 QoE，需要进一步研究自动化、认知操作、人工智能和机器学习的进展，从而实现网络和业务管理的重大转变。

2.4.3 物理体验质量（QoPE）

即将到来的 6G 时代，将会见证以人为中心的业务兴起，而这种业务是与人类用户紧密耦合的。无线 BCI 这一新兴概念引入了一种情绪驱动的新用例，而这需要 6G 连接[17]。随着无线 BCI 技术的应用，用户不仅可与周围环境和他人进行交互，还可与嵌入其周围环境的设备进行交互。这种技术可帮助人们通过手势控制并监控所处环境，并通过触觉信息进行交流。支持无线 BCI 业务的性能指标将不同于 5G 技术。除速率-延迟-可靠性需求外，BCI 还涉及人类的身体感知和行为，并因此产生了一组新的 QoPE 指标，这些指标将把人类生理因素与 QoS 和 QoE 指标结合起来，如图 2-4 所示。

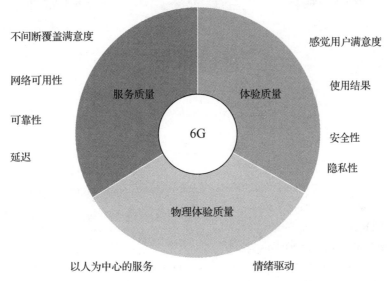

图 2-4　QoS、QoE 和 QoPE 的关系（其中 QoS 与网络性能有关，QoE 侧重于用户感知性能，QoPE 考虑人类感知）

2.4.4 自维持网络（SSN）

通过引入人工智能和基于机器学习的操作，5G 技术开启了智能通信网络概念的先河。通过减少人为干预机会和实现自动化无线网络配置、优化和修复等功能，用户体验和网络自动化程度有望得到进一步提升[18]。6G 需要从经典的自组织网络转换到基于 AI 的智能、认知和自维持网络。这将有可能在源自 6G 应用的高动态复杂场景下维持长期 KPI。人工智能和机器学习将使 6G 能够在无任何人为干预的情况下，实现自聚合、自学习、自优化、自适应运行，如图 2-5 所示[19]。

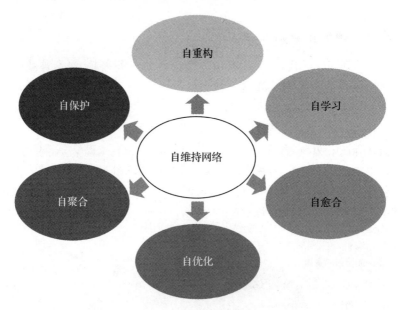

图 2-5 自维持网络概念

参 考 文 献

[1] 3GPP TS 38.300. Technical specification group radio access network; NR; NR and NG-RAN overall description, 2020[P].

[2] 3GPP TR 38.889. Technical specification group radio access network; study on NR-based access to unlicensed spectrum, 2018[P].

[3] LETAIEF K B, CHEN W, SHI Y, et al. The roadmap to 6G: AI empowered wireless networks [J]. IEEE Commun. Mag, 2019, 57(8): 84-90.

[4] LATVA-AHO M, LEPPÄNEN K. Key drivers and research challenges for 6G ubiquitous wireless intelligence (white paper)[R]. Oulu, 6G Flagship, 2019.

[5] ZHANG Z, XIAO Y, MA Z, et al. 6G wireless networks: vision, requirements, architecture, and key technologies[J]. IEEE Veh. Technol. Mag, 2019, 14(3): 28-41.

[6] GIORDANI M, POLESE M, MEZZAVILLA M, et al. Toward 6g networks: use cases and technologies[J]. IEEE Commun. Mag, 2019, 58(3): 55-61.

[7] BASTUG E, BENNIS M, MÉDARD M, et al. Toward interconnected virtual reality: opportunities, challenges, and enablers[J]. IEEE Commun. Mag, 2017, 55(6): 110-117.

[8] XU X, PAN Y, LWIN P P, et al. 3D holographic display and its data transmission requirement[C]// 2011 International Conference on Information Photonics and Optical Communications. Piscataway: IEEE, 2011: 1-4.

[9] GIORDANI M, ZORZI M. Satellite communication at millimeter waves: a key enabler of the 6G era[C]// 2020 International Conference on Computing, Networking and Communications (ICNC). Piscataway: IEEE, 2020: 383-388.

[10] GIORDANI M, ZORZI M. Non-terrestrial communication in the 6G era: challenges and opportunities (2019, preprint) [EB/OL]. arXiv:1912.10226.

[11] ZENG Z, FU S, ZHANG H, et al. A survey of underwater optical wireless communications [J]. IEEE Commun. Surv. Tuts, 2016, 19(1): 204-238.

[12] ZENG Z, FU S, ZHANG H, et al. A survey of underwater optical wireless communications[J]. IEEE Commun. Surv. Tuts, 2016, 19(1): 204-238.

[13] YANG P, XIAO Y, XIAO M, et al. 6G wireless communications: vision and potential techniques[J]. IEEE Netw, 2019, 33(4): 70-75.

[14] DANG S, AMIN O, SHIHADA B, et al. What should 6G be? [J]. Nat. Electron, 2020, 3(1): 20-29.

[15] ULUKUSS, YENER A, ERKIP E, et al. Energy harvesting wireless communications: a review of recent advances[J]. IEEE J. Sel. Areas Commun, 2015, 33(3): 360-381.

[16] YANG H, ALPHONES A, XIONG Z, et al. Artificial intelligence-enabled intelligent 6g networks (2019, preprint) [EB/OL]. arXiv:1912.05744.

[17] SAAD W, BENNIS M, CHEN M. A vision of 6G wireless systems: applications, trends, technologies, and open research problems [J]. IEEE Netw, 2019, 34(3): 134-142.

[18] AGIWAL M, ROY A, SAXENA N. Next generation 5G wireless networks: a comprehensive survey[J]. IEEE Commun. Surv. Tuts, 2016, 18(3): 1617-1655.

[19] PIRAN M, SUH D Y. Learning-driven wireless communications, towards 6G (2019, preprint) [EB/OL]. arXiv:1908.07335.

第3章 6G用例与使能技术

虽然网络运营商已经开始部署商用5G网络,但现有蜂窝技术可能无法满足未来无线应用的可靠性、可用性和响应性需求。因此,整个学术界已经在界定6G无线系统中最有前途的技术。目前已经确定了三大关键创新技术:(1)太赫兹通信和光通信,实现超高速宽带接入;(2)无蜂窝架构,实现泛在3D覆盖;(3)智能网络,简化复杂网络管理并降低成本。本章首先介绍6G的典型应用及其KPI,之后将评述相关技术的特点,并根据2030年可预见的经济、社会、技术和环境背景,推测它们是否满足以及如何从整体上满足最严格的6G网络需求。

3.1 引言

大量数据需求大、时延敏感型新型移动业务的出现可能会给当前5G系统带来严峻挑战。图3-1说明了多年来移动应用的发展如何导致移动数据消费呈指数级增长。未来10年,工业制造的全面自动化,数字孪生、工业4.0等概念的出现,地面和空中无人系统的广泛扩散,以及将要嵌入城市的数百万传感器,都要求从根本上对当前的蜂窝网络进行重新设计。

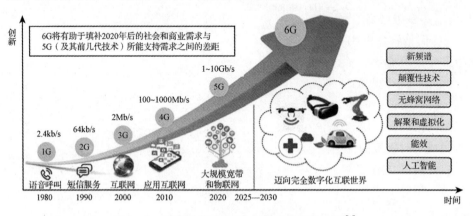

图3-1 几代蜂窝网络(1~6G)及代表性应用[1]

正如参考文献[1]中所讨论的那样,移动网络将为这些智能环境提供基础支持,构成其神经系统。无线链路将以每秒千兆比特的速率传输更多数据。此外,

6G连接将继续朝着泛在连接的趋势发展,不仅用于人类通信,而且遵循IoT范式,还可实现自动驾驶汽车、传感器、可穿戴设备和医疗设备、分布式计算资源和机器人的联网[2]。

5G网络通过将移动蜂窝网络扩展到新频段(例如毫米波通信)、引入先进的频谱使用和管理方式以及完全重新设计核心网,已经实现了令人瞩目的性能提升,向全连接无线网络方向又迈出了一步。然而,6G应用的预期需求将超出当前5G技术的能力所及。无线网络将需要支持Tb/s的数据速率、毫秒以下延迟和每平方千米千万数量的连接设备。

这引发了学术界对新一代移动网络(即6G系统)需求和技术定义的关注,6G网络将满足未来智能和自主数字生态系统的连接需求。继参考文献[1]的讨论之后,本章旨在阐明我们提出的这组备选技术,相较于当前最先进的通信和组网技术,能为更先进的特定垂直应用提供无线组网解决方案。我们首先分析未来6G系统的几个潜在用例,然后将它们与延迟、吞吐量、覆盖率、可靠性等关键需求一一对应。按照上述思路,本章描述了一些目前正在部署的5G网络能够满足这些性能需求的场景。

在此分析基础上,本章第二部分重点讨论了6G的潜在使能技术,包括全新的通信技术、网络架构和部署模型,以满足每个场景对关键性能的指标要求。要特别指出的是,我们已预见到以下方面的发展:

(1)物理层新技术和100GHz以上频率的开发利用:太赫兹和光波段的大量可用频谱将解锁出前所未有的无线容量[3-5]。然而,为了释放这部分无线频谱的真正潜力,需要引入新的颠覆性通信技术。

(2)多维网络架构:更高级的6G用例将催生更复杂的网络。为此,我们预计6G网络将提供3D覆盖[6,7],即支持空中平台、接入和回传异构技术的聚合,以及完全虚拟化的无线电接入和核心网网元[8]。

(3)基于预测的网络优化:上一条所描述的多维架构将大幅增加网络复杂性。为解决这一问题,6G将越来越依赖自动化和智能技术,它们会部署在这种多维网络的每一层和每个节点[9]。特别是,分布式和无监督学习以及知识共享将构成实时决策的关键使能因素,这对运行和维护复杂网络十分关键。

先前的工作已经讨论了6G网络可能的技术进步(例如,参考文献[10,11])。相对于这些工作,我们在本章和参考文献[1]中概述了系统级愿景,首先确定了当前正在开发的6G系统的未来用例及其性能需求,然后从全栈、端到端角度强调了6G使能技术相关挑战和机遇。最重要的是,我们采用了严格的方法选择了一部分方案,这些方案在今后10到15年最有希望得到实际部署。其中某些技术相对于5G来说是渐进式发展,而其他技术则代表重大突破。这两种方法相结合将明确定义新一代移动网络,其解决方案是当前 5G 标准开发中尚未彻底解决或无法纳入的。

希望本章有助于促进确定新通信和组网范式的研究工作,以满足 6G 场景的严苛要求。

3.2 6G 用例

5G 技术涉及功耗、延迟、部署和运营成本、硬件复杂性、端到端可靠性、吞吐量和通信韧性等方面的权衡。相反,6G 创新的开发将以一种整体方式共同满足严格的网络需求(包括超高可靠性、超大容量、超高能效和低延迟)。

本节将对那些具有互补性和普遍性、可以作为下一代 6G 业务典型代表的应用的功能、特点和预期要求进行讨论。虽然其中一些应用已经在 5G 中讨论过,但我们认为,由于技术限制或所支持市场不够成熟,它们可能不会在未来 5G 中部署(尤其是在 5G 计划发布的极短时间内)。图 3-2 展示了本节随后描述用例的关键性能指标。

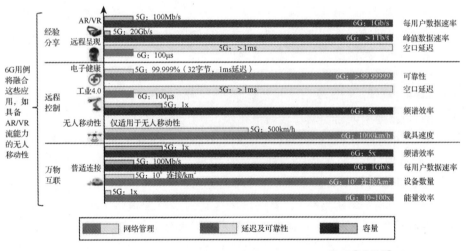

图 3-2 未来 6G 用例 KPI,以及相对于 5G 网络的提高[1,2,10-17]

3.2.1 增强现实(AR)与虚拟现实(VR)

当前移动网络已经为实现无线视频流奠定了坚实的基础,无线视频流是移动数据流量占比最大的应用之一。随着流媒体和多媒体业务的应用越来越广泛,需要在 5G 网络中引入新频段(即毫米波)以增加网络容量。然而,5G 毫米波通信使数据速率提升至 Gb/s 量级,多媒体生态系统也随之开发数据需求量更大的新技术和应用（如 AR 和 VR），并将二维视频屏幕扩展到三维应用。随后，如无线视频流业务让 4G 网络饱和一样，AR 和 VR 的广泛使用将耗尽 5G 频谱中的可用带宽，对系统容量的需求将超过 1Tb/s，这超出了为 5G 设定的 20Gb/s 峰值吞吐量目标[2]。此外，采用相同 AR 或 VR 装置的不同用户之间的实时交互对网络延迟也有严格限制。受限于编解码的时间，无法对 AR/VR 内容进行重度编码和压缩。综上，分配给每个用户的数据速率需要达到 Gb/s 量级，而 5G 的预计目标只有 100Mb/s。

3.2.2 全息远程呈现（远程传送）

人类一直在追求远程传送的梦想，将其作为一种实时传递人类所有感觉的真人大小的三维数据表示的手段。这项技术的一个优势在于，可以使人们在商业活动和会议期间进行虚拟交互，并消除地理上的时间和距离障碍。然而，从通信角度来看，这一创新也给 6G 网络带来了几项挑战。一些研究（如参考文献[12]）提出，在没有压缩的情况下，传输一幅 3D 原始全息图的吞吐量要求将是几个 Tb/s 数量级，这取决于传感器的分辨率和帧率。然后，延迟要求要低于毫秒量级，从而使全息体验更流畅、沉浸感更强。此外，与 VR/AR 所需的少量数据流相比，远程传送将需要处理不同视角传感器产生的大量数据流，因此，提出了严格的同步要求。

3.2.3 电子健康

6G 将为医疗健康领域带来变革，促进实现工作流程优化、远程/虚拟病患监护和机器人远程手术，以确保患者得到更有效、更经济的救助。特别是，6G 将实现"院外护理"模式。在这种模式下，可以直接在患者家中提供医疗健康服务，从而降低健康设施的管理和行政成本，即便是世界上最贫困的国家也能轻松获得医疗援助。除高昂的成本之外，目前电子健康业务发展的主要问题是缺乏实时触觉反馈能力[13]。此外，远程医疗应用的激增将要求通信系统具备极高可靠性（＞99.99999％，因为通信故障可能会导致致命后果）、超低延迟（毫秒以下）以及移动性能。在 6G 网络中，随着频谱可用性的提高以及人工智能技术的演进，上述关键性能指标都将得到满足[2]。

3.2.4 普适连接

虽然 5G 网络可支持每平方千米超过 100 万个连接，但从 2016 年到 2021 年，移动流量将增长两倍，从而使连接节点数量达到极限，让每平方千米设备数量至少增长一个数量级[2]。6G 网络将连接智能手机、个人设备和可穿戴设备、智慧城市部署中的物联网传感器、机器人、无人机、车辆等。这将进一步增加原已倍感压力的网络的负担,使其无法支持满足每个用户的连接请求(图3-2所示)。虽然80%的无线数据流量被室内用户消耗,但蜂窝网络从未真正瞄准室内覆盖。例如,在毫米波频段运行的5G基础设施几乎无法提供室内连接,因为高频率无线电信号不易穿透固体材料。5G的密集化还造成了可扩展性问题,以及高昂的部署和管理成本。而6G网络将在不同场景中提供无缝普适连接,以韧性和低成本基础设施满足室外和室内场景苛刻的QoS要求。6G部署需要比5G更节能(能效提高10~100倍),否则总能耗会成为对环境影响较小的可扩展部署的障碍。

3.2.5 工业4.0与机器人

6G将进一步促进被称为工业4.0的制造业革命,这场革命已经在5G网络的支持下展开。工业4.0预示着制造业向数字化方向转型,即在生产线上全面部署信息系统,实现预测性诊断、维护,以及灵活、高性价比、高效机器与机器交互等连接业务[14]。此外,数字孪生将通过对真实系统的高可靠、高保真数字表示为工业产品远程检测和开发提供支持。然而,全自动化流程也在可靠同步数据传输方面引入了一系列额外需求[15],6G需要通过一系列颠覆性技术来满足这些需求,这将在本章稍后描述。例如,工业执行器控制需要时延抖动在微秒量级的实时通信,而数字孪生和AR/VR工业用例需要Gb/s量级的峰值速率。

3.2.6 无人移动性

智能互联交通将为司机和乘客提供更安全的出行、更好的交通管理、自动驾驶和信息娱乐支持,预计市场规模将超过7万亿美元[16]。联网车辆需要在汽车和云之间交换大量数据,以实现高分辨率动态地图、传感器共享和计算卸载:数据速率需求将达到每驾驶小时太字节[17],远远超出当前网络能力。此外,自动驾驶需要实现前所未有的可靠性和低延迟(可靠性>99.99999%,延迟<1ms),尤其是在高移动性场景中(高达1000km/h)。另一个非常重要的要求是确保移动物体的精确定位(精确到10cm,取决于目标用例)[18]。除了汽车,飞行载具(如无人机)对6G而言也有巨大潜力。从这个角度来看,硬件、软件和频谱解决方案的进步将为不同性质载具组合的更高效灵活部署和管理铺平道路,我们将在3.3节中对此进行讨论。

用例的广泛多样性是6G的一个典型特征,如3.3节所述,其潜力只有通过突破性技术进步和新型网络设计才能得到充分释放。

3.3 6G 使能技术

本节我们将对 3.2 节中所介绍的 6G 应用的使能技术进行讨论。值得注意的是,我们将重点关注当前 5G 标准规范(即 3GPP NR Release 15 和 16)中特意略过的技术,以及属于当前研究内容但尚未准备好进行商业部署的解决方案。3.3.1 节将探讨利用新频谱的无线技术,3.3.2 节研究新型多维架构突破,最后,3.3.3 节讨论机器学习和人工智能在预测性网络优化中的颠覆性应用。表 3-1 总结了 6G 网络可能引入的主要技术创新,包括其潜力、相关挑战以及所支持的 3.2 节中用例。

3.3.1 新型无线范式和 100GHz 以上频谱

新一代无线网络的典型特征是新型通信技术使移动设备能力得到前所未有提升(例如在延迟和数据速率方面)。5G 网络中的连接业务是通过大规模 MIMO 和毫米波实现的。延续这一思路,为满足 3.2 节提出的关键性能指标,6G 部署将结合传统频段(即毫米波和 sub-6GHz)和迄今为止任何蜂窝标准中尚未包含的部分频谱,即 VLC 和太赫兹频段。图 3-3 描述了各项技术的代表性部署场景中与这些频段相关的路径损耗,说明不同部分无线频谱如何带来不同的挑战和机遇。在后续章节中,我们将重点讨论两个最有可能在 6G 中使用的新频段。

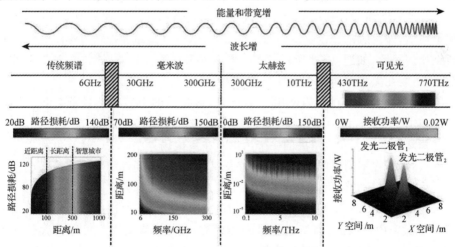

图 3-3 sub-6GHz、毫米波和太赫兹频段的路径损耗和可见光通信的接收功率
(在视距和非视距条件下,sub-6GHz 和毫米波路径损耗遵循 3GPP 模型,
而太赫兹[19]和可见光[20]通信仅考虑了视距条件[1])(见彩图)

1)太赫兹通信

太赫兹通信运行于100GHz～10THz[19],与毫米波相比,它将高频率连接的潜力发挥到了极致,使数据速率可达数百千兆字节每秒量级,满足最大的6G需求。太赫兹频段将与高定向性天线阵列相结合,实现大规模空间复用。此外,由于太赫兹通信波长短,甚有可能在中等距离上实现高阶视距MIMO链路[21],在无散射情况下支持多条空间路径。由于波长短,还可以为射频和天线电路实现新型超小尺度电子封装解决方案,特别是在短距离应用中。然而,太赫兹通信也面临重大挑战:太赫兹射频器件仍处于早期开发阶段,目前能效明显较低(见参考文献[22])。由于需要支持高带宽和大量元件,数字基带处理能力也很重要[23,24]。此外,与毫米波频段类似,太赫兹信号也极易被阻挡。对远距离通信链路(例如>1km)来说,分子吸收也有较大影响,特别是在大雨和大雾环境中(见参考文献[19]和图3-3)。尽管如此,一些早期实验已经验证了中距离(例如100m)非视距路径在微蜂窝类型应用中的潜力[25]。未来需要进一步进行信道建模[26],并更深入了解太赫兹网络全栈、端到端设计相关挑战[5]。

2)可见光通信(VLC)

可见光通信广泛采用廉价发光二极管(LED)发光体,可形成对射频通信的补充。LED灯事实上可以通过光强的快速变化来调制信号,这是人类肉眼看不到的[27]。对VLC的研究比太赫兹通信研究更成熟,部分原因是这些频段的实验平台更便宜,而且已经使用了一段时间。VLC标准也已制定(即IEEE 802.15.7),然而3GPP从未考虑将该技术纳入蜂窝网络标准。因为VLC是非相干通信,即发射机和接收机不利用信道知识,所以其路径损耗与距离的四次方成正比。因此,如图3-3所示,VLC覆盖范围有限。此外,该技术需要照明光源(即不能在黑暗中使用),而且受其他光源(如太阳)散粒噪声的影响。出于这些原因,该技术主要在室内使用[27]。此外,该技术的上行链路依赖射频。尽管如此,VLC还是可以用于在室内场景中引入蜂窝覆盖,如第3.2节中所述,这是当前蜂窝标准尚未完全解决的一个用例。在室内场景中,VLC具有可利用大量免授权频段,在不同房间部署时不存在交叉干扰,并且硬件相对便宜等优点。

尽管多家标准化机构正在为未来无线系统研究太赫兹和VLC解决方案(分别采用IEEE 802.15.3d和IEEE 802.15.7标准规范),但这些技术尚未纳入蜂窝网络部署中。因此,需要进行进一步研究,使6G移动用户可以在太赫兹和VLC频段收发信号,需要硬件和算法方面的进步来实现非视距环境下的灵活多波束捕获与跟踪。

除了增加新频段,6G还将在物理层和电路级利用颠覆性创新技术。以下将是6G的关键使能技术。

3）全双工通信栈

利用精心设计的自干扰抑制电路[28]可实现无线信号并行收发。未来蜂窝通信将实现上下行链路同时传输，在不使用额外带宽的情况下提高多路复用能力和系统总吞吐量。6G 网络需要对全双工过程的实现进行精心规划以避免干扰，特别是从调度的角度[28]。

4）新型信道估计技术

考虑到毫米波和太赫兹通信的高指向性，6G 系统需要研究新的信道估计技术。一方面，已证实可采用带外信息估计信号到达角，从而提高波束管理的及时性和准确性。这可通过将 sub-6GHz 信号的全向方向图与毫米波信道估计相叠加来实现[29]；另一方面，可以利用毫米波和太赫兹信道的稀疏性设计压缩感知技术，用更少样本数量估计信道特性。

5）遥感与网络定位

尽管有关定位和地图构建方面的文献已经相当丰富，但利用射频信号改善定位这一方法从未在蜂窝网络中实际应用。6G 网络将开发一种统一定位和通信接口，利用该接口优化波束成形和切换等过程，可在车辆通信和远程医疗等场景下实现新用户服务。

3.3.2 多维网络架构

调整网络架构对支持诸如太赫兹通信所实现的多 Gb/s 数据速率至关重要。因此，增加光纤接入点以及扩大回传容量很有必要。此外，在同一网络中集成不同异构通信技术将对整个系统的管理提出更大挑战。本节描述 6G 生态系统中将要引入的一些主要架构创新（图 3-4），并在下文中进行总结。

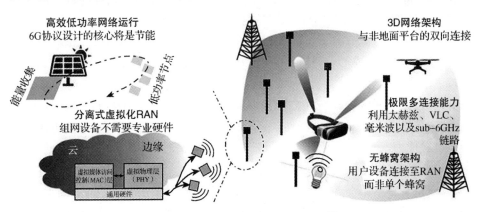

图 3-4 6G 网络中引入的架构创新[1]

1) 异构接入

6G 网络将支持多种无线通信技术。这一特性允许超出小区边界应用的多连接解决方案,用户连接到整个网络,而不是连接到某个特定小区。这一概念通常称为"无蜂窝"范式,由于切换开销最小,可保证无缝移动性支持和接近零延迟。这些设备将能够跨异构接入技术自动切换,从而利用不同网络接口的互补特性。例如,sub-6GHz 层固有的鲁棒性可用于控制运行,而毫米波、太赫兹和/或 VLC 链路可用于实现 Gb/s 量级的数据平面,如 3.3.1 节所述。

2) 3D 网络

我们设想未来 6G 网络架构将提供 3D 覆盖,在地面基础设施上叠加空中/空间平台(从无人机到气球到卫星)。这些平台不仅可以在最拥挤区域提供额外连接(例如在大型活动期间或地面基站超负荷时),还可以保证尚未部署固定基础设施的农村地区的无缝服务连续性和可靠性[7]。尽管前景一片光明,但在无线网络能够实际部署在非地面平台之前,仍有一些问题需要解决,如精确空对地和空对空信道建模、卫星星座和无人机集群拓扑优化、资源管理和能效问题[30]。

3) 核心网虚拟化

5G 网络已经开始对曾经的单体式网络设备进行分解:例如,5G 基站可以部署为配有低层协议栈的分布式单元(DU)以及边缘数据中心中的集中式单元(CU)形式。然而,3GPP 尚未具体说明如何实现虚拟化,现有 5G 研究也没有讨论过虚拟网络功能相关潜在漏洞,这些漏洞确实可能受到网络攻击。6G 网络将通过整个协议栈(包括媒体访问控制(MAC)层和 PHY 层,目前需要专用硬件实现)的虚拟化将分离推向极限。这种方法减少了射频组件基带处理,可实现低成本分布式平台,降低了组网成本,可大规模密集部署并在经济上可持续。

4) 先进接入-回传技术

正如 6G 所设想的那样,为了支持每秒太比特级的数据速率,大规模扩展回传能力将是最基本的需求,特别是在涉及太赫兹和 VLC 部署时,这种情况下通常接入点密度会很大。因此,可以利用 6G 技术提供的巨大容量实现自回传解决方案,接入和回传连接均可由基站提供[31]。虽然这种方法已属于当前 5G 研究范畴,但更大规模的 6G 网络将带来新的挑战和机遇:6G 网络将需要更强的自主配置能力,而增加接入容量不一定要增加光纤接入点。

5) 低功耗

6G 设备将广泛部署以满足未来连接需求。用户终端和组网设备需要能源供电,考虑到 6G 网络的预期规模,系统设计势必要比当前网络更高效节能。将能量收集机制纳入 5G 的主要挑战是将收集的信号转换为电流时发生的效率损失。一种解决方案是实现允许设备自供电的电路,这是实现脱离电网运行或长寿命物联网传感器(通常处于待机模式)的关键先决条件。

3.3.3 网络运行预测模型

6G 架构的复杂性可能会阻碍闭合优化的实现。与 5G 相比,6G 部署将更加密集、异构性更强,性能要求也更为严格。因此,业界已在研究探讨移动网络与智能技术的集成,预计智能技术将在未来 6G 网络中发挥更加突出的作用。应当注意的是,尽管标准可能没有直接指出在网络中应当应用哪些技术和学习策略,但数据驱动技术仍然是网络运营商和电信供应商满足 6G 需求的必需工具[32]。6G 研究将重点面向以下三个方面。

1)数据选择与特征提取

未来连接设备(例如完全自主框架下的车辆)双向收发的大量数据将使本已拥塞的通信网络不堪重负。因此,一个研究要点是终端要能够辨别信息的价值,从而使用其(有限)网络资源传输对潜在接收方更为关键的数据内容[33,34]。这种情境下,可采用机器学习(ML)解决方案来计算连续观测期间的时间和空间相关性,以及从传感器采集的数据中提取特征,并根据一个序列的先前历史预测其后验概率。在 6G 中,为监督学习方法标记数据不可行。而另一方面,无监督学习不需要标记,可用于自主构建复杂网络表示来执行全局优化,这已超越了监督学习方法的能力。此外,无监督表示与强化学习方法相结合可能使网络完全自主运行。

2)用户间、运营商间知识共享

使用基于学习的系统,移动运营商和用户不仅可以(像在传统网络中一样)共享频谱和基础设施,还可以共享不同网络部署和/或用例的学习表示,从而提升系统多路复用能力。应用实例包括加快新市场的网络安装,或更好地适应预期外的新运行场景。为了开发这些系统,6G 研究将需要探索延迟、能耗和系统开销之间的相关权衡问题,以及机上数据处理与边缘云辅助数据处理的成本问题。

3)以用户为中心的网络架构

机器学习驱动的网络仍处于起步阶段,但它将代表未来 6G 系统的关键组成部分。具体来说,我们设想了一种分布式人工智能范式,旨在实现以用户为中心的网络架构。通过这种方式,终端将有可能根据先前网络运行的结果自主作出网络决策,从而消除因与集中式控制器通信而引入的开销。分布式方法可以准实时处理亚毫秒级延迟的机器学习算法,从而实现响应更快的网络管理。

3.4 本章小结

本章综述了将成为未来6G框架特征的用例及相关关键使能技术。表3-1总结了所列各项技术的关键挑战、潜力和用例。6G研究可发展5G及前几代传统无线组网范式,并引入对太赫兹与可见光波段的支持、无蜂窝与非地面架构以及大规模分布式智能等创新。然而,这些技术仍需进行研究,针对2030年及以后社会不可预见的数字用例做好市场准备。

表3-1 6G使能技术及相关用例对照表

使能技术	潜力	挑战	用例
新型无线范式和100GHz以上频谱			
太赫兹	数据速率高,天线尺寸小,波束聚焦	电路设计,传播损耗	普适连接,工业4.0,远程传送
VLC	低成本硬件,有限干扰,免授权频谱	覆盖范围有限,需要RF上行链路	普适连接,电子健康
全双工	中继与同步收发	干扰管理和调度	普适连接,工业4.0
带外信道估计	灵活多频谱通信	需要可靠频率地图	普适连接,远程传送
传感与定位	新业务和基于情境的控制	高效的多路复用通信与定位	电子健康,无人移动性,工业4.0
多维网络架构			
多连接与无蜂窝架构	无缝移动性及集成不同种类链路	调度,需要新型网络设计	普适连接,无人移动性,远程传送,电子健康
3D网络架构	泛在3D覆盖,无缝服务	建模,拓扑优化与能效	普适连接,电子健康,无人移动性
分解与虚拟化	运营商可以较低成本进行大规模密集部署	高性能PHY与MAC处理	普适连接,远程传送,工业4.0,无人移动性
先进接入-回传集成	灵活部署选项,室外至室内中继	可扩展性,调度与干扰	普适连接,电子健康
能量收集与低功耗运行	节能网络运行,韧性	需要在协议中集成能量特性	普适连接,电子健康
网络运行预测模型			
网络中的智能			
学习信息价值评估	智能、自主选择传输信息	复杂性,无监督学习	普适连接,电子健康,远程传送,工业4.0,无人移动性

(续)

使能技术	潜力	挑战	用例
知识共享	加速新场景学习	需要设计新共享机制	普适连接,无人移动性
用户中心网络架构	网络端点分布式智能	实时节能处理	普适连接,电子健康,工业4.0
5G中未考虑		6G中的新特点/能力	

参 考 文 献

[1] GIORDANI M, POLESE M, MEZZAVILLA M, S, et al. Toward 6G networks: use cases and technologies[J]. IEEE Commun. Mag, 2020, 58(3): 55-61.

[2] ZHANG Z, XIAO Y, MA Z, et al. 6G wireless networks: vision, requirements, architecture, and key technologies[J]. IEEE Vehic. Technol. Mag, 2019, 14(3): 28-41.

[3] RAPPAPORT T S, et al. Wireless communications and applications above 100GHz: opportunities and challenges for 6G and beyond[J]. IEEE Access, 2019(7): 78729-78757.

[4] AKYILDIZ I F, JORNET J M, HAN C. Terahertz band: next frontier for wireless communications[J]. Phys. Commun, 2014(12): 16-32.

[5] POLESE M, JORNET J, MELODIA T, et al. Toward toward end-to-end, full-stack 6G Terahertz networks[J/OL]. IEEE Commun. Mag, 2020(58): 48-54. https://arxiv.org/abs/2005.07989.

[6] BOSCHIERO M, GIORDANI M, POLESE M, et al. Coverage analysis of UAVs in Millimeter wave networks: a stochastic geometry approach[C/OL]//Proceedings of the 16th Intl Wireless Communications and Mobile Computing Conference (IWCMC 2020), Limassol, Cyprus (2020). https://arxiv.org/pdf/2003.01391.pdf.

[7] GIORDANI MZORZI M. Satellite communication at millimeter waves: a key enabler of the 6G era[C]//IEEE International Conference on Computing, Networking and Communications (ICNC), 2020.

[8] BONATI L, POLESE M, D'ORO S, et al. Open, Programmable, and Virtualized 5G Networks: State-of-the-Art and the Road Ahead (2020) [EB/OL]. arXiv:2005.10027 [cs. NI]

[9] POLESE M, JANA R, KOUNEV V, et al. Machine learning at the edge: a data-driven architecture with applications to 5G cellular networks[C]. IEEE Trans. Mobile Comput. Early Access, 2020.

[10] SAAD W, BENNIS M, CHEN M. A vision of 6G wireless systems: applications, trends, technologies, and open research problems[J]. IEEE Netw, 2020, 34(3): 134-142.

[11] CALVANESE STRINATI E, BARBAROSSA S, GONZALEZ-JIMENEZ J L, et al. 6G: the next frontier[J]. IEEE Vehic. Technol. Mag, 2019, 14(3): 42-50.

[12] XU X, PAN Y, LWIN P P M Y, et al. 3D holographic display and its data transmission requirement[C]. International Conference on Information Photonics and Optical Communications,2011: 1-4.

[13] ZHANG Q, LIU J, ZHAO G. Towards 5G enabled tactile robotic telesurgery (2018) [EB/OL]. Preprint arXiv:1803. 03586.

[14] LEE J, BAGHERI B, KAO H A. A cyber-physical systems architecture for industry 4.0-based manufacturing systems[J]. Manuf. Lett,2015(3): 18-23.

[15] WOLLSCHLAEGER M, SAUTER T, JASPERNEITE J. The future of industrial communication: automation networks in the era of the internet of things and industry 4.0 [J]. IEEE Ind. Electron. Mag,2017, 11(1):17-27.

[16] LU N, CHENG N, ZHANG N, et al. Connected vehicles: solutions and challenges [J]. IEEE Int. Things J,2014, 1(4): 289-299.

[17] CHOI J, VA V, GONZALEZ-PRELCIC N, et al. Heath, Millimeter-wave vehicular communication to support massive automotive sensing[J]. IEEE Commun. Mag,2016, 54(12):160-167.

[18] MASON F, GIORDANI M, CHIARIOTTI F, et al. An adaptive broadcasting strategy for efficient dynamic mapping in vehicular networks[J]. IEEE Trans. Wirel. Commun, 2020,19(8):5605-5620.

[19] JORNET J M, AKYILDIZ I F. Channel modeling and capacity analysis for electromagnetic wireless nanonetworks in the Terahertz band[J]. IEEE Trans. Wireless Commun, 2011,10(10):3211-3221.

[20] KOMINE T, NAKAGAWA M. Fundamental analysis for visible-light communication system using LED lights[J]. IEEE Trans. Consum. Electron,2004, 50(1):100-107.

[21] BOHAGEN F, ORTEN P, OIEN G E. Construction and capacity analysis of high-rank line-ofsight MIMO channels[C]// Proceedings of the IEEE Wireless Communications and Networking Conference, 2005:432-437.

[22] SIMSEK A, KIM S K, RODWELL M J W. A 140GHz MIMO transceiver in 45nm SOI CMOS[C]// Proceedings of the IEEE BiCMOS and Compound Semiconductor Integrated Circuits and Technology Symposium (BCICTS),2018.

[23] SKRIMPONIS P, DUTTA S, MEZZAVILLA M, et al. Power consumption analysis for mobile mmwave and sub-THz receivers[C]//Proceedings of the IEEE 6G Wireless Summit (6G SUMMIT),2020.

[24] MIRFARSHBAFAN S H, GALLYAS-SANHUEZA A, GHODS R, et al. Beamspace Channel Estimation for Massive MIMO mmWave Systems: Algorithm and VLSI Design (2019) [EB/OL]. Preprint arXiv:1910. 00756.

[25] ABBASI N A, ARJUN H, NAIR A M, et al. Double directional channel measurements for THz communications in an urban environment (2019) [EB/OL]. Preprint arXiv: 1910. 01381.

[26] Xing Y, Rappaport T S. Propagation measurement system and approach at 140GHz - moving to 6G and above 100GHz[C]//Proceedings of the IEEE Global Communications Conference (GLOBECOM),2018.

[27] PATHAK P H, FENG X, HU P, et al. Visible light communication, networking, and sensing: a survey, potential and challenges[J]. IEEE Commun. Surveys Tuts,2015,17(4): 2047-2077.

[28] GOYAL S, LIU P, PANWAR S S, et al. Full duplex cellular systems: will doubling interference prevent doubling capacity? [J]. IEEE Commun. Mag,5015,53(5): 121-127.

[29] ALI A, GONZÁLEZ-PRELCIC N, HEATH R W. Millimeter wave beam-selection using out-of-band spatial information[J]. IEEE Trans. Wireless Commun,2018,17(2):1038-1052.

[30] GIORDANI M, ZORZI M. Non-Terrestrial networks in the 6G Era: challenges and opportunities[J]. IEEE Netw,2020(35): 244-251.

[31] POLESE M, GIORDANI M, ZUGNO T, et al. Integrated access and backhaul in 5GmmWave networks: potentials and challenges[J]. IEEE Commun. Mag,2020, 58(3):62-68.

[32] WANG M, CUI Y, WANG X, et al. Machine learning for networking: workflow, advances and opportunities[J]. IEEE Netw,2018, 32(2): 92-99.

[33] GIORDANI M, ZANELLA A, HIGUCHI T, et al. Investigating value of information in future vehicular communications[C]// 2nd IEEE Connected and Automated Vehicles Symposium (CAVS),2019.

[34] HIGUCHI T, GIORDANI M, ZANELLA A, et al. Value-anticipating V2V communications for cooperative perception[C]// 30th IEEE Intelligent Vehicles Symposium (IV), 2019.

第 4 章　6G 无线物理层设计挑战

未来 6G 网络必然以 5G 和 LTE 核心技术为基础进行深度演进,并吸纳其他 5G 尚未采用的新技术。同时,6G 网络也必将结合上一代无线蜂窝网络中的大部分技术,并引入目前 5G 标准中未曾出现的各种全新机制。其中,物理层是实现无线信道上可靠高速数据传输的关键。在发送端,比特流经由诸如信道编码、信号调制、MIMO 预编码和正交频分复用(OFDM)等模块处理;接收端通过实现相反的过程以恢复所需的比特。在协议和算法层面,实现低延迟、高可靠和降低复杂度的关键是增强编码、调制和波形。面对各种可能的通信需求,需要针对性地采用不同的设计及参数配置以实现最优化应用支持。通过联合使用全双工、基于速率分割的干扰管理、基于机器学习的优化、编码缓存以及分布式处理等技术,可以进一步提高资源利用率。本章主要介绍了 6G 物理层在专用集成电路/片上系统(ASIC/SoC)层面所面临的众多设计问题,以实现具有极高数据速率的 6G 连接,包括太赫兹、6G 物理层建模、可扩展性以及芯片级别的实现问题。本章将讨论数字/模拟信号处理方面所面临的挑战,然后重点讨论基于 AI 的下一代 6G 网络物理层以及 SoC 层面设计安全问题。

4.1　引言

物理层是实现无线信道上可靠高速数据传输的关键。在发送端,比特流经由诸如信道编码、信号调制、MIMO 预编码和 OFDM 等模块处理;接收端通过实现相反的过程以恢复所需的比特。

在协议和算法层面,实现低延迟、高可靠和降低复杂度的关键是增强编码、调制和波形。在面对各种可能的不同通信需求时,也需要有针对性地采用不同的设计及参数配置以实现最优化应用支持。通过联合使用全双工、基于速率分割的干扰管理、基于机器学习的优化、编码缓存以及分布式处理等技术,可以进一步提高资源利用率。

就技术而言,特别是在物理层,前几代移动通信的标志性特点是通信多址接入方式,如频分多址(FDMA)、时分多址(TDMA)、码分多址(CDMA)、正交频分多址(OFDMA)等[1]。这凸显了物理层技术进步对通信技术的重要性,不仅涉及空口设计,还包括电子/光子材料、微电子制造、器件制造等方面的各种突破。为了实现太赫兹频段下的无线通信,需要建立更精确的信道模型,以捕捉信道特性的影响,包括在不同传播窗口的大气衰减特性和分子吸收率,以及在不同材料中的反射、散射和衍射等传播效应。基于众多的研究,6G 无线物理层有如下特点:

(1)大量使用"大量循环的数字信号处理"和大量高速缓存,例如,以云无线接入网(C-RAN)的形式;

(2)基于网络切片和多址边缘计算,以支持高敏感性新服务以及面向垂直应用的资源需求;

(3)星地融合网络、UAV 和低轨(LEO)微型卫星的更紧密结合,以填补网络覆盖的空缺并在高负载时实现负载转移;

(4)基于 AI 和 ML 方法以提高传统基于数字信号处理(DSP)模型的算法性能,以及基于神经网络的 FPGA 加速器以提高信号处理和资源分配的效率。

图 4-1 展示了 6G 网络所要实现的一些核心目标,这些目标代表对 6G KPI 需求的大幅增长。本章主要介绍了用于实现最高可达太比特量级数据速率的 6G 连接所需采用的一些物理层方法。理论上,6G 物理层建模将面临 ASIC 硬件实现及扩展性的问题。

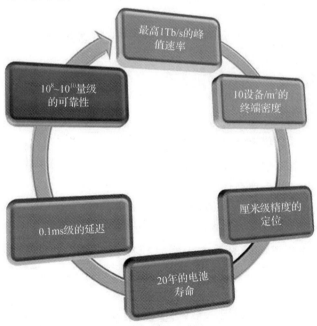

图 4-1 6G 的目标

4.2 物理层在6G中的作用

随着 URLLC 和 mMTC 等新应用的引入，AI 技术，特别是机器学习技术，成为实现 B5G 和 6G 物理层自适应、动态智能和自我学习系统的主要推动力。学术界有一种观点认为在 6G 中物理层只会起到次要的作用，有些学者甚至认为"物理层将会剥离"[2]，担忧物理层研究将缓慢减少，并仅限于维持业界的短期和衍生需求[3]。显然，这种担心是多余的，非正交多址（NOMA）、全双工（FD）无线电和混合毫米波射频等颠覆性技术的创新应用，已经权威地证明了这一点。

对物理层的研究不会消失，而是会不断更新以解决未来发展中所遇到的新问题。具体来说，6G 物理层的研究将主要分为两个部分：主物理层和次物理层。

主物理层将致力于解决近实时 ASIC 的复杂 DSP 问题，包括波形处理、波束成形和信号干扰监测。同时，考虑大规模 MIMO（Massive MIMO）天线的压缩性能损失、全双工和毫米波射频等带来的对硬件的影响，以及由于自适应动态的 6G 协议、机制所带来的信道状态信息（CSI）的不完善。

次物理层将更多地专注于构建主物理层的高级应用软件驱动程序，并侧重于与 AI 内核的接口，开发与主物理层控制和交互所需的代码技术。

4.3 太赫兹频段的6G物理层

太赫兹频段（0.1～10THz）正显示出它作为满足未来 6G 无线系统需求的关键无线技术的潜力，如：

(1) GHz 量级的带宽资源；

(2) 皮秒级符号持续时间；

(3) 数百万个亚毫米长度天线的集成；

(4) 易于消除来自现存通信系统的干扰。

太赫兹频段一直是"电磁频谱"中探索最少的频段之一，其原因主要是缺乏高效的太赫兹收发器和天线。为了研制出高效的太赫兹通信系统，需要建立非常详细、准确且易于处理的适用于室内和室外环境的太赫兹多径信道模型。SoC 学者需要面对以下挑战：

(1) 在系统内部以低损耗将信号传送到天线；

(2) 在保持系统低温的同时无实质损失地封装集成系统；

(3) 降低混频器相位噪声；

(4) 低功耗、多吉赫兹采样率的模数转换器（ADC）和数模转换器（DAC）；

(5)在一定功耗/能耗限定下,实现 DAC 和 ADC 的低功耗数字输入/输出(IO)并达到 Tb/s 量级的数据速率。

4.3.1 对信号处理的挑战

随着运算能力指数级的提高,运算单元的灵活性、在运算资源间交换数据的数据管道,以及弹性配置等很多问题也更加复杂化。随着 MAC 层功能日益复杂,软件定义网络(SDN)也越来越受到关注,对调度器的鲁棒性和复杂度以及对时间精确处理和并行计算的需求变得更为迫切[4]。对 SDN 而言,应用软件的需求非常多元。当下,经验丰富的 6G 技术引领者们关心的并非是否应该使用 ASIC(或 FPGA),而是如何在多重云环境中更好地将该技术与传统的 CPU 和 GPU 结合起来,以及如何通过软件开发和生产生命周期实施最好地管理成本。

简单的原始数据不能像目前类似场景管理器的第三方应用 EDA 软件那样处理,数据可以来自信道、基站、手机或人体,这要求 SoC 不同模块之间的延迟极低。任何采用异构处理器的架构(SoC、ASIC、ASIP、RISC - V、FPGA 等)都需要通过高速串口以低延迟和大规模数据带宽总线传输数据。

信道的精确估计和鲁棒性滤波是信号处理领域的两大挑战。

4.3.1.1 挑战 1:信道精确估计

高速移动场景中高数据速率(Gb/s)传输是运营商重点关注的问题之一。这意味着信道相干时间更短,同时超低延迟的要求使得传输间隔显著压缩,需要估计的信道数量也将会成比例地增加(不仅对天线/接入点,也是对用户/设备)。

4.3.1.2 挑战 2:鲁棒性滤波

传统的滤波器(如 SCM)依赖于充足的样本,且样本的数量远大于信号的数量,并要求样本真实有效。这些限制条件带来的实际协方差和估计协方差之间的误差导致滤波的精度大幅下降,从而在联通性、可靠性和数据速率方面产生严重的性能损失。因此,一项重要的工作是在有限采样、短时相干和损坏(异常)样本等限制条件下设计更加健壮的信号处理滤波器。目前,可能的解决方案包括鲁棒性统计、RMT,以及高维协方差近似等。

4.4 6G 物理层中的人工智能及机器学习

无线 AR 和 VR 技术正在成为包括健康和娱乐在内的各种垂直领域的主要应用驱动因素。其他重要的驱动因素还包括自动驾驶汽车和工业 4.0。这些应用领域的特点是需要处理大数据集和繁重的计算任务,并要求实时或接近实时响应——这需要分布式和人工智能技术的结合[9]。

一个宏大的愿望是构建一个基于 AI 的端到端物理层架构,这将潜在地改变和取代那些需要专业知识和模块的设计应用。利用深度学习驱动的自动编码器可以将端到端物理层构建为三个模块,包括发射端、信道和接收端。然而,由于深度学习的复杂性,独立应用 AI 设计增强一个或多个物理层功能而非整个端到端物理层,相对更容易实现。

深度学习是设计和增强物理层的重要技术,其中卷积神经网络(CNN)可以用于信号分类和信道解码,深度神经网络(DNN)提供了潜在的信道估计和信号检测技术,而复数 CNN(CCNN)可以用于构建 OFDM 接收机。

传统的物理层设计总是基于平均的信道条件,并使用遍历容量和平均误码率等测量指标。这些方法提高了平均 QoS,适合于诸如与典型移动宽带相关的大型长距离传输,但这些方法忽略了单个数据传输的细节,因此,难以表征与短距离物联网相关的短时传输的实际 QoS。

机器学习已经开始在各行各业取得突破,包括无线通信领域[5]。物理层通常是基于极端的统计数学模型来构建的,并对几个主要模块进行离散建模和优化。这种设计方法可以适应物理层快速时变的物理学特征,但物理层中的一些非线性影响往往不能直接建模。为此,必须将机器学习的先进特性和算法吸收到 6G 无线系统的物理层中[10]。

在物理层和 ASIC 层面上,许多优化问题不是凸优化,例如通过功率控制实现吞吐量最大化,多载波系统中的多用户谱效优化,认知无线电频谱感知的优化,以及在总功率约束下的最优波束成形问题等。这些问题可以通过迭代算法的对偶分解技术来解决,而迭代算法往往由于计算量大而无法实时计算。

为了缓解现有迭代算法的高计算复杂度和由此产生的延迟等问题,对一些物理层问题,如波束成形设计,已经有了经验解[2]。虽然基于经验解的方法可以实现较低的计算延迟,但这种优势是以性能损失为代价的。而深度学习技术很有可能实时地解决这些问题,同时保持良好的性能和极低的计算延迟。深度学习可以为 6G 物理层的多种功能带来增强和启发。包括用于信号分类的 CNN,以及用于信道估计和信号检测的 DNN。

由机器学习驱动的技术将在物理层的众多方向发挥重要作用,如:

(1)安全性增强;

(2)信道编码;

(3)同步;

(4)信道估计;

(5)波束成形。

4.4.1 无线 AI 的硬件架构

6G 物理层的不同硬件架构可以支持：

(1)密集的、有组织的系统，使用人工智能操作可实现智能的实时调节，以平衡利用基于典型 CR 架构的 FPGA 和通用处理器(GPP)，有时还包括 GPU 模块；

(2)分段的、可伸缩的、计算密集型的系统，通常由连接到高端服务器的 CR 和执行离线运算的控制 GPU 组成。

对体积较小、质量较轻和功耗较低的系统，将 FPGA 的硬件处理效率和低延迟性能与 GPP 的可编程性结合起来是非常有意义的。虽然 FPGA 的编程难度较大，但它是实时系统中实现低功耗、性能和时序的关键因素。ASIC 仿真中的主要仿真因素包括：

(1)信噪比；

(2)相位噪声；

(3)线性和非线性损伤；

(4)波形选择。

更大的、计算密集型的结构需要 SoC 系统架构，以扩展并异构控制同类最佳处理器。这些设计通常包括用于基带处理的 FPGA，用于控制的 GPP，以及用于 AI 处理的 ASIP/GPU。其中 GPU 完美结合了编程的便利性和处理大量数据的能力。

4.5　6G 物理层安全

未来 6G 无疑将远超 5G 的限制，在关键性能指标上获得极大提升，从而能够满足更多具有挑战性的应用，例如从 AR 和全息投影到极灵敏的应用。而在这种情况下，需要一套完整的安全方法和解决方案来应对远多于现在网络中的不同系统和平台之间的安全通信问题(图 4-2)。

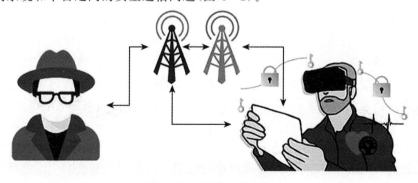

图 4-2　6G 物理层安全

改变 SoC 硬件层安全策略的物理层安全机制将会是实现 6G 连接保密性的使能之一。它的特点与 AI 算法的发展及分布式计算体系结构的发展趋势相结合,既可以增强经典密码技术,也可以满足无法实现加密方法的简单但敏感的设备的安全需求。其中包括物联网的设备和纳米设备,以及生物纳米物联网,其中体内纳米设备也将成为未来互联网的节点[3]。

物理层安全解决了 6G 最重要的应用之一,即以人为中心的移动通信[6]。在这个应用背景下,越来越多的科学研究已经开始转向无线体域网,特别是体表和体内的纳米设备,包括生化通信和信号处理。在未来,人体将是整个网络架构的一部分,它将被视为网络的一个节点或一组收集极其敏感信息的节点(可穿戴设备、可植入传感器、纳米设备等),进行用于多种目的(例如健康、统计、安全等)的数据交换。通过管理具有高安全性和私密性要求以及功率和小型化限制的新型通信终端,物理层安全技术可以成为以保护最具生命威胁和较少研究的网段,即身体传感器与接收器或中心节点之间的网段的良好解决方案。

两个非常有吸引力的 6G 物理层安全潜在应用场景是人际通信和分子通信。前者需要安全传输人体所有的五种感官,以复制人体的生物特征,实现疾病诊断、情绪检测,以及采集生物特征和处理人体远程交互,后者将信息论概念应用到生物化学领域(人体内各种生物细胞之间的通信),它需要先进、低复杂度和可靠的安全机制来确保体内信号处理通信的安全,并确保在人体内实现可信的感知和驱动,这是一个非常具有挑战性的环境(例如生物纳米安全互联网)[7]。ETSI 小组正在致力于实现未来体域网的安全性和隐私性,并将物理层安全性作为处理体内和体表网络设备(通常可用资源很少)保密性的潜在候选技术之一。当 6G 网络将包括体内或体表节点作为网络的一部分时,这是一个极其重要的问题。

在数据保密性和完整性方面,最先进的加密技术本身被认为是无懈可击的。然而,传统的认证和密钥分发设计是否适用于未来场景还存在疑问。基于物理层的密钥生成方案不同于传统的密钥交换方案,它是完全去中心化的,不依赖于特定实体设计的任何固定参数,而是依赖于分布式熵源,即无线信道。

未来,新设计或扩展的通信协议应该可以更容易地在更高层获得物理层交换中的物理层属性(CSI、接收信号强度指示(RSSI)、载波频率偏移(CFO)等),这将使更深层次的集成、控制和安全模块的互换性成为可能。物理层加密控制方案和前所未有的网络,未来预期将成为网络安全和身份验证的有效解决方案。

如果在这些业务中没有嵌入全面的安全性设计,新的攻击向量将以测距放大/缩减攻击的形式出现在物理层,这些攻击可以进行设备间距离欺骗。在安全通信链路可用的情况下,物理层属性也可以用于物理层威胁检测[8]。这些可以使用经典的信号处理技术来实现,例如通过突出和发现特定接收信号的物理层属性中的异常或通过检测数据包交换中的异常来实现。

4.6 本章小结

未来 6G 时代还有很长的路要走。6G 的落地预计将在 10 年之内,现在正是通信工程师研究相关技术的最佳时机。本章明确了一些紧迫的技术挑战,其研究将交叉利用信号处理、信息论、电磁学和物理实现等各方面的专业知识。为实现下一代无线通信的物理层设计,必须从应用的角度出发,在挑战和备选解决方案间进行反复迭代。克服挑战的道路充满了艰难险阻,而本章在有望开放研究的方向上提出了诸多见解,能够为未来 10 年的研究提供助力。

参 考 文 献

[1] LATVA‐AHO M, LEPPÄNEN (EDS.) K. Key drivers and research challenges for 6G ubiquitous wireless intelligence (White Paper) [D/OL]. Oulu:University of Oulu, 2019. http://urn.fi/urn:isbn:9789526223544.

[2] MITRA R, JAIN S, BHATIA V. Least minimum symbol error rate based post‐distortion for VLC using random fourier features[J]. IEEE Commun. Lett,2020, 24(4):830‐834.

[3] ZAPPONE A, RENZO M D, DEBBAH M. Wireless networks design in the era of deep learning:Model‐based, AI‐based, or both? [J]. IEEE Commun. Mag,2020.

[4] GHAHRAMANI Z. Probabilistic machine learning and artificial intelligence[J]. Nature, 2015, 521(7553):452‐459.

[5] MITRA R, MIRAMIRKHANI F, BHATIA V, et al. Mixture‐kernel based post‐distortion in RKHS for time‐varying VLC channels[J]. IEEE Trans. Veh. Technol,2019, 68(2):1564‐1577.

[6] CHEN M, POOR H V, SAAD W, et al. Convergence time optimization for federated learning over wireless network. Preprint (2020) [EB/OL]. arXiv:2001.07845.

[7] FERDOWSI A, SAAD W. Generative adversarial networks for distributed intrusion detection in the Internet of Things. preprint (2019) [EB/OL]. arXiv:1906.00567.

[8] TALEB ZADEH KASGARI A, SAAD W, MOZAFFARI M, et al. Experienced deep reinforcement learning with generative adversarial networks (GANs) for model‐free ultra reliable low latency communication. Preprint (2019) [EB/OL]. arXiv:1911.

[9] CHEN M, CHALLITA U, SAAD W, et al. Artificial neural networks‐based machine learning for wireless networks:a tutorial[J]. IEEE Commun. Surv. Tutorials,2019, 21(4):3039‐3071.

[10] CHEN M, YANG Z, SAAD W, et al. A joint learning and communications framework for federated learning over wireless networks. Preprint (2019) [EB/OL]. arXiv:1909.07972.

第 5 章　智能超表面辅助 6G 无线网络物理层设计中面临的挑战

RIS 由近似无源、低成本、可重构的超材料制成,通过在电磁波上引入可控且独立的相移,可以人为定制传播环境。通过将智能超表面集成到 6G 无线网络中,可以使接收端的能量得到前所未有的集中,从而极大提升通信能力。本章首先概述将 RIS 引入 6G 通信后的新物理层设计中面临的挑战。鉴于 RIS 近似无源的特性,其接收、处理和发送入射信号的能力非常有限,这使得 RIS 辅助系统中的信道估计比传统通信系统更具挑战性。本章进一步阐述了利用 RIS 辅助系统中的信道结构特征,来估计级联发射机 RIS 和接收机 RIS 信道的两种最先进的方法。具体来说,第一种方法通过控制 RIS 单元的开/关状态来人为引入信号稀疏性,并通过稀疏矩阵分解和矩阵补全来估计级联信道。第二种方法利用 RIS 接收机信道的缓变信息和发射机 RIS 信道固有的稀疏性,直接对级联信道进行因式分解。最后,本章讨论了 RIS 信道估计中尚待解决的问题,并对今后的研究方向进行了梳理。

5.1　引言

随着第五代(5G)通信标准化和商业化的启动,第六代(6G)通信的研究工作从学术和产业两个角度都拉开了序幕。6G 无线网络有望为未来通信提供从"互联物"到"互联智能"的模式转变,后者将移动设备结合为集传感、通信和计算能力于一体的分布式智能平台。人们普遍认为现有的 5G 技术,如大规模 MIMO、毫米波通信、小蜂窝等,不足以满足未来网络对超低时延、超高可靠和超大容量连接的需求。在 5G 系统设计中假设无线信号的传播环境是预先确定且不可控制的,这是造成 5G 无线网络固有不足的主要原因。智能无线电环境作为 6G 无线通信的一个新兴概念,其将无线信道视为可控和可编程的实体,可以与发射机和接收机共同配置[1]。

RIS 又称大型智能超表面和无源全息 MIMO 表面,被认为是智能无线电环境的关键推动因素[2]。RIS 是一种由近似无源、成本较低的超材料制成的薄片,其可采用外部激励来改变入射的电磁波,通过该种方式来对其进行控制。RIS 通常具有以下特性:

(1) RIS 单元能够在入射电磁波上引入独立的可重构因素(如相移),并灵活地实时调整它们的响应；

(2) 通过采用低成本、低功耗、无射频链的电子技术，RIS 近似是无源的；

(3) RIS 可以很容易地放置在普通物体上，如墙壁、天花板或建筑物的外立面。

鉴于这些优点，RIS 可以集成到无线网络中，成为一种低成本的辅助通信方式。具体来说，RIS 就像一个大型反射天线阵，其单元对入射信号产生可控和独立的相移。通过优化相移，RIS 能够对抗不利的无线信道环境，并通过相干增强有用信号和抑制干扰在接收机处获得期望的信道响应。为了充分利用 RIS 的优点，需要解决物理层设计中面临的新挑战，具体如下所列。

信道估计。与传统的无 RIS 通信系统中的信道估计相比，RIS 辅助系统中的信道估计有很大的不同，也更具挑战性。其原因有两个方面：首先，RIS 的存在，除发射机到接收机的直接链路之外，还带来了附加的发射机-RIS-接收机的信道链路估计；其次，鉴于 RIS 近似无源的特性，其信号处理能力极其有限，当观察到发射机 RIS 与接收机 RIS 间存在串联的情况时，接收机需具备对其进行信道分离的功能。因此，RIS 信道估计需要新的算法。

无源波束成形。无源波束成形指的是通过调整 RIS 相移来增强端到端通信的方式(又称反射波束成形)。无源波束成形通常与发射机的有源波束成形/预编码一起优化。在实践中，RIS 是用有限数目的相移电平来实现的，它具有一组量化的可实现角度。因此，联合波束成形是典型的具有离散可行集的非凸优化问题。

资源配置与系统优化。为了充分发挥 RIS 的优势，需要充分考虑在发射功率、RIS 的大小和位置、移相器的移相量级等方面的资源分配和系统优化。此外，需要新的收发信机策略来适应新的系统设计。

很明显，后两个挑战的解决主要取决于 CSI 的知识。因此，高效的 CSI 捕获算法对 RIS 系统的设计至关重要。在这一章中，重点研究 RIS 辅助无线网络中的信道估计问题。在 5.3 和 5.4 节中，从参考文献[3,4]中给出了两种最先进的方法，来估计两种不同设置下的级联发射机 RIS 和接收机 RIS 信道。此外，在 5.5 节中还讨论了 RIS 信道估计面临的公开挑战。关于其他信道估计方法、无源波束成形和资源分配解决方案的更多讨论，请感兴趣的读者参考 5.6 节中总结的文献。

符号。在这一章中，分别用 $\mathbb{R}$ 和 $\mathbb{C}$ 来表示实数集和复数集。普通斜体字母、黑体斜体小写字母和黑体斜体大写字母分别用于表示标量、向量和矩阵。我们使用 $j \triangleq \sqrt{-1}$ 表示虚数单位，用 $(\cdot)^*$、$(\cdot)^T$、$(\cdot)^{-1}$、$(\cdot)^H$ 分别表示共轭、转置、逆转置和共轭转置，用 $\boldsymbol{X}_{ij}$ 来表示 $\boldsymbol{X}$ 的第 (i,j) 个项。我们用 $\mathcal{N}(x;\mu,\sum)$ 和 $\mathcal{CN}(x;\mu,\sum)$ 来表示 x 分别遵循均值 μ 和协方差 $\sum$ 的实正态分布和圆对称正态分布。我们使用 $\boldsymbol{I}$ 来表示具有适当大小的单位矩阵，$\mathrm{diag}(\boldsymbol{X})$ 来表示具有由 $\boldsymbol{X}$

指定的对角线项的对角线矩阵，$\|\cdot\|_p$ 表示 l_p 范数，$\|\cdot\|_F$ 表示弗罗贝尼乌斯范数，$\delta(\cdot)$ 表示狄拉克 δ 函数，∞ 表示等于常数乘法因子，$\mathbb{E}[\cdot]$ 表示期望运算符。

5.2 系统模型

图 5-1 表示一个单小区 RIS 辅助 MIMO 系统。一个大规模天线基站(BS)服务于 K 个用户，其中每个用户配备 N 个天线。部署具备 L 个无源移相单元的 RIS 以辅助用户和基站之间的通信。假设一个准静态的快衰落信道模型，其中信道系数在相干时间内保持不变。分别用 $\boldsymbol{H}_{\mathrm{UR},K} \in \mathbb{C}^{L \times N}$ 和 $\boldsymbol{H}_{\mathrm{RB}} \in \mathbb{C}^{M \times L}$ 表示第 K 个用户的 RIS 信道系数和 RIS-BS 信道系数。

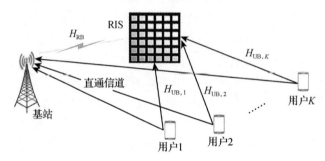

图 5-1 RIS 辅助的 MIMO 系统[4]

在这一章中，假设关闭 RIS 反射单元，通过传统的 MIMO 信道估计方法来准确估计（并从模型中撤销）基站和用户之间的直通信道。因此，本章介绍的内容，集中在从基站侧级联噪声观测中进行用户 RIS 和基站 RIS 的信道估计方法。把由此产生的 RIS 信道估计问题称为级联信道估计问题。

基于入射信号，RIS 单元可以产生独立的相移量。将时间 t 处的 RIS 相移向量表示为

$$\boldsymbol{\psi}(t) \triangleq [\varpi_1(t)e^{j\psi_1(t)}, \varpi_2(t)e^{j\psi_2(t)}, \cdots, \varpi_L(t)e^{j\psi_L(t)}]^{\mathrm{T}} \tag{5-1}$$

式中：$\varpi_L(t) \in \{0,1\}$ 是第 L 个 RIS 单元的开/关状态；$\psi_L(t) \in [0, 2\pi)$ 是第 L 个 RIS 单元的相移量。

在 5.3 和 5.4 两节中，分别针对单用户系统（即 $K=1$ 和 $N \geqslant 1$）和单天线多用户系统（即 $K \geqslant 1$ 和 $N=1$），提出了两种级联信道估计方法。

5.3 RIS 辅助单用户系统中的信道估计

本节在参考文献[3]的基础上，提出了一种用于 RIS 辅助单用户 MIMO 系统（即 $K=1$）级联信道估计的两步法。为了便于表示，在本节中删除了用户索引 k。

5.3.1 信道估计协议

用户发送长度为 T 的训练导频序列,用于级联信道估计。用 $x(t) \in X^{N \times 1}$ 表示在时间 t 处发送的导频。时间 t 处的接收信号由下式给出

$$y(t) = H_{RB}(\psi(t) \circ (H_{UR} x(t))) + n(t) \tag{5-2}$$

式中:$\circ$ 是 Hadamard 乘积;$n(t)$ 是时间 t 处从 $CN(n(t);0,\tau_N I)$ 中提取出的加性噪声。通过汇总所有 T 个样本,可以将接收信号重新编码为

$$Y = H_{RB}(\Psi \circ (H_{UR} X)) + N \tag{5-3}$$

式中:$Y = [y(1), \cdots, y(T)]$;$N = [n(1), \cdots, n(T)]$;$X = [x(1), \cdots, x(T)]$;$\Psi = [\psi(1), \cdots, \psi(T)]$。

在本节中,我们假设用户 RIS 信道 H 是不满秩的,即 H_{UR} 的秩小于 N、L 中的最小值。在远场和有限散射场假设下,毫米波 MIMO 信道产生不满秩特性。

此外,我们生成了独立于伯努利分布 Bernoulli(λ) 的移相状态 $\{\varpi_l(t), \forall l, t\}$,其中(小)$\lambda$ 指其取值为 1 的概率。然后由 $\psi_l(t) = 0, \forall l, t$ 生成相移。这种 RIS 相移设计确保了矩阵 $\Psi \circ (H_{UR} X)$ 是一个稀疏矩阵,它在后续的信道估计设计中起着重要的作用。最后,发射导频信号 X 被设计成满秩矩阵,也就是 $\text{rank}(X) = \min\{T, N\}$。

5.3.2 信道估计中的模糊问题

以下恒等式对于任何满秩对角矩阵 $D \in \mathbb{C}^{L \times L}$ 都成立

$$H_{RB}(\Psi \circ (H_{UR} X)) = \underbrace{H_{RB} D}_{\triangleq H'_{RB}} [\Psi \circ (\underbrace{D^{-1} H_{UR}}_{\triangleq H'_{UR}} X)] \tag{5-4}$$

因此,从式(5-3)的模型中只能估算 H'_{UR} 与 H'_{RB},而不是标准的 H_{UR} 和 H_{RB}。这被称作级联信道估计中的模糊性问题。然而正如下面的注释所解释的,在存在对角线模糊条件下得到的 CSI,并不影响无源波束成形设计。

备注 1 在无源波束成形中,除非信道改变,否则相移向量 $\psi(t)$ 的值保持不变。因此,在每个相干块的数据传输阶段,$\{\psi(t)\}$ 通常设置为常数向量。即 $\psi(t) = \psi, \forall t$。因此,数据传输阶段的信号模型由下式给出

$$Y = H_{RB}(\text{diag}(\psi) \circ (H_{UR} X)) + N \tag{5-5}$$

$$H_{RB}(\text{diag}(\psi) \circ H_{UR} X = H'_{RB}(\text{diag}(\psi) \circ (H'_{UR} X)) \tag{5-6}$$

基于 H_{UR} 和 H_{RB} 对 ψ 的优化,与基于 H'_{UR} 与 H'_{RB} 的优化完全相同。也就是说,信道估计中的模糊问题并不影响无源波束成形的性能。

5.3.3 两步信道估计方法

在式(5-3)中接收到 Y 时,我们的目标是利用 X 和 ψ 的知识估计基站处的

受对角线模糊性影响的信道矩阵 H_{UR} 和 H_{RB}。首先将式(5-3)中的模型重写为

$$Y = H_{RB}Z + N \tag{5-7}$$

式中：$Z \triangleq S \circ (H_{UR}X)$ 是一个稀疏矩阵。这促使我们考虑一种两步信道估计方案：第一步估计 H_{RB} 和 Z，然后通过低秩矩阵补全完成 H_{UR} 估计。具体描述如下。

稀疏矩阵分解阶段 我们采用双线性近似消息传递（BiG-AMP）算法[5]来近似计算 Z 和 H_{RB} 的最小均方误差（MMSE）估计，即贝叶斯框架下边际后验概率 $\{p(z_{lt}|Y)\}$ 和 $\{p(h_{RB,ml}|Y)\}$ 的平均值。具体来说，分解图是基于以下可分解的后验分布构造的：

$$p(Z, H_{RB}|Y) \propto p(Y|B)p(Z)p(H_{RB}) \tag{5-8}$$

式中：$B \triangleq H_{RB}Z$。在式(5-8)中，先验分布如下所示

$$p(Y|B) = \prod_{m=1}^{M}\prod_{t=T}^{M} CN(y_{mt}; b_{mt}, \tau_N) \tag{5-9}$$

$$p(Z) = \prod_{l=1}^{L}\prod_{t=T}^{M} ((1-\lambda)\delta(z_{lt}) + \lambda CN(z_{lt}; 0, \tau_Z)) \tag{5-10}$$

$$p(H_{RB}) = \prod_{m=1}^{M}\prod_{l=1}^{L} CN(h_{RB,ml}; 0, \tau_{H_{RB}}) \tag{5-11}$$

式中：τ_Z 是 Z 的非零项的方差；τ_{RB} 是 H_{RB} 项的方差。注意，我们采用伯努利-高斯先验分布来模拟由稀疏相移矩阵 S 引起的 Z 中的稀疏性。

利用上述概率模型，BiG-AMP 执行和积循环消息传递，来迭代逼近 H_{RB} 和 Z 的边际分布。此外，为了提高计算效率，BiG-AMP 利用中心极限定理（CLT）和二阶泰勒展开将相关信息近似为高斯分布。因此，只需要在迭代过程中用简易的表达式来修正边缘后验均值。由于篇幅的限制，这里省略了修正的公式细节，但可以在参考文献[3,算法1]中找到。

矩阵补全阶段 基于估算的 Z，用 $\hat{Z}$ 表示，在稀疏相移矩阵 ψ 的第一阶段，矩阵补全阶段是通过使用基于黎曼流形梯度算法（RGrad）来实现 H_{UR} 检索。具体来说，首先通过求解如下的矩阵补全问题来恢复 $\hat{Z}$ 的缺失项

$$\min_{A} \frac{1}{2}\|\psi \circ (A - \hat{Z})\|_F^2 \quad \text{限于 rank}(A) = r \tag{5-12}$$

对于某个预定的 r 值。RGrad 算法通过如下公式完成 A 的迭代

$$A(k+1) = H_r(A(k) + \alpha_k P_{S(k)}(\psi \circ (\hat{Z} - A(k)))) \tag{5-13}$$

式中：$k = 1, 2, \cdots, k$ 是迭代指数；设置 $A(0) = 0$。在式(5-13)中，$P_{S(k)}(\cdot)$ 是当前估计 $A(k)$ 到左奇异向量子空间（由 $S(k)$ 表示）的投影操作，对应于的 $A(k)$ 前 r 个特征值；α_k 由下式计算

$$\alpha_k = \frac{\|P_{S(k)}(\psi \circ (\hat{Z} - A(k)))\|_F^2}{\|\psi \circ P_{S(k)}(\psi \circ (\hat{Z} - A(k)))\|_F^2} \tag{5-14}$$

并且 $H_r(\cdot)$ 是输入矩阵相关奇异值分解(SVD)的最佳秩 r 逼近的硬阈值算子。换言之,假定矩阵 M 的奇异值分解为 $M = U\sum V^H$, $\sum(i,j)$ 是 $\sum$ 的第 (i,j) 项。那么,有

$$H_r(M) = U\sum_r V^H, \sum_r(i,j) = \begin{cases} \sum(i,j), i \leqslant r \\ 0, i > r \end{cases} \tag{5-15}$$

最后,信道矩阵 H_{UR} 估计可计算为

$$\hat{H}_{UR} = \hat{A}X^\dagger \tag{5-16}$$

式中:$X^\dagger = (XX^H)^{-1}X$ 是 Moore-Penrose 逆,并且 $\hat{A}$ 是 RGrad 算法的最终输出。在这里,假定导频长度 T 不小于发射天线数 N,并且 $\text{rank}(X) = N$,从而保证 $X^\dagger$ 的存在。

总结算法 1 中的整体联合双线性因式分解和矩阵完备(JBF-MC)算法,可知,H_{UR} 和 H_{RB} 的最终估计,具有稀疏矩阵分解阶段产生的对角线模糊性。然而,正如 5.3.2 节中讨论的那样,不需要消除这种对角线模糊性。

算法 1 JBF-MC 算法[3]

输入:$Y; X; \Psi; r; \lambda; \tau_N; \tau_N; \tau_N; \tau_Z; \tau_{H_{RB}}$

使用 BiG-AMP 来计算 $\hat{Z}$ 和 $\hat{H}_{RB}$(查阅参考文献[3,算法 1,1~24 行])

初始化 $A(0) = 0$

循环 $k = 1, 2, \cdots, K_{\max}$

通过式(5-14)更新 α_k;

通过式(5-13)更新 $A(k+1)$;

结束循环

$\hat{A} \leftarrow A(k+1)$

$\hat{H}_{UR} \leftarrow \hat{A}X^\dagger$

输出:$\hat{H}_{RB}$ 和 $\hat{H}_{UR}$。

通过逐个激活用户并重复应用算法来估计每个用户的信道,算法 1 可以直接扩展到多用户情况。然而,这会导致过大的训练开销,因此效率很低。在 5.4 节中,提出了一种联合估计所有用户信道的替代信道估计算法。

5.3.4 数值结果

现在进行数值实验以评估 JBF-MC 算法的性能。为了简单起见,假设天线单元在用户、RIS 和基站处形成半波长均匀线阵。根据传播环境下不同路径的叠加原理,通过多路径信道模型生成真实的用户 RIS 和基站 RIS 信道矩阵,其中每个信道路径由与 ULA 相关的导向矢量和相应的角度参数确定。具体地

说,所有路径增益系数单独从 $CN(\cdot;0,1)$ 中提取;角度参数(即入射角和出射角的正弦)独立且一致地从 $[0,1]$ 中提取;信道矩阵 H_{UR} 中的路径数设置为 4,使得它具有低秩结构,以便它在矩阵补全阶段完成估计;并且 H_{RB} 中的路径数设置为 M 与 L 中最大值的二分之一。最后,我们设 $L=70, M=N=64, r=4$。

X 中的导频符号由 $CN(\cdot;0,1)$ 生成,信噪比(SNR)定义为 $10\lg(1/\tau_N)$ dB。根据归一化均方误差(NMSE)来评估估计性能。所有的模拟结果都是通过对 200 个独立实验进行平均得到的。此外,我们利用 H_{RB} 和 H_{UR} 真值来消除它们估计中的对角线模糊性。在稀疏矩阵因式分解阶段,将 JBF-MC 算法与 K-SVD[7] 和 SPAMS[8] 的性能进行了比较;并且在矩阵补全阶段采用迭代硬阈值化(IHT)和迭代软阈值化(IST)[9]。

图 5-2 所示为在稀疏水平(采样率)$\lambda=0.2$ 的条件下,NMSE 与 SNR($T=300$ 时)及导频数(信噪比等于 10dB 时)的对比。实验结果表明,所提出的 JBF-MC 算法在性能上比之前的算法有明显的提高。图 5-3 显示了信道估计性能相对于稀疏程度和导频数目的相变。我们发现稀疏矩阵分解和矩阵补全之间存在一个性能折中:当 λ 太小时,矩阵补全失败;当 λ 太大时,稀疏矩阵因式分解失

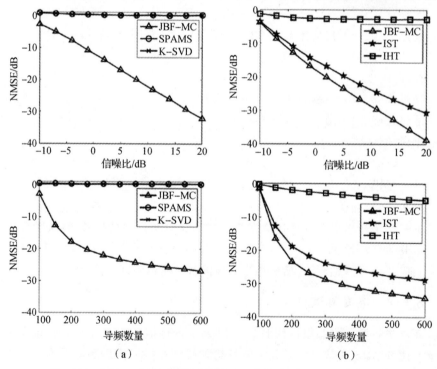

图 5-2 (a)H_{RB} 和 (b)H_{UR} 随信噪比和导频数量的归一化均方误差
($L=70, M=N=64, \lambda=0.2$[3])

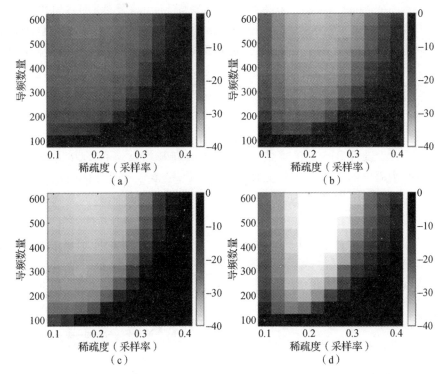

图 5-3 $H_{RB}(a,c)$ 和 $H_{UR}(b,d)$ 的相变（以 NMSE 计）与稀疏度和导频数量的关系
（图(a,b)中 SNR=10dB，子图(c,d)SNR=20dB[3]）

败。这是因为在稀疏矩阵因式分解阶段，当有更多的样本（即更长的波长）来补全矩阵时，需要估算更多的非零变量，使得 BiG-AMP 的性能变差。

5.4 RIS 辅助多用户系统中的信道估计

在这一节中，提出了一种基于矩阵校准的级联信道估计算法，用于具有若干单天线用户的 RIS 辅助多用户系统（例如，$K \geqslant 1$ 和 $N=1$）。本节中的内容是以参考文献[4]中的工作为基础的。

5.4.1 信道估计协议

对 $N=1$，通过 $h_{UR,k} \in \mathbb{C}^{L \times 1}$ 定义 $H_{UR} \triangleq [h_{UR,1}, \cdots, h_{UR,K}]$ 来表示第 k 个用户的 RIS 信道系数。不同于 5.3 节，假设基站采用 ULA，并且 RIS 中的无源反射单元以 $L_1 \times L_2$ 均匀矩形阵列的形式排布，其中 $L_1 L_2 = L$。与基站（或 RIS）天线几何形状相关联的偏转矢量用 a_B（或 a_R）表示，其中

$$\boldsymbol{a}_B(\theta) = \boldsymbol{f}_M(\sin(\theta)) \tag{5-17a}$$

$$\boldsymbol{a}_R(\phi,\sigma) = \boldsymbol{f}_{L_2}(-\cos(\sigma)\cos(\phi)) \otimes \boldsymbol{f}_{L_1}(\cos(\sigma)\sin(\phi)) \tag{5-17b}$$

式中：θ、ϕ 和 σ 是对应的角度参数；$\otimes$ 是克罗内克积；并且有

$$\boldsymbol{f}_N(x) \triangleq \frac{1}{\sqrt{N}}\left[1, e^{-j\frac{2\pi}{\varrho}dx}, \cdots, e^{-j\frac{2\pi}{\varrho}d(N-1)x}\right]^T \tag{5-18}$$

在式(5-18)中，ϱ 是载波波长；d 是两个相邻天线之间的距离。在本节中，为了简单起见，预设 $d/\varrho = 1/2$。

为了便于进行 RIS 的信道估计，用户同时向基站发送长度为 T 的训练序列。第 k 个用户的训练序列可表示为 $\boldsymbol{x}_k = [x_{k1}, \cdots, x_{kT}]^T$，其中 x_{kt} 是用户 k 在时隙 t 中的训练标志。假设用户以恒定功率（例如 τ_X）发射信号，则 $\mathbb{E}[|x_{kt}|^2] = \tau_X, \forall k, t$。

在持续时间 T 内，所有 RIS 单元都打开且被设置为相同的相移。不失一般性，假设 $\boldsymbol{\psi}(t) = 1, 1 \leqslant t \leqslant T$。基站在时隙 t 里接收到的信号为

$$\boldsymbol{y}(t) = \sum_{k=1}^{K} \boldsymbol{H}_{RB} \boldsymbol{h}_{UR,k} x_{kt} + \boldsymbol{n}(t), 1 \leqslant t \leqslant T \tag{5-19}$$

式中：$\boldsymbol{n}(t)$ 由式(5-2)给出。

5.4.2 信道模型

RIS-BS 信道 $\boldsymbol{H}_{RB}$ 由于 BS 和 RIS 在部署后很少移动，与信道相干时间（取决于终端的移动）相比，大部分信道路径变化非常缓慢。将这些路径称为 $\boldsymbol{H}_{RB}$ 的慢变信道分量，记为 $\overline{\boldsymbol{H}}_{RB}$。相反，小部分传播路径可能会因为传播结构的改变而经历快速变化，将它们称为 $\boldsymbol{H}_{RB}$ 的快变信道分量，用 $\widetilde{\boldsymbol{H}}_{RB}$ 表示。为了进一步说明，考虑图 5-4 中描绘的室外场景，其中 RIS 被安装在路边的广告牌上。处于 BS 和 RIS 之间静态散射簇的传播路径变化十分缓慢，因此，$\overline{\boldsymbol{H}}_{RB}$ 叠加了所有静态散射簇的路径。同时举一个例子，假如一辆卡车正在从 RIS 一旁经过，经过卡车的路径因为传播几何快速改变而剧烈变化。这个快变路径就可以用 $\widetilde{\boldsymbol{H}}_{RB}$ 模型表征。为了得到 $\overline{\boldsymbol{H}}_{RB}$ 和 $\widetilde{\boldsymbol{H}}_{RB}$，以参考文献[10]的方式通过 MIMO 莱斯衰落模型来构建

$$\boldsymbol{H}_{RB} = \sqrt{\frac{\kappa}{\kappa+1}} \overline{\boldsymbol{H}}_{RB} + \sqrt{\frac{1}{\kappa+1}} \widetilde{\boldsymbol{H}}_{RB} \tag{5-20}$$

式中：κ 为莱斯因子，是 $\overline{\boldsymbol{H}}_{RB}$ 和 $\widetilde{\boldsymbol{H}}_{RB}$ 之间的功率之比。通过指定传播环境中的路径，$\overline{\boldsymbol{H}}_{RB}$ 和 $\widetilde{\boldsymbol{H}}_{RB}$ 可由如下公式给出

$$\overline{\boldsymbol{H}}_{RB} = \sqrt{\beta_0} \sum_{p=1}^{\overline{P}_{RB}} \alpha_p \boldsymbol{a}_B(\theta_p) \boldsymbol{a}_R^H(\phi_p, \sigma_p) \tag{5-21}$$

第5章 智能超表面辅助6G无线网络物理层设计中面临的挑战

$$\widetilde{\boldsymbol{H}}_{\mathrm{RB}} = \sqrt{\beta_0} \sum_{p=1}^{\widetilde{P}_{\mathrm{RB}}} \alpha_p \boldsymbol{a}_{\mathrm{B}}(\theta_p) \boldsymbol{a}_{\mathrm{R}}^{\mathrm{H}}(\phi_p, \sigma_p) \quad (5-22)$$

式中：β_0 为包含与距离相关路径损耗和遮挡效应的大尺度路径增益；$\overline{P}_{\mathrm{RB}}$（或 $\widetilde{P}_{\mathrm{RB}}$）是慢变（或快变）路径的数量；$\alpha_p$ 是第 p 条路径对应的复数信道系数；θ_p 是基站对应的方位角到达角（AoA）；ϕ_p（或 σ_p）是与 RIS 对应的方位（或俯仰）离去角（AoD）。

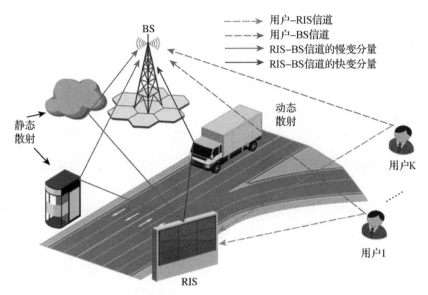

图 5-4 室外传播几何结构示例（通过移动卡车的传播路径属于 BS 和 RIS 之间的快速变化的信道分量；而来自静态散射体的路径属于慢速变化的信道分量[4]）

用户-RIS 信道 $\{\boldsymbol{h}_{\mathrm{UR},k}\}$ 与式（5-21）及式（5-22）类似，将 $\boldsymbol{h}_{\mathrm{UR},k}$ 表示为

$$\boldsymbol{h}_{\mathrm{UR},k} = \sqrt{\beta_k} \sum_{p=1}^{P_k} \alpha_p \boldsymbol{a}_{\mathrm{R}}(\phi_p, \sigma_p) \quad (5-23)$$

式中：β_k 是第 k 个用户和 RIS 之间信道的大规模路径增益；P_k 是第 k 个用户和 RIS 之间的路径数。

最后，不失一般性地假设 $\mathbb{E}[\|\overline{\boldsymbol{H}}_{\mathrm{RB}}\|_F^2] = \mathbb{E}[\|\widetilde{\boldsymbol{H}}_{\mathrm{RB}}\|_F^2] = \beta_0 ML$ 以及 $\mathbb{E}[\|\boldsymbol{h}_{\mathrm{UR},k}\|_2^2] = \beta_k L, \forall k$。换言之，$\beta_0$（或 β_k）可被视为每个 RIS-BS（或用户-RIS）天线对的平均功率衰减。

5.4.3 虚拟信道表征

假设式（5-21）中的慢变分量矩阵 $\overline{\boldsymbol{H}}_{\mathrm{RB}}$ 在远大于相干块长度的时间间隔内保持静态。因此，$\sqrt{\kappa/(\kappa+1)}\,\overline{\boldsymbol{H}}_{\mathrm{RB}}$ 可以通过 RIS 信道估计过程之前的长期信道

平均操作来准确估计①。

此外,如上文描述的那样,快速变化分量矩阵 $\widetilde{\boldsymbol{H}}_{RB}$ 包含有限数量的路径,即式(5-22)中的 $\widetilde{P}_{RB}$ 很小。与参考文献[11]一样,我们采用长度为 $M'(\geqslant M)$ 的预离散网格 ϑ 在 $[0,1]$ 上离散 $\{\sin(\theta_p)\}_{1\leqslant p\leqslant \widetilde{P}_{RB}}$。类似地,分别使用长度为 $L'_1(\geqslant L_1)$ 和长度为 $L'_2(\geqslant L_2)$ 的采样网格来离散化 $\{\cos(\sigma_p)\sin(\phi_p)\}_{1\leqslant p\leqslant \widetilde{P}_{RB}}$ 和 $\{-\cos(\sigma_p)\cos(\phi_p)\}_{1\leqslant p\leqslant \widetilde{P}_{RB}}$。然后,像文献[11]一样把角度基下的快变分量矩阵 $\widetilde{\boldsymbol{H}}_{RB}$ 表示为

$$\sqrt{\frac{1}{\kappa+1}}\widetilde{\boldsymbol{H}}_{RB} = \boldsymbol{A}_B \boldsymbol{S} \left(\underbrace{\boldsymbol{A}_{R,v} \otimes \boldsymbol{A}_{R,h}}_{=\boldsymbol{A}_R}\right)^H \tag{5-24}$$

式中:$\boldsymbol{A}_B \triangleq [\boldsymbol{f}_M(\vartheta_1),\cdots,\boldsymbol{f}_M(\vartheta_{M'})]$ 是一个过完备阵列响应,其元素 $\boldsymbol{f}_M$ 在式(5-18)中定义;$\boldsymbol{A}_{R,h} \triangleq [\boldsymbol{f}_{L_1}(\varphi_1),\cdots,\boldsymbol{f}_{L_1}(\varphi_{L'_1})]$(或 $\boldsymbol{A}_{R,v} \triangleq [\boldsymbol{f}_{L_2}(\varsigma_1),\cdots,\boldsymbol{f}_{L_2}(\varsigma_{L'_2})]$)是一个过完备的水平(或垂直)阵列响应;$\boldsymbol{S} \in \mathbb{C}^{M'\times L'}$ 是角度域中对应的信道系数矩阵,其指数因子 $L'=L'_1 L'_2$。值得注意的是,$\boldsymbol{S}$ 的第 (i,j) 项对应于 $\widetilde{\boldsymbol{H}}_{RB}$ 沿 $\boldsymbol{A}_B$ 中第 i 个 AoA 偏转向量和 $\boldsymbol{A}_R$ 中第 j 个 AoD 偏转向量指定路径的信道系数。由于路径总数 $\widetilde{P}_{RB}$ 很小,因此,只有少数项是非零的,每个项对应一个信道路径。也就是说,$\boldsymbol{S}$ 是一个稀疏矩阵。

与式(5-24)相似,$\boldsymbol{h}_{UR,k}$ 可写作

$$\boldsymbol{h}_{UR,k} = \boldsymbol{A}_R \boldsymbol{g}_k \tag{5-25}$$

式中:$\boldsymbol{g}_k \in \mathbb{C}^{L'\times 1}$ 是 $\boldsymbol{h}_{UR,k}$ 在角度域中的信道系数。实验研究表明,传播信道通常表现出有限的散射几何条件[12]。因此,$\boldsymbol{g}_k$ 也是稀疏的,其中每个非零值对应一个信道路径。$\boldsymbol{S}$ 和 $\{\boldsymbol{g}_k\}$ 的稀疏特性在信道估计中起着重要的作用。

与 5.3 节中的设置不同,在这里不假设用户 RIS 信道的低秩。相比之下,本节利用了用户 RIS 信道的隐藏信道稀疏性,这种稀疏性在多用户通信系统的有限散射假设下出现在传播信道中。值得注意的是,稀疏信道假设比低秩假设更宽松,因为后者是前者的充分条件。

5.4.4 问题表述

使用上述信道表征,将式(5-19)重写为

$$\boldsymbol{Y} = \boldsymbol{H}_{RB} \boldsymbol{H}_{UR} \boldsymbol{X} + \boldsymbol{N} \tag{5-26}$$

---

① 对 $\sqrt{\kappa/(\kappa+1)}\overline{\boldsymbol{H}}_{RB}$ 先验知识的假设没有失去任何一般性,因为信道平均过程中任何可能的误差都被包含到 $\sqrt{1/(\kappa+1)}\widetilde{\boldsymbol{H}}_{RB}$ 中。

式中：$X=[x_1,\cdots,x_K]^T$；$N=[n(1),\cdots,n(T)]$；$Y=[y(1),\cdots,y(T)]$。定义 $H_0 \triangleq \sqrt{\kappa/(\kappa+1)}\overline{H}_{RB}A_R \in \mathbb{C}^{M\times L'}$，$R \triangleq A_R^H A_R \in \mathbb{C}^{L'\times L'}$，以及 $G \triangleq [g_1,\cdots,g_K] \in \mathbb{C}^{L'\times K}$。通过将式(5-20)、式(5-24)和式(5-25)代入式(5-26)，可以得到系统模型

$$Y = \left(\sqrt{\frac{\kappa}{\kappa+1}}\overline{H}_{RB} + A_B S A_R^H\right)A_R GX + N = (H_0 + A_B SR)GX + N \quad (5-27)$$

在得到式(5-27)中的 Y 后，基站旨在利用训练信号矩阵 X 的信息分解信道矩阵 S 和 G。一旦角度基 A_B 和 A_R 被预先确定，且慢变分量矩阵 $\sqrt{\kappa/(\kappa+1)}\overline{H}_{RB}$ 被给出的话，相关的传感矩阵 A_B、H_0 和 R 也将是基站已知的。将上述问题称为基于矩阵校准的级联信道估计。

与5.3节中的算法不同，基于矩阵校准的级联信道估计问题不受模糊问题的影响。这是因为 H_0 的信息消除了矩阵分解中的潜在歧义。

5.4.5 基于矩阵校准的级联信道估计算法

在本小节中，首先在贝叶斯推断框架下推导出式(5-27)中给定 Y 情况时的 S 和 G 的 MMSE 估计量，然后求助于和积消息传递来计算估计量。为了降低计算复杂度，增加了额外的近似值来简化大系统限制下的消息更新。

5.4.5.1 贝叶斯推断

定义 $W \triangleq H_0 + A_B SR$，$Z \triangleq WG$，以及 $Q \triangleq ZX$。在 AWGN 假设下，可以得到

$$p(Y|Q) = \prod_{m=1}^{M}\prod_{t=1}^{T}CN(y_{mt};q_{mt},\tau_N) \quad (5-28)$$

受 S 和 G 稀疏性的启发，采用 Bernoulli-Gaussian 分布将其先验分布建模为

$$p(S) = \prod_{m'=1}^{M'}\prod_{l'=1}^{L'}(1-\lambda_S)\delta(s_{m'l'}) + \lambda_S CN(s_{m'l'};0,\tau_S) \quad (5-29)$$

$$p(G) = \prod_{l=1}^{L'}\prod_{k=1}^{K}(1-\lambda_G)\delta(g_{lk}) + \lambda_G CN(g_{lk};0,\tau_G) \quad (5-30)$$

式中：λ_S（或 λ_G）为 S（或 G）对应的 Bernoulli 参数；τ_S（或 τ_G）是 S（或 G）的非零项方差。

对先验分布，以下命题陈述了 S 和 G 的 MMSE。

命题1 后验分布可由下式给出

$$p(S,G|Y) = \frac{1}{p(Y)}p(Y|S,G)p(S)p(G) \quad (5-31)$$

式中：$p(Y) = \int p(Y|S,G)p(S)p(G)\mathrm{d}S\mathrm{d}G$。更进一步，$S$（或 G）的 MMSE 可表示为

$$\text{MMSE}_S = \frac{1}{M'L'}\mathbb{E}[\parallel S - \hat{S} \parallel_F^2], \text{MMSE}_G = \frac{1}{L'K}\mathbb{E}[\parallel G - \hat{G} \parallel_F^2]$$
(5-32)

式中：期望取自 S、G 和 Y 的联合分布，且 $\hat{S} = [\hat{s}_{m'l'}]$（或 $\hat{G} = [\hat{g}_{lk}]$）是 S（或 G）的后验均值估计量，由下式给出

$$\hat{s}_{m'l'} = \int s_{m'l'} p(s_{m'l'} \mid Y) \mathrm{d}s_{m'l'}, \hat{g}_{lk} = \int g_{lk} p(g_{lk} \mid Y) \mathrm{d}g_{lk} \qquad (5-33)$$

式中：$p(s_{m'l'} \mid Y) = \iint p(S, G \mid Y) \mathrm{d}G \mathrm{d}(S \backslash s_{m'l'})$ 和 $p(g_{lk} \mid Y) = \iint p(S, G \mid Y) \mathrm{d}S \mathrm{d}(G \backslash g_{lk})$ 分别为关于 $s_{m'l'}$ 和 g_{lk} 的边际分布，其中 $X \backslash x_{ij}$ 表示矩阵 X 中除了第 (i,j) 个元素的元素集合。

证明 见参考文献[4, 命题 2]。

由于边缘化所涉及的高维积分，对 $\hat{S}$ 和 $\hat{G}$ 的精确估计通常是难以处理的。下面按照消息传递原理给出一个近似的求解思路。

5.4.5.2 用于边缘后验计算的消息传递

将式(5-28)~式(5-30)代入式(5-31)中，可得到

$$p(S, G \mid Y) = \frac{1}{p(Y)}\left(\prod_{m=1}^{M}\prod_{t=1}^{T} p(y_{mt} \mid q_{mt}) p(q_{mt} \mid z_{mk}, \forall k)\right)$$
$$\times \left(\prod_{m=1}^{M}\prod_{l=1}^{L'} p(w_{ml} \mid s_{m'l'}, 1 \leqslant m' \leqslant M', 1 \leqslant l' \leqslant L')\right)\left(\prod_{l=1}^{L'}\prod_{k=1}^{K} p(g_{lk})\right)$$
$$\times \left(\prod_{m=1}^{M}\prod_{k=1}^{K} p(z_{mk} \mid w_{ml}, g_{lk}, 1 \leqslant l \leqslant L')\right)\left(\prod_{m'=1}^{M'}\prod_{l'=1}^{L'} p(s_{m'l'})\right)$$
(5-34)

其中可分解的分布都在表5-1中定义。

表5-1 因子节点的符号表示

因子	分布	精确形式
$p(s_{m'l'})$	$p(s_{m'l'})$	$(1-\lambda_S)\delta(s_{m'l'}) + \lambda_S CN(s_{m'l'}; 0, \tau_S)$
(g_{lk})	$p(g_{lk})$	$(1-\lambda_G)\delta(g_{lk}) + \lambda_G CN(g_{lk}; 0, \tau_G)$
ws_{ml}	$p(w_{ml} \mid s_{m'l'}, 1 \leqslant m' \leqslant M', 1 \leqslant l' \leqslant L')$	$\delta(w_{ml} - h_{0,ml} - \sum_{m',l'} a_{B,mm'} s_{m'l'} r_{l'l})$
zwg_{mk}	$p(z_{mk} \mid w_{ml}, g_{lk}, 1 \leqslant l \leqslant L')$	$\delta(z_{mk} - \sum_{l=1}^{L'} w_{ml} g_{lk})$
qz_{mt}	$p(q_{mt} \mid z_{mk}, 1 \leqslant k \leqslant K)$	$\delta(q_{mt} - \sum_{k=1}^{K} z_{mk} x_{kt})$
$p(y_{mt} \mid q_{mt})$	$p(y_{mt} \mid q_{mt})$	$CN(y_{mt}; q_{mt}, \tau_N)$

构建一个因子图示来表示式(5-34)，并使用规范消息传递算法来近似计算式(5-33)中的估计量，因子图如图5-5所示。变量 S、G、W、Z 和 Q 分别由变量节

点 $\{s_{m'l'}\}_{1\leq m'\leq M',1\leq l'\leq L'}$、$\{g_{lk}\}_{1\leq l'\leq L',1\leq k\leq K}$、$\{w_{ml}\}_{1\leq m\leq M,1\leq l\leq L}$、$\{z_{mk}\}_{1\leq m\leq M,1\leq k\leq K}$ 和 $\{q_{mt}\}_{1\leq m\leq M,1\leq t\leq T}$ 表示。以因子节点 $\{p(s_{m'l'})\}$、$\{p(g_{lk})\}$、$\{ws_{ml}\}$、$\{zwg_{mk}\}$、$\{qz_{mt}\}$、和 $\{p(y_{mt}|q_{mt})\}$ 表示的式(5-34)中的可分解 pdf 可被关联到其相关的参数中。我们在表 5-1 中总结了因子节点的符号表示,用 $\Delta^i_{a\to b}(\cdot)$ 表示迭代 i 中从节点 a 到 b 的消息,并用 $\Delta^i_c(\cdot)$ 表示在迭代 i 中变量节点 c 处计算的边缘消息。应用和积规则,获得了用于计算边际后验分布的消息表达式。限于篇幅,详细公式在此处略掉,详见参考文献[4,Ⅳ-B]。

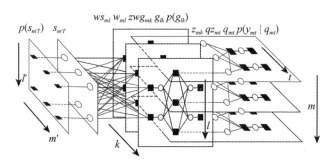

图 5-5 $M=M'=K=3$ 和 $T=L'=2$ 的因子图表示示意图
(其中空白圆圈和黑色方块分别代表变量节点和因子节点[4])

5.4.5.3 消息传递的近似

由于高维积分和归一化问题,消息的精确计算在计算机上难以处理,为了解决这个问题,通过借鉴 AMP[13] 在大系统限制中的思路来简化循环消息传递的计算,即在固定比率 M/K、M'/K、L/K、L'/K 以及 T/K 情况下的 M、M'、K、L、T、$\tau_N\to\infty$。为了便于表示,在表 5-2 中定义了消息的均值和方差。下文概述了算法设计中涉及的主要近似值,更详细的推导可以在参考文献[4]中找到。生成的算法总结在算法 2 中。

(1) 通过应用二阶泰勒展开和 CLT 参数,将 $\prod_{j\neq k}\Delta^i_{z_{mj}\to qz_{mt}}$ 近似为高斯分布,然后将 $\Delta^{i+1}_{z_{mt}\to qz_{mk}}$ 和 $\Delta^{i+1}_{z_{mk}}$ 表征为具有易于处理的均值和方差的高斯分布。

(2) 为了进一步降低计算复杂度,证明 $\Delta^{i+1}_{z_{mk}\to qz_{mt}}$ 与 $\Delta^{i+1}_{z_{mk}}$ 仅在一项上不同,并且该项在大系统限制中会消失。因此,使用 $\Delta^{i+1}_{z_{mk}}$ 的均值和方差来逼近 $\Delta^{i+1}_{z_{mk}\to qz_{mt}}$ 的均值和方差,并在算法 2 的第 2~8 行中得到 $\hat{z}_{mk}$ 和 v^z_{mk} 的闭环更新公式。

(3) 基于 $\Delta^{i+1}_{z_{mk}}$ 的易处理形式,以相似方法表明 $\Delta^{i+1}_{w_{ml}}$,$\prod_m\Delta^i_{zwg_{mk}\to g_{lk}}$ 和 $\prod_{m,l}\Delta^i_{ws_{ml}\to s_{m'l'}}$ 可以近似为高斯分布。结果得到了在第 9~13 行中 $\hat{g}_{lk}$ 和 v^g_{lk}、第 14~18 行中的 $\hat{w}_{ml}$ 和 v^w_{ml} 以及第 19~23 行中 $\hat{s}_{m'l'}$ 和 $v^s_{m'l'}$ 的闭环更新公式。

表 5-2 消息均值和方差的符号

消息	均值	方差
$\Delta^i_{g_{lk} \to qz_{mt}}(z_{mk})$	$\hat{g}_{lk,m}(i)$	$v^g_{lk,m}(i)$
$\Delta^i_{s_{m'l'} \to ws_{ml}}(s_{m'l'})$	$\hat{s}_{m'l',ml}(i)$	$v^s_{m'l',ml}(i)$
$\Delta^i_{w_{ml} \to zwg_{mk}}(w_{ml})$	$\hat{w}_{ml,k}(i)$	$v^w_{ml,k}(i)$
$\Delta^i_{z_{mk} \to qz_{mk}}(z_{mk})$	$\hat{z}_{mk,t}(i)$	$v^z_{mk,t}(i)$
$\Delta^i_{g_{lk}}(g_{lk})$	$\hat{g}_{lk}(i)$	$v^g_{lk}(i)$
$\Delta^i_{s_{m'l'}}(s_{m'l'})$	$\hat{s}_{m'l'}(i)$	$v^s_{m'l'}(i)$
$\Delta^i_{w_{ml}}(w_{ml})$	$\hat{w}_{ml}(i)$	$v^w_{ml}(i)$
$\Delta^i_{z_{mk}}(z_{mk})$	$\hat{z}_{mk}(i)$	$v^z_{mk}(i)$

算法2 消息传递算法[4]

输入:$Y;A_B;H_0;R;X;\tau_N;\lambda_S;\lambda_G;\tau_S;\tau_G$。

初始化:$\hat{\gamma}_{mt}(0)=\hat{\xi}_{mk}(0)=\hat{\alpha}_{ml}(0)=0;v^s_{m'l'}(1)=v^g_{lk}(1)=v^w_{ml}(1)=v^z_{mk}(1)=1;\hat{g}_{lk}(1)=\hat{z}_{mk}(1)=0;\hat{s}_{m'l'}(1)$ 从 $p(s_{m'l'})$ 中得出; $\hat{w}_{ml}(1)=h_{0,ml}+\sum_{m'l'}a_{B,mm'}\hat{s}_{m'l'}(1)r_{l'l}$。

1: for $i=1,2,\cdots,I_{\max}$

%更新 z_{mk} 均值和方差:

2: $\forall m,t: v^p_{mt}(i)=\sum_{k=1}^{K}v^z_{mk}(i)|x_{kt}|^2, \hat{\beta}_{mt}(i)=\sum_{k=1}^{K}\hat{z}_{mk}(i)x_{kt}-v^\beta_{mt}(i)\hat{\gamma}_{mt}(i-1)$;

3: $\forall m,t: v^\gamma_{mt}(i)=\dfrac{1}{(v^\beta_{mt}(i)+\tau_N)}, \hat{\gamma}_{mt}(i)=v^\gamma_{mt}(i)(y_{mt}-\hat{\beta}_{mt}(i))$;

4: $\forall m,k: \bar{v}^p_{mk}(i)=\sum_{l=1}^{L'}(|\hat{w}_{ml}(i)|^2 v^g_{lk}(i)+v^w_{ml}(i)|\hat{g}_{lk}(i)|^2)$;

5: $\forall m,k: v^p_{mk}(i)=\bar{v}^p_{mk}(i)+\sum_{l=1}^{L'}v^w_{ml}(i)v^g_{lk}(i)$,

$v^e_{mk}(i)=\dfrac{1}{\left(\sum_{t=1}^{T}v^\gamma_{mt}(i)|x_{kt}|^2\right)}$;

6: $\forall m,k: \hat{e}_{mk}(i)=\hat{z}_{mk}(i)+v^e_{mk}(i)\sum_{t=1}^{T}x^*_{kt}\hat{\gamma}_{mt}(i)$;

7: $\forall m,k: \hat{p}_{mk}(i)=\sum_{l=1}^{L'}\hat{w}_{ml}(i)\hat{g}_{lk}(i)-\hat{\xi}_{mk}(i-1)\bar{v}^p_{mk}(i)$;

8：$\forall m,k: v_{mk}^z(i+1) = \dfrac{v_{mk}^p(i)v_{mk}^e(i)}{v_{mk}^p(i)+v_{mk}^e(i)},$

$\hat{z}_{mk}(i+1) = \dfrac{v_{mk}^p(i)\hat{e}_{mk}(i)+\hat{p}_{mk}(i)v_{mk}^e(i)}{v_{mk}^p(i)+v_{mk}^e(i)};$

%更新 g_{lk} 均值和方差：

9：$\forall m,k: v_{mk}^{\xi}(i) = \dfrac{v_{mk}^p(i)-v_{mk}^z(i)}{(v_{mk}^p(i))^2}, \hat{\xi}_{mk}(i) = \dfrac{\hat{z}_{mt}(i)-\hat{p}_{mt}(i)}{v_{mk}^p(i)};$

10：$\forall l,k: v_{lk}^b(i) = 1/\left(\sum_{m=1}^M |\hat{w}_{ml}(i)|^2 v_{mk}^{\xi}(i)\right);$

11：$\forall l,k: \hat{b}_{lk}(i) = \left(1 - v_{lk}^b(i)\sum_{m=1}^M v_{ml}^w(i)v_{mk}^{\xi}(i)\right)\hat{g}_{lk}(i) + v_{lk}^b(i)\sum_m \hat{w}_{ml}^*(i)\hat{\xi}_{mk}(i);$

12：$\forall l,k: \hat{g}_{lk}(i+1) = \int g_{lk}\Delta_{g_{lk}}^{i+1}(g_{lk})\,\mathrm{d}g_{lk};$

13：$\forall l,k: v_{lk}^g(i+1) = \int g_{lk}^2 \Delta_{g_{lk}}^{i+1}(g_{lk})\,\mathrm{d}g_{lk} - |\hat{g}_{lk}(i+1)|^2;$

%更新 w_{ml} 均值和方差：

14：$\forall m,l: v_{ml}^c(i) = 1/\left(\sum_{k=1}^K |\hat{g}_{lk}(i)|^2 v_{mk}^{\xi}(i)\right);$

15：$\forall m,l: \hat{c}_{ml}(i) = \left(1 - v_{ml}^c(i)\sum_{k=1}^K v_{lk}^g(i)v_{mk}^{\xi}(i)\right)\hat{w}_{ml}(i) + v_{ml}^c(i)\sum_{k=1}^K \hat{g}_{lk}^*(i)\hat{\xi}_{mk}(i);$

16：$\forall m,l: v_{ml}^{\mu}(i) = \sum_{m'=1}^{M'}\sum_{l'=1}^{L'} |a_{B,mm'}|^2 v_{m'l'}^s(i)|r_{l'l}|^2;$

17：$\forall m,l: \hat{\mu}_{ml}(i) = \sum_{m'=1}^{M'}\sum_{l'=1}^{L'} a_{B,mm'}\hat{s}_{m'l'}(i)r_{l'l} - v_{ml}^{\mu}(i)\hat{\alpha}_{ml}(i-1);$

18：$\forall m,l: v_{ml}^w(i+1) = \dfrac{v_{ml}^{\mu}(i)v_{ml}^c(i)}{v_{ml}^{\mu}(i)+v_{ml}^c(i)},$

$\hat{w}_{ml}(i+1) = \dfrac{v_{ml}^{\mu}(i)\hat{c}_{ml}(i)+v_{ml}^c(i)\hat{\mu}_{ml}(i)+v_{ml}^c(i)h_{0,ml}}{v_{ml}^{\mu}(i)+v_{ml}^c(i)};$

%更新 $\hat{s}_{m'l'}$ 均值和方差：

19：$\forall m,l: v_{ml}^a(i) = 1/(v_{ml}^{\mu}(i)+v_{ml}^c(i)),$

$\hat{\alpha}_{ml}(i) = v_{ml}^a(i)(\hat{c}_{ml}(i)-h_{0,ml}-\hat{\mu}_{ml}(i));$

20：$\forall m',l': v_{m'l'}^d(i) = 1/\left(\sum_{m=1}^M \sum_{l=1}^{L'} |a_{B,mm'}|^2 v_{ml}^a(i)|r_{l'l}|^2\right);$

21：$\forall m',l': \hat{d}_{m'l'}(i) = \hat{s}_{m'l'} + v_{m'l'}^d(i)\sum_{m=1}^M \sum_{l=1}^{L'} a_{B,mm'}^*\hat{\alpha}_{ml}(i)r_{l'l}^*;$

22：$\forall m',l': \hat{s}_{m'l'}(i+1) = \int s_{m'l'}\Delta_{s_{m'l'}}^{i+1}(s_{m'l'})\,\mathrm{d}s_{m'l'};$

23：$\forall m',l': v_{m'l'}^s(i+1) = \int s_{m'l'}^2 \Delta_{s_{m'l'}}^{i+1}(s_{m'l'})\,\mathrm{d}s_{m'l'} - |\hat{s}_{m'l'}(i+1)|^2;$

24: if $\sqrt{\dfrac{\sum_{m'}\sum_{l'}|\hat{s}_{m'l'}(i+1)-\hat{s}_{m'l'}(i)|^2}{\sum_{m'}\sum_{l'}|\hat{s}_{m'l'}(i)|^2}} \leqslant \epsilon$ and

$\sqrt{\dfrac{\sum_{l}\sum_{k}|\hat{g}_{lk}(i+1)-\hat{g}_{lk}(i)|^2}{\sum_{l}\sum_{k}|\hat{g}_{lk}(i)|^2}} \leqslant \epsilon$, stop

25: end for

输出：$\hat{s}_{m'l'}$ and $\hat{g}_{lk}$。

5.4.6 渐近均方误差（MSE）分析

正如5.4.5.1节中所讨论的，式(5-32)中的 MMSE 一般很难评估。下文将通过采用复制方法[14]在一些宽松的假设下推导出 MSE 的渐近性能极限。这里的分析可以看作参考文献[14]中的复制框架对式(5-27)中基于矩阵校准的级联信道估计问题的拓展。

首先假设先验分布式(5-28)～式(5-30)是完全已知的，此外假设采样网格 φ 和 ς 均匀地覆盖[-1,1]，其中有 $L'_1 = L_1$ 和 $L'_2 = L_2$。因此，式(5-24)中的阵列响应矩阵 $\boldsymbol{A}_{B,v}$ 和 $\boldsymbol{A}_{B,h}$ 成为两个归一化离散傅里叶变换（DFT）矩阵，我们有 $\boldsymbol{R} = \boldsymbol{I}$。关于 $L'_1 > L_1$ 和/或 $L'_2 > L_2$ 的过完备采样基的情况讨论在本小节末尾的备注中给出。在这些假设下，可以通过评估大系统极限中的平均自由熵来进一步分析，即固定比率 M/K、M'/K、L/K、L'/K、T/K 以及 τ_N/K^2 情况下的 M、M'、K、L、L'、T、$\tau_N \to \infty$。后面为了方便，用 $K \to \infty$ 来表示这个极限。

为方便计算，定义

$$Q_S = \lambda_S \tau_S, Q_G = \lambda_G \tau_G \tag{5-35a}$$

$$Q_W = \frac{M'}{M} Q_S + \tau_{H_0}, Q_Z = L' Q_W Q_G \tag{5-35b}$$

式中：$\tau_{H_0} \triangleq \mathbb{E}[|h_{0,ml}|^2]$。

命题2 当 $K \to \infty$ 时，式(5-32)中 $\boldsymbol{S}$ 和 $\boldsymbol{G}$ 的 MMSE 将收敛为 MSE_S 和 MSE_G，由以下定点方程的解给出

$$\widetilde{m}_Z = \frac{T \tau_X}{\tau_N + K \tau_X (Q_Z - m_Z)} \tag{5-36a}$$

$$\widetilde{m}_W = \frac{K m_G}{1/\widetilde{m}_Z + Q_Z - L' m_W m_G} \tag{5-36b}$$

$$\widetilde{m}_G = \frac{M m_W}{1/\widetilde{m}_Z + Q_Z - L' m_W m_G} \tag{5-36c}$$

$$\widetilde{m}_S = \frac{1}{1/\widetilde{m}_W + Q_W - \tau_{H_0} - M' m_S/M} \tag{5-36d}$$

$$m_Z = Q_Z - \frac{Q_Z - L' m_W m_G}{1 + \widetilde{m}_Z(Q_Z - L' m_W m_G)} \qquad (5-36e)$$

$$m_W = Q_W - \frac{Q_W - \tau_{H_0} - M' m_S/M}{1 + \widetilde{m}_W(Q_W - \tau_{H_0} - M' m_S/M)} \qquad (5-36f)$$

$$m_G = (1-\lambda_G)\mathbb{E}_{N_G}\left[\left|f_G\left(\frac{N_G}{\sqrt{m_G}}, \frac{1}{\widetilde{m}_G}\right)\right|^2\right] + \lambda_G \mathbb{E}_{N_G}\left[\left|f_G\left(\frac{N_G\sqrt{\widetilde{m}_G+1}}{\sqrt{m_G}}, \frac{1}{\widetilde{m}_G}\right)\right|^2\right]$$

$$(5-36g)$$

$$m_S = (1-\lambda_S)\mathbb{E}_{N_S}\left[\left|f_S\left(\frac{N_S}{\sqrt{m_S}}, \frac{1}{\widetilde{m}_S}\right)\right|^2\right] + \lambda_S \mathbb{E}_{N_S}\left[\left|f_S\left(\frac{N_S\sqrt{m_S+1}}{\sqrt{m_S}}, \frac{1}{\widetilde{m}_S}\right)\right|^2\right]$$

$$(5-36h)$$

$$\mathrm{MSE}_G = Q_G - m_G \qquad (5-36i)$$

$$\mathrm{MSE}_S = Q_S - m_S \qquad (5-36j)$$

在式(5-36g)~(5-36l)中，定义 $N_S, N_G \sim CN(\cdot\,;0,1)$，并且

$$f_G(x,y) = \frac{\int G p(G) CN(G;x,y) \mathrm{d}G}{\int p(G) CN(G;x,y) \mathrm{d}G}, \quad f_S(x,y) = \frac{\int S p(S) CN(S;x,y) \mathrm{d}S}{\int p(S) CN(S;x,y) \mathrm{d}S}$$

$$(5-37)$$

式中：$p(S) \triangleq (1-\lambda_S)\delta(S) + \lambda_S CN(S;0,\tau_S)$；$p(G) \triangleq (1-\lambda_G)\delta(G) + \lambda_G CN(G;0,\tau_G)$。

证明 详见参考文献[4]第五章。

因此，通过计算式(5-36)的定点解来评估 MSE_S 和 MSE_G，它渐近地描述了式(5-32)中的 MMSE_S。该结果可以通过在式(5-36)之后迭代更新 $\{\mathrm{MSE}_S, \mathrm{MSE}_G, m_o, \widetilde{m}_o : o \in \{Z, W, S, G\}\}$ 直至收敛来实现。

备注2 值得注意的是，命题2的推导采用了 CLT 将一些中间随机变量近似为高斯变量。为了应用 CLT，我们将采样基 $\boldsymbol{A}_{\mathrm{B},v}$ 和 $\boldsymbol{A}_{\mathrm{B},h}$ 限制为两个归一化的 DFT 矩阵。在更一般的情况下，$\boldsymbol{A}_{\mathrm{B},v}$ 和 $\boldsymbol{A}_{\mathrm{B},h}$ 是两个过完备的基底，高斯近似可能不再准确，从而影响复制方法的准确性。在这种情况下，式(5-36)中的 MSE_S 和 MSE_G 可能不完全对应于 G 和 S 的渐近 MMSE。因此，命题2中导出的性能的可能边界会变得松散，5.4.7节中的数值结果可以验证这一点。

5.4.7 数值结果

5.4.7.1 信道生成模型下的仿真结果

下面进行蒙特卡罗模拟以验证5.4.6节中的分析。在本小节中，假设信道是根据式(5-28)~式(5-30)中的先验分布生成的。因此，可以通过使用5.4.6

节中的复制方法来计算式(5-32)中定义的级联信道估计问题的 MMSE。请注意,命题 2 中通过复制方法得出的 MSE_S 和 MSE_G 将用作评估所提出算法(即算法 2)①性能的基准。

首先,用归一化 DFT 基 $\boldsymbol{A}_{B,v}$ 和 $\boldsymbol{A}_{B,h}$ 研究了所提出算法的性能。预设 $M=1.28K$, $M'=1.6K$, $T=1.5K$, $L=L'=0.5K$, $\lambda_G=0.1$, $\lambda_S=0.05$ 并且 $\tau_S=\tau_G=\tau_{H_0}=\tau_X=1$。图 5-6 绘制了 MSE 性能在噪声功率 $K=40$ 和 $K=100$ 情况下的变化曲线。该仿真结果是通过平均超过 5000 次蒙特卡罗试验获得的。可以看到,所提出的消息传递算法的性能与命题 2 中得出的理论极限非常接近。

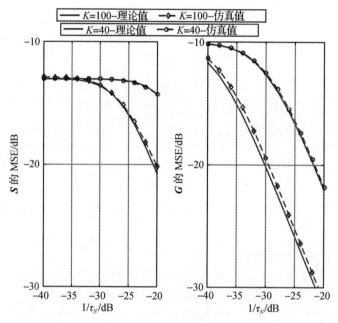

图 5-6　归一化 DFT 基 $\boldsymbol{A}_{B,v}$ 和 $\boldsymbol{A}_{B,h}$ 下的 MSE 与 τ_N
(对 $K=40$, 设置 $L_1=L_1'=4$ 和 $L_2=L_2'=5$; 对 $K=100$,
设置 $L_1=L_1'=10$ 和 $L_2=L_2'=5$[4])(见彩图)

接下来,用一个过完备的 $\boldsymbol{A}_{B,v}$ 来仿真场景。具体来说,设置 $L'=0.7K$ 并保持其他参数不变。从图 5-7 中可发现解析结果和仿真结果有一个小误差。正如备注 2 中讨论的,这是因为命题 2 推导中的高斯近似不太准确,所以性能界限不像图 5-6 中那样严格。

---

① 尽管第 5.4.6 节仅在大系统限制下有效,即使我们对有限大系统进行仿真,我们仍然使用导出的性能界限作为基准。

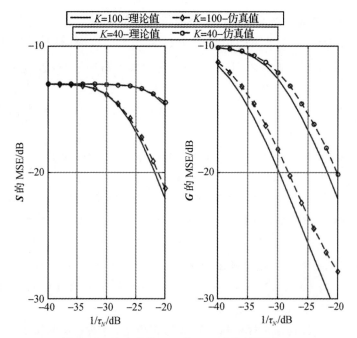

图 5-7 过完备基 $A_{B,v}$ 和 $A_{B,h}$ 下的 MSE 与 τ_N
（对 $K=40$，设置 $L_1=L_1'=4$ 和 $L_2=L_2'=5$；对 $K=100$，
设置 $L_1=L_1'=10$，$L_2=5$ 以及 $L_2'=7$[4]）（见彩图）

最后，研究了无噪声情况下 RIS 信道估计所需的训练长度 T（即 $\tau_N=0$）。在表 5-3 中列出了所提出算法的最小训练长度 T，以实现接近零的估计误差（$\text{MSE}_S<-50\text{dB}$ 和 $\text{MSE}_G<-50\text{dB}$），其中设置 $\lambda_S=0.05$，$\lambda_G=0.1$，$M'=1.25M$ 以及 $L'=L$。从副本分析得出的性能界限也被引入。此外，将所提出的算法与参考文献[15,16]中的方法进行了比较。具体来说，当 $\tau_N=0$ 时，参考文献[15]中的训练长度 T 为 $L+\max\{K-1,\lceil(K-1)L/M\rceil\}$，其中 $\lceil\cdot\rceil$ 是上限函数。此外，参考文献[16]中的方法要求 $T=LK$。可以看出，与两个基准相比，所提出的算法需要更小的 T。特别是，对上述考虑的设置，所提出的算法只需要参考文献[15]中训练成本的 30%，对应参考文献[16]中算法的 1%。这是因为算法 2 利用了关于慢变信道分量的信息和角域中的信道稀疏性，这显著减少了要估计的变量数。

表 5-3 不同方法所需的最小训练长度 T[4]

系统规模	算法 2	复制方法	参考文献[15]中所提方法	参考文献[16]中所提方法
$K=100, L=50, M=128$	44	11	149	5000
$K=100, L=100, M=100$	60	26	199	10000

5.4.7.2 更真实信道生成模型下的仿真结果

如下,考虑一个更现实的信道生成模型。大尺度衰落分量由 $\beta_i = \beta_{\text{ref}} \cdot d_i^{-\alpha_i}$, $0 \leqslant i \leqslant K$ 表示,其中 β_{ref} 是距离 1m 处的参考路径损耗;d_i 是对应的链路距离;α_i 是相应的通过损耗指数。为所有信道链路设定 $\beta_{\text{ref}} = -20\text{dB}$,此外,$\alpha_0 = 2, \alpha_k = 2.6 (1 \leqslant k \leqslant K)$, $d_0 = 50\text{m}$,以及在 [10m,12m] 范围内均匀取值的 d_k。

此外,通过式(5-21)生成 $\overline{\boldsymbol{H}}_{\text{RB}}$,每个集群有 20 个路径集群和 10 个子路径。在 [$-90°$, $90°$] 上均匀地绘制每个集群基站处的中心方位角 AoA;在 [$-180°$, $180°$](或 [$-90°$, $90°$])上均匀地绘制每个集群 RIS 处的中心方位角(或仰角) AoD,并以 10° 间距绘制每个子路径。信道 $\widetilde{\boldsymbol{H}}_{\text{RB}}$ 和 $\boldsymbol{h}_{\text{UR},k}$ 由式(5-22)和(5-23)以类似的方式生成,都具有 10 个子路径的集群。此外,每个 α_p 都是从 $\mathcal{CN}(\alpha_p; 0,1)$ 中提取的,并被归一化以满足 $\|\boldsymbol{H}_{\text{RB}}\|_F^2 = \beta_0 ML$ 和 $\|\boldsymbol{h}_{\text{UR},k}\|_2^2 = \beta_k L$。设置 $K=20, M=60, T=35, L_1 = L_2 = 4$(即 $L=16$),$\tau_X = 1$,和 $\kappa = 9$。对提出的算法,设置 $I_{\max} = 2000, \epsilon = 10^{-4}$,并且式(5-24)、式(5-25)中的过完备基 $\boldsymbol{\vartheta}, \boldsymbol{\varphi}$ 和 $\boldsymbol{\varsigma}$ 是覆盖 [$-1,1$] 的均匀采样网格。除非另有指定,否则采样网格的长度设置为与天线尺寸具有固定比率,即 $M'/M = L_1'/L_1 = L_2'/L_2 = 2$。续集中的所有结果都是通过平均超过 1500 次蒙特卡罗试验得出的。

除提出的算法外,还涉及以下基准进行比较:

(1)级联线性回归(LR):通过抛开 $\widetilde{\boldsymbol{H}}_{\text{RB}}$,我们首先将 $\boldsymbol{H}_{\text{RB}}$ 的估计设置为 $\hat{\boldsymbol{H}}_{\text{RB}} = \sqrt{\kappa/(\kappa+1)} \overline{\boldsymbol{H}}_{\text{RB}}$,假设这是确定性的。从式(5-27)可得到以下线性回归问题

$$\text{vec}(\boldsymbol{Y}) = (\boldsymbol{X}^{\text{T}} \otimes \hat{\boldsymbol{H}}_{\text{RB}} \boldsymbol{A}_{\text{R}}) \text{vec}(\boldsymbol{G}) + \boldsymbol{n}' \qquad (5-38)$$

式中:$\text{vec}(\cdot)$ 是矢量化算子;$\boldsymbol{n}'$ 是等效 AWGN。然后,通过使用广义 AMP (GAMP)[17] 从式(5-38)推断出 $\hat{\boldsymbol{G}}$。最后,使用 GAMP 和估计值 $\hat{\boldsymbol{G}}$ 来估计 $\widetilde{\boldsymbol{H}}_{\text{RB}}$。

(2)$\boldsymbol{H}_{\text{RB}}$ 已知的理论极限:假设给出了 $\boldsymbol{H}_{\text{RB}}$ 的准确值,如式(5-38),使用 GAMP 来获得 $\hat{\boldsymbol{G}}$。

此外,以下信道估计方法被包括在后续的基准中。

(1)参考文献[16]中的方法:RIS 信道是按顺序进行估计的。从时隙 $(l-1)K+1$ 到 $lK, 1 \leqslant l \leqslant L$,关闭除第 l 个以外的所有 RIS 单元。使用来自用户的正交训练符号,利用基站计算线性 MMSE 估计量与第 l 个 RIS 单元相关的信道系数。

(2)参考文献[15]中的方法:首先第一个用户向 BS 发送一个长度不小于 L

的全 1 训练序列,基站估计该用户的信道系数(即 $\boldsymbol{H}_{RB}\mathrm{diag}(\boldsymbol{h}_{UR,1})$)。然后,其他用户依次向基站发送训练符号,基站利用与第一用户信道的相关性估计 $\{\boldsymbol{H}_{RB}\mathrm{diag}(\boldsymbol{h}_{UR,1})\}, 2 \leqslant k \leqslant K$。

(3) 参考文献[18]中的方法:将 RIS 信道估计分为 P 个阶段,其中 $P = \lfloor T/K \rfloor \leqslant L$,其中 $\lfloor \cdot \rfloor$ 是底函数。在第 p 阶段,RIS 相移向量 $\boldsymbol{\psi}_p$ 被设置为 $L \times L$ DFT 矩阵的第 P 列。用户向基站发送长度不小于 K 的正交训练序列。基站收集 P 个阶段的接收信号,并通过并行因子分解交替估计级联信道 $\boldsymbol{H}_{RB}$ 和 $\{\boldsymbol{h}_{UR,k}\}$。

所有三个基准的估计都存在对角线模糊性。为了比较,通过假设 $\boldsymbol{h}_{UR,1}$ 的完成信息来消除对角线的歧义。此外,将所有算法的总训练长度 T 设置为相同。

使用 $\boldsymbol{H}_{RB}$ 和 $\{\boldsymbol{h}_{UR,k}\}$ 的归一化 MSEs(NMSEs)来评估级联信道估计算法的性能。具体来说,它们定义如下

$$\mathrm{NMSE}\ \boldsymbol{H}_{RB} = \frac{\|\hat{\boldsymbol{H}}_{RB} - \boldsymbol{H}_{RB}\|_F^2}{\|\boldsymbol{H}_{RB}\|_F^2} \quad (5-39\mathrm{a})$$

$$\text{平均 NMSE}\ \boldsymbol{h}_{UR,k} = \frac{1}{K}\sum_{k=1}^{K}\frac{\|\hat{\boldsymbol{h}}_{UR,k} - \boldsymbol{h}_{UR,k}\|_2^2}{\|\boldsymbol{h}_{UR,k}\|_2^2} \quad (5-39\mathrm{b})$$

图 5-8 研究了 τ_N 变化时的 RIS 信道估计性能。可以看出:(1)所提出的算法实现了非常接近理论极限的 $\boldsymbol{h}_{UR,k}$ 的 NMSE,假设 $\boldsymbol{H}_{RB}$ 的 NMSE 为零;(2)算法 2 优于基准,尤其是在噪声功率较大的情况下,这是因为所提出的算法利用了慢变信道分量和隐藏信道稀疏性的信息。(3)当 $\tau_N \leqslant -90\mathrm{dB}$ 时,级联 LR 的 NMSE 不降低,原因是式(5-38)中的有效噪声 $\boldsymbol{n}'$ 是原始 AWGN 噪声 $\mathrm{vec}(\boldsymbol{N})$ 和模型不匹配导致误差的组合,即忽略项 $(\boldsymbol{X}^\mathrm{T} \otimes \sqrt{1/(\kappa+1)}\widetilde{\boldsymbol{H}}_{RB}\boldsymbol{A}_R)\mathrm{vec}(\boldsymbol{G})$。本质上,后一项与式(5-38)中要估计的变量(即 $\boldsymbol{G}$)密切相关。当模型失配误差在低噪声功率范围内占主导地位时,相关性问题会影响 GAMP 的收敛性。相反,所提出的方法避免了这个问题,因为 $\widetilde{\boldsymbol{H}}_{RB}$ 或等效 $\boldsymbol{S}$ 的估计值在消息传递迭代期间迭代更新。

然后,研究了网格长度 M'、L_1' 和 L_2' 的影响。用 η 表示网格长度与天线数量的比值,即 $M'/M = L_1'/L_1 = L_2'/L_2 = \eta$。图 5-9 绘制了不同 η 下信道估计算法的 NMSE,其中 τ_N 固定为 $-95\mathrm{dB}$。得出以下观察结果:(1)所提出算法的 NMSE,连接 LR 和预言估计量随着 η 的增加而减小,因为增加采样网格长度会导致更高的角度分辨率,所以 $\boldsymbol{S}$ 和 $\boldsymbol{G}$ 更稀疏;(2)基准[15,16,18]没有利用角域中的信道稀疏性,其性能对 η 不变;(3)与其他算法相比,所提出的方法显著提高了估计性能,并接近理论极限。

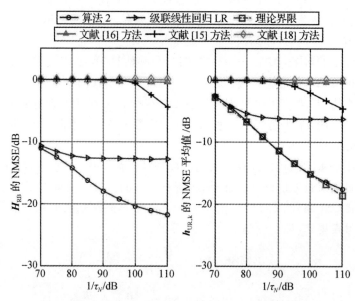

图 5-8 NMSE 性能与 $T=35$[4] 时的噪声功率(见彩图)

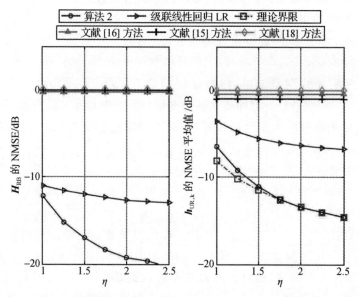

图 5-9 NMSE 性能与采样分辨率 η 的关系(设置 $\tau_N=-95\text{dB}$[4])(见彩图)

5.5 本章小结

本章概述了 RIS 辅助 6G 无线网络物理层设计中面临的几个重要挑战。研究了 RIS 信道估计问题,针对 RIS 辅助的单用户 MIMO 和多用户 MIMO 系统,提出了两种基于贝叶斯推理的信道估计方法。此外,本章还提出了一个分析框架来评估后一种方法的渐近估算性能。最后,通过大量的数值模拟,证明了所提方法的高精度和高效性。

目前,RIS 信道估计的设计尚不成熟。在 RIS 辅助网络中仍有许多与 CSI 获取相关的有吸引力的待解决问题。

可扩展 CSI 捕获协议。在 RIS 辅助系统中,许多现有的级联信道估计算法,无论是否明确规定,都对 RIS 信道的维数有限制。具体来说,RIS 的大小(L)须不大于基站侧的天线数目(M)。然而,在实践中,由于 RIS 单元的低成本特性,L 通常在数百甚至数千的数量级,因此,有 $L \gg M$。在这种情况下,如何有效而准确地估计出如此大量的 RIS 信道系数是非常具有吸引力的。

CSI 不确定性下的系统设计。现有的 RIS 辅助系统优化的研究大多是基于精确的 CSI 知识。正如本章所讨论的,RIS 信道估计是非常具有挑战性的,而且在实际中获得精确的 CSI 知识可能代价高昂。因此,在实际的 RIS 辅助系统设计中应该考虑信道估计误差,这就要求对 CSI 不确定情况下的系统设计进行研究探索。

理论极限的分析。RIS 辅助通信系统的基本限制尚未完全确定。在给定的 RIS 辅助无线网络中需要多少训练?可以支持多少用户?信道估计精度如何影响系统性能?如何优化训练资源以达到最佳性能?这些问题迫切需要回答。

5.6 扩展阅读

关于 RIS 技术及其研究挑战的详细介绍,请感兴趣的读者参阅参考文献[19];有关本章中介绍的 RIS 信道估计方法的更多推导细节和更多数值结果,请参阅参考文献[3,4];对其他先进的 RIS 信道估计算法(可能适用于不同的系统设置),参阅参考文献[15,16,18,20,21];对 RIS 辅助无线网络中先进的无源波束成形设计,参阅参考文献[22~26];关于 RIS 辅助无线网络中资源分配和系统优化挑战的讨论,参阅参考文献[19]。

参 考 文 献

[1] RENZO D, et al. Smart radio environments empowered by reconfigurable AI metasurfaces: an idea whose time has come[J]. EURASIP J. Wireless Commun. Netw,2019 (129).

[2] LIASKOS C, NIE S, TSIOLIARIDOU A, et al. A new wireless communication paradigm through software-controlled metasurfaces[J]. IEEE Commun. Mag,2018,56(9):162-169.

[3] HE Z, YUAN X. Cascaded channel estimation for large intelligent metasurface assisted massive MIMO[J]. IEEE Wireless Commun. Lett,2020,9(2):210-214.

[4] LIU H, YUAN X, ZHANG Y J A. Matrix-calibration-based cascaded channel estimation for reconfigurable intelligent surface assisted multiuser MIMO[J]. IEEE J. Sel. Areas Commun,2020,38(11):2621-2636.

[5] PARKER J T, SCHNITER P, CEVHER V. Bilinear generalized approximate message passin-Part I: derivation[J]. IEEE Trans. Signal Process,2014,62(22):5839-5853.

[6] WEI T F C K, CAI J F, LEUNG S. Guarantees of riemannian optimization for low rank matrix recovery. SIAM J. Matrix Anal. Appl,2016,37(3):1198-1222.

[7] AHARON M, ELAD M, BRUCKSTEIN A. K-SVD: an algorithm for designing overcomplete dictionaries for sparse representation[J]. IEEE Trans. Signal Process,2006,54 (11):4311-4322.

[8] Mairal J, Bach F, Pon J, et al. Online learning for matrix factorization and sparse coding [J]. J. Mach. Learn. Res,2010(11):19-60.

[9] CAI E J C J F, SHEN Z. A singular value thresholding algorithm for matrix completion. SIAM J. Optim,2010,20(4):1956-1982.

[10] TSE D, VISWANATH P. Fundamentals of wireless communication[M]. New York: Cambridge University Press, 2005.

[11] LI X, FANG J, LI H, et al. Millimeter wave channel estimation via exploiting joint sparse and low-rank structures[J]. IEEE Trans. Wireless Commun,2018,17(2):1123-1133.

[12] MOLISCH A F, KUCHAR A, LAURILA J, et al. Geometry-based directional model for mobile radio channels-principles and implementation[J]. Eur. Trans. Telecommun, 2003,14(4):351-359.

[13] DONOHO D L, MALEKI A, MONTANARI A. Message passing algorithms for compressed sensing[J]. Proc. Nat. Acad. Sci,2009,106(45):18914-18919.

[14] KABASHIMA Y, KRZAKALA F, MÉZARD M, et al. Phase transitions and sample complexity in Bayes-optimal matrix factorization[J]. IEEE Trans. Inf. Theory,2016, 62(7):4228-4265.

[15] WANG Z, LIU L, CUI S. Channel estimation for intelligent reflecting surface assisted multiuser communications[C]//IEEE Wireless Communications and Networking Confer-

ence (WCNC),2020:1-6.

[16] NADEEM Q U A, KAMMOUN A, CHAABAN A, et al. Intelligent reflecting surface assisted multi-user MISO communication (2019, preprint) [EB/OL]. preprint arXiv:1906.02360.

[17] RANGAN S, SCHNITER P, RIEGLER E, et al. Fixed points of generalized approximate message passing with arbitrary matrices[J]. IEEE Trans. Inf. Theory,2016, 62(12):7464-7474.

[18] WEI L, HUANG C, ALEXANDROPOULOS G C, et al. Parallel factor decomposition channel estimation in RIS-assisted multi-user MISO communication[C]// IEEE Sensor Array and Multichannel Signal Processing Workshop (SAM),2020: 1-5.

[19] YUAN X, ZHANG Y J, SHI Y, et al. Reconfigurable-intelligent-surface empowered wireless communications: challenges and opportunities[J]. IEEE Wireless Commun. Mag., Early Access,2021.

[20] TAHA A, ALRABEIAH M, ALKHATEEB A. Enabling large intelligent surfaces with compressive sensing and deep learning[J]. IEEE Access,2021(9):44304-44321.

[21] CHEN J, LIANG Y C, CHENG H V, et al. Channel estimation for reconfigurable intelligent surface aided multi-user MIMO systems (preprint, 2019) [EB/OL]. arXiv:1912.03619.

[22] WU Q, ZHANG R. Intelligent reflecting surface enhanced wireless network via joint active and passive beamforming[J]. IEEE Trans. Wireless Commun,2019,18(11): 5394-5409.

[23] NADEEM Q, KAMMOUN A, CHAABAN A, et al. Asymptotic max-min SINR analysis of reconfigurable intelligent surface assisted MISO systems[J]. IEEE Trans. Wireless Commun,2020(19):7748-7764.

[24] HUANG C, ZAPPONE A, ALEXANDROPOULOS G C, et al. Reconfigurable intelligent surfaces for energy efficiency in wireless communication[J]. IEEE Trans. Wireless Commun,2019,18(8):4157-4170.

[25] HAN Y, TANG W, JIN S, et al. Large intelligent surface-assisted wireless communication exploiting statistical CSI[J]. IEEE Trans. Veh. Technol,2019, 68(8):8238-8242.

[26] YAN W, YUAN X, KUAI X. Passive beamforming and information transfer via large intelligent surface[J]. IEEE Wireless Commun. Lett,2020,9(4):533-537.

第 6 章　用于 6G 无线通信的毫米波和太赫兹频谱

虽然毫米波的特性使其不易传输,但随着 5G 的标准化,商用毫米波通信已经成为现实。尽管目前 5G 正在如火如荼地发展,但是其每秒千兆比特的传输速率仍然无法满足 3D 游戏和 XR 这类新兴应用的需求。这些新兴的应用不仅要满足低延迟和高可靠性的需求,还要达到每秒几百千兆甚至几太比特的数据速率,这也将有望成为 6G 通信系统的设计标准。鉴于太赫兹通信系统具有在短距离提供这种数据速率的潜力,被广泛认为是无线通信研究的下一代前沿技术。本章的主要目的就是让读者能够充分了解毫米波和太赫兹频段的背景,一方面让读者理解在当前无线环境下采用这些频段进行商业通信的必要性,另一方面找到在这些频段工作的通信系统的关键设计因素。基于这一目标,本章对这些频段进行统一讨论,尤其是它们的传播特性、信道模型、设计和实现以及在 6G 无线中的潜在应用。本章还简要总结了采用这些频段进行商业通信应用的有关标准化活动。

6.1　背景和动机

不断发展的移动生态系统对吞吐量、可靠性和延迟的多样化需求,对现代蜂窝网络提出了更高的要求,从而推动了 5G NR 的标准化。在 5G 范围内,这些应用需求被分为 eMBB、URLLC 和 mMTC。最近几代蜂窝系统已经开始探索先进的通信和网络技术的应用,如通过采用小蜂窝实现网络致密化、智能调度、利用多天线系统改善频谱效率等。因此,最初的通用解决方案可能并不适用于所有的应用需求。也许 5G 与前几代蜂窝系统最显著的不同之处在于,经典 sub-6GHz 频谱将不足以支持新兴应用的需求,使得毫米波频段很自然地成为一个潜在的解决方案。尽管早期这些频段由于不利于传播的原因而被认为不适合移动业务,但先进的器件和天线技术使其用于商用无线应用成为可能[1]。因此,5G 标准化导致了商用毫米波通信的诞生。

展望未来,我们正逐步迈向虚拟和现实增强技术、超高清的视频会议、3D 游戏和脑机接口等无线应用,这些应用将对吞吐量、可靠性和延迟提出更严格的要

第6章 用于6G无线通信的毫米波和太赫兹频谱

求。随着器件制造工艺技术的进步,我们也有理由期待纳米尺度的通信将在不远的未来实现。随着最近毫米波通信的成功,研究人员很自然地开始研究其他未探索的射频(RF)频谱,主要是位于毫米波频段之上的太赫兹频段,具有大带宽的太赫兹波可应用于许多需要超高数据速率的应用中。太赫兹频段可以与现有的sub-6GHz和毫米波频段一起帮助我们挖掘许多新兴应用。此外,由于其波长短,可以用于微、纳米尺度的通信。过去,由于没有工作于太赫兹频段的可行、有效的器件,其应用仅限于成像和感知。然而,随着太赫兹器件工艺的进步,太赫兹通信有望在未来几代通信标准中发挥关键作用[2]。

本章的主要目的就是让读者能够充分了解毫米波和太赫兹频段的背景,一方面让他们理解在当前无线环境下采用这些频段进行商业通信的必要性,另一方面找到在这些频段工作的通信系统的关键设计因素。为了实现该目的,需要对该主题进行系统的讨论,首先对这些频段的传播特性进行详细的分析,然后对体现这些特性的信道模型进行讨论。在整个讨论过程中,我们仔细分析对比了这些新频段与熟知的sub-6GHz蜂窝频段的传播特性,并解释了信道模型中的主要差异。基于此,我们解释了这些差异对毫米波和太赫兹通信系统设计考虑因素的影响,以及它们在6G系统中的潜在应用。本章最后简要讨论了与当前商用通信中使用这些频段相关的标准化活动。

6.2 毫米波与太赫兹波频谱简述

在4G蜂窝标准之前,商业(蜂窝)通信被限制在6GHz以下的传统频段,现在称为sub-6GHz蜂窝频段。然而,在6～300GHz范围内(具有巨大的带宽)有许多频段被用于各种非蜂窝应用,例如卫星通信、射电天文、遥感、雷达等。随着天线技术的发展,该频段也可应用于移动通信。毫米波频段覆盖30～300GHz频率范围,波长1～10mm,可以提供比sub-6GHz多数百倍的带宽。尽管毫米波系统存在较高的穿透和阻塞损失,但研究人员已经证明,在现代小蜂窝密集部署系统中,该特性有助于减轻干扰。毫米波频段具有更高的方向性要求,可以增加频率复用,提高数据安全性[3]。24～100GHz的频率范围已经作为5G标准的一部分进行了探索。0.1～10THz频段被称为太赫兹频段(对通信应用来说,显然对该频段的低频段更有兴趣),当我们展望6G甚至未来的系统时,研究人员已开始对该频段进行探索。

6.2.1 毫米波和太赫兹频段的需求

众所周知,十多年来移动设备数量呈指数级增长,这种趋势在可预见的未来将持续下去。随着无线 IoT 设备在供应链、医疗健康、交通运输和车辆通信等新的垂直领域的拓展,这一趋势将进一步加剧。据估算,2019 年全球物联网设备数量为 95 亿部[4]。国际电信联盟(ITU)进一步估计,到 2025 年,物联网设备数量将增至 386 亿部,到 2030 年将增至 500 亿部[5,6]。5G 网络的两个主要设计目标就是处理海量的数据和大量的物联网设备[7],满足这些需求的三种可能解决方案是:采用更好的信号处理技术以提高信道的频谱效率、进行蜂窝网络的超密集部署以及使用额外频谱[8,9]。在当前蜂窝网络的背景下,已经对载波聚合、协作多点处理、多天线通信以及新的调制等各种先进技术进行了探索。基于这些技术改善系统性能的可能性很小,同样,采用密集网络也会增加干扰,这从根本上限制了增加更多基站所获得的性能增益[10,11]。本章的重点聚焦于第三种方法,即采用更高的频段。

相较于 sub-6GHz 频段,毫米波频段的可用频谱范围非常大(50~100 倍)。由于通信速率与带宽正相关,因此,毫米波通信可以实现更高数量级的通信速率,这使得它具有很大的吸引力,从而被纳入 5G 标准。虽然 5G 部署仍然处于起步阶段,但扩展现实等新兴应用可能需要 Tb/s 量级的传输链路,而 5G 系统不能支持该量级链路(连续可用带宽小于 10GHz),这引起了人们对探索太赫兹频段以补充 6G 及未来系统中 sub-6GHz 和毫米波频段的兴趣[12,13]。

6.2.2 毫米波和太赫兹频段能做什么

毫米波频段具有更大的可用带宽,更容易实现数千兆的无线通信,从而打开了许多创新的大门[3]。例如,毫米波频段可以实现户外 BS 之间的无线回传连接,可以降低光缆的征地、安装和维护成本,尤其是对超密集网络(UDN)。此外,数据服务器利用毫米波频段的高定向笔形波束进行通信,能够将当前的"有线"数据中心转变为完全无线的数据中心。另一个潜在的应用是高机动场景下的车对车(V2V)通信,包括高铁和飞机等,在此场景下毫米波通信系统与 sub-6GHz 系统共同部署可能会提供更高的数据速率[14]。

此外,太赫兹频段由可用带宽为几十吉赫兹的频带组成,这可以支持 Tb/s 量级的数据速率。对于太赫兹通信来说,得益于更高频段上数千个亚毫米天线的集成和更小的干扰,能够支持带宽不足和低延迟的应用,如虚拟现实游戏和超高清视频会议等。随着太赫兹通信技术的成熟,纳米机器通信、片上通信、纳米物联网(IoNT)[15]和纳米机器体内通信等应用也将会从中受益。此外,它还可以与生物兼容和节能的生物纳米机器结合,利用化学(分子)信号进行分子通信[16,17]。

6.2.3 可用频谱

由于不同的信道传播特性和频率特定的大气衰减,研究人员已经确定了毫米波/太赫兹频段中有利于通信应用的特定频段。在2015年世界无线电通信大会上(WRC)，ITU发布了一份可供全球使用的24～86GHz频段的建议频段清单[20]。这些频段的选择是基于信道传播特性、现有业务、全球一致和连续带宽的可用性等因素。2019年WRC重点探讨了5G系统专用高频毫米波频段的分配条件，确定了17.25GHz的频谱应用。为了实现未来太赫兹通信系统，2019年WRC还确定了在252～450GHz共160GHz频谱应用。表6-1给出了这些毫米波和太赫兹频段的简要描述。

表6-1 毫米波[8,18]与太赫兹频谱的可用频段[19]

名称	特定频段/GHz	备注
26GHz频段	26.5～27.5 24.25～26.5	现有业务：固定连接业务、卫星地面站业务和短程设备。探测卫星和空间研究考察星间、回传、电视广播，固定卫星地空业务和HAPS业务
28GHz频段	27.5～29.5 26.5～27.5	建议移动通信使用。 现有业务：本地多点分布业务(LMDS)、地空固定卫星业务和移动地面站(ESIM)业务
32GHz频段	31.0～31.3 31.8～33.4	强调作为一个有前景的频段。 现有业务：HAPS业务、星间业务(ISS)分配
40GHz低频段	37.0～39.5 39.5～40.5	现有业务：固定和移动卫星(空对地)和地球探测和空间研究卫星(空对地和地对空)业务、HAPS业务
40GHz高频段	40.5～43.5	现有业务：固定和移动卫星(空对地)、卫星广播业务、移动业务以及射电天文
50GHz频段	45.5～50.2 47.2～47.5 47.9～48.2 50.4～52.6	现有业务：非地球同步卫星和国际移动通信(IMT)业务、HAPS业务
60GHz低频段	57.0～64.0	无须授权使用的个人室内业务，超密集网络场景下通过接入和回传链路进行设备间通信
60GHz高频段	64.0～71.0	未来移动标准，在美国和英国尚未授权。 现有业务：航空和陆地移动业务
70/80/90GHz频段	71.0～76.0 81.0～86.0 92.0～95.0	固定和广播卫星业务。在美国的超密集网络场景中，无线设备到设备和回传通信业务无须授权使用
252～296GHz频段	252～275 275～296	初期建议用于陆地移动和固定业务。 适用于室外使用
306～450GHz频段	306～313 318～333 356～450	初期建议用于陆地移动和固定业务。 适用于短距离室内通信

毫米波和太赫兹频段在通信方面有巨大的应用潜力，但它们的商业部署仍

面临巨大挑战,特别是这些频段的通信在传输中传播特性差、穿透性差、阻塞和散射损失大、覆盖范围小、需要高定向性。直到现在,这些问题使得毫米波和太赫兹频段尚未被纳入标准和商业部署。随着天线技术和器件工艺技术的发展,使得采用这些频段进行通信成为可能。然而,在进行大规模部署之前仍有各种设计问题需要解决[14,21]。本章将详细讨论这些频段的传播特性及其在通信系统应用中所面临的挑战。

6.3 毫米波与太赫兹波传播

6.3.1 与传统通信频段的区别

毫米波/太赫兹频段通信与传统微波频段通信有显著的差异,这可以归结为以下几个因素。

6.3.1.1 信号阻塞

与低频信号相比,毫米波/太赫兹信号更容易受到阻塞的影响。鉴于非视距(NLOS)链路传播特性非常差,毫米波/太赫兹通信严重依赖视距(LOS)链路的可用性[22]。例如,这些信号非常容易被建筑物、车辆、人体甚至是植被阻塞。单一的阻塞就会导致 20~40dB 的衰减。例如,由于玻璃反射所造成的毫米波损耗为 3~18dB,而因像砖块等建筑材料造成的损耗为 40~80dB。经过植被的损耗为 17~25dB[9,14,23,24]。此外,毫米波/太赫兹信号也会受到用户身体的阻塞,衰减值为 20~35dB[23]。这些阻塞会使信号幅度大幅度衰减,甚至有可能引起系统中断。因此,寻找能够有效避免阻塞的解决方案以及在链路阻塞后的快速处理方式十分重要。但是,包括身体阻塞等阻塞方式也可以减轻干扰,尤其是来自遥远基站的干扰[25]。综上,在对毫米波/太赫兹通信系统进行分析和仿真过程中对阻塞效应精确处理具有重要意义。

6.3.1.2 高指向性

毫米波/太赫兹波通信的第二个重要特征就是高指向性。为了克服高频段下严重的路径损耗,在发射端和接收端需要采用大量天线[22]。该频段的优点是信号波长短,比较易于实现大量的小天线。采用大天线阵列方式,可以实现高指向性通信。小的波束宽度使得波束增益高,不仅增加了链路的信号强度,也减小了接收端的整体干扰。然而,高指向性会引入信号的遮蔽问题,从而导致高延迟。波束搜索是实现快速定向传输和接收的关键,但是较长的波束搜索过程会导致信号延迟。在高速运动场景中由于用户与基站受到过度的波束训练,延迟问题会变得更加严重。因此,在毫米波和太赫兹频段需要采用新的随机接入协议和自适应阵列处理算法,使系统能够在高移动性导致的阻塞和切换场景中快速适应[26]。

6.3.1.3 大气吸收

电磁(EM)波在穿越大气层时,会被包括氧气和水在内的大气气态成分分子吸收而造成传输损耗。在某些特定频率下传输损耗会变大,这与气体分子的机械共振频率一致[27]。在毫米波和太赫兹频段,大气损耗主要是水分子和氧分子造成的,这在微波频段影响并不明显。这些衰减进一步限制了毫米波/太赫兹的传播距离,缩小了它们的覆盖区域。因此,这些频率下系统将需要更密集的基站部署。

6.3.2 信道测量工作

为了了解毫米波频段信道在室内和室外的物理特性,研究人员已经开展了许多信道测量研究工作。这些测量工作主要集中在研究不同毫米波频率下的路径损耗、空域、角度和时域特性、射线传播机制、材料穿透损耗以及雨、雪和其他衰减损耗的影响,具体如表6-2所列。

表6-2 不同环境下的毫米波信道测量工作

场景/环境	测量工作
办公室、走廊、大学图书馆等室内环境	(1)信号的窄带传播特性、接收功率和误码率(BER)的测量[29]; (2)衰落特性/分布测量[30]; (3)频率分集对多径传播的影响[31]; (4)RMS时延扩展测量[32]; (5)发射机和接收机高度对LOS和NLOS区域归一化接收功率的影响[33]
大学校园、城市环境、街道、远郊、自然环境、草原等室外环境	(1)接收信号传播机理和衰落统计的对比[34]; (2)信道脉冲响应、接收信号包络的分布函数(CDF)和均方根(RMS)时延扩展[35]; (3)植被衰减对多径散射的影响,路径损耗的平均值和标准差[36]; (4)降雨衰减对链路有效性和信号去极化的影响[37]; (5)LOS和NLOS路径的路径损耗指数和平均RMS时延扩展[38,39]; (6)120GHz频率下5.8km室外测量[40]; (7)地面反射和人体阴影对LOS路径损耗测量的影响[41,42]
室外环境下高速列车(HST)信道传输测量	高速列车环境中确定性和随机物体材料的反射和散射参数。信道模型在路径损耗、阴影衰落、功率延迟分布和小尺度衰落方面的验证[43]
室外到室内(O2I)的传播测量	室外到室内穿透损耗对多径分量数量、RMS时延扩展、角扩展和接收机波束分集的影响[44]

同样,在参考文献[45]中已经对室内环境下太赫兹频段无线链路进行了测量研究;室外环境下,参考文献[45]中表明来自无意的 NLOS 路径干扰会限制误码性能;在参考文献[46]中讨论了天气对高容量太赫兹链路的影响;在参考文献[47,48]中研究了适用于太赫兹通信的频率范围;在参考文献[49]中,采用实测、仿真和建模的方式完成了 60GHz 和 300GHz 的列车车厢内信道特性分析。

6.3.3 毫米波和太赫兹频段的传播特性

现在讨论毫米波和太赫兹波频段的关键传播特性。

6.3.3.1 大气衰减

大气衰减是气体分子在无线电信号照射下的振动特性造成的。当气体分子大小与电磁波波长相当时,分子与电磁波相互作用被激发从而形成内部振动,使电磁波的能量有一部分转化为动能,这种转换会导致信号强度的损耗[50]。吸收速率取决于温度、压力、海拔和信号的载波频率。在低频段(sub-6GHz)信号的大气衰减不明显。但是,高频段的信号波长与灰尘颗粒、风、雪和气体成分的大小相比拟,使得高频段大气衰减显著。毫米波频段两种主要的吸收气体是氧气(O_2)和水汽(H_2O)。图 6-1 为 10GHz~1000THz 不同因素下的大气吸收变化曲线。该图采用参考文献[53]中的数据进行重绘,可以看出,在 60GHz 和 119GHz 处 O_2 的吸收损耗峰值分别为 15dB/km 和 1.4dB/km。类似地,在 23GHz、183GHz 和 323GHz 处 H_2O 的吸收损耗峰值分别为 0.18dB/km、28.35dB/km 和 38.6dB/km,在 380GHz、450GHz、550GHz 和 760GHz 频段处同样受到严重的衰减。然而对短距离传输来说,这些大气衰减的综合影响对毫米波信号的影响并不明显[23]。室外环境下的太赫兹通信更容易受到大气的影响。从图中可以看到,在 600GHz 处的衰减为 100~200dB/km,即在 100m 距离上的衰减为 10~20dB[51]。吸收过程可以利用比尔-朗伯特定律来描述,该定律描述了频率 f 下能够从发射端信号经过吸收媒质(称为环境透射率)后传输到接收端的辐射量,定义为[52]

$$\tau(r,f)=\frac{P_{rx}(r,f)}{P_{tx}(f)}=\exp(-\kappa_a(f)r) \quad (6-1)$$

式中:$P_{rx}(r,f)$ 和 $P_{tx}(f)$ 分别是接收和发射功率;r 是发射与接收之间的距离;$\kappa_a(f)$ 是媒质的吸收系数,它是每种气体组分单个吸收系数之和,取决于气体的密度和类型[50]。

6.3.3.2 雨衰

毫米波的波长在 1~10mm,而一个雨滴的典型平均尺寸也在毫米量级。因此,毫米波信号比传统微波信号更容易受到雨滴的阻断。小雨(例如 2mm/h)造

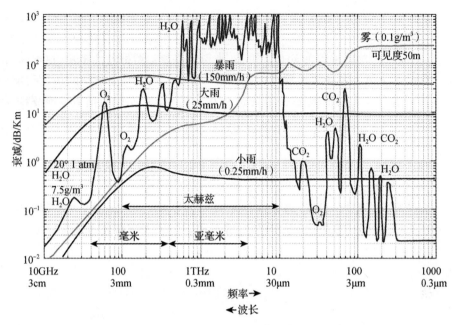

图6-1 10GHz～1000THz不同因素下大气吸收变化曲线
（该图采用参考文献[53]中的数据进行重绘）

成的最大损耗约为2.55dB/km,而大雨（例如50mm/h）造成的最大损耗为20dB/km。在热带地区,150mm/h的雨季暴雨在频率超过60GHz时的最大衰减为42dB/km。然而28GHz和38GHz频段等低频毫米波,强降雨时测得的衰减约为7dB/km,当距离在200m以内时衰减约为1.4dB。因此,在考虑短距离通信和毫米波低频段时,可以将雨衰的影响降到最小[23]。

6.3.3.3 阻塞

(1) 植被衰减：植被会进一步导致毫米波和太赫兹波信号的衰减。植被衰减的严重程度与植被密度和载波频率密切相关。例如,在载波频率28GHz、60GHz和90GHz处,造成的植被衰减分别为17dB、22dB和25dB。

(2) 材料穿透损耗：毫米波及其更高频段很难越过像室内家具、墙和门等障碍物进行传播。例如,28GHz的毫米波信号穿透两堵墙和四扇门的穿透损耗分别为24.4dB和45.1dB[23]。较高的穿透损耗限制了毫米波发射端在室内到室外和室外到室内场景的覆盖范围。

静态阻塞对信道的影响可以用一个LOS概率模型来表示。该模型假定距离为d的链路为LOS,概率为$p_L(d)$,否则为NLOS。通常,$p_L(d)$的表达式是在不同场景下凭经验获得。例如,对于城市环境下的宏蜂窝（UMa）场景[54]

$$p_L(d) = \min\left(\frac{d_1}{d}, 1\right)\left(1 - e^{-\frac{d}{d_2}}\right) + e^{-\frac{d}{d_2}} \quad (6-2)$$

式中:d 为 2D 距离,单位为 m;d_1 和 d_2 为拟合参数,分别等于 18m 和 63m。相同的模型也适用于城区微蜂窝(UMi)场景,此时 $d_2 = 36$m。在不同的信道测量工作和环境中,LOS 的概率表达式也存在一些不同。例如,纽约大学提出的 LOS 概率表达式[55]

$$p_L(d) = \left(\min\left(\frac{d_1}{d}, 1\right)\left(1 - e^{-\frac{d}{d_2}}\right) + e^{-\frac{d}{d_2}}\right)^2 \quad (6-3)$$

式中:拟合参数 d_1 和 d_2 分别为 20m 和 60m。

这些经验模型可以通过理论进行证明。在参考文献[56]中,考虑了随机矩形阻塞的蜂窝网络,其阻塞采用布尔过程建模,其 LOS 概率表达式为

$$p_L(d) = e^{-\beta d}$$

其中

$$\beta = \frac{2\mu(\mathbb{E}[W] + \mathbb{E}[L])}{\pi} \quad (6-4)$$

式中:L 和 W 分别为典型矩形阻塞中的长和宽;μ 为矩形阻塞密度。在参考文献[57]中引入了一种不同的阻塞模型,即 LOS 球模型,该模型假设一个半径为 R_B 的固定球内的所有链接都是 LOS,也可以用于分析毫米波蜂窝网络。

$$p_L(d) = \mathbb{I}(d < R_B)$$

其中

$$R_B = \frac{\sqrt{2}\mu \, \mathbb{E}[L]}{\pi} \quad (6-5)$$

6.3.3.4 人体阴影和自阻塞

如前文所述,人体和终端本身都会导致毫米波/太赫兹频段的传播衰减。在参考文献[58]中,采用布尔模型对人体阻塞进行建模,其中三维圆柱体模型表示人体,其中心建立二维泊松点过程(PPP)。它们的高度假定为随机分布。在室内环境中,人体阻塞也被建模为半径固定的二维圆,中心形成 PPP(密度 μ)[59]。在这种情况下,长度为 d 的链路 LOS 的概率为

$$p_L = 1 - e^{-\mu(rd + \pi r^2)} \quad (6-6)$$

用户的自阻塞也可以使用角度为 δ(由终端宽度和用户到终端的距离决定)的 2D 锥体进行建模,假设所有落入该锥体的基站被阻塞[60]。

6.3.3.5 反射和散射

如果电磁波入射到一个光滑、电大尺寸的表面上,我们就可以看到在特定方向上的单一反射。入射场在镜面方向上反射的比例用光滑表面的反射系数 Γ_s

表示,它也表示穿透损耗。反射功率因此可以表示为

$$\overline{P_R} = P\Gamma_s^2 \tag{6-7}$$

式中:P 为入射波的功率。然而,如果表面是粗糙的,波除了镜面方向上的一个反射分量外,还会形成散射,这种现象被称为漫散射[61],在毫米波/太赫兹波信号中也存在这种现象。正如接下来要详细讨论的,这是因为信号的波长与建筑物表面的微结构特征尺寸相比拟。

更重要的是,入射表面光滑还是粗糙取决于入射波的特性。瑞利准则可用于根据与波 h_c 相关的临界高度来确定表面的光滑度或粗糙度,h_c 可以表示为[61]

$$h_c = \frac{\lambda}{8\cos\theta_i} \tag{6-8}$$

式中:h_c 取决于入射角 θ_i 和波长 λ。假设给定表面的最小到最大表面凸起度用 h_0 表示,表面的 RMS 高度为 h_{rms}。假设 $h_0 < h_c$,则认为表面是光滑的,若 $h_0 > h_c$,则对于波长为 λ 的特定电磁波认为表面是粗糙的。这意味着随着 λ 减小,在较大 λ 时光滑的同一表面可能开始变得粗糙。因此,在较低频率下,反射现象很明显,而散射可以忽略不计,因为与波长相比,大多数表面是光滑的。因此,在毫米波低频段反射现象较为显著,而散射则适中。随着将频率升高到太赫兹频段,载波波长与建筑物墙壁和地形的表面粗糙度相比拟,散射变得明显。因此,在太赫兹频段,散射信号的比重比反射信号更多。

对粗糙表面来说,散射会导致反射信号的额外损耗。因此,粗糙表面的反射系数 Γ 必须考虑散射损耗因子(用 ρ 表示)[61]

$$\Gamma = \rho\Gamma_s$$

其中

$$\rho \approx \exp\left[-8\left(\frac{\pi h_{rms}\cos\theta_i}{\lambda}\right)^2\right] \tag{6-9}$$

因此,该表面的散射功率可以表示为

$$\overline{P_S} = P(1-\rho^2)\Gamma_s^2 \tag{6-10}$$

以及反射功率可以表示为

$$\overline{P_R} = P\Gamma^2 = P\rho^2\Gamma_s^2 \tag{6-11}$$

入射波的散射比例用散射系数 S^2 表示,散射系数 S^2 可以表示为

$$S^2 = \frac{\overline{P_S}}{\overline{P}} = (1-\rho^2)\Gamma_s^2 \tag{6-12}$$

有多种模型来表征散射功率随散射方向的变化。广泛应用的模型之一是定向散射(DS)模型,该模型表明主散射波瓣转向镜面反射波的主方向(图 6-2 中的 θ_r)并且在 θ_s 方向上的散射功率为

$$P_S(\theta_s) \propto \left(\frac{1+\cos(\theta_s-\theta_r)}{2}\right)^{\alpha_R} \quad (6-13)$$

式中：α_R 为散射波瓣宽度。在参考文献[62]中，采用 DS 模型对 60GHz 波在病房中的传播进行了建模。当用 1.29GHz 传播测量进行验证时，DS 模型与农村和郊区建筑物的散射一致[63]。

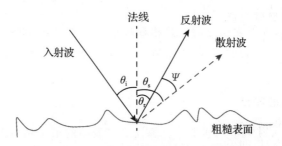

图 6-2 无线电波在物体表面的入射示意图
（θ_i 为入射角，θ_r 为反射角，θ_s 为散射角，Ψ 为反射波与散射波的夹角）

现在可以计算距离表面 r_i 处的发射器在接收器处的散射功率。根据 Friis 方程和式(6-10)，表面总散射功率可以表示为

$$\overline{P_S} = S^2 A_s \frac{P_t G_t}{4\pi r_i^2} \quad (6-14)$$

式中：P_t 为发射功率；G_t 为发射天线增益；A_s 为散射表面有效口径。基于 DS 模型，在方向 θ_s 的 r_s 处的散射功率可以表示为

$$P_S(\theta_s) = P_{S0}\left(\frac{1+\cos(\theta_s-\theta_r)}{2}\right)^{\alpha_R} \quad (6-15)$$

式中：P_{S0} 为最大散射功率，表示为

$$P_{S0} = \frac{\overline{P_S}}{r_s^2 \iint \left(\frac{1+\cos(\theta_s-\theta_r)}{2}\right)^{\alpha_R} d\theta_s d\phi_s} \quad (6-16)$$

定义 $F_\alpha = \iint \left(\frac{1+\cos(\theta_s-\theta_r)}{2}\right)^{\alpha_R} d\theta_s d\phi_s$，则

$$P_{S0} = \frac{\overline{P_S}}{r_s^2 F_\alpha} = S^2 A_s \frac{P_t G_t}{4\pi r_i^2} \frac{1}{r_s^2 F_\alpha} \quad (6-17)$$

此处，位于角度 θ_r 和表面距离 r_s 处的接收机的接收功率可以表示为

$$p_r = P_S(\theta_s) \times \text{有效天线口径} = P_S \frac{\lambda^2}{4\pi} G_r$$

$$= S^2 A_s \frac{P_t G_t}{4\pi} \frac{1}{r_i^2 r_s^2} \frac{\lambda^2}{4\pi} G_r \frac{1}{F_\alpha}\left(\frac{1+\cos(\theta_s-\theta_r)}{2}\right)^{\alpha_R} \quad (6-18)$$

式中：G_r 为接收机的天线增益。该模型还可以扩展到考虑背向散射波瓣。

6.3.3.6 衍射

由于毫米波/太赫兹频段波长短，衍射不会像在微波频率上那样明显[51]。在这些频段，与 LOS 路径相比，NLOS 的强度要小得多[64]。然而，借助衍射可以在物体的阴影中建立太赫兹链路[65]。

6.3.3.7 多普勒频移

由于多普勒频移与用户的频率和速度成正比，因此，在毫米波频率下它明显高于 sub-6GHz。例如，30GHz 和 60GHz 的多普勒频移分别比 3GHz 高 10 倍和 20 倍[23]。

6.3.3.8 吸收噪声

随着信号功率的衰减，分子吸收会引起分子内部的振动，从而产生与入射波频率相同的电磁辐射，即引入了一种称为吸收噪声的附加噪声。由于太赫兹频段存在严重的分子吸收，因此，吸收噪声作为补充项包含在总噪声中，它通常等效为由分子吸收引起的环境等效噪声温度[52]。

6.3.3.9 闪烁效应

闪烁指的是由于介质折射率的快速局部变化而导致波相位和振幅的快速波动。温度、压力或湿度的局部变化会导致穿过波束波前折射率微小变化，这会破坏波前相位，在接收机中，波束横截面显示为在某些局部范围有显著时间强度变化的散斑图。红外(IR)无线传输距离受到闪烁效应的限制[66]。实际中太赫兹通信受到闪烁的影响小于红外波束。太赫兹波在靠近地球表面传播时可能会受到大气湍流的影响[67]。然而，闪烁效应对太赫兹频段的影响程度有待研究。

6.3.4 波束成形和天线方向图

在 MIMO 系统中，波束成形用于将无线电信号聚焦到特定的接收器(或为了避免该方向上的干扰而远离特定方向)。因此，在预期接收机处获得的信噪比(SNR)增益称为波束成形增益，对保证毫米波系统可靠接收至关重要。此外，一般情况下功耗与采样率呈线性关系，与每个采样位数呈指数关系[9,14,23,24]。

为了降低系统功耗，将模拟波束成形技术应用于毫米波系统，所有天线单元共用同一射频链。每个天线馈入相同发射信号的相移，其中相移根据波束成形方向确定。然而，这种传输仅限于单流和单个用户的发射/接收。为了实现毫米波网络的多用户/多流传输[9,14,23,24]，科研人员已经提出了使用多个射频链的混合波束成形。混合波束成形的架构可以分为两种类型：(1)全连接混合波束成形，即每个射频链路与所有天线相连接；(2)部分连接混合波束成形，即每个射频链路连接到天线单元组成的子阵。显然，混合波束成形是低复杂度但具有限制性的模拟波束成形和高复杂度但高灵活的全数字波束成形之间的一种折中架构。

6.3.4.1 模拟波束成形方向图

对于模拟波束成形,接收信号的有效增益可以通过发射和接收天线的方向图来计算,这些方向图表示天线阵列周围不同方向的增益(例如,见(6-8))。文献中已经提出了各种天线方向图来帮助评估毫米波系统。下面将讨论一些示例。

1)均匀线性阵列(ULA)模型

对于天线单元间距为 d,信号波长为 λ 的 N 维线性阵列 ULA 天线增益可以表示为

$$G_{\text{act}}(\phi) = \frac{\sin^2(\pi N \phi)}{N^2 \sin^2(\pi \phi)} \quad (6-19)$$

式中: $\phi = \frac{d}{\lambda}\cos\theta$ 是与发射信号出发角(AoD) θ 对应的余弦方向。为了避免毫米波频段栅瓣的影响,天线单元间距 d 一般保证为二分之一波长。由于空间角 ϕ 依赖于间距 d,公式中的分母 $\sin(\pi\phi)$ 可以用 $\pi\phi$ 代替,也即 $\sin(\pi\phi) \simeq \pi\phi$。因此,阵列天线增益公式(6-19)可以表示为近似平方 sinc 函数

$$G_{\text{act}}(\phi) \triangleq \frac{\sin^2(\pi N \phi)}{(\pi N \phi)^2} \quad (6-20)$$

这种 sinc 天线方向图已经广泛用于天线理论的数值分析。参考文献[69]中的作者已经验证了 sinc 天线模型为实际天线方向图提供严格下界的准确性,使其非常适合毫米波系统的网络性能分析。

2)扇形天线模型

在对网络覆盖进行分析的时候,为了保证分析的易处理性,许多研究者通常使用平顶天线也称为扇形天线来代替实际天线方向图(图 6-3)。在这个模型中,阵列增益在半功率波束宽度(HPBW) θ_{3dB} 内约等于最大主瓣增益 g_m,而其余 AoD 对应的阵列增益近似于实际天线方向图的第一个副瓣增益 g_s[57]。因此,在方向 θ 的增益可以表示为

$$G_{\text{Flat}}(\theta) = \begin{cases} g_m, & \text{如果 } \theta \in [-\theta_{3dB}, \theta_{3dB}] \\ g_s, & \text{其他} \end{cases} \quad (6-21)$$

因此,平顶天线方向图利用固定的主瓣和副瓣增益来模拟连续变化的实际天线阵列增益。对于高密度的应用场景,有严重的来自旁瓣的聚集干扰,因此,在分析中 g_s 项一定不能忽略。该模型在拟合任意天线方向图的能力上有局限性,不适合分析未对准波束。

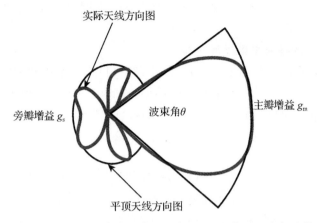

图 6-3 扇形天线模型(为毫米波系统的系统级评估提供了分析的易处理性)

3) 多瓣天线模型

为了使平顶天线方向图更具一般性,在参考文献[70]中提出了一种多瓣天线模型,其中有 K 个瓣,每个瓣都具有恒定增益。通过最小化多瓣方向图与实际天线方向图之间的误差函数来获得阵列增益和每个波瓣的宽度。该模型的局限性包括缺乏实际天线方向图的滚降特性,因此,预测的网络分析性能可能会与实际存在偏差[71]。

4) 高斯天线模型

提出高斯天线模型是为了捕捉实际天线方向图的滚降影响,这种影响通常是由接收机和发射机之间的微小扰动和未对准而产生的[72,73]。这种模型的天线增益可以表示为

$$G_{\text{Gaussian}}(\theta) = (g_m - g_s) e^{-\eta \theta^2} + g_s \qquad (6-22)$$

式中:g_m 为出现在 $\theta=0$ 时的最大主瓣增益;g_s 为副瓣增益;η 为控制 3dB 波束宽度的一个参数。

5) 余弦天线模型

余弦天线方向图的表达式为[69]

$$G_{\cos}(\theta) = \begin{cases} \cos^2\left(\dfrac{\pi N}{2}\theta\right) & |\theta| \leqslant \dfrac{1}{N} \\ 0 & \text{其他} \end{cases} \qquad (6-23)$$

该模型可以扩展到包括多波瓣的情形[74]以提供额外的灵活性。

6.3.4.2 多用户/多流传输天线方向图

上述讨论可以扩展到包括支持多流或多用户传输的混合波束成形。混合波束成形是一种分层技术,可以看作数字波束成形和模拟波束成形的线性组合。

因此,在多用户或多流传输情况下,有效的天线方向图将由每个流或用户的单个模拟波束方向图组成。

6.3.4.3 太赫兹波束成形

通过非常密集的 UM-MIMO 天线系统,可以在一定程度上扩大太赫兹波有限的传输范围。由于在相同空间可容纳的天线数量随着波长的平方而增加,因此,相比于毫米波系统,太赫兹系统可以容纳更多的天线单元。这种结构紧凑的大阵列天线可以产生高增益、高指向性波束(笔形波束),有助于增加传输距离。

与毫米波通信类似,高成本和高功耗的数字波束成形技术不适用于太赫兹通信。太赫兹频段的模拟波束成形可以减少射频所需的移相器数量。然而,由于模拟移相器是数字控制的,只有量化的相位值,会受到附加硬件约束,这将大大限制实际模拟波束成形的性能。因此,模拟/数字混合波束成形又一次成为模拟和数字方法之间的一种更好的折中方法。混合波束成形的射频链路少于天线单元,在稀疏信道中接近全数字性能[75]。

可用于太赫兹通信的天线类型有光电导天线、喇叭天线、透镜天线、微带天线和片上天线。最初,太赫兹天线采用磷化铟(InP)或者砷化镓(GaAs)等半导体材料来进行设计,但是由于半导体材料具有高介电常数,难以控制天线辐射方向图,因此,研究人员提出了采用喇叭馈电的透镜天线。为了提高天线效率,人们还提出了其他方法,如采用不同介电特性的介质层进行堆叠[76]。除金属天线和电介质天线以外,也可以采用碳纳米管和平面石墨烯等新材料实现天线[77]。

6.3.5 信道建模

为了评估通信系统的性能,首先要建立准确的信道模型。毫无意外,研究人员已经研究了用于信道模拟和分析的不同毫米波系统的信道模型。例如在2012年,构建2020年信息社会的无线通信关键技术(METIS)计划提出了三种信道模型:基于随机几何建模、基于地图建模和混合建模。其中,随机几何建模适用于 70GHz 以下频段,地图模型适用于 100GHz 以下频段。在 2017 年,提出了 sub-100GHz 频段的 3GPP 三维信道模型。NYUSIM 是另一种信道模型,该模型是借助 28~73GHz 毫米波频段在不同室外现实场景中的传播信道测量数据建立的[78]。UM-MIMO 的统计信道模型可以分为矩阵模型和参考天线模型。矩阵模型描述了完整信道的传输矩阵特性。参考天线模型则是通过引入参考发射天线和接收天线,分析它们之间的点对点传播模型,统计生成完整的信道矩阵[79]。

如上所述,与低频段相比,太赫兹传输信道表现出十分不同的特性。因此,对信道和噪声进行建模对于准确评估太赫兹通信系统的性能至关重要[80]。由于存在严重的分子吸收效应,即使是在自由空间环境下也不能进行直接建模,在路径损耗方程中需要包含一个附加的指数项和幂律模型,即在第 6.3.3.3 节已经讨论过的太赫兹波特殊的传播特性使分析具有挑战性。

除了近期在亚太赫兹(sub-THz)频段下的信道测量外[51],其余太赫兹频段的信道建模工作正采用射线追踪法[81-83]和统计信道建模[49,84-90]方法推进。特别地,在参考文献[85]中引入了基于通用随机时空模型的太赫兹信道统计模型,适用于 275～325GHz 的室内信道测量工作。在参考文献[86,87]中提出了一种用于 sub-THz 频段的设备——设备的散射信道的 2D 几何统计模型。除室外信道模型外,参考文献[49]还讨论了列车车厢内 300GHz 信道特性的室内模型。在纳米尺度上,参考文献[88,89]提出了用于体内太赫兹通信的信道模型。参考文献[90]讨论了一种利用太赫兹频率进行芯片对芯片通信的混合信道模型。

我们现在描述一个简单但功能强大的易于分析处理的信道模型,它可以适用于各种传播场景,适用于包括使用随机几何思想的系统级性能分析。

6.3.5.1 毫米波信道

考虑一个发射与接收端相距为 r、类型为 s 的链路,其中 $s \in \{L, N\}$ 表示链路是 LOS 还是 NLOS[14]。为了简单起见,假设采用的是窄带通信和模拟波束成形。接收端的接收功率可以表示为

$$P_r = P_t \ell_s(r) g_R(\theta_R) g_t(\theta_t) H \tag{6-24}$$

式中:

(1) $\ell_s(r)$ 是距离 r 处由传播损耗引起的标准路径损耗,它由路径损耗函数表示,通常采用幂律函数表示

$$\ell_s(r) = c_s r^{-\alpha_s} \tag{6-25}$$

式中:c_s 为近场增益;α_s 为路径损耗指数。

(2) P_t 是发射功率。

(3) g_t 和 g_r 分别是发射和接收天线方向图,θ_t 和 θ_r 分别是发射机和接收机波束方向的角度。因此,$g_t(\theta_t)$ 和 $g_r(\theta_r)$ 分别是发射机和接收机的天线增益。

(4) H 是小尺度衰落系数。对于 LOS 和 NLOS 链路通常采用 μ_L 和 μ_N 来表示 Nakagami 衰落[14]。因此,H 是一个参数为 μ_s 的 Gamma 随机变量。

上述信道模型可以扩展到不同的环境和传播场景,如包括多路径[14]、多秩信道[91,92]、混合波束成形[92]和大规模 MIMO。由于避开了高吸收损耗的特定频段,毫米波通信可以忽略分子吸收的影响。

6.3.5.2 太赫兹信道

在太赫兹频段大气衰减和散射现象非常显著,因此,太赫兹信道模型与上面

讨论的毫米波通信模型不同。由于 LOS 与 NLOS 链路之间具有巨大差异,大多数研究工作只考虑了 LOS 链路[93,94]。为简单起见,只考虑窄带通信。如果考虑相距为 r、类型为 s 的 LOS 链路,接收功率 P_r 可以表示为[45,66]

$$P_r = P_t \ell(r) g_R(\theta_R) g_t(\theta_t) \tau(r) \quad (6-26)$$

式中:$\tau(r)$ 为式(6-1)中定义的分子吸收而产生的附加损耗项。对于 LOS 链路来说,路径损耗可以通过自由空间损耗给出,如

$$\ell(r) = \left(\frac{\lambda}{4\pi}\right) \frac{1}{4\pi r^2} \quad (6-27)$$

该模型可以扩展用于包括散射/反射器的情况。若 r_1 是发射机到表面的距离,r_2 是表面到接收机的距离,则散射功率 $P_{r,S}$ 和反射功率 $P_{r,R}$ 可以分别表示为

$$P_{r,S} = P_t g_R(\theta_R) g_t(\theta_t) \ell(r_1) \ell(r_2) \tau(r_1) \tau(r_2) \Gamma_R \quad (6-28)$$

和

$$P_{r,R} = P_t g_R(\theta_R) g_t(\theta_t) \ell(r_1 + r_2) \Gamma^2 \tau(r_1 + r_2) \Gamma_S \quad (6-29)$$

式中:Γ_R 和 Γ_S 分别为反射和散射系数,可能取决于表面方向和特性。上述信道模型可以扩展到包括多路径和宽带通信等其他场景[81]。

6.4 毫米波通信系统

正如上面已经讨论过的,毫米波在通信方面的主要优势是具有丰富的频谱,可达千兆传输速率[95]。然而,毫米波信号更易于受到阻塞和植被损耗的影响,需要高定向传输。强信号衰减和高定向传输特性为毫米波系统的实现同时带来了一些有利和不利条件。从积极的方面来看,毫米波系统具有更强的抗干扰能力,更适合在噪声受限的情况下工作[1],相应地,运营商可以使用更高的频率复用系数,来得到更大的网络容量[96,97]。同样地,毫米波比 sub - 6GHz 可以更安全进行传输[98-101]。例如,对阻塞的高敏感性可引起强烈的信号衰减,除非是在极其靠近发射机的位置,否则毫米波信号很难被远程窃听。最后,这些特性也使得毫米波频段更易实现频谱共享,这将在后面的部分进行详细讨论。

另一方面,毫米波的高方向性使得初始小区搜索成为关键。一旦使用定向波束,基站和用户双方都需要在很宽的角度范围内执行空间搜索,以便在正确的方向上对准其发射和接收波束,这给通信过程增加了很大的延迟和开销。当用户高速移动时,由于切换事件的增加,情况将进一步恶化。此外,对阻塞的更高敏感性还可能导致中断。解决这一问题的其中一种方法是利用宏分集[102-104]的概念,即同时为每个用户维护与多个基站的连接,当某一个基站阻塞时,此用户

通信不会中断。

在总结了毫米波通信的这些关键特性之后,接下来会讨论这些特性对系统设计的一些关键影响并最终得出毫米波通信在未来6G系统中的潜在用途。

6.4.1 关键系统设计含义

1) 与低频系统的共存

由于传输距离有限,如果作为独立系统进行部署,毫米波系统可能无法有效完成任务[105]。解决方法之一是,让毫米波系统与工作在更成熟的sub-6GHz频段上的传统蜂窝网络合作,所有控制层面的管理,包括负载均衡和切换等,由sub-6GHz的微波频段传输执行,而数据传输在毫米波频段上进行。与独立网络相比,这样的网络在不降低可靠性的基础上,能得到更大容量和更好的吞吐量[106]。另一种方式是,利用宏分集,其中多个基站(一些可以是sub-6GHz,一些是毫米波)可以同时连接到用户,以提高LOS概率和链路吞吐量[102]。

2) 频谱共享

在低频段,拥有一个专用频段的独占许可,可以确保可靠性,并为运营商的时间敏感操作提供性能保证。然而,毫米波系统通常工作在噪声受限的环境中,这些频段上的独占许可反而会导致频谱利用率不足[8]。已有研究表明,毫米波频段的频谱共享不需要复杂的小区间协作,甚至两个或多个运营商之间的非协作频谱共享都是可行的[107]。这些对位于59~64GHz和64~71GHz频段的免授权频谱来说,是一个有吸引力的选择,它将允许多个用户在没有任何明确协作的情况下访问该频谱。这种免授权的频谱使用提高了频谱利用率,并有助于最大限度地减少新的或小规模运营商的进入障碍。即使在授权频段,共享频谱也有助于提高频谱利用率,降低授权成本。同理,简单的小区间干扰协作机制也可以用来改善共享性能[9,14,23,24,108]。此外,在密集部署的情况下,毫米波通信与其他业务(包括现有业务和新部署的业务)共存的频段可能需要相互保护。为此,非协作、静态和动态的频谱许可共享机制成为这些频段中的有效选择。毫米波频段的频谱共享机会也带来了发展全新的且更加灵活、机动和有针对性的频谱许可方法的需求[8]。

3) 超密集网络

UDN的特点是站点间距离非常短,通常用在人口稠密的住宅区、办公楼、大学校园和市中心,提供本地覆盖。毫米波频段具有高定向性和阻塞敏感性,即使在超密集部署时也能抑制干扰,成为UDN的自然候选。此外,自回传形式还为这些密集部署的AP/BS与回传之间的连接提供了一种廉价的解决方案。

4) 基于深度学习的波束成形

在高机动场景下，大阵列波束成形向量的频繁更新，导致毫米波系统性能受到严重影响。近几年来，基于深度学习的波束成形技术能够减少训练开销，引起了人们的极大兴趣。在发射端，首先发射来自UE的导频信号以学习邻近环境的RF签名，然后使用该知识来预测用于所发射数据RF签名的最佳波束成形矢量。在成功完成学习之后，深度学习模型所需的训练开销可以忽略不计，确保了毫米波系统应用的可靠覆盖和低延迟特性[109]。

6.4.2 毫米波通信在6G中的潜在应用

1) 无线接入应用

60GHz频段有丰富的带宽，无线局域网和个域网（WLAN和WPAN）的免授权接入可以基于不同相关技术实现，并且在家庭、办公室、交通中心和城市热点地区的网络接入方面都有潜在的应用前景。这些技术能支持千兆比特数据传输，例如IEEE 802.11ad和IEEE 802.11ay[110,111]。不远的将来，基于IEEE 802.11ay的毫米波分布式网络（mmWave Distribution Networks,mDN）可成为固定光纤链路的低成本替代方案。mDNs可以提供室内和室外点到点（P2P）和点到多点（P2MP）的毫米波接入，以及在ad-hoc网络场景中向小型社区提供无线回传业务。基于IEEE 802.11ay的mDN网络的优点是网络基础设施更便宜，覆盖速度更快，但仍存在诸多挑战，包括处理阻塞、干扰管理和开发有效的波束训练算法[112,113]。此外，5G被视为在毫米波频段上实现蜂窝通信的重要一步，预计该频段将在6G及之后的系统中进一步完善。

2) 回传基础设施

众所周知，由于安装和运营成本的增加，在高度密集的小型社区部署中提供光纤回传很有挑战性[114-116]。毫米波具有高定向性和高LOS吞吐率的特点，近年来许多研究人员致力于在毫米波频段实现无线回传。目前的5G蜂窝回传网络预计将工作在60GHz和71~86GHz频段，由于相似的传播特性，还将被扩展到92~114.25GHz频段。为了扩大现有的毫米波回传容量，人们也在努力开发新技术，包括交叉极化干扰抵消（XPIC）、频带和载波聚合（BCA）、LOS MIMO和OAM。为满足未来6G的数据需求，还需要利用更高的毫米波频段（100GHz以上）和太赫兹频段[117,118]来提供回传解决方案。

3) 信息淋浴（IS）

信息淋浴是一种高带宽超短程热点，其工作在免授权的60GHz频段，这些毫米波基站安装在商业建筑的天花板、门口、入口或人行道上，在大约10m[119]的覆盖范围内提供千兆比特的数据速率。这些设备提供了一个可以在短时间内不同类型的网络、设备和用户之间交换大量数据的理想平台。与传统的小型蜂窝网络不同，IS可以用于从远程无线网络中卸载和预提取数据，用于实时文件传输和视频流等应用。IS能够在几秒钟内下载完成视频和大文件，有助于提高移动终端的能效和电池寿命。然而，IS的安装需要一个具有高鲁棒性的体系结构，能够与当前的蜂窝网络无缝衔接，这仍然是一个开放的研究领域[120,121]。

4) 航空通信

许多毫米波频段已经被用来支持大容量的卫星对地传输。然而，随着无人机技术的成熟，未来的无线网络将会加入机动性较强的航空部分，并用于多种场景，如农业、地图绘制、交通控制、摄影、监测、包裹递送、遥测和包括音乐会在内的按需下载的大型公共集会。这些应用需要较高的LOS，毫米波通信将发挥巨大作用。此外，无人机的快速（按需）和易于部署也会在许多公共安全应用中发挥作用，尤其是当民用通信基础设施受到损害或破坏时。

5) 车载通信

车辆之间相互通信的能力以及无线基础设施不仅有助于完全自主导航，而且还有助于通过及时警报和路线引导避免半自主或人工驾驶车辆的事故[122]。由于LOS对高似然性和高数据速率的需求，毫米波和太赫兹天然适用于车载通信系统[38,123-126]。此外，大规模部署互联智能汽车需要统一的车载通信和雷达传感机制，以轻松应对快速成熟的汽车环境，包括联网路标、互联踏板、视频监测系统和智能交通设施[127]。

6.5 太赫兹通信

6.4节详细讨论了毫米波通信系统，本节重点分析太赫兹通信系统。由于太赫兹频段的频率比毫米波频段高，因而其通信面临着我们在毫米波通信中讨论过的几乎所有的关键挑战。为了避免重复，我们将重点讨论对太赫兹通信系统来说更独特（或至少更明显）的挑战和影响。

1) 传播范围较小

与毫米波相比，太赫兹传输损耗和分子吸收损耗更大，进一步限制了传输范围，比如在小型社区中，太赫兹频段仅能提供约10m[128]的覆盖。此外，太赫兹频段中分子吸收与频率相关，这会导致频带分裂和带宽减小[2]。

2) 太赫兹收发机设计

太赫兹通信的一个挑战是宽带收发机的实现。太赫兹频段也被称为太赫兹间隙，对常规振荡器来说太高，而对光学光子发射器来说太低。另一个挑战是设计支持超宽带传输的天线和放大器[80]。目前，产生太赫兹波的方式主要是使用常规振荡器加倍频器或光学光子发射器加分频器。

3) 太赫兹波束跟踪

和毫米波系统类似,太赫兹通信系统需要波束成形来克服较大的传输损耗。然而,波束成形需要信道状态信息,但太赫兹通信系统的阵列尺寸一般比较大,这一信息很难获得。因此,利用波束跟踪技术准确测量发射机的 AoD 和接收机的 AoA 至关重要。虽然这种波束跟踪技术在较低频率下已经得到了广泛的研究,但在太赫兹频率下却并非如此。在太赫兹通信中,为了实现波束对准,必须先进行波束切换,然后再进行波束跟踪。由于阵列尺寸较大,波束切换的码本设计计算复杂,但另一方面,这些复杂码本可以产生高分辨率波束,有助于精确的角度估计[75]。上述内容表明,在设计太赫兹通信系统时需要在不同的挑战间寻求微妙的平衡关系。

这些挑战的意义与我们在 6.4 节中讨论的毫米波系统类似。例如,由于覆盖范围有限,太赫兹通信系统更有可能聚焦于室内应用[129]。特别地,室内链路已经被发现即使在存在一个或两个 NLOS 反射分量的情况下也具有高鲁棒性[45]。同样地,由于覆盖面积小和方向性高,人们期望太赫兹系统可以在不需要太多协作的情况下有效地共享频谱(类似于毫米波系统)。在射电天文和基于卫星的地球监测等无源业务已经存在的频段中,太赫兹通信系统需要在某些保护规则下共享频谱。

6.5.1 太赫兹通信在 6G 中的潜在应用

太赫兹通信在宏观和微/纳米尺度上都有广泛的应用。本节将讨论一些具体应用场景。

6.5.1.1 宏观尺度太赫兹通信

Tb/s 级别速率链路的新兴需求驱动了太赫兹通信的宏观应用,而毫米波频段无法满足如此高的传输速率。这些应用包括超高清视频会议和流媒体、3D 游戏、扩展现实、高清全息视频会议、触觉通信和触觉互联网等。在传统的蜂窝网络设置中,太赫兹频段更适合于小蜂窝室内应用或小蜂窝的高速无线回传[128]。同样,在传统的 WLAN 应用中,太比特无线局域网(T-WLAN)可以提供高速有线网络(如光纤链路)与个人设备(如移动电话、笔记本电脑和智能设备)之间的无缝互连。以此类推,太比特无线个域网(T-WPAN)可以实现邻近设备之间的超高速通信。一种特殊的 WPAN 应用是信息亭下载,其使用固定的信息亭下载站将多媒体内容(例如大视频)传输到位于其附近的移动电话[130]上。太赫兹通信的其他潜在应用和优势,如增强的安全性、与空中和车载通信的相关性[131,132],以及在数据中心提供无线连接的潜在用途,可以按照我们在 6.4 节中对毫米波网络所做的相同的思路进行论证,为了避免重复,我们不再讨论这个问题。

6.5.1.2 微/纳米级太赫兹通信

太赫兹频段还可用于实现纳米机器之间的通信[128]。这些纳米机器可以执行一些简单任务,如数学计算、数据存储、驱动和传感。根据不同应用场景,传输距离可以从几微米到几米不等。下面讨论纳米机器通信的一些代表性应用。

(1)健康监测:部署在人体内部的纳米传感器或纳米机器可以测量葡萄糖水平、胆固醇水平、各种离子浓度、癌症细胞释放的生物标志物等[128]。测量数据可以通过太赫兹无线通信传输到人体外部的设备(如移动电话或智能腕带)。外部设备处理数据并进一步将结果发送给医疗设备或医生。

(2)核、生物和化学防御:纳米传感器能够有效感知有害的化学和生物武器分子[128]。与传统的宏观化学传感器相比,纳米传感器可以检测非常微小的浓度(小到单个分子)。因此,在太赫兹频段通信的纳米器件可用于检测有害化学、生物和核制剂的国防应用。

(3)纳米物联网(IoNT)和生物纳米物联网(IoBNT):纳米机器与现有通信网络的互联称为纳米物联网(IoNT)[15]。这些通过 IoNT 互联的纳米设备有多种应用,从跟踪大气条件、健康状况到实现实时跟踪。此外,纳米收发器和天线可以嵌入几乎所有要连接到互联网的设备中。IoBNT 在概念上与 IoNT 相同,区别是其由生物纳米机器组成,而不是硅基纳米机器[133]。生物纳米机器可以由合成的生物材料或通过基因工程改造的细胞制成。IoBNT 在生物医学领域有许多应用。

(4)片上无线网络通信:太赫兹波可以借助几微米大小的平面纳米天线实现嵌入芯片上的处理内核之间的通信[134]。这就实现了区域受限的应用所需的超高速内核间通信。基于石墨烯的纳米天线可以用于芯片上可扩展和灵活的无线网络设计。

6.5.2 纳米网络

单台纳米机器的能力可能仅限于简单的计算、传感和驱动,但相互连接的纳米机器组成的网络可以执行更复杂的任务。纳米机器间可以相互通信或与中央设备通信。这种网络无论是从癌症处理还是环境监测等方面都有广泛的应用。纳米机器之间潜在的两种信息载体是电磁波和化学分子。在人体内部,分子通信比传统电磁波更有优势,如生物相容性和能量效率。

与分子通信的集成

纳米级通信网络由 5 个基本部分组成[16]:

(1)消息载体:把信息从发射机传送到接收机的化学分子或波动。

（2）运动组件：提供消息载体在通信介质中运动所需的力。

（3）字段组件：引导通信介质中的消息载体。外部包括电磁场、分子马达和非湍流流体流动。内部包括群体运动或群集行为。

（4）扰动：通过消息载体的变化来表示传输信息。在远程通信中，扰动类似于调制。它可以通过根据传输信息改变分子的浓度或类型来实现。

（5）特异性：目标接收信息的过程，如分子与存在于靶中的受体结构的结合。

参考文献[16]提出了一种结合分子和电磁范式的混合通信系统（图6-4）。在这种混合通信网络中，由于分子通信具有生物相容性、能量效率高以及不需要通信基础设施等优点，被应用于身体内部，并采用基于扩散的 MC（Molecules Propagation in the Medium based on Concentration Gradient，分子在介质中基于浓度梯度传播）的传输机制。纳米节点（Bio-Nanomachines）形成簇，并在本地感知数据。生物纳米机器收集健康参数，调制数据，并将信息传输到其他生物纳米机器（充当继电器）。现在，为了将收集到的信息传递给人体之外的接收器，一种基于石墨烯的纳米设备被植入人体。这种可植入的纳米设备由化学纳米传感器、收发器和电池组成。基于生物纳米机器传递给植入物的信息分子浓度纳米器件，浓度被转换成相应的电信号。之后，可植入的纳米器件通过太赫兹波与纳米微界面通信。这个接口可以是皮服显示器，也可以是连接到互联网的微网关。这种混合通信网络由于MC技术而具有生物相容性，并通过太赫兹通信实现与外界的良好连接。图6-4混合纳米通信网络显示了一个由生物和人工组成的生态系统，包括分子通信和太赫兹通信在内的各种通信技术可以共存[16]。

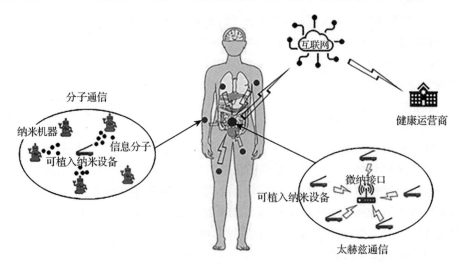

图6-4 混合纳米通信网络[16]

6.6 标准化工作

最后,我们讨论一下相关研究人员在毫米波和太赫兹通信标准化方面做出的工作。

6.6.1 毫米波通信的标准化工作

在过去的10年里,人们对毫米波通信的兴趣与日俱增,已经开发形成了几个可应用的工业标准。下面将讨论其中的一些标准。

1)IEEE 802.11 ad

这一标准的重点是支持60GHz频段的无线通信。它规定了对802.11物理层和MAC层的修改,以支持60GHz频段的千兆速率的无线应用。60GHz左右的未授权频谱具有大约14GHz带宽,该频段被划分为2.16GHz、4.32GHz、6.48GHz和8.64GHz带宽的波道。IEEE 802.11 ad标准在单个2.16GHz波道支持高达8Gb/s的单输入单输出(SISO)通信。它支持后向兼容2.4GHz和5GHz频段的现有Wi-Fi标准。因此,未来的手机可能有2.4GHz(用于一般用途)、5GHz(用于较高速应用)和60GHz(用于超高速数据应用)3个收发机[106,110,135]。

2)IEEE 802.11 ay

这个标准是IEEE 802.11 ad的升级版,支持固定的单点对单点或单点对多点的超高速室内外毫米波通信,支持波道绑定和聚合以实现100Gb/s的数据速率。波道绑定允许单个波形覆盖至少两个或更多相邻的2.16GHz波道,而波道聚合允许每个参与聚合的波道具有自己的独立波形[111,136]。

3)IEEE 802.15.3c

该标准定义了室内60GHz WPAN的物理层和MAC层。在该标准中,MAC实现了随机信道接入和时分多址接入方法,以支持定向和准全向传输[135]。

4)ECMA-387

该标准由欧洲计算机制造商协会(European Computer Manufactures Association,ECMA)提出,规定了60GHz无线网络的物理层、MAC层和高清多媒体接口(High-Definition Multimedia,HDMI)协议适配层(Protocol Adaption Layer,PAL),适用于支持短距离低数据速率传输的手持设备和配备自适应天线的支持长距离高数据速率多媒体流设备[135]。

5)5G NR 毫米波标准

这是一个将移动设备连接到 5G 基站的 5G 无线空中接口的全球标准平台。在 IMT2020 的努力下,3GPP R15 给出了第一套详细描述 5G NR 用例的标准,大致分为 eMBB、URLLC 和 mMTC。然而,前面所述的 R15 聚焦于 5G NR 的非独立(NSA)操作,即 4G LTE 网络和 5G 移动技术共存[137]。3GPP R16(于 2020 年 7 月完成)针对独立(SA)5G NR 网络(工作在 1~52.6GHz 范围内)在增加容量、提高可靠性、降低延迟、更好的覆盖、更易部署、功率需求和移动性方面的性能进行了改进。它还包括对多波束管理、空中(OTA)同步以支持多跳回传、集成接入和回传(IAB)增强、远程干扰管理(RIM)参考信号、UE 功率节省和移动性增强的讨论[137]。下一个版本预计将于 2021 年 9 月完成,将解决 5G NR 性能进一步提升的问题,预计包括对新业务的支持,如关键医疗应用、NR 广播、多播和多 SIM 设备、任务关键应用、网络安全应用和动态频谱共享改进等等。

6.6.2 太赫兹通信的标准化工作

鉴于太赫兹通信仍处于初级阶段,其标准化工作也才刚刚开始。IEEE 802.15.3d-2017 于 2017 年提出,这是第一个用于工作在 252~321GHz 频段下的太赫兹固定点对点链路的标准,且使用 8 种不同的信道带宽(2.16~69.12GHz 和 2.16GHz 的倍数)。为了推进太赫兹频段纳米网络的标准化工作,IEEE P19061/Draft 1.0 讨论了纳米尺度和分子通信的建议框架[19,138,139]。

6.7 本章小结

5G 通信系统的一个重要成就是证明毫米波可以有效地用于商业无线通信系统,由于这些频率的传播特性有缺陷,在几年前使用毫米波进行商业通信被认为是不现实的。也有人认为,尽管 5G 系统仍在推广中,5G 毫米波系统支持的千兆速率可能不足以支持如 3D 游戏和扩展现实等的新兴应用。这类应用将需要每秒几百 Gbit 到每秒几 Tbit 的低延迟和高可靠性的数据速率,而这也被认为是下一代 6G 通信系统的设计目标。考虑到太赫兹通信系统在短距离内具有达到这种速率的潜力,被认为是无线通信研究的下一个前沿。鉴于毫米波和太赫兹频段在 6G 及以上系统中的重要性,本章对这些频段进行了统一的讨论,特别强调了它们的传播特性、信道模型、设计和实现以及潜在的应用。本章最后简要介绍了这些频段目前的标准化进程。

参 考 文 献

[1] RAPPAPORT T S, SUN S, MAYZUS S, et al. Millimeter wave mobile communications for 5G cellular: It will work! [J]. IEEE Access 2013(1):335-349.

[2] SARIEDDEEN H, SAEED N, AL-NAFFOURI N Y, et al. Next generation terahertz commu - nications: a rendezvous of sensing, imaging, and localization [J]. IEEE Commun. Mag,2020,58(5):69-75.

[3] KHAN F, PI Z, RAJAGOPAL S. Millimeter-wave mobile broadband with large scale spatial processing for 5G mobile communication[C]// 2012 50th Annual Allerton Conference on Communication, Control, and Computing (Allerton), IEEE, 2012:1517-1523.

[4] LUETH K L. IoT 2019 in review: the 10 most relevant IoT developments of the year (2020) [Z].

[5] International Telecommunication Union. IMT traffic estimates for the years 2020 to 2030 [R]. Report ITU,2015:2370.

[6] KARIE N M, SAHRI N M, HASKELL-DOWLAND P. IoT threat detection advances, challenges and future directions[C]//2020 Workshop on Emerging Technologies for Security in IoT, IEEE, 2020:22-29.

[7] DHILLON H S, HUANG H, VISWANATHAN H. Wide-area wireless communication challenges for the internet of things. IEEE Commun. Mag,2017, 55(2):168-174.

[8] GUPTA A K, BANERJEE A. Spectrum above radio bands, spectrum sharing: the next frontier in wireless networks[Z]. 2020:75-96.

[9] ANDREWS J G, BUZZI S, CHOI W, et al. What will 5G be? [J]. IEEE J. Sel. Areas Commun,2014,32(6): 1065-1082.

[10] GUPTA A K, SABU N V, DHILLON H S. Fundamentals of network densification, in 5G and beyond: fundamentals and standards [M]. Berlin: Springer, 2020.

[11] ANDREWS J G, ZHANG X, DURGIN G D, et al. Are we approaching the fundamental limits of wireless network densification? [J]. IEEE Commun. Mag,2016(54): 184-190.

[12] HAN C, WU Y, CHEN Z, et al. Terahertz communications (TeraCom): challenges and impact on 6G wireless systems, pp. 1-8 (2019) [EB/OL]. arXiv:1912.06040.

[13] SAAD W, BENNIS M, CHEN M. A vision of 6G wireless systems: applications, trends, technologies, and open research problems [J]. IEEE Network, 2019, 34 (3):134-142.

[14] ANDREWS J G, BAI T, KULKARNI M N, et al. Heath, modeling and analyzing millimeter wave cellular systems[J]. IEEE Trans. Commun,2016,65(1):403-430.

[15] AKYILDIZ I, JORNET J. The internet of nano-things[J]. IEEE Wireless Commun, 2010,17(6):58-63.

[16] YANG K, BI D, DENG Y, et al. A comprehensive survey on hybrid communication in

context of molecular communication and terahertz communication for body – centric nanonetworks[J]. IEEE Trans. Mol. Biol. Multi – Scale Commun,2020: 1.

[17]SABU N V, GUPTA A K. Analysis of diffusion based molecular communication with multiple transmitters having individual random information bits[J]. IEEE Trans. Mol. Biol. Multi – Scale Commun,2019,5(3):176 – 188.

[18]ITU J. Provisional final acts[C]//World Radiocommunication Conference (ITU Publications), 2019.

[19]KURNER T, HIRATA A. On the impact of the results of WRC 2019 on THz communications[C]//Third International Workshop on Mobile Terahertz System, IEEE, 2020:1 – 3.

[20]ACTS P F. In World Radiocommunication Conference (WRC – 15) (ITU, 2015) [Z].

[21]DAHLMAN E, PARKVALL S, SKOLD J. 5G NR: the next generation wireless access technology[M]. Pittsburgh: Academic Press, 2020.

[22]BOCCARDI F, HEATH R W, LOZANO A, et al. Five disruptive technology directions for 5G[J]. IEEE Commun. Mag,2014,52(2):74 – 80.

[23]HEMADEH L A, SATYANARAYANA K, EL – HAJJAR M, et al. Millimeter – wave communications: physical channel models, design considerations, antenna constructions, and link – budget[J]. IEEE Commun. Surv. Tutorials,2017,20(2):870 – 913.

[24]RANGAN S, RAPPAPORT T S, ERKIP E S. Millimeter – wave cellular wireless networks: potentials and challenges[J]. Proc. IEEE,2014, 102(3), 366 – 385.

[25]PETROV V, KOMAROV M, MOLTCHANOV D, et al. Interference and SINR in millimeter wave and terahertz communication systems with blocking and directional antennas [J]. IEEE Trans. Wireless Commun,2017,16(3):1791 – 1808.

[26]ATTIAH M L, ISA A A M, ZAKARIA Z, et al. A survey of mmWave user association mechanisms and spectrum sharing approaches: An overview, open issues and challenges, future research trends[J]. J. Wireless Netw,2020, 26(4):2487 – 2514.

[27]MARCUS M., PATTAN B. Millimeter wave propagation: spectrum management implications[J]. IEEE Microwave Mag,2005, 6(2):54 – 62.

[28]TRIPATHI S, GUPTA A. Measurement efforts at mmWave indoor and outdoor environments. [EB/OL]. Available: https://home.iitk.ac.in/~gkrabhi/memmwave.

[29]THAREK A, MCGEEHAN J. Propagation and bit error rate measurements within buildings in the millimeter wave band about 60GHz[C]// 8th European Conference on Electrotechnics, Conference Proceedings on Area Communication, IEEE, 1988: 318 – 321.

[30]ALLEN G, HAMMOUDEH A. 60GHz propagation measurements within a building, in 1990 20th European Microwave Conference, vol. 2, IEEE, 1990:1431 – 1436.

[31]ALLEN G, HAMMOUDEH A. Frequency diversity propagation measurements for an indoor 60GHz mobile radio link[C]//1991 Seventh International Conference on Antennas and Propagation, IET, 1991:298 – 301.

[32]DAVIES R, BENSEBTI M, BEACH M, et al. Wireless propagation measurements in

indoor multipath environments at 1.7GHz and 60GHz for small cell systems[C]//1991 Proceedings 41st IEEE Vehicular Technology Conference:589-593.

[33] YANG H, HERBEN M H, SMULDERS P F. Impact of antenna pattern and reflective environment on 60GHz indoor radio channel characteristics[J]. IEEE Antennas Wireless Propag. Lett,2005(4):300-303.

[34] ALLEN G, HAMMOUDEH A. Outdoor narrow band characterisation of millimetre wave mobile radio signals[C]// IEEE Colloquium on Radiocommunications in the Range 30~60GHz, IET, 1991: 4-1.

[35] DANIELE N, CHAGNOT D, FORT C. Outdoor millimetre-wave propagation measurements with line of sight obstructed by natural elements[J]. Electronics Letters,1994, 30(18): 1533-1534.

[36] WANG F, SARABANDI K. An enhanced millimeter-wave foliage propagation model [J]. IEEE Trans. Antennas Propag,2005,53(7):2138-2145.

[37] FONG B, FONG A, HONG G, et al. Measurement of attenuation and phase on 26-GHz wide-band point-to-multipoint signals under the influence of rain[J]. IEEE Antennas Wireless Propag. Lett,2005(4):20-21.

[38] BEN-DOR E, RAPPAPORT T S, QIAO Y. Millimeter-wave 60GHz outdoor and vehicle AOA propagation measurements using a broadband channel sounder[C]//2011 IEEE Global Telecommunications Conference-GLOBECOM:1-6.

[39] RAPPAPORT T S, GUTIERREZ F, BEN-DOR E, et al. Broadband millimeter-wave propagation measurements and models using adaptive-beam antennas for outdoor urban cellular communications[J]. IEEE Trans. Antennas Propag,2012, 61(4), 1850-1859.

[40] HIRATA A, TAKAHASHI H, TAKEUCHI J, et al. 120-GHz-band antenna technologies for over-10-Gbps wireless data transmission[C]//2012 6th European Conference on Antennas and Propagation (EUCAP), 2012:2564-2568.

[41] KEUSGEN W, WEILER R J, PETER M, et al. Propagation measurements and simulations for millimeter-wave mobile access in a busy urban environment[C]//2014 39th International Conference on Infrared, Millimeter, and Terahertz waves (IRMMW-THz), IEEE, 2014: 1-3.

[42] WEILER R J, PETER M, KEUSGEN M, et al. Measuring the busy urban 60GHz outdoor access radio channel[C]//2014 IEEE International Conference on Ultra-WideBand (ICUWB):166-170.

[43] GUAN K, AI B, PENG B, et al. Towards realistic high-speed train channels at 5G millimeter-wave band-part I: Paradigm, significance analysis, and scenario reconstruction [J]. IEEE Trans. Veh. Technol,2018,67(10):9112-9128.

[44] BAS C U, WANG R, SANGODOYIN S, et al. Outdoor to indoor propagation channel measurements at 28GHz[J]. IEEE Trans. Wireless Commun,2019,18(3): 1477-1489.

[45] MA J, SHRESTHA R, MOELLER L, et al. Invited article: channel performance for in-

door and outdoor terahertz wireless links[J]. APL Photonics,2018, 3(5):1-12.

[46]FEDERICI J F, MA J, MOELLER L. Review of weather impact on outdoor terahertz wireless communication links[J]. Nano Commun. Netw,2016(10):13-26.

[47]PRIEBE S, BRITZ D M, JACOB M, et al. Interference investigations of active communications and passive earth exploration services in the THz frequency range[J]. IEEE Trans. Terahertz Sci. Technol,2012,2(5):525-537.

[48] HEILE B. ITU-R liaison request RE: active services in the band above 275GHz [P]. IEEE standard 802.15-14-439-00-0THz,2015.

[49]GUAN K, PENG B, HE D, et al. Channel characterization for intra-wagon communication at 60 and 300GHz bands[J]. IEEE Trans. Veh. Technol,2019,68(6):5193-5207.

[50]JORNET J M, AKYILDIZ I F. Channel modeling and capacity analysis for electromagnetic wireless nanonetworks in the terahertz band[J]. IEEE Trans. Wireless Commun, 2011,10(10): 3211-3221.

[51]RAPPAPORT T S, XING Y, KANHERE O, et al. Wireless communications and applications above 100GHz: Opportunities and challenges for 6G and beyond[J]. IEEE Access,2019, 7(78):729-778.

[52]KOKKONIEMI J, LEHTOMÄKI J, JUNTTI M. A discussion on molecular absorption noise in the terahertz [J]. Nano Commun. Netw,2016(8):35-45.

[53]LETTINGTON A H, BLANKSON I M, ATTIA M F, et al. Review of imaging architecture[J]. Infrared Passive Millimeter Wave Imag. Syst. Des. Anal. Modell. Test, 2002 (4719):327.

[54] HANEDA K, ZHANG J, TAN L, et al. 5G 3GPP-like channel models for outdoor urban microcellular and macrocellular environments[C]// 2016 IEEE 83rd Vehicular Technology Conference (VTC Spring):1-7.

[55]Samimi M K, Rappaport T S, MacCartney G R. Probabilistic omnidirectional path loss models for millimeter-wave outdoor communications[J]. IEEE Wireless Commun. Lett,2015,4(4):357-360.

[56] BAI T, VAZE R, HEATH R W. Analysis of blockage effects on urban cellular networks[J]. IEEE Trans. Wireless Commun,2014, 13(9): 5070-5083.

[57]BAI T, HEATH R W. Coverage and rate analysis for millimeter-wave cellular networks[J]. IEEE Trans. Wireless Commun,2014,14(2):1100-1114.

[58] GAPEYENKO M, SAMUYLOV A, GERASIMENKO M, et al. Analysis of human-body blockage in urban millimeter-wave cellular communications[C]//2016 IEEE International Conference on Communications (ICC):1-7.

[59]VENUGOPAL K, HEATH R W. Millimeter wave networked wearables in dense indoor environ-ments[J]. IEEE Access,2016(4):1205-1221.

[60]BAI T, HEATH R W. Analysis of self-body blocking effects in millimeter wave cellular networks[C]//2014 48th Asilomar Conference on Signals, Systems and Computers:1921-1925.

[61] JU S, SHAH S H A, JAVED M A, et al. Scattering mechanisms and modeling for terahertz wireless communications[C]// Proceedings of ICC (IEEE, 2019): 1-7.

[62] JARVELAINEN J, HANEDA K, KYRO M, et al. 60GHz radio wave propagation prediction in a hospital environment using an accurate room structural model[C]//Loughbrgh. Antennas and Propagation Conference (IEEE, 2012):1-4.

[63] DEGLI-ESPOSTI V, FUSCHINI F, VITUCCI E M, et al. Measurement and modelling of scattering from buildings[J]. IEEE Trans. Antennas Propag,2007,55(1): 143-153.

[64] Kulkarni M N, Visotsky E, Andrews J G. Correction factor for analysis of MIMO wireless networks with highly directional beamforming[J]. IEEE Wireless Commun. Lett, 2018, 7(5):756-759.

[65] KOKKONIEMI J, RINTANEN P, LEHTOMAKI J, et al. Diffraction effects in terahertz band - Measurements and analysis[C]//Proceedings in GLOBECOM (IEEE, 2016): 1-6.

[66] FEDERICI J, MOELLER L. Review of terahertz and subterahertz wireless communications[J]. J. Appl. Phys,2010,107(11):1-23.

[67] BAO L, ZHAO H, ZHENG G, et al. Scintillation of THz transmission by atmospheric turbulence near the ground[C]// Fifth International Conference on Advanced Computational Intelligence (IEEE, 2012):932-936.

[68] BALANIS C A. Antenna Theory: Analysis and Design[M]. Hoboken: Wiley, 2016.

[69] YU X, ZHANG J, HAENGGI M, et al. Coverage analysis for millimeter wave networks: the impact of directional antenna arrays[J]. IEEE J. Sel. Areas Commun,2012, 35(7):1498-1512.

[70] LU W, DI RENZO M. Stochastic geometry modeling of cellular networks: analysis, simulation and experimental validation[C]// Proceedings of the 18th ACM International Conference on Modeling, Analysis and Simulation of Wireless and Mobile Systems, 2015:179-188.

[71] DI RENZO M, LU W, GUAN P. The intensity matching approach: a tractable stochastic geometry approximation to system-level analysis of cellular networks[J]. IEEE Trans. Wireless Commun,2016,15(9): 5963-5983.

[72] MALTSEV A, PUDEYEV A, BOLOTIN I, et al. MiWEBA D5.1: Channel modeling and characterization. Tech. Rep,2014. [Z].

[73] THORNBURG A, HEATH R W. Ergodic capacity in mmWave Ad Hoc network with imper-fect beam alignment[C]// MILCOM 2015-2015 IEEE Military Communications Conference (IEEE, 2015):1479-1484.

[74] DENG N, HAENGGI M. A novel approximate antenna pattern for directional antenna arrays. IEEE Wireless Commun. Lett,2018, 7(5): 832-835.

[75] CHEN Z, MA X, ZHANG B, et al. A survey on terahertz communications[J]. China Communication,2019,16(2):1-35.

[76] JAMSHED M A, NAUMAN A, ABBASI M A B, et al. Antenna selection and designing for THz applications: suitability and performance evaluation: a survey[J]. IEEE Access, 2020, 8(113):246 - 261.

[77] HE Y, CHEN Y, ZHANG L, et al. An overview of terahertz antennas[J]. China Communication,2020, 17(7):124 - 165.

[78] SUN S, MACCARTNEY G R, RAPPAPORT T S. A novel millimeter - wave channel simulator and applications for 5G wireless communications[C]//2017 IEEE International Conference on Communications (ICC):1 - 7.

[79] FAISAL A, SARIEDDEEN H, DAHROUJ H, et al. Ultramassive MIMO systems at terahertz bands: prospects and challenges[J]. IEEE Veh. Technol. Mag,2020,15(4):33 - 42.

[80] TEKBIYIK K, EKTI A R, KURT G K, et al. Terahertz band communication systems: challenges, novelties and standardization efforts[J]. J. Phys. Commun,2019(35):53 - 62.

[81] HAN C, BICEN A O, AKYILDIZ I F. Multi - ray channel modeling and wideband characterization for wireless communications in the terahertz band[J]. IEEE Trans. Wireless Commun,2015,14(5):2402 - 2412.

[82] PRIEBE S, KANNICHT M, JACOB M, et al. Ultra broadband indoor channel measurements and calibrated ray tracing propagation modeling at THz frequencies[J]. J. Commun. Netw,2013,15(6):547 - 558.

[83] MOLDOVAN A, RUDER M A, AKYILDIZ I F, et al. LOS and NLOS channel modeling for terahertz wireless communication with scattered rays[C]// IEEE GLOBECOM Workshop (IEEE, 2014): 388 - 392.

[84] HOSSAIN Z, MOLLICA C, JORNET J M. Stochastic multipath channel modeling and power delay profile analysis for terahertz - band communication[C/OL]// Proceedings of the 4th ACM International Conference on Nanoscale Computing and Communication, ser. NanoCom '17 (Association for Computing Machinery, New York, NY, USA, 2017). [Online]. Available: https://doi.org/10.1145/3109453.3109473.

[85] PRIEBE S, KURNER T. Stochastic modeling of THz indoor radio channels[J]. IEEE Trans. Wireless Commun,2013,12(9): 4445 - 4455.

[86] KIM S, ZAJIC A. Statistical modeling of THz scatter channels[C]// Ninth European Conference on Antennas and Propagation,2015.

[87] KIM S, ZAJIC A. Statistical modeling and simulation of short - range device - to - device communication channels at sub - THz frequencies[J]. IEEE Trans. Wireless Commun, 2016,15(9):6423 - 6433.

[88] ELAYAN H, SHUBAIR R M, JORNET J M, et al. Terahertz channel model and link budget analysis for intrabody nanoscale communication[J]. IEEE Trans. Nanobioscience,2017, 16(6):491 - 503.

[89] ELAYAN H, STEFANINI C, SHUBAIR R M, et al. End - to - end noise model for intra - body terahertz nanoscale communication[J]. IEEE Trans. Nanobioscience,2018, 17

(4):464-473.

[90] CHEN C H Y. Channel modeling and analysis for wireless networks-on-chip communications in the millimeter wave and terahertz bands[C]//Proceedings of INFOCOM, 2018: 651-656.

[91] HEATH R W, GONZALEZ-PRELCIC N, RANGAN S, et al. An overview of signal processing techniques for millimeter wave MIMO systems[J]. IEEE J. Sel. Top. Sig. Process, 2016, 10(3):436-453.

[92] KULKARNI M N, GHOSH A, ANDREWS J G. A comparison of MIMO techniques in downlink millimeter wave cellular networks with hybrid beamforming[J]. IEEE Trans Commun, 2016 64(5):1952-1967.

[93] KOKKONIEMI J, LEHTOMAKI J, JUNTTI M. Stochastic geometry analysis for mean interference power and outage probability in THz networks[J]. IEEE Trans. Wireless Commun, 2017, 16(5):3017-3028.

[94] KOKKONIEMI J, LEHTOMAEKI J, JUNTTI M. Stochastic geometry analysis for band-limited terahertz band communications[C]//IEEE Veh. Technol. Conf, 2018:1-5.

[95] PI Z, KHAN F. An introduction to millimeter-wave mobile broadband systems [J]. IEEE Commun. Mag, 2011, 49(6):101-107.

[96] SUN R, PAPAZIAN P B, SENIC J, et al. in Angle- and Delay-Dispersion Characteristics in a Hallway and Lobby at 60GHz, 2018[Z].

[97] SUN R, GENTILE C A, SENIC J, et al. Millimeter-wave radio channels vs. synthetic beamwidth[J]. IEEE Commun. Mag, 2018, 56(12):53-59.

[98] YANG N, WANG L, GERACI G, et al. Safeguarding 5G wireless communication networks using physical layer security[J]. IEEE Commun. Mag, 2015, 53(4): 20-27.

[99] WANG C, WANG H M. Physical layer security in millimeter wave cellular networks [J]. IEEE Trans. Wireless Commun, 2016, 15(8):5569-5585.

[100] ZHU Y, WANG L, WONG K K, et al. Secure communications in millimeter wave Ad Hoc networks[J]. IEEE Trans. Wireless Commun, 2017, 16(5):3205-3217.

[101] XUE Q, ZHOU P, FANG X, et al. Performance analysis of interference and eavesdropping immunity in narrow beam mmWave networks[J]. IEEE Access, 2018, 6(67): 611-667.

[102] GUPTA A K, ANDREWS J G, HEATH R W. Macrodiversity in cellular networks with random blockages[J]. IEEE Trans. Wireless Commun, 2017, 17(2):996-1010.

[103] JAIN I K, KUMAR R, Panwar S S. The impact of mobile blockers on millimeter wave cellular systems[J]. IEEE J. Sel. Areas Commun, 2019, 37(4):854-868.

[104] ZHU Y, ZHANG Q, NIU Z, et al. Leveraging multi-AP diversity for transmission resilience in wireless networks: architecture and performance analysis[J]. IEEE Trans. Wireless Commun, 2009, 8(10):5030-5040.

[105] GIORDANI M, POLESE M, ROY A, et al. Standalone and non-standalone beam manage-

ment for 3GPP NR at mmWaves[J]. IEEE Commun. Mag,2019, 57(4):123-129.

[106] NIU Y, LI Y, JIN D, et al. A survey of millimeter wave (mmWave) communications for 5G: opportunities and challenges[J]. J. Wireless Netw,2015,21(8):2657-2676.

[107] GUPTA A K, ANDREWS J G, HEATH R W. On the feasibility of sharing spectrum licenses in mmWave cellular systems[J]. IEEE Trans. Commun,2016(64): 3981-3995.

[108] GUPTA A K, ALKHATEEB A, ANDREWS J G, et al. Gains of restricted secondary licensing in millimeter wave cellular systems[J]. IEEE J. Sel. Areas Commun,2016,34(11):2935-2950.

[109] ALKHATEEB A, ALEX S, VARKEY P, et al. Deep learning coordinated beamforming for highly-mobile millimeter wave systems[J]. IEEE Access,2018, 6(37):328-337,348.

[110] NITSCHE T, CORDEIRO C, FLORES A B, et al. IEEE 802.11 ad: directional 60GHz communication for multi-Gigabit-per-second Wi-Fi. IEEE Commun. Mag, 2014,52(12):132-141.

[111] GHASEMPOUR Y, DA SILVA C R, Cordeiro C, et al. IEEE 802.11 ay: next-generation 60GHz communication for 100Gb/s Wi-Fi[J]. IEEE Commun. Mag,2017,55(12):186-192.

[112] LIU Y, JIAN Y, SIVAKUMAR R, et al. On the potential benefits of mobile access points in mmWave wireless LANs[C]// 2020 IEEE International Symposium on Local and Metropolitan Area Networks (LANMAN):1-6.

[113] ALDUBAIKHY K, WU W, ZHANG N, et al. Mmwave IEEE 802.11 ay for 5G fixed wireless access[J]. IEEE Wireless Commun,2020,27(2):88-95.

[114] DHILLON H S, CAIRE G. Wireless backhaul networks: capacity bound, scalability analysis and design guidelines. IEEE Trans[J]. Wireless Commun,2015,14(11):6043-6056.

[115] SAHA C, AFSHANG M, DHILLON H S. Bandwidth partitioning and downlink analysis in millimeter wave integrated access and backhaul for 5G[J]. IEEE Trans. Wireless Commun,2018,17(12): 8195-8210.

[116] SAHA C, DHILLON H S. Millimeter wave integrated access and backhaul in 5G: performance analysis and design insights[J]. IEEE J. Sel. Areas Commu,2019,37(12):2669-2684.

[117] LOMBARDI R. Wireless backhaul for IMT 2020 / 5G: overview and introduction[C]// In Proceedings of the Workshop on Evolution of Fixed Service in Backhaul Support of IMT 2020/5G, Geneva, Switzerland, 2019:29.

[118] JABER M, IMRAN M A, TAFAZOLLI R, et al. 5G backhaul challenges and emerging research directions: A survey IEEE Access,2016(4): 1743-1766.

[119] RAPPAPORT T S, HEATH JR R W, DANIELS RC, et al. Millimeter Wave Wireless Communications [M]. New York: Pearson Education, 2015.

[120] BARBERIS S, DISCO D, VALLAURI R, et al. Millimeter wave antenna for informa-

tion shower: design choices and performance[C]//2019 European Conference on Networks and Communications (EuCNC) (IEEE, 2019):128 – 132.

[121] JASWAL S, YADAV D, BHATT D P, et al. In mmWave technology: an impetus for smart city initiatives[J]. IET, 2019.

[122] DHILLON H S, CHETLUR V V. Poisson Line Cox Process: Foundations and Applications to Vehicular Networks[M]. Vermont: Morgan & Claypool, 2020.

[123] KUMARI P, GONZALEZ – PRELCIC N, HEATH R W. Investigating the IEEE 802.11 ad standard for millimeter wave automotive radar[C]// 2015 IEEE 82nd Vehicular Technology Conference (VTC2015 – Fall):1 – 5.

[124] HASCH J, TOPAK E, SCHNABEL R, et al. Millimeter – wave technology for automotive radar sensors in the 77GHz frequency band[J]. IEEE Trans. Microwave Theory Tech,2012,60(3):845 – 860.

[125] HAN Y, EKICI E, KREMO H, et al. Automotive radar and communications sharing of the 79 – GHz band[C]// Proceedings of the First ACM International Workshop on Smart, Autonomous, and Connected Vehicular Systems and Services,2016: 6 – 13.

[126] PETROV V, KOKKONIEMI J, MOLTCHANOV D, et al. The impact of interference from the side lanes on mmWave/THz band V2V communication systems with directional antennas[J]. IEEE Trans. Veh. Technol,2018, 67(6):5028 – 5041.

[127] PETROV V, FODOR G, KOKKONIEMI J, et al. On unified vehicular communications and radar sensing in millimeter – wave and low terahertz bands[J]. IEEE Wireless Commun,2019,26(3): 146 – 153.

[128] AKYILDIZ I F, JORNET J M, HAN C. Terahertz band: next frontier for wireless communications[J]. J. Phys. Commun,2014(12):16 – 32.

[129] SINGH R, SICKER D. Parameter modeling for small – scale mobility in indoor THz communica – tion[C]// Proceedings of GLOBECOM (IEEE, 2019):1 – 6.

[130] KÜRNER T, PRIEBE S. Towards THz communications – status in research, standardization and regulation[J]. J. Infrared Millimeter Terahertz Waves,2014, 35(1):53 – 62.

[131] SAEED A, GURBUZ O, AKKAS M A. Terahertz communications at various atmospheric altitudes[J]. J. Phys. Commun,2020(41):101 – 113.

[132] RASHEED I, HU F. Intelligent super – fast vehicle – to – everything 5G communications with predictive switching between mmWave and THz links[J]. Vehicular Communication, 2020: 100303.

[133] AKYILDIZ I, PIEROBON M, BALASUBRAMANIAM S, et al. The internet of bio – nano things[J]. IEEE Commun. Mag,2015, 53(3):32 – 40.

[134] ABADAL S, ALARCÓN E, CABELLOS – APARICIO A, et al. Graphene – enabled wireless communication for massive multicore architectures[J]. IEEE Commun. Mag, 2013, 51(11):137 – 143.

[135] AL – FALAHY N, ALANI OY. Millimetre wave frequency band as a candidate spectrum for

5G network architecture: a survey[J]. J. Phys. Commun,2019(32):120-144.

[136] ZHOU P, CHENG K, HAN X, et al. IEEE 802.11 ay-based mmWave WLANs: design challenges and solutions[J]. IEEE Commun. Surv. Tutorials,2018, 20(3):1654-1681.

[137] Peisa J, Persson P, Parkvall S, et al. 5G evolution: 3GPP releases 16 & 17 overview [J]. Ericsson Technology Revisions,2020(9):1-5.

[138] IEEE P1906.1/Draft 1.0. recommended practice for nanoscale and molecular communica-tion framework,2014[P].

[139] ELAYAN H, AMIN O, SHIHADA B, et al. Terahertz band: the last piece of RF spectrum puzzle for communication systems[J]. IEEE Open J. Commun. Soc,2020(1):1-32.

第 7 章 基于太赫兹通信的 6G 网络传输层设计面临的挑战

随着 3GPP 5G 商用蜂窝网络在全球的启动,研究界开始关注 6G 系统设计。太赫兹通信应用是其中一项内容,其目标是达到 1Tb/s 传输速率和低于 100μs 延迟。此外,预计 6G 网络对 QoS 和移动性的要求将会更加严格。虽然在物理层和无线技术方面的创新可以在很大程度上实现这些目标,但由于现有传输层协议的限制,端到端应用仍然没能充分利用网络容量。本章探讨了在 6G 太赫兹通信网络中设计 NGTP 所面临的挑战,包括用户移动性、高速率和高比特率通信等问题,并讨论了这些问题产生的影响以及用来应对这些挑战的潜在方法。

7.1 引言

在过去的 10 年里,蜂窝通信技术有了很大的发展。5G 及 B5G 网络需要支持海量连接、广域覆盖、超低时延和高数据速率[1]。毫米波通信的应用使得如今的 5G 实现了更高的数据速率。然而,其信道质量的不稳定性,也给 5G 移动通信带来了诸多挑战。虽然人们已经对高效的物理层和 MAC 层进行了深入研究和开发设计,但还没有充分研究上述挑战给传输层和应用层协议带来的影响。传输控制协议(TCP)是几十年来主要使用的一种互联网协议[2]。在 TCP 中,阻塞控制算法对由视距到非视距通信引起的阻塞和数据速率的剧烈变化非常敏感,反之亦然。在信道变化期间,它会影响有效带宽[3]。

欧洲电信标准协会(ETSI)成立了下一代协议(NGP)工作组,针对未来互联网架构开展标准化工作。NGP 行业规范组(ISG)设想构建一个具有移动性、多归属和多路径解决方案的高效互联网架构,以高效满足 5G 及 B5G 网络的业务。TCP 是在 45 年前发展起来的[2],当时终端主机采用静态地址以及有线链路。如今,终端用户访问主要使用无线网络,并且各种类型设备连接到互联网的速度已经大大提高,可以连接包括机器和传感器节点在内的数十亿台设备。与此同时,TCP 经过多年的发展,仍然是使用最可靠的传输层协议。

对传输层协议的改进和提升可以大致分为三种类型:(1)插件解决方案,

升级当前 TCP/IP 堆栈,包括多路径 TCP[5]、拥塞控制变体(如 TCP BBR[6]、TCP Vegas[7]);(2)引入非 IP 层网络映射和管理的混合解决方案,如 QUIC[8];(3)完全基于非 IP 的全新设计的解决方案。信息中心网络(ICN)[9]和容迟网络(DTN)[10]都属于这一类。尽管它为下一代传输协议提供了更多的灵活性和优势,但需要在网络实体中进行实质性的修改,以实现端到端的优势。

大多数现代设备包括多个网络通信接口,可以提高吞吐量和可靠性,这要求在垂直和水平交接条件下进行平稳的操作,且信令不应影响端到端用户的性能。为了保证网络切换的灵活性,人们在不同的传输层上提出了不同的解决方案。多径 TCP(MPTCP)是解决移动性问题的一种很有前景的模式。MPTCP 通过促进传输层的多径操作提供无缝故障转移,提高了网络的容量和可靠性。MPTCP 连接从初始子流开始,这与常规 TCP 连接类似。在可用的网络接口上使用 MPTCP 通过子流能够创建多个连接。这样,数据可以通过任何活跃且有能力的子流流动。

TCP 主要是为提供可靠的端到端会话而设计的,而 UDP(User Datagram Protocol)是为实时会话而设计的。TCP 的主要问题之一是,建立连接时需要三次握手协议,初始开销较大。谷歌在 2012 年开发并部署了 TCP 的替代方案,即快速 UDP 互联网连接(QUIC)[8]。QUIC 是在 UDP 的基础上建立的,其对下一代网络(NGN)进行了实质性的修改,旨在缩短使用 0-RTT/1-RTT 握手建立连接的持续时间。如图 7-1 所示,QUIC 对初始连接使用一个 RTT,对后续连接使用零 RTT。QUIC 可以支持多路径,并增强类似于多路径 TCP 的体验。目前正在评估多路径 QUIC 对 IETF QUIC 的扩展[11]。截至 2020 年 4 月,QUIC 占网站总流量的 4.7%,其中谷歌贡献了 98%[12]。虽然通过与 TLS1.3 的耦合,阻塞和流量控制算法改善了页面加载时间的同时提高了安全性,但这是在传统 TCP 协议的基础上进行的。

另一方面,非 IP 解决方案,如信息中心网络(ICN)[13]可以比当前 IP 套件提供更多的优势。传统 IP 套件是围绕主机到主机的应用程序设计的,如 FTP。B5G/6G 网络是基于业务接入的网络。ICN 基于名称的转发、多路径解决方案和节点上的动态缓存可以帮助 B5G/6G 降低端到端的延迟。当前 IP 协议的分层网络结构需要改进,以降低处理延迟,并提供更好的 QoE。

尽管 TCP 取得了这些进步,但它仍然存在一些限制,这些限制将严重影响 6G 网络及其所要提供的服务。其中一个问题是人们计划在 6G 网络中使用太赫兹通信,这会给传输层设计带来新的重大挑战,需要进行有效的应对。首先,太赫兹系统的速率可达 1Tb/s 甚至更高。TCP 在多大程度上能以这种比特率有效运行,从而提供非常高的终端用户吞吐量,这一点尚不清楚。如此高的比特

第 7 章 基于太赫兹通信的 6G 网络传输层设计面临的挑战

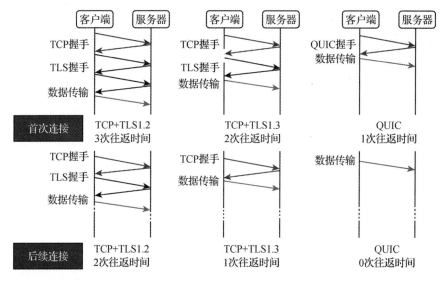

图 7-1 TCP(TLS1.2 和 TLS1.3)与 QUIC 的比较

率需要更有效的 TCP 序列编号机制并改进拥塞控制方案。其次,6G 网络有望支持高达 1000km/h 的移动性。由于太赫兹通信具有阻塞敏感性等传播特性,在无线信道上会产生散发和寄生损耗。此外,由于信道将是高度可变的,导致漏流控制问题。本章将在其余部分详细讨论这些挑战。

7.2 TCP 中的移动性挑战

6G KPI 中对移动性的要求是在高达 1000km/h 的情况下实现极高的用户数据速率,本节讨论实现这一目标的过程中会面临的一些具体挑战。

7.2.1 对杂散无线损耗的影响

当前的 TCP 协议默认将数据包丢失的原因解释为阻塞事件。太赫兹通信的阻塞敏感性会导致较高的中断,从而出现杂散损耗和多次重传。在过去的几十年里,人们提出了各种各样的算法来检测和估计阻塞,一般是通过检查丢失事件(超时、明确通知或重复确认)或计算往返时间(RTT)来估计阻塞,并在 RTT 急剧增加时检测阻塞。这些算法可分为:(1)基于丢包的算法;(2)基于时延的算法;(3)同时考虑丢包和排队时延的混合算法。

如图 7-2 所示,瞬时的阻塞会显著减少网络的整体吞吐量。传统的 TCP 阻塞控制算法采用加性增长和乘性减少(AIMD)方案,相对于无阻塞空闲上传,其比特率可降低 72%。

为了处理 6G 太赫兹通信网络中的流量动态,需要对 TCP 阻塞控制窗口机制进行实质性的修改。阻塞控制方案应该基于太赫兹自身属性,区分实际阻塞和由于阻塞或瞬时中断而产生的寄生损耗。

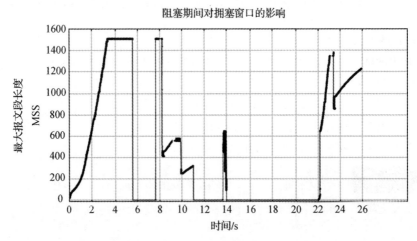

图 7-2 对阻塞的影响(1s 阻塞内 Cubic 拥塞窗口变化)

7.2.2 低效重传定时器

重传超时(RTO)对 TCP 的性能起着至关重要的作用。如图 7-3 所示,如果 RTO 太小,则会导致不必要的重传;如果太大,则会导致对损耗的响应太慢。

太赫兹链路的高散射敏感性会使吞吐量发生波动,无法实现超过 100Gb/s 的吞吐速率。传统的 TCP 协议使用 Karn 和 Jacobson 算法[14],这些算法在波动网络中不能保证准确性,而 QUIC 协议也遵循了传统的 RTO 算法[8]。

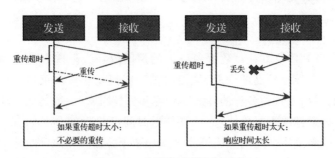

图 7-3 重传超时(RTO)选择

7.2.2.1 传统 TCP RTO 算法

传统的 RTO 算法可以表示为

第7章 基于太赫兹通信的6G网络传输层设计面临的挑战

$$\begin{aligned}
SRTT_t &= (1-\alpha)SRTT_{t-1} + \alpha ERTT_{t-1} \\
RTO &= SRTT + \max(G, 4 \times RTTVAR) \\
RTTVAR_t &= (1-\beta)RTTVAR_{t-1} + \beta |SRTT - ERTT|
\end{aligned} \quad (7-1)$$

式中：G、RTTVAR、SRTT 分别为时钟粒度、RTT 方差和平滑往返时间。此外，α、β 为加权平均常数。在 Linux 中，推荐将 α 和 β 分别设置为 $\frac{1}{8}$ 和 $\frac{1}{4}$。

由此可见，NextGen 传输协议的设计需要重新考虑现有的重传机制。目前已有研究人员探索了一种基于无线条件的自适应定时器[15,16]。6G TCP 中的重传定时器必须通过有效估计平滑往返时间(SRTT)和重传超时(RTO)来避免不必要的重传。例如，基于机器学习的定时器预测，可能会对重传时间估计的准确性产生非常大的影响。

7.2.3 高可变信道和漏流控制

太赫兹通信在非视距到视距通信间的频繁转换会引起信道波动，反之亦然。当用户终端(UE)发送多个三重重复确认(TDA)时，服务器的吞吐量会大大减少。由于 TCP 自身的公平性策略，可能需要多次确认才能恢复以前的最大值。一种由 UE 驱动的智能流量控制机制可以在不改变服务器的情况下控制服务器的阻塞窗口，从而对客户端体系架构产生巨大影响，发送方能够将数据包发送到无线和非无线客户端。如果客户端连接到 6G 网络，那么使用智能流量控制机制的客户端可以间接控制下载量。

7.3 TCP 中 Tb/s 的实现

考虑到太赫兹通信中极高的数据速率(100Gb/s)，以及 6G 网络中超低端到端延迟要求(0.1ms)，简化网络层间的交互将是一个重要的设计原则。本节主要介绍在 TCP 中实现超高数据速率所面临的重要挑战。

7.3.1 无线 TCP 自适应阻塞控制

TCP 的阻塞控制算法对客户端应用的上传速率起着至关重要的作用，而终端服务器阻塞控制算法会影响客户端所有应用的下载速率。除速率外，其他参数如帧间公平性、帧内公平性等也是衡量阻塞控制算法有效性的关键参数指标。

如果拥塞控制算法是通过影响其他连接客户端的实际吞吐量来增加总体吞吐量，则称这种算法是积极的。因此，拥塞控制算法必须是公平和高效的。在 TCP Reno 阻塞控制算法[17,18]中，为了保证公平性，提出并实现了加增乘减(AIMD)算法。目前已出现多种变体，每一种都有各自的优缺点。表 7-1 总结了常用的 TCP 阻塞控制算法。

虽然算法众多,但针对 6G 的 TCP 拥塞控制算法必须能够从丢包中分辨出无线拥塞。在无线环境中,重传并不总是由于阻塞,也可能是因为存在一些其他瞬时无线信道情况。但是 TCP 阻塞控制算法对无线信道介质并没有感知能力。TCP 协议要实现 0.1ms 的时延目标,必须考虑 6G 信道条件,包括信噪比等关键参数的选择。阻塞控制算法应估计当前可用带宽,在此基础上自适应地增加或减少阻塞窗口(CWND)。如果目前的带宽 BW_c 小于估计的带宽 BW_c,则 CWND 将被迅速增加以避免利用率不足;相反地,如果大于估计带宽,CWND 会被以逐步递增的方式来克服丢包。

表 7-1 当前 TCP 阻塞控制概述

算法	参考文献	核心思想	目标
TCP Reno	[17,18]	阻塞窗口在 ACK 情况下增加 1	AIMD 拥塞控制
		如果有 3 个重复的 ACK,减少到一半	新 reno 中的快速重传和快速恢复
TCP Veno	[19]	监测阻塞程度,判断丢包是由于阻塞还是随机误码	
		改进了 TCP Reno 的乘性递减和线性递增	有效处理随机丢包
TCP cubic	[20]	将线性窗口增长修改为三次函数	2.6.19 和 3.2 版本之间 Linux 内核的默认值
			具有不同 RTT 的流之间的带宽分配相等
TCP vegas	[7]	新的超时机构操作	
		使用 RTT 估计来决定重传	主动阻塞检测
		克服了重复的问题	更大的吞吐量
FAST TCP	[21]	每个源都试图在队列中保持恒定的数据包数量	高速长时延网络的拥塞算法
		使用观察到的 RTT 和基本 RTT 计算队列中的分组	
TCP westwood	[22,23]	基于 ACK 的滤波器带宽估计	处理大型 BDP 连接
TCP-BBR	[6]	BBR 计算流的 RTT 和瓶颈容量的连续估计	Linux 默认拥塞控制算法
		估计带宽时延乘积并进行相应的调整	BBR 是高效快速的,但其对非 BBR 流的公平性存在争议

如图 7-4 所示,CWND 具体调整为

$$\text{对于各 RTT:CWND} \leftarrow \text{CWND} + \text{BWF} \qquad (7-2)$$

$$\text{对于各损耗}: \text{CWND} \leftarrow \text{CWND} - \frac{\text{BWF}}{\text{CWND}} \quad (7-3)$$

式中:BWF 是由无线条件确定的带宽因子,基于该带宽因子,阻塞窗口将自适应地减小或增大。参考文献[24-29]提出了许多跨层阻塞控制算法,但需要根据 6G 的 KPI 进行适当的调整及修改。

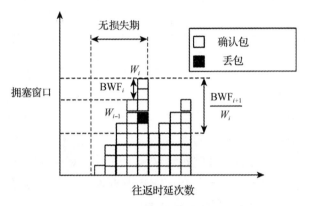

图 7-4 每次 RTT 中拥塞窗口增长情况

7.3.2 多核感知

根据目前的核利用率,每个核的 IP 支持的最大吞吐率不能超过 100Gb/s[30,31],需要使用 TCP 或 UDP 中的多个并行流,将其映射到不同的无线承载(RB),从而将整体速度提高到 100Gb/s 以上。对于单个 RB 来说,一个主要的设计挑战是能支持超过 10Gb/s 的吞吐速率,它需要改变协议规范来支持每个 RB 的并行流。因此,为了实现 100Gb/s 的比特率,下一代传输协议应重新设计为具有核的感知能力。同样,多径协议[5,11,32-34]的作用也会变得至关重要,因为如果多路径 TCP 管理器和调度器具有核感知能力,这种协议可以在核间以公平高效的方式调度数据包。

7.4 TCP 中的其他挑战

对于 6G 网络,下一代传输协议还必须考虑其他一些重要事项。

7.4.1 TCP 序列号限制

当前 TCP 报头使用默认的 32 位序列和确认号字段。序号从 0 变为 2^{31}(假设选择性重复选项),然后计数器重置为 0(起始序号通常是这个范围内的随机数)。表7-2列出了用32位回绕一次序列号所需的时间。

在 RFC 1323[35]中,针对高性能网络,提出了一种称为防止回绕序列号(PAWS)的算法,使用 TCP 时间戳来防止来自同一连接的旧副本。在太比特网络中,32位序列号可以在16-160ms内回绕。相同的序列号可能包含相同的时间戳,使用 PAWS 也不会有很高的效率。因此,下一代传输协议应该作为 TCP 选项扩展的一部分,能把滚动时间提高到795天。

对于6G及以后的网络,至少需要64位TCP序列号,回绕时间(假设选择重复选项)为 $\frac{(2^{63})}{B}$ > MSL(s)。式中:MSL(Maximum Segment Lifetime)表示最大SEG寿命(通常取为120s)。表7-3给出了6G及后续网络的序列号回绕时间,序列号为64位。

序列号扩展可以通过更改报头或使用 TCP 选项来完成。图7-5显示了 TCP 报头中的64位 SEQ 和64位 ACK 编号。随着对速度需求的增加,传统的 TCP 报头可能需要更改。但是,更改 TCP 报头并不容易,而且会导致后向兼容问题。旧的32位 SEQ 号可能会截获 SEQ 号字段中最低有效的32位作为 ACK 号。因此,需要对网络进行全面的改变。客户端和发送方,以及中间节点(中间设备)都要查看 TCP SEQ/ACK 号以便进行相应的操作。

表7-2 使用32位 TCP 序列号进行回绕的时间

类型	速度/(b/s)	速度/(b/s)	回绕时间
阿帕网	56k	7k	3.1d
吉比特或5G网络	1G	125M	16.384s
太比特或6G网络	1T	125G	0.016s(16ms)
太比特实时	100G	12.5G	0.16s(160ms)

表7-3 使用64位 TCP 序列号进行滚动的时间

类型	速度/(b/s)	速度/(b/s)	回绕时间
太比特网络终端用户	100G	12.5G	7950d
太比特或6G网络	1T	125G	795d
拍比特网络	1024T	128T	18.66h

TCP 报头是一种扩展性更强的方法,并且是后向兼容的。图7-6展示了使用 TCP 报头字段扩展 SEQ/ACK 号的方法。

第7章 基于太赫兹通信的6G网络传输层设计面临的挑战

图 7-5 TCP 报头更改以支持 64 位 SEQ/ACK 号字段

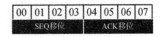

图 7-6 通过 TCP 选项扩展以支持 64B SEQ/ACK 号

7.4.2 TCP 缓冲区优化

无须对 TCP/IP 内核堆栈进行任何修改,就可以从用户空间对 TCP 行为进行优化。其中一个重要参数是 TCP 收发缓冲区容量,一般由三个参数组成。第一个参数用于设置 TCP 套接字收发缓冲区的最小容量,第二个参数定义 TCP 套接字收发缓冲区的默认容量,第三个参数控制每个套接字缓冲区的最大容量。

最后一个参数——最大缓冲区容量,在最大可实现吞吐量中起着关键作用。如图 7-7 所示,缓冲区容量取决于带宽和往返时间。因此,最大值是根据带宽时延乘积(BDP)来设置的。最大接收窗口(RWIN)与吞吐量之间的关系如下所示:

$$吞吐量 \leqslant \frac{RWIN}{RTT} \qquad (7-4)$$

Linux 内核使用动态合理精简(DRS)范式,通过动态调整通告窗口来控制缓冲区容量。然而,最大参数的值必须设置为一个较大值[36],以确保在实时场景中实现高达 100Gb/s 的比特率。但较大的缓冲区容量可能会引起缓冲区膨胀问题[37],而较小的缓冲区可能会限制不同 RTT 中可实现的最大吞吐量。因

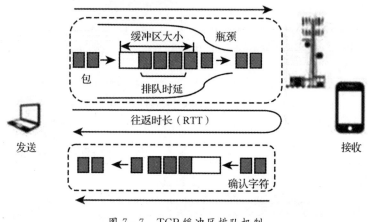

图 7-7　TCP 缓冲区排队机制

此,下一代传输协议必须考虑一个最优值,使其有效地运行,而各种应用还可以使用 TCP 套接字报头来控制其最大缓冲区容量。细流应用则应该设置较小的缓冲区值以获得更好的性能。

7.5　本章小结

太赫兹频段可支持高达 1Tb/s 的数据速率和 100ms 的空口延迟。然而,由于太赫兹网络的自身传播特性,如高阻塞敏感性引起的较高中断及波束失准等,会出现散发损耗和多次重传现象。本章讨论了在传输层面,太赫兹特性带来的挑战。介绍了具有集中式跨层(扩展方法)智能的传输层如何帮助端到端网络更有效地运行。为了实现高数据速率和超低延迟,需要制定针对 6G 特性研究新的方案(内置且全新的)。除吞吐量和时延外,下一代传输协议还必须考虑高移动性、高密度网络、切换弹性设计、并行处理能力、自适应框架、核感知、多径 TCP 和多宿主能力等其他参数。

参 考 文 献

[1] 3GPP Specification Set:5G(2020)[EB/OL]. https://www.3gpp.org/dynareport/SpecList.htm?release=Rel-15%26tech=4. Retrieved 6 Dec 2020.

[2] POSTEL J(Ed.). Transmission control protocol. RFC 793 (1981). Retrieved 6 Dec 2020[Z].

[3] MATEO P J, FIANDRINO C, WIDMER J. Analysis of TCP performance in 5G mmWave mobile networks[C]//Proceedings of the IEEE International Conference on

Communications (ICC) (2019):1-7.

[4] Next generation protocols (NGP): scenarios definition, V 1.1.1 (2016) [EB/OL]. https://www.etsi.org/deliver/etsi_gs/NGP/001_099/001/01.01.01_60/gs_NGP001v010101p.pdf. Retrieved 6 Dec 2020.

[5] FORD A, RAICIU C, HANDLEY M J, et al. TCP extensions for multipath operation with multiple addresses. RFC 8684 (2020). Retrieved 6 Dec 2020 [Z].

[6] Cardwell N, Cheng Y, Gunn C S, et al. BBR: congestion-based congestion control [J]. ACM Queue,2016(14):20-53.

[7] BRAKMO L S, PETERSON L L. TCP vegas: end to end congestion avoidance on a global internet[J]. IEEE J. Selec. Areas Commun,2006(13):1465-1480.

[8] LANGLEY A, RIDDOCH A, WILK A, et al. The QUIC transport protocol: design and internet-scale deployment[C]// Proceedings of ACM SIGCOMM (2017):183-196.

[9] JACOBSON V, SMETTERS D K, THORNTON J D, et al. Net-working named content [C]// Proceedings of the 5th International Conference on Emerging Networking Experiments and Technologies (2009):1-12.

[10] JONES E P, LI L, SCHMIDTKE J K, et al. Practical routing in delay-tolerant networks[J]. IEEE Trans. Mobile Comput,2007, 6(8:943-959.

[11] CONINCK Q D, BONAVENTURE O. Multipath Extensions for QUIC (MP-QUIC). Internet-Draft draft-deconinck-quic-multipath-05, Internet Engineering Task Force (2020). Retrieved 6 Dec 2020[Z].

[12] Usage statistics of QUIC for websites [EB/OL]. https://w3techs.com/technologies/details/ce-quic. Retrieved 6 Dec 2020.

[13] IRTF Information-Centric Networking Research Group (ICNRG)[EB/OL]. https://irtf.org/icnrg. Retrieved 6 Dec 2020.

[14] KARN P, PARTRIDGE C. Improving round-trip time estimates in reliable transport protocols[C]//Proceedings of the ACM Workshop on Frontiers in Computer Communications Technology, SIGCOMM '87 (Association for Computing Machinery, New York, 1987):2-7.

[15] BAZZAL Z, AHMAD A M, EL BITAR I, et al. Proposition of an adaptive retransmission timeout for TCP in 802.11 wireless environments[J]. Int. J. Eng. Res. Appl, 2017(7):64-71.

[16] LARSSON M, SILFVER A. Signal-aware adaptive timeout in cellular networks: analysing predictability of link failure in cellular networks based on network conditions (2017) [EB/OL]. http://urn.kb.se/resolve?urn=urn:nbn:se:liu:diva-138128. Retrieved 6 Dec 2020.

[17] JACOBSON V. Congestion avoidance and control[J]. SIGCOMM Comput. Commun. Rev, 1988(18):314-329.

[18] FLOYD S, HENDERSON T. RFC 2582: The NewReno Modification to TCP's Fast

Recovery Algorithm (1999). Retrieved 6 Dec 2020[Z].

[19] FU C P, LIEW S C. TCP Veno: TCP enhancement for transmission over wireless access networks[J]. IEEE J. Sel. Areas. Commun,2006(21):216-228.

[20] HA S, RHEE I, XU L. CUBIC: a new TCP-friendly high-speed TCP variant [J]. ACM SIGOPS Operat. Syst. Rev,2008(42):64-74.

[21] WEI D X, JIN C, LOW S H, et al. FAST TCP: motivation, architecture, algorithms, performance[J]. IEEE/ACM Trans. Netw,2006(14):1246-1259.

[22] Claudio C, Mario G, Saverio M, et al. TCP westwood: end-to-end congestion control for wired/wireless networks[J]. Wireless Netw,2002(8):1572-8196.

[23] GRIECO L A, MASCOLO S. Performance evaluation and comparison of westwood+, New Reno, and Vegas TCP congestion control[J]. ACM SIGCOMM Comput. Commun. Rev,2004(34):25-38.

[24] KLIAZOVICH D, GRANELLI F. Cross-layer congestion control in ad hoc wireless networks[J]. Ad Hoc Netw,2066, 4(6):687-708.

[25] Kanagarathinam M R, Singh S, Sandeep I, et al. D-TCP: dynamic TCP congestion control algorithm for next generation mobile networks[C]// Proceedings of the IEEE Annual Consumer Communications Networking Conference (CCNC) (2018):1-6.

[26] LU F, DU H, JAIN A, et al. CQIC: revisiting cross-layer congestion control for cellular networks[C]// Proceedings of the 16th International Workshop on Mobile Computing Systems and Applications (2015):45-50.

[27] KANAGARATHINAM M R, SINGH S, SANDEEP I, et al. NexGen D-TCP: next generation dynamic TCP congestion control algorithm[J]. IEEE Access, 2020(8):164482-164496.

[28] Azzino T, Drago M, Polese M, et al. X-TCP: a cross layer approach for TCP uplink flows in mmWave networks[C]// Proceedings of the Annual Mediterranean Ad Hoc Networking Workshop (Med-Hoc-Net) (IEEE, Piscataway, 2017):1-6.

[29] ZHANG T, MAO S. Machine learning for end-to-end congestion control[J]. IEEE Commun. Mag,2020, 58(6):52-57.

[30] Achieving >10 Gbps network throughput on dedicated host instances [EB/OL]. https://tinyurl.com/y48yrpym. Retrieved 6 Dec 2020.

[31] Yu S, Chen J, Mambretti J, et al. Analysis of CPU pinning and storage configuration in 100 gbps network data transfer[C]//2018 IEEE/ACM Innovating the Network for Data-Intensive Science (INDIS) (2018):64-74.

[32] Choudhary G K, Kanagarathinam M R, Natarajan H, et al. Method and system for handling data path creation in wireless network system[Z]. US Patent App. 16/384,040 (2019).

[33] ALTMAN E, BARMAN D, TUFFIN B, et al. Parallel TCP sockets: simple model, throughput and validation[J]. INFOCOM, 2006 (2006):1-12.

[34] CHOUDHARY G K, KANAGARATHINAM M R, NATARAJAN H, et al. Novel multipipe quic protocols to enhance the wireless network performance[C]// 2020 IEEE Wireless Communications and Networking Conference (WCNC) (2020):1-7.

[35] BORMAN D, BRADEN R, JACOBSON V, et al. TCP extensions for high performance [J]. Request for Comments (Proposed Standard) RFC, 1992(1323).

[36] APPENZELLER G, KESLASSY I, MCKEOWN N. Sizing router buffers[C]// Proceedings of the ACM SIGCOMM, 2004:281-292.

[37] GETTYS J, NICHOLS K. Bufferbloat: dark buffers in the internet[J]. Commun. ACM,2012(55):57-65.

第 8 章　6G 无线通信中的抗干扰跳模频

跳频(FH)作为一种强有力的抗干扰技术,在无线通信中已广泛应用。然而,现有的无线通信承载方式已不能满足频带内指数级增长的业务需求,这增加了 6G 无线通信中通过跳频技术实现有效抗干扰的难度。OAM 技术独辟蹊径,为无线通信提供了新的角/模维度,也为抗干扰技术提供了无限可能。本章提出了利用 OAM 模式的正交性来实现抗干扰,通过跳模(MH)方案来实现窄带抗干扰。同时,对所提出的 MH 方案,本章节推导了在多用户场景下误比特率(BER)的闭式表达。与传统的宽带跳频方案相比,本章提出的 MH 方案在窄频带内具有相同的抗干扰效果。此外,本章节还提出了 MFH 方案,其将设计的 MH 方案与传统跳频方案结合起来,进一步降低了无线通信的误比特率。最后,本章节将以 6G 宽带无线通信和抗干扰传输为背景,介绍 OAM 技术在抗干扰方面的实现原理及应用,为提高无线传输系统的抗干扰能力提供基础理论支撑。

8.1　引言

跳频技术是一种可靠的抗干扰技术,在无线通信中得到了广泛的应用。目前有一些典型的跳频方案,如自适应跳频[1]、差分跳频[2]、非协作跳频[3]、自适应非协作跳频[4]、消息驱动跳频[5]等。这些跳频方案可以在各种无线通信场景中取得有效的抗干扰效果。

然而,随着无线频谱资源的日益紧张,跳频通信方案已经难以满足无线通信的可靠性要求。参考文献[6]指出,如果干扰覆盖整个频段,跳频通信的可靠性就很难保证。此外,当具有带内干扰的信道数目增加到总信道数目的一定比例时,基于跳频无线通信的误比特率也会相对较大[7,8]。当可用的跳变信道数较小时,用户被干扰的概率就会很大,从而严重降低无线通信的频谱效率[9]。考虑到上述 FH 方案的局限性,未来无线通信系统仍需要一个更有效的抗干扰方案。目前,如何保证无线通信的可靠性仍然是一个开放性课题[10,11]。

OAM 是电磁波的一个重要性质,是信号电磁波的相位波前呈涡旋状的结果,近年来越来越受到学术界的关注。当前,对无线通信中 OAM 的应用已经有了一些研究[12-19],参考文献[12]在低频段进行了第一次 OAM 实验,并表明

OAM 并不局限于非常高的频率范围。随后,参考文献[13,14,16-18]开始尝试在无线通信中应用基于 OAM 的传输。此外,通过设计基于 Pancharatnam-Berry 相位[20]的编码超表面,并结合正交极化在发射机处对超表面的信息进行编码,可以产生基于 OAM 的涡旋光束,从而减少信息损失[21]。此外,还有基于 OAM 的无线系统[22]、涡旋 MIMO 通信系统[23]和嵌入 OAM 的 MIMO 系统[24]等方面的研究,聚焦于在不增加带宽的情况下获得更大的容量。具有不同拓扑电荷的基于 OAM 的涡旋波在沿同一空间轴传播时相互正交[25,26],因此,可以在窄带内携带多个独立的数据流。此外,在参考文献[27,28]中还研究了 OAM 调制和 OAM 波会聚。

一般来说,OAM 可以被认为是视距 MIMO(LOS MIMO),因为在发射机和接收机上有多个天线/阵列单元。然而,OAM 和 MIMO 之间存在一些差异。与传统空间域 MIMO 相比,OAM 提供了一个新的模域。OAM 是涡旋电磁波束域的模式复用技术,而 MIMO 是平面电磁波束域的空间复用技术[29]。模式复用利用 OAM 波束的正交性来最小化信道间串扰并恢复不同的数据流,从而避免使用 MIMO 处理。然而,每个数据流由使用 MIMO 空间复用技术的多个空间上分离的接收机接收。与在频域实现的传统跳频方案相比,OAM 为无线通信提供了额外的角/模维度,从而为无线通信实现有效抗干扰提供了新的途径。

参考文献[30-33]展示了 OAM 在增强无线通信抗干扰方面的潜力。参考文献[30]的实验显示,任何对基于 OAM 的涡旋波进行采样的尝试都受到了角度限制和横向偏移的影响,这两者都会导致测量中固有的不确定性。因此,用 OAM 模式编码的信息是抗窃听的。使用 OAM 对数据进行编码为基于 OAM 的毫米波无线通信带来了固有的安全性增强[31]。此外,OAM 模分复用技术可以为无线通信提供高安全性[33]。然而,如何在不同的 OAM 模式之间跳变以实现抗干扰仍然是一个有待解决的问题。

为了实现无线通信的高效跳变性能,本章探讨利用 OAM 模式的正交性实现抗干扰的目的。首先,提出了一种在窄带范围内抗干扰的 MH 方案,并推导了此方案在多用户场景下误比特率的闭式表达式。与传统的宽带跳频方案相比,本章提出的 MH 方案在窄频带内可以获得相同的抗干扰效果。在此基础上,本章又提出了 MFH 方案,该方案将 MH 方案与传统跳频方案相结合以实现更好的抗干扰效果。随后,本章推导了所提出的 MFH 方案在多用户场景下的误比特率的闭式表达式,展示了该方案对降低无线通信误比特率的显著效果。最后,本章中提供了大量数值仿真结果来评估 MH 和 MFH 方案,证明这两个方案优于传统的 FH 方案。

本章的其余部分组织如下:8.2 节给出了 MH 和 MFH 系统模型;8.3 节展示了 MH 方案下 OAM 模式的解跳和解模,并推导了该方案在多用户场景下的误比特率的闭式表达式;基于 MH 方案,8.4 节推导了 MFH 方案在多用户场景下误比特率的闭式表达式;8.5 节评估了我们提出的 MH 和 MFH 方案的误比特率,并与传统 FH 方案进行了比较;8.6 节是本章的总结。

8.2 跳模频(MFH)系统模型

本节介绍了跳模及跳模频的系统模型,图 8-1 展示了该系统的一个示例。MH 系统由 OAM 发射机、模式合成器、伪随机噪声序列发生器(PNG)、带通滤波器(BPF)、OAM 接收机、积分器和低通滤波器(LPF)组成。MFH 系统在 MH 系统的基础上增加了两个频率合成器。OAM 发射机和接收机可以是由 N 个阵列单元围绕圆周等距离分布组成的均匀圆阵(UCA)天线[34]。对于 OAM 发射机,N 个阵列单元被馈入相同的输入信号,但存在从阵列单元到阵列单元的连续延迟,因此在走完一圈后,相位增加了 2π 的整数 l 倍,其中 l 是 OAM 的模式,服从 $-N/2 < l \leqslant N/2$。假设存在 K 个使用与期望用户相同的 OAM 模式的干扰用户,它们会对期望用户造成干扰。

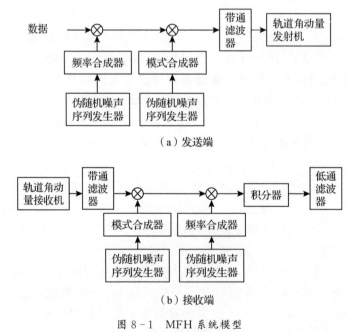

(a)发送端

(b)接收端

图 8-1 MFH 系统模型

在系统中,一个数据符号经历 U 次 OAM 跳模或跳频。在发射机处,由 PNG 控制的模式/频率合成器选择 OAM 模式或频带范围。而接收机使用与发射机相同的 PNG 以实现 OAM 模式的解跳。之后,接收机使用积分器和低通滤波器来恢复发射信号。

8.2.1 跳模 (MH) 方式

图 8-2(a)展示了一个 MH 模式的示例,包含 N 个 OAM 的模式资源和 U 个时隙资源。对于 MH 系统,用 t_h 表示一个时隙的持续时间,也称为跳变时长。将 OAM 模式和时间集成到一个二维时间-模式资源块中,令每一跳对应一个时模资源块。对于第 u 跳,用 $l_u(1{\leqslant}u{\leqslant}U, -N/2{\leqslant}l{\leqslant}N/2)$ 表示对应的 OAM 模式。

作为对比,图 8-2(b)展示了跳频模式的示例,包含 Q 个频带资源和 U 个时隙资源。如图 8-2(b)所示,将频率和时间集成到二维时频资源块,令每一跳对应一个时频资源块。用 $q(1{\leqslant}q{\leqslant}Q)$ 表示频带的指数。对于第 q 个频带,用 F_q 表示对应的载频。对于第 u 跳,用 $f_u(f\in\{F_1,\cdots,F_q,\cdots,F_Q\})$ 表示对应的载波频率。

8.2.2 跳模频 (MFH) 方式

图 8-2(c)展示了 MFH 模式的示例。将 OAM 模式资源划分为 N 个 OAM 模式,将频率资源划分为 Q 个频段,将时间资源划分为 U 个时隙。每个立方体表示相对于载波频率、OAM 模式和时隙的一跳。每一跳由特定的颜色标识。对于第 u 跳,对应的频带和 OAM 模式为 $f_u(f\in\{F_1,\cdots,F_q,\cdots,F_Q\})$ 和 $l_u(1{\leqslant}u{\leqslant}U, -N/2{<}l{\leqslant}N/2)$,其中 u 表示跃点的指数。

如图 8-2(a)及图 8-2(c)所示,一个携带不同 OAM 模式的数据符号可以在 U 跳内传输。对于每一跳,对应的 OAM 模式是由 PNG 控制的 N 个 OAM 模式之一。此外,任何影响所需 OAM 信号的干扰都应该具有相同的方位角。然而,处于相同的方位角是小概率事件。因此,OAM 信号可以有效抵抗由干扰用户引起的干扰。

当可用频带相对较窄时,传统的跳频方案不能有效地实现抗干扰的目的。而 MH 方案可以在不增加频带的情况下解决上述问题。利用 MH 方案,可以在窄频带内引入新的模式维度传输信号,从而在无线通信中达到抗干扰的效果。另一方面,在频带较宽的情况下,采用联合了 MH 方案和 FH 方案的 MFH 方案可以同时在角/模域和频域内传输信号,实现比一般的 FH 方案更好的抗干扰效果。另外,可以用正交极化比特和 OAM 模式比特对信号进行编码[21]。在 MH 和 MFH 方案中引入正交极化参数可以实现更好的抗干扰效果。

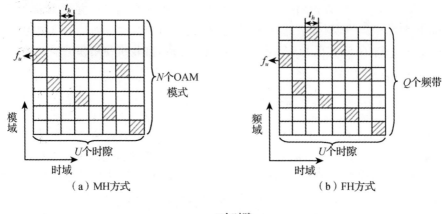

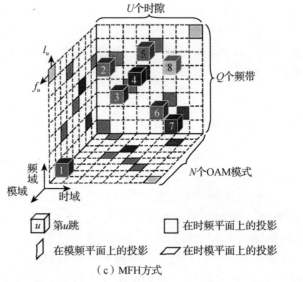

图 8-2 MH、FH 及 MFH 方式（见彩图）

下文首先研究了窄频带内的 MH 系统,随后基于 MH 方案和传统的 FH 方案研究了 MFH 系统。

8.3 跳模(MH)方案

本节介绍了 MH 方案的具体设计,并推导了相应的误比特率。首先,本节给出了 MH 方案的发射信号,并推导了基于 UCA 天线的收发机的信道增益。然后在接收机对 OAM 模式进行解跳和分解,恢复发射信号。最后,本节推导了 MH 方案的误比特率并分析了 MH 通信的抗干扰性能。

8.3.1 发送信号

对于 MH 通信,用 t 表示时间变量。则对于第 u 跳的期望用户,发射信号 $x_1(u,t)$ 可表示如下

$$x_1(u,t)=s(t)\varepsilon_u(t-ut_h)e^{j\varphi l_u} \qquad (8-1)$$

式中:$s(t)$ 是一个符号时间内的发射信号;φ 是所有用户的方位角;$\varepsilon_u(t)$ 是由下式给出的矩形脉冲函数

$$\varepsilon_u(t)=\begin{cases}1,(u-1)t_h\leqslant t<ut_h\\0,\text{其他}\end{cases} \qquad (8-2)$$

式中:h_{l_u} 是对应于从期望 OAM 发射机到 OAM 接收机的第 u 跳的信道增益;$h_{l_{u,k}}$ 是对应于从第 $k(1\leqslant k\leqslant K)$ 个干扰用户的 OAM 发射机到 OAM 接收机第 u 跳的信道增益;$s_k(t)$ 是一个符号时间内第 k 个干扰用户的发射信号;$l_{u,k}(-N/2<l_{u,k}\leqslant N/2)$ 对应于第 u 跳的第 k 个干扰用户的跳变 OAM 模式;$n(u,t)$ 是第 u 跳的接收噪声。则对于第 u 跳的期望用户,接收信号 $r_1(u,t)$ 为

$$r_1(u,t)=h_{l_u}x_1(u,t)+n(u,t)+\sum_{k=1}^K h_{l_{u,k}}s_k(t)\varepsilon(t-ut_h)e^{j\varphi l_{u,k}} \qquad (8-3)$$

对于基于 UCA 天线的收发机,路径损耗 h_d 可以由下式给出[35]

$$h_d=\beta\frac{\lambda}{4\pi|\boldsymbol{d}-\boldsymbol{r}_n|}e^{-j\frac{2\pi|\boldsymbol{d}-\boldsymbol{r}_n|}{\lambda}} \qquad (8-4)$$

式中:$\boldsymbol{d}$ 是自由空间中从 OAM 发射机到 OAM 接收机的位置矢量;$\boldsymbol{r}_n$ 是从 OAM 发射机的第 $n(1\leqslant n\leqslant N)$ 个阵元到发射机中心的位置矢量;β 包含两侧天线及其方向图引起的衰减和相位旋转等所有相关常数;λ 是载波波长。

因此,对于第 l 个 OAM 模式,从 OAM 发射机到 OAM 接收机的信道幅度增益 h_l 可由下式得出[35]

$$\begin{aligned}h_l &= \sum_{n=1}^N \beta\frac{\lambda}{4\pi|\boldsymbol{d}-\boldsymbol{r}_n|}e^{-j\frac{2\pi|\boldsymbol{d}-\boldsymbol{r}_n|}{\lambda}}e^{j\frac{2\pi(n-1)}{N}l}\\ &= \sum_{n=1}^N \beta\frac{\lambda}{4\pi d}e^{-j\frac{2\pi d}{\lambda}}e^{j\frac{2\pi|\boldsymbol{d}\cdot\boldsymbol{r}_n|}{\lambda}}e^{j\frac{2\pi(n-1)}{N}l}\\ &= \beta\frac{\lambda}{4\pi d}e^{-j\frac{2\pi d}{\lambda}}\sum_{n=1}^N e^{j\frac{2\pi|\boldsymbol{d}\cdot\boldsymbol{r}_n|}{\lambda}}e^{j\frac{2\pi(n-1)}{N}l}\end{aligned} \qquad (8-5)$$

式中:$|\boldsymbol{d}-\boldsymbol{r}_n|\approx d$ 为振幅;$|\boldsymbol{d}-\boldsymbol{r}_n|\approx d-|\boldsymbol{d}\cdot\boldsymbol{r}_n|$ 为相位。

当 $N \to \infty$ 时,有

$$\begin{aligned}
\sum_{n=1}^{N} & \mathrm{e}^{\mathrm{j}\frac{2\pi|\boldsymbol{d}\cdot\boldsymbol{r}_n|}{\lambda}} \mathrm{e}^{\mathrm{j}\frac{2\pi(n-1)}{N}l} \\
&= \sum_{n=1}^{N} \mathrm{e}^{\mathrm{j}\frac{2\pi}{\lambda}R\sin\theta\cos\varphi} \mathrm{e}^{\mathrm{j}\frac{2\pi(n-1)}{N}l} \\
&\approx \frac{N\mathrm{e}^{\mathrm{j}\theta l}}{2\pi} \int_0^{2\pi} \mathrm{e}^{\mathrm{j}\frac{2\pi}{\lambda}R\sin\theta\cos\varphi'} \mathrm{e}^{-\mathrm{j}\varphi'l} \mathrm{d}\varphi' \\
&= N\mathrm{j}^{-l} \mathrm{e}^{\mathrm{j}\varphi l} J_l\left(\frac{2\pi}{\lambda}R\sin\theta\right)
\end{aligned} \quad (8-6)$$

式中:R 为 UCA 天线的半径;θ 为发射 UCA 的法线与从 OAM 接收机中心到 OAM 发射机中心的连线之间的夹角,且

$$J_l(x) = \frac{1}{2\pi \mathrm{j}^{-l}} \int_0^{2\pi} \mathrm{e}^{\mathrm{j}(x\cos(\varphi') - l\varphi')} \mathrm{d}\varphi' \quad (8-7)$$

是第一类 l 阶贝塞尔函数。因此,信道幅度增益 h_l 的表达式可以改写为

$$h_l = \frac{\beta\lambda N \mathrm{j}^{-l}}{4\pi d} \mathrm{e}^{-\mathrm{j}\frac{2\pi}{\lambda}d} \mathrm{e}^{\mathrm{j}\varphi l} J_l\left(\frac{2\pi}{\lambda}R\sin\theta\right) \quad (8-8)$$

基于式(8-8),可以发现 h_l 随着数组元素数量的增加而增加。

8.3.2 接收信号

用 l_u 及 $l_{u,k}$ 代替式(8-8)中的 l,将 h_{l_u} 和 $h_{l_{u,k}}$ 代入式(8-3)并在 $r_1(u,t)$ 后乘上 $\mathrm{e}^{\mathrm{j}\varphi l_u}$,可以得到第 u 跳的解跳信号 $\tilde{r}_1(u,t)$ 为

$$\tilde{r}_1(u,t) = r_1(u,t) \mathrm{e}^{\mathrm{j}\varphi l_u} \quad (8-9)$$

式中:$\tilde{r}_1(u,t)$ 为包含了 OAM 模式的信号。因此,期望用户恢复发射信号,需要对其进行解模。利用积分器,可以得到解模后的信号 $r'_1(u,t)$

$$\begin{aligned}
r'_1(u,t) &= \frac{1}{2\pi} \int_0^{2\pi} \tilde{r}_1(u,t) (\mathrm{e}^{\mathrm{j}2\varphi l_u})^* \mathrm{d}\varphi \\
&= \begin{cases} h_{l_u} s(t) \varepsilon(t - u t_h) + \tilde{n}(u,t), & l_{u,k} \neq l_u \\ h_{l_u} s(t) \varepsilon(t - u t_h) + \sum_{k=1}^{D_u} h_{l_{u,k}} s_k(t) \varepsilon(t - u t_h) + \tilde{n}(u,t), & l_{u,k} = l_u \end{cases}
\end{aligned}$$
$$(8-10)$$

式中:$(\cdot)^*$ 为复共轭运算;$\tilde{n}(u,t)$ 为接收 OAM 解模后第 u 跳的噪声,$D_u \subseteq \{1,2,\cdots,K\}$。

基于式(8-10),可以计算出 $l_{u,k} \neq l_u$ 场景下的 SNR 及 $l_{u,k} = l_u$ 场景下的 SINR。用 E_h 表示每跳的发射功率,针对 $l_{u,k} \neq l_u$ 场景,OAM 解模后第 u 跳的瞬时接收信噪比 γ_u 可以表示为

$$\gamma_u = \frac{E_h h_{l_u}^2}{\sigma_{l_u}^2} \tag{8-11}$$

式中：$\sigma_{l_u}^2$ 为在 OAM 解模后对应于第 l_u 个 OAM 模式的接收噪声的方差。

在 $l_{u,k} \neq l_u$ 的场景下，假设每一跳的平均信噪比是相同的。此时，平均信噪比 ζ 可表示为

$$\zeta = E_h \, \mathbb{E}\left(\frac{h_{l_u}^2}{\sigma_{l_u}^2}\right) \tag{8-12}$$

式中：$\mathbb{E}(\cdot)$ 为计算数学期望。

对于 $l_{u,k} = l_u$ 场景，假设期望用户的信号有 $V(1 \leq V \leq U)$ 跳变受到干扰用户的干扰，并假设第 v 跳对应的干扰用户数为 $D_v (1 \leq D_v \leq K, 1 \leq v \leq V)$。则 MH 通信中对应第 v 跳 OAM 解模后 D_v 个干扰用户的接收瞬时 SINR（以 δ_v 表示），可以表示如下

$$\delta_v = \frac{h_{\tilde{l}_v}^2 E_h}{\sigma_{\tilde{l}_v}^2 + \sum_{k=1}^{D_v} E_h h_{\tilde{l}_{v,k}}^2} \tag{8-13}$$

式中：$h_{\tilde{l}_v}$ 为从期望的 OAM 发射机到 OAM 接收机的第 v 跳的信道增益，可以通过用 $\tilde{l}_v$ 替换式(8-8)中的 l 获得；$h_{\tilde{l}_{v,k}}$ 为从干扰用户 OAM 发射机到 OAM 接收机第 v 跳的信道增益，可以用 $\tilde{l}_{v,k}$ 替换式(8-8)中的 l 得到；$\sigma_{\tilde{l}_v}^2$ 为第 v 跳对应于第 $\tilde{l}_v$ 个 OAM 模式的 OAM 解模后的噪声方差。

对于 $l_{u,k} = l_u$ 的场景，对应第 v 跳的 D_v 个干扰用户的平均 SINR（以 $\bar{\delta}_v$ 表示）可以表示如下

$$\bar{\delta}_v = \mathbb{E}\left(\frac{E_h h_{\tilde{l}_v}^2}{\sum_{k=1}^{D_v} E_h h_{\tilde{l}_{v,k}}^2 + \sigma_{\tilde{l}_v}^2}\right) \tag{8-14}$$

若采用等增益合并（EGC）分集接收，对于 U 跳的期望用户，在 EGC 输出端分集接收的瞬时 SINR 可以用 γ_s 表示如下

$$\gamma_s = \frac{E_h \left(\sum_{u=1}^{U-V} h_{l_u}^2 + \sum_{v=1}^{V} h_{\tilde{l}_v}^2\right)}{\sum_{u=1}^{U-V} \sigma_{l_u}^2 + \sum_{v=1}^{V} \left(\sum_{k=1}^{D_v} E_h h_{\tilde{l}_{v,k}}^2 + \sigma_{\tilde{l}_v}^2\right)} \tag{8-15}$$

在 MH 系统中，MH 接收机的复杂度主要取决于 OAM 接收机、模式合成器、积分器和 EGC。而跳频接收机的复杂度主要取决于接收天线、频率合成器和 EGC。MH 系统中模式合成器的复杂度与跳频系统中频率合成器的复杂度相似。另外，MH 系统中使用的 EGC 的复杂度与跳频系统中使用的 EGC 的复杂度相似。跳频接收机采用单接收天线，而 MH 系统采用基于 OAM 接收机的 UCA 作为单射频链天线。此外，MH 系统还增加了一个简单的积分器。

8.3.3 性能分析

为了分析 MH 方案的性能，本节分别使用了二进制 DPSK 和二进制非相干 FSK 调制，并引入了一个以 μ 表示的常数。如果 $\mu=1$，则表示采用二进制 DPSK 调制，如果 $\mu=1/2$，则表示采用二进制非相干 FSK 调制。另外，伽马分布（Nakagami-m）可以表示实际无线通信系统中大多数衰落环境[37]。

假设对于 $a(0 \leqslant a \leqslant V)$ 跳，干扰用户数为 $L(1 \leqslant L \leqslant K)$，而对于其他 $(V-a)$ 跳，干扰用户数不同。用 $\bar{\delta}_L$ 表示有 L 个干扰用户的平均 SINR。假定有 V 跳被相应的 D_v 个干扰用户干扰，对于使用 EGC 接收器的接收机，U 跳的误比特率 $P_b(\gamma_s, V, D_v \mid U)$ 服从[38]

$$P_b(\gamma_s, V, D_v \mid U) = 2^{1-2U} e^{-\mu \gamma_s} \sum_{v_1=0}^{U-1} c_{v_1} \gamma_s^{v_1} \quad (8-16)$$

式中

$$c_{v_1} = \frac{1}{v_1!} \sum_{v_2=0}^{U-v_1-1} \binom{2U-1}{v_2} \quad (8-17)$$

对于 Nakagami-m 衰落，概率密度函数（PDF）$p_\gamma(\gamma)$ 可表示为

$$p_\gamma(\gamma) = \frac{\gamma^{m-1}}{\Gamma(m)} \left(\frac{m}{\bar{\gamma}}\right)^m e^{-m \frac{\gamma}{\bar{\gamma}}} \quad (8-18)$$

式中：m 为衰落参数；$\Gamma(\cdot)$ 为伽马函数；γ 为信道的 SINR；$\bar{\gamma}$ 为信道的平均 SINR。则 $P_e(V, D_v \mid U)$ 可以表示为

$$P_e(V, D_v \mid U) = \underbrace{\int_0^\infty \int_0^\infty \cdots \int_0^\infty}_{U \text{重积分}} P_b(\gamma_s, V, D_v \mid U)$$

$$\cdot \left[\prod_{u=1}^{U-V} p_{\gamma_u}(\gamma_u) \prod_{v=1}^{V} p_{\delta_v}(\delta_v)\right] \prod_{u=1}^{U-V} d\gamma_u \prod_{v=1}^{V} d\delta_v \quad (8-19)$$

这是一个 U 重积分。为了方便计算，可以把式（8-19）的右侧表示成一个积分，即

$$P_e(V, D_v \mid U) = \int_0^\infty P_b(\gamma_s, V, D_v \mid U) p_{\gamma_s}(\gamma_s) d\gamma_s \quad (8-20)$$

式中：$p_{\gamma_s}(\gamma_s)$ 为 γ_s 的 PDF。基于式（8-19）中的联合概率分布函数，即 $\left[\prod_{u=1}^{U-V} p_{\gamma_u}(\gamma_u) \prod_{v=1}^{V} p_{\delta_v}(\delta_v)\right]$，需要推导出 $p_{\gamma_s}(\gamma_s)$ 的表达式。

基于 γ_u 和 δ_v 的 PDF，通过傅里叶变换分别计算其特征函数，即

$$\begin{cases} \Phi_{\gamma_u}(w) = \left(\dfrac{m}{m - jw\zeta}\right)^m \\ \Phi_{\delta_v}(w) = \left(\dfrac{m}{m - jw\bar{\delta}_v}\right)^m \end{cases} \quad (8-21\text{ab})$$

由于瞬时 SINR 经历的 Nakagami-m 衰落和 U 个信道上的衰落在统计上相互独立，即瞬时 SINR 在统计上也是相互独立的。因此，在 MH 通信中对于 γ_s，其特征函数 $\Phi_{\gamma_s}(w)$ 可表示为

$$\Phi_{\gamma_s}(w) = [\Phi_{\gamma_u}(w)]^{U-V} \prod_{v=1}^{V} \Phi_{\delta_v}(w) \\ = \prod_{u=1}^{U-V} \left(\frac{m}{m-jw\zeta}\right)^m \prod_{v=1}^{V} \left(\frac{m}{m-jw\overline{\delta}_v}\right)^m \quad (8-22)$$

然后，利用部分分式分解算法，将式 (8-22) 改写为下式

$$\Phi_{\gamma_s}(w) = m^{mU} \prod_{u=1}^{U-V} \left(\frac{1}{m-jw\zeta}\right)^m \prod_{v=1}^{V} \left(\frac{1}{m-jw\overline{\delta}_v}\right)^m$$

$$= \begin{cases} m^{mU} \left[\sum_{u_1=1}^{m(U-V)} \frac{P_{u_1}}{(m-jw\zeta)^{m(U-V)-u_1+1}} + \sum_{u_2=1}^{ma} \frac{Q_{u_2}}{(m-jw\overline{\delta}_L)^{ma-u_2+1}} \right. \\ \left. + \sum_{v=1}^{V-a} \sum_{u_3=1}^{m} \frac{W_{vu_3}}{(m-jw\overline{\delta}_v)^{m-u_3+1}} \right], a \geqslant 1 \\ m^{mU} \left[\sum_{u_1=1}^{m(U-V)} \frac{P_{u_1}}{(m-jw\zeta)^{m(U-V)-u_1+1}} \right. \\ \left. + \sum_{v=1}^{V} \sum_{u_3=1}^{m} \frac{W_{vu_3}}{(m-jw\overline{\delta}_v)^{m-u_3+1}} \right], a = 0 \end{cases}$$

$$(8-23)$$

式中

$$\begin{cases} P_{u_1} = \frac{1}{(u_1-1)!} \frac{d^{u_1-1}}{d(jw)^{u_1-1}} \left[(m-jw\zeta)^{m(U-V)} \Phi_{\gamma_s}(w) \right] \Big|_{jw=\frac{m}{\zeta}} \\ Q_{u_2} = \frac{1}{(u_2-1)!} \frac{d^{u_2-1}}{d(jw)^{u_2-1}} \left[(m-jw\overline{\delta}_L)^{ma} \Phi_{\gamma_s}(w) \right] \Big|_{jw=\frac{m}{\overline{\delta}_L}} \\ W_{vu_3} = \frac{1}{(u_3-1)!} \frac{d^{u_3-1}}{d(jw)^{u_3-1}} \left[(m-jw\overline{\delta}_v)^{m} \Phi_{\gamma_s}(w) \right] \Big|_{jw=\frac{m}{\overline{\delta}_v}} \end{cases}$$

$$(8-24abc)$$

由此，可以得到 γ_s 的泛式概率密度函数 (PDF) 如下所示

$$p_{\gamma_s}(\gamma_s) = \frac{1}{2\pi}\int_{\infty}^{\infty} \Phi_{\gamma_s}(w) e^{-jw\gamma_s} dw$$

$$= \begin{cases} \frac{m^{mU}}{2\pi j}\int_{-j\infty}^{+j\infty}\sum_{u_1=1}^{m(U-V)} \frac{P_{u_1} e^{-jw\gamma_s} d(jw)}{(m-jw\zeta)^{m(U-V)-u_1+1}} + \frac{m^{mU}}{2\pi j}\int_{-j\infty}^{+j\infty}\sum_{u_2=1}^{ma} \frac{Q_{u_2} e^{-jw\gamma_s} d(jw)}{(m-jw\overline{\delta}_L)^{ma-u_2+1}} \\ \quad + \frac{m^{mU}}{2\pi j}\int_{-j\infty}^{+j\infty}\sum_{v=1}^{V-a}\sum_{u_3=1}^{m} \frac{W_{vu_3} e^{-jw\gamma_s} d(jw)}{(m-jw\overline{\delta}_v)^{m-u_3+1}}, a \geq 1; \\ \frac{m^{mU}}{2\pi j}\int_{-j\infty}^{+j\infty}\sum_{u_1=1}^{m(U-V)} \frac{P_{u_1} e^{-jw\gamma_s} d(jw)}{(m-jw\zeta)^{m(U-V)-u_1+1}} \\ \quad + \frac{m^{mU}}{2\pi j}\int_{-j\infty}^{+j\infty}\sum_{v=1}^{V}\sum_{u_3=1}^{m} \frac{W_{vu_3} e^{-jw\gamma_s} d(jw)}{(m-jw\overline{\delta}_v)^{m-u_3+1}}, a = 0. \end{cases}$$

(8-25)

当 $a \geq 1$ 时,对式(8-25)右侧的第一项可推导如下:

$$\frac{m^{mU}}{2\pi j}\int_{-j\infty}^{+j\infty}\sum_{u_1=1}^{m(U-V)} \frac{P_{u_1}}{(m-jw\zeta)^{m(U-V)-u_1+1}} e^{-jw\gamma_s} d(jw)$$

$$= \sum_{u_1=1}^{m(U-V)} \frac{m^{mU} P_{u_1} e^{-\frac{m\gamma_s}{\zeta}}}{\zeta^{m(U-V)-u_1+1} \times 2\pi j}\int_{-j\infty+\frac{m}{\zeta}}^{+j\infty+\frac{m}{\zeta}} \frac{e^{\gamma_s z}}{z^{m(U-V)-u_1+1}} dz \quad (8-26)$$

在积分部分,当 $\mathrm{Re}(z)$ 逼近 ∞ 时,$1/z$ 逼近 0,利用柯西定理和留数定理[39]可得

$$\frac{1}{2\pi j}\int_{-j\infty+\frac{m}{\zeta}}^{+j\infty+\frac{m}{\zeta}} \frac{e^{\gamma_s z}}{z^{m(U-V)-u_1+1}} dz = \frac{1}{2\pi j}\int_C \frac{e^{\gamma_s z}}{z^{m(U-V)-u_1+1}} dz \quad (8-27)$$

式中:C 为在实轴上从原点到负无穷远的开放曲线。根据伽马函数的特点[40],可得

$$\frac{1}{2\pi j}\int_C \frac{e^{\gamma_s z}}{z^{m(U-V)-u_1+1}} dz = \frac{\gamma_s^{m(U-V)-u_1}}{\Gamma[m(U-V)-u_1+1]} \quad (8-28)$$

式中:$\Gamma(\cdot)$ 为伽马函数,即

$$\Gamma[m(U-V)-u_1+1] = [m(U-V)-u_1+1]! \quad (8-29)$$

因此,式(8-26)可改写为

$$\frac{m^{mU}}{2\pi j}\int_{-j\infty}^{+j\infty}\sum_{u_1=1}^{m(U-V)} \frac{P_{u_1}}{(m-jw\zeta)^{m(U-V)-u_1+1}} e^{-jw\gamma_s} d(jw)$$

$$= \sum_{u_1=1}^{m(U-V)} \frac{m^{mU} P_{u_1} e^{-\frac{m\gamma_s}{\zeta}}}{\zeta^{m(U-V)-u_1+1}} \frac{\gamma_s^{m(U-V)-u_1}}{\Gamma[m(U-V)-u_1+1]}$$

(8-30)

与上面的分析类似,可以推导式(8-25)的右侧其他项。与式(8-25)相对

应,γ_s 的通式 PDF 可重写为

$$p_{\gamma_s}(\gamma_s) = \begin{cases} m^{mU}\left\{\sum_{u_1=1}^{m(U-V)} \dfrac{P_{u_1} e^{-\frac{m}{\zeta}\gamma_s} \gamma_s^{m(U-V)-u_1}}{\zeta^{m(U-V)-u_1+1} \Gamma[m(U-V)-u_1+1]} \right. \\ \quad + \sum_{u_2=1}^{ma} \dfrac{Q_{u_2} e^{-\frac{m}{\delta_L}\gamma_s} \gamma_L^{ma-u_2}}{\bar{\delta}_L^{ma-u_2+1} \Gamma[ma-u_2+1]} \\ \quad \left. + \sum_{v=1}^{V-a}\sum_{u_3=1}^{m} \dfrac{W_{vu_3} e^{-\frac{m}{\bar{\delta}_v}\gamma_s} \gamma_s^{m-V}}{\bar{\delta}_v^{m-V+1}\Gamma[m-V+1]}\right\}, a \geqslant 1 \\[1em] m^{mU}\left\{\sum_{u_1=1}^{m(U-V)} \dfrac{P_{u_1} e^{-\frac{m}{\zeta}\gamma_s}\gamma_s^{m(U-V)-u_1}}{\zeta^{m(U-V)-u_1+1}\Gamma[m(U-V)-u_1+1]}\right. \\ \quad \left. +\sum_{v=1}^{V}\sum_{u_3=1}^{m}\dfrac{W_{vu_3}e^{-\frac{m}{\bar{\delta}_v}\gamma_s}\gamma_s^{m-V}}{\bar{\delta}_v^{m-V+1}\Gamma[m-V+1]}\right\}, a=0 \end{cases} \quad (8-31)$$

将式(8-16)和式(8-31)代入式(8-20)中,可以得到如下的定理1。

定理1 对于 MH 方案,给定有 V 跳被相应的 D_v 个干扰用户所干扰,Nakagami-m 衰落信道下的平均误比特率 $P_e(V, D_v \mid U)$ 为

$$P_e(V, D_v \mid U) =$$

$$\begin{cases} m^{mU}\left\{\sum_{v_1=0}^{U-V-1}\sum_{u_1=1}^{m(U-V)}\dfrac{2^{1-2(U-V)}P_{u_1}c_{v_1}\Gamma[m(U-V)-u_1+v_1+2]}{\zeta^{m(U-V)-u_1+1}\Gamma[m(U-V)-u_1+1]\left(\mu+\dfrac{m}{\zeta}\right)^{m(U-V)-u_1+v_1+2}}\right. \\ \quad +\sum_{v_1=0}^{a-1}\sum_{u_2=1}^{ma}\dfrac{2^{1-2a}Q_{u_2}c_{v_1}\Gamma(ma-u_2+v_1+2)}{\bar{\delta}_L^{ma-u_2+1}\Gamma(ma-u_2+1)\left(\mu+\dfrac{m}{\bar{\delta}_L}\right)^{ma-u_2+v_1+2}} \\ \quad \left. +\sum_{v_1=0}^{V-a-1}\sum_{v=1}^{V-a}\sum_{u_3=1}^{m}\dfrac{2^{1-2(V-a)}W_{vu_3}c_{v_1}\Gamma(m-u_3+v_1+2)}{\bar{\delta}_v^{m-u_3+1}\Gamma(m-u_3+1)\left(\mu+\dfrac{m}{\bar{\delta}_v}\right)^{m-u_3+v_1+2}}\right\},a\geqslant 1 \\[1em] m^{mU}\left\{\sum_{v_1=0}^{U-V-1}\sum_{u_1=1}^{m(U-V)}\dfrac{2^{1-2(U-V)}P_{u_1}c_{v_1}\Gamma[m(U-V)-u_1+v_1+2]}{\zeta^{m(U-V)-u_1+1}\Gamma[m(U-V)-u_1+1]\left(\mu+\dfrac{m}{\zeta}\right)^{m(U-V)-u_1+v_1+2}}\right. \\ \quad \left. +\sum_{v_1=0}^{V-1}\sum_{v=1}^{V}\sum_{u_3=1}^{m}\dfrac{2^{1-2V}W_{vu_3}c_{v_1}\Gamma(m-u_3+v_1+2)}{\bar{\delta}_v^{m-u_3+1}\Gamma(m-u_3+1)\left(\mu+\dfrac{m}{\bar{\delta}_v}\right)^{m-u_3+v_1+2}}\right\},a=0 \end{cases}$$

$$(8-32)$$

当 $V=U, a=0, m=1$ 时,式(8-22)可以简化为

$$\Phi_{\gamma_s}(w) = \sum_{v=1}^{U} M_v y_v \quad (8-33)$$

式中

$$\begin{cases} M_v = \prod_{\substack{i=1\\i\neq v}}^{U} \dfrac{\overline{\delta}_v}{\overline{\delta}_v - \overline{\delta}_i} \\ y_v = \dfrac{1}{1-\mathrm{j}w\overline{\delta}_v} \end{cases} \quad (8-34)$$

因此,当 $V=U, a=0, m=1$ 时,γ_s 的 PDF 可简化为

$$p_{\gamma_s}(\gamma_s) = \sum_{v=1}^{U} M_v \dfrac{e^{-\frac{\gamma_s}{\overline{\delta}_v}}}{\overline{\delta}_v} \quad (8-35)$$

同时,误比特率 $P_e(V, D_v \mid U)$ 可简化为

$$P_e(V, D_v \mid U) = \left(\dfrac{1}{2}\right)^{2U-1} \sum_{v=1}^{U} \sum_{v_1=0}^{U-1} \dfrac{M_v \Gamma(v_1-1) c_{v_1}}{\overline{\delta}_v} \left(\dfrac{\overline{\delta}_v}{1+\mu\overline{\delta}_v}\right)^{v_1+1} \quad (8-36)$$

在 $l_{u,k} \neq l_u$ 场景中,对应跳数 U,假设干扰用户使用与期望用户不同的 OAM 模式,则对应 U 跳的 γ_s 特征函数可以改写为

$$\Phi_{\gamma_s}(w) = \left(\dfrac{m}{m-\mathrm{j}w\zeta}\right)^{mU} \quad (8-37)$$

因此,对应的 Nakagami-m 衰落信道下的 γ_s 的 PDF 可以改写为

$$p_{\gamma_s}(\gamma_s) = \left(\dfrac{m}{\zeta}\right)^{mU} \dfrac{\gamma_s^{mU-1}}{\Gamma(mU)} e^{-\frac{m\gamma_s}{\zeta}} \quad (8-38)$$

由此可以得到定理2。

定理2 对于 MH 方案,在 $l_{u,k} \neq l_u$ 场景下,对应跳数 U 的平均误比特率 $P_e(U)$ 为

$$P_e(U) = \dfrac{2^{1-2U}}{\Gamma(mU)} \left(\dfrac{m}{m+\mu\zeta}\right)^{mU} \sum_{v_1=0}^{U-1} c_{v_1} \Gamma(mU+v_1) \left(\dfrac{\zeta}{m+\mu\zeta}\right)^{v_1} \quad (8-39)$$

在 MH 通信中,当干扰用户的 OAM 模式与期望用户不同时,系统等效为单用户系统。从而可以将单用户系统的平均误比特率表示为式(8-39)。

在 MH 通信中,P_0 是期望用户的信号被干扰用户干扰的概率,假设每跳的发送信号携带某一 OAM 模式的概率为 $1/N$,则对于每一跳,$P_0=1/N$。因此,对于 $l_{u,k} \neq l_u$ 场景对应跳数 U,可以得到概率 $p(U)$ 如下

$$p(U) = (1-P_0)^{KU} \quad (8-40)$$

此外，可以计算给定 U 跳中有 V 跳被干扰用户干扰的概率，即

$$p(V \mid U) = \underbrace{\sum_{D_1=1}^{K}\sum_{D_2=1}^{K}\cdots\sum_{D_V=1}^{K}}_{V\text{重}} \binom{U}{V}(1-P_0)^{K(U-V)} \prod_{v=1}^{V}\binom{K}{D_v} P_0^{D_v}(1-P_0)^{K-D_v} \tag{8-41}$$

最后，综合考虑 MH 通信中的所有可能情况，可以计算平均误比特率 P_s，即

$$P_s = p(U)P_e(U) + \sum_{V=1}^{U} p(V \mid U) P_e(V, D_v \mid U) \tag{8-42}$$

将式(8-32)、式(8-39)~式(8-41)代入式(8-42)，我们可以得到 MH 通信中所有可能情况下的平均误比特率。

观察 MH 方案的误比特率，可以发现平均 SINR、干扰用户数、OAM 模式数和跳数会对误比特率产生影响。虽然误比特率的算式十分复杂，但是可以从中得到一些直接的结论。首先，误比特率随着干扰用户数的增加而增加。其次，误比特率随着平均信噪比的增加而减小。因此，增加发射功率和减小干扰可以降低误比特率。此外，随着 OAM 模式数的增加，误比特率下降。通常，OAM 模式的数量主要取决于 OAM 发射机所使用的阵列单元的数量。因此，增加 OAM 发射机所对应的阵元数目可以降低 MH 系统的误比特率。而且，误比特率随着跳数的增加而下降。因此，增加跳数可以有效降低 MH 系统中的误比特率。

8.4 跳模频(MFH)方案

在 MFH 通信方案中，对于第 u 跳的期望用户，发射信号 $x_2(u,t)$ 可以表示为

$$x_2(u,t) = s(t)\varepsilon(t-ut_h) e^{j\varphi l_u} \cos(2\pi f_u t + \alpha_u) \tag{8-43}$$

式中：$\alpha_u (0 \leqslant \alpha_u \leqslant 2\pi)$ 为对应第 u 跳的初始相位。

$f_{u,k}$ 是载波频率，$\alpha_{u,k} (0 \leqslant \alpha_u \leqslant 2\pi)$ 是第 u 跳的第 k 个干扰用户的初始相位。因此，对于第 u 跳的期望用户，其接收信号 $r_2(u,t)$ 可表示为

$$r_2(u,t) = h_{l_u} x_2(u,t) + n(u,t) + \sum_{k=1}^{K} h_{l_u,k} s_k(t)\varepsilon(t-ut_h) e^{j\varphi l_{u,k}} \cos(2\pi f_{u,k} t + \alpha_{u,k}) \tag{8-44}$$

将 $r_2(u,t)$ 乘上 $e^{j\varphi l_u}$ 和 $\cos(2\pi f_u t + \alpha_u)$ 后，可以得到对应第 u 跳的解跳信号 $\tilde{r}_2(u,t)$ 为

$$\tilde{r}_2(u,t) = r_2(u,t) e^{j\varphi l_u} \cos(2\pi f_u t + \alpha_u) \tag{8-45}$$

经过积分运算，可以得到分解后的信号 $r'_2(u,t)$

$$r'_2(u,t) = \frac{1}{2\pi}\int_0^{2\pi} \tilde{r}_2(u,t)(\mathrm{e}^{\mathrm{j}2\varphi l_u})^* \mathrm{d}\varphi$$

$$= \begin{cases} h_{l_u} s(t)\varepsilon(t-ut_h)\cos^2(2\pi f_u t+\alpha_u) + \tilde{n}(u,t), & l_{u,k} \neq l_u \\ \sum_{k=1}^{D_u} h_{l_u,k} s_k(t)\varepsilon(t-ut_h)\cos(2\pi f_{u,k}t+\alpha_{u,k})\cos(2\pi f_u t+\alpha_u) \\ + h_{l_u} s(t)\varepsilon(t-ut_h)\cos^2(2\pi f_u t+\alpha_u) + \tilde{n}(u,t), & l_{u,k} = l_u \end{cases}$$

(8-46)

然后,利用OAM解模后的低通滤波器,可以得到对应第 u 跳的期望用户的接收信号 $y(u,t)$

$$y(u,t) = \begin{cases} h_{l_u} s(t)\varepsilon(t-ut_h) + \tilde{n}(u,t), & f_{u,k} \neq f_u, l_{u,k} \neq l_u & (8-47\mathrm{a}) \\ h_{l_u} s(t)\varepsilon(t-ut_h) + \tilde{n}(u,t), & f_{u,k} = f_u, l_{u,k} \neq l_u & (8-47\mathrm{b}) \\ h_{l_u} s(t)\varepsilon(t-ut_h) + \tilde{n}(u,t), & f_{u,k} \neq f_u, l_{u,k} = l_u & (8-47\mathrm{c}) \\ h_{l_u} s(t)\varepsilon(t-ut_h) + \tilde{n}(u,t) \\ + \sum_{k=1}^{D_u} h_{l_u,k} s_k(t)\varepsilon(t-ut_h), & f_{u,k} = f_u, l_{u,k} = l_u & (8-47\mathrm{d}) \end{cases}$$

接收信号有 4 种情况,如下所述:

情况 1:如果对于每个模/频跳变,K 个干扰用户的 OAM 模式和载频都不同于期望用户,则接收信号可以由式(8-47a)得到。此时,可以完全消除干扰信号。

情况 2:如果 K 个干扰用户的载频与期望用户相同,但每一跳的 OAM 模式不同,则接收信号可以由式(8-47b)得到。显然,此时干扰信号也可以完全消除。

情况 3:如果 K 个干扰用户的 OAM 模式与期望用户相同,但每一跳的载波频率不同,则接收信号可以由式(8-47c)得到。在这种情况下,上面提到的积分器对干扰信号不起作用,而低通滤波器可以滤除干扰信号。

情况 4:如果 K 个干扰用户的载波频率和 OAM 模式都与期望用户相同,则接收信号可以由式(8-47d)得到。此时积分器和低通滤波器不能消除干扰信号。

观察以上 4 种情况可知,只有当干扰用户的 OAM 模式和载频都与期望用户相同时,干扰信号才会对 MFH 系统的性能产生影响。对于前 3 种情况,可以通过积分器或低通滤波器消除干扰信号。只有情况 4 会对系统的性能产生影响。

在情况 1、2 和 3 中,对 MFH 通信中的第 u 跳进行 OAM 分解后,瞬时信噪比 ρ_u 可以表示为

$$\rho_u = \frac{h_{l_u}^2 E_h}{\Omega_{l_u}^2} \tag{8-48}$$

式中:$\Omega_{l_u}^2$ 为 OAM 分解后接收噪声的方差。

对于情况 4,假设有 D_v 个干扰用户,对于 MFH 通信中的第 v 跳,OAM 分解后的瞬时 SINR(用 ϱ_v 表示),可以表示为

$$\varrho_v = \frac{h_{\bar{l}_v}^2 E_h}{\Omega_{\bar{l}_v}^2 + \sum_{u=1}^{D_v} E_h h_{\bar{l}_{v,k}}^2} \tag{8-49}$$

式中:$\Omega_{\bar{l}_v}^2$ 为对应 MFH 通信中情况 4 的第 v 跳的 OAM 分解后接收噪声的方差。

在 MFH 通信中,联合使用 MH 和 FH 方案可以同时在角/模域和频域传输信号。因此,MH 和 FH 是相互独立的。因此,MFH 方案的处理增益[41]是 FH 方案和 MH 方案处理增益的乘积。用 G(近似于 Q)表示跳频方案的处理增益。在给定发射信噪比的情况下,MFH 方案的接收信噪比是 MH 方案的 G 倍。因此,可以将式(8-48)改写为

$$\rho_u = G\gamma_u \tag{8-50}$$

此外,式(8-49)可改写为

$$\varrho_v = \delta_v + \frac{(G-1)\Omega_{\bar{l}_v}^2}{\Omega_{\bar{l}_v}^2 + \sum_{u=1}^{D_v} E_h h_{\bar{l}_{v,k}}^2} \delta_v \tag{8-51}$$

基于式(8-51),可以发现 MFH 方案的平均接收 SNR 或 SINR 总是大于 MH 方案。对于情况 1、2 和 3,平均 SNR(以 ξ 表示)可以计算如下:

$$\xi = G\zeta \tag{8-52}$$

对于情况 4,在有 D_v 个干扰用户时,第 v 跳的平均 SINR(用 $\bar{\varrho}_v$ 表示)为

$$\bar{\varrho}_v = \bar{\delta}_v + \mathbb{E}\left[\frac{(G-1)\Omega_{\bar{l}_v}^2}{\Omega_{\bar{l}_v}^2 + \sum_{u=1}^{D_v} E_h h_{\bar{l}_{v,k}}^2}\right] \bar{\delta}_v \tag{8-53}$$

用 L 替换式(8-53)中的 D_v,可以得到 L 个干扰用户时的平均 SINR(用 $\bar{\rho}_L$ 表示)。

与 MH 通信中的误比特率分析类似,对于 MFH 通信,无干扰用户的 U 跳的误比特率 $P'_e(U)$ 如下:

$$P'_e(U) = \frac{2^{1-2U}}{\Gamma(mU)}\left(\frac{m}{m+G\mu\zeta}\right)^{mU} \sum_{v_1=0}^{U-1} c_{v_1} \Gamma(mU+v_1)\left(\frac{G\zeta}{m+G\mu\zeta}\right)^{v_1} \tag{8-54}$$

用 ρ_s 表示 MFH 通信中 EGC 分集接收输出端在跳数为 U 时的瞬时 SINR,则有

$$\rho_s = \frac{E_h\left(\sum_{u=1}^{U-V} h_{\bar{l}_u}^2 + \sum_{v=1}^{V} h_{\bar{l}_v}^2\right)}{\sum_{u=1}^{U-V} \Omega_{\bar{l}_u}^2 + \sum_{v=1}^{V}\left(\sum_{k=1}^{D_v} E_h h_{\bar{l}_{v,k}}^2 + \Omega_{\bar{l}_{v,k}}^2\right)} \tag{8-55}$$

MFH 系统在 Nakagami-m 衰落信道下的平均误比特率（给定总跳数 V 及对应 D_v 个的干扰用户）$P'_e(V, D_v \mid U)$ 如下式所示

$$P'_e(V, D_v \mid U) =$$

$$\begin{cases} m^{mU} \left\{ \sum_{v_1=0}^{U-V-1} \sum_{u_1=1}^{m(U-V)} \frac{2^{1-2(U-V)} P_{u_1} c_{v_1} \Gamma[m(U-V) - u_1 + v_1 + 2]}{\xi^{m(U-V)-u_1+1} \Gamma[m(U-V) - u_1 + 1] \left(\mu + \frac{m}{\xi}\right)^{m(U-V)-u_1+v_1+2}} \right. \\ \left. + \sum_{v_1=0}^{a-1} \sum_{u_2=1}^{ma} \frac{2^{1-2a} Q_{u_2} c_{v_1} \Gamma(ma - u_2 + v_1 + 2)}{e_L^{-ma-u_2+1} \Gamma(ma - u_2 + 1) \left(\mu + \frac{m}{e_L}\right)^{ma-u_2+v_1+2}} \right. \\ \left. + \sum_{v_1=0}^{V-a-1} \sum_{v=1}^{V-a} \sum_{u_3=1}^{m} \frac{2^{1-2(V-a)} W_{vu_3} c_v \Gamma(m - u_3 + v_1 + 2)}{\overline{\varrho}_v^{m-u_3+1} \Gamma(m - u_3 + 1) \left(\mu + \frac{m}{\overline{\varrho}_v}\right)^{m-u_3+v_1+2}} \right\}, a \leqslant 1 \\[2mm] m^{mU} \left\{ \sum_{v_1=0}^{U-V-1} \sum_{u_1=1}^{m(U-V)} \frac{2^{1-2(U-V)} P_{u_1} c_{v_1} \Gamma[m(U-V) - u_1 + v_1 + 2]}{\xi^{m(U-V)-u_1+1} \Gamma[m(U-V) - u_1 + 1] \left(\mu + \frac{m}{\xi}\right)^{m(U-V)-u_1+v_1+2}} \right. \\ \left. + \sum_{v_1=0}^{V-1} \sum_{v=1}^{V} \sum_{u_3=1}^{m} \frac{2^{1-2V} W_{vu_3} c_{v_1} \Gamma(m - u_3 + v_1 + 2)}{\overline{\varrho}_v^{m-u_3+1} \Gamma(m - u_3 + 1) \left(\mu + \frac{m}{\overline{e}_v}\right)^{m-u_3+v_1+2}} \right\}, a = 0 \end{cases}$$

(8-56)

$$P'_s =$$

$$\begin{cases} (1-P_1)^{KU} \frac{2^{1-2U}}{\Gamma(mU)} \left(\frac{m}{m+G\mu\zeta}\right)^{mU} \sum_{v_1=0}^{U-1} c_{v_1} \Gamma(mU + v_1) \left(\frac{G\zeta}{m+G\mu\zeta}\right)^{v_1} \\[2mm] + \left[\sum_{D_1=1}^{K} \sum_{D_2=1}^{K} \cdots \sum_{D_V=1}^{K} \binom{U}{V} (1-P_1)^{K(U-V)} \prod_{v=1}^{V} \binom{K}{D_v} P_1^{D_i} (1-P_1)^{K-D_v} \right] \\[2mm] m^{mU} \left\{ \sum_{v_1=0}^{U-V-1} \sum_{u_1=1}^{m(U-V)} \frac{2^{1-2(U-V)} P_{u_1} c_{v_1} \Gamma[m(U-V) - u_1 + v_1 + 2]}{(G\zeta)^{m(U-V)-u_1+1} \Gamma[m(U-V) - u_1 + 1] \left(\mu + \frac{m}{G\zeta}\right)^{m(U-V)-u_1+v_1+2}} \right. \\ \left. + \sum_{v_1=0}^{a-1} \sum_{u_2=1}^{ma} \frac{2^{1-2a} Q_{u_2} c_{v_1} \Gamma(ma - u_2 + v_1 + 2)}{\overline{\varrho}_L^{ma-u_2+1} \Gamma(ma - u_2 + 1) \left(\mu + \frac{m}{\rho_L}\right)^{ma-u_2+v_1+2}} \right. \\ \left. + \sum_{v_1=0}^{V-a-1} \sum_{v=1}^{V-a} \sum_{u_3=1}^{m} \frac{2^{1-2(V-a)} W_{vu_3} c_{v_1} \Gamma(m - u_3 + v_1 + 2)}{\rho_v^{-m-u_3+1} \Gamma(m - u_3 + 1) \left(\mu + \frac{m}{\rho_v}\right)^{m-u_3+v_1+2}} \right\}, a \geqslant 1 \end{cases}$$

$$\begin{cases} (1-P_1)^{KU} \dfrac{2^{1-2U}}{\Gamma(mU)} \left(\dfrac{m}{m+G\mu\zeta}\right)^{mU} \sum_{v_1=0}^{U-1} c_{v_1} \Gamma(mU+v_1) \left(\dfrac{G\zeta}{m+G\mu\zeta}\right)^{v_1} \\ + \left[\sum_{D_1=1}^{K}\sum_{D_2=1}^{K}\cdots\sum_{D_V=1}^{K} \binom{U}{V}(1-P_1)K(U-V) \prod_{v=1}^{V} \binom{K}{D_v} P_1^{D_i}(1-P_1)^{K-D_v}\right] \\ m^{mU} \left\{ \sum_{v_1=0}^{U-V-1} \sum_{u_1=1}^{m(U-V)} \dfrac{2^{1-2(U-V)} P_{u_1} c_{v_1} \Gamma[m(U-V)-u_1+v_1+2]}{(G\zeta)^{m(U-V)-u_1+1} \Gamma[m(U-V)-u_1+1] \left(\mu+\dfrac{m}{G\zeta}\right)^{m(U-V)-u_1+v_1+2}} \right. \\ \left. + \sum_{v_1=0}^{V-1} \sum_{v=1}^{V} \sum_{u_3=1}^{m} \dfrac{2^{1-2V} W_{vu_3} c_{v_1} \Gamma(m-u_3+v_1+2)}{\rho_v^{m-u_3+1} \Gamma(m-u_3+1) \left(\mu+\dfrac{m}{\rho_v}\right)^{m-u_3+v_1+2}} \right\}, a=0 \end{cases}$$

$$(8-57)$$

接下来需要计算所有可能情况的平均误比特率 P'_s。用 P_1 表示在 MFH 通信中期望用户的信号被干扰用户干扰的概率。由于模式和频率是两个不相交事件,因此,$P_1=1/(NQ)$。因此,对于所有可能的情况,平均误比特率 P'_s 可由式(8-57)给出。

观察 MFH 方案的误比特率,可以发现平均信干噪比、干扰用户数、OAM 模式数、可用频带数和跳数对误比特率存在影响。虽然在 MFH 系统中误比特率的算式十分复杂,但可以从中得到一些直接的结论。首先,误比特率随着平均信噪比的增加而增加。因此,增加发射功率和减小干扰可以降低 MFH 方案的误比特率。其次,随着干扰用户数的增加,误比特率增加。而且,随着 OAM 模式数的增加,误比特率下降。此外,误比特率随着可用频带数的增加而减小。因此,增加频带数可以降低 MFH 系统中的误比特率。此外,在 MFH 系统中,误比特率随着跳数的增加而下降。

在 MFH 系统中,MFH 系统的复杂度主要取决于 OAM 发射机、模式合成器、频率合成器、OAM 接收机、积分器和 EGC。OAM 发射机和接收机可以是均匀圆阵列 UCA 天线。由于 OAM 信号可以在一根配备了多个阵元的天线内传输,同时使用单个射频链路,因此,基于 OAM 发射机和接收机的 UCA 可以被视为单射频链。模式合成器和频率合成器分别选择 OAM 模式和频率范围,以对接收的 OAM 信号进行解跳。与 MH 系统中的积分器类似,MFH 系统中的积分器也可以分解接收到的 OAM 信号。EGC 接收将信号的平方等概率求和,并由此计算接收瞬时 SINR,与现有的接收模型(如最大比合并、选择合并等)相比,有着更低的复杂度。FH 的复杂度主要取决于发射天线、接收天线、频率合成器和 EGC。MFH 系统中 EGC 的复杂度与 FH 系统中 EGC 的复杂度相似。FH 系统采用单发射天线和单接收天线,而 MH 系统采用基于 OAM 发射机和接收机的 UCA。因此,MFH 系统和常规的 FH 系统都属于单射频链的范畴。此外,MFH 系统增加了一个简单的积分器和两个模式合成器。模式合成器的复杂度与频率合成器的复杂度相似。

由于信号可以在新的模维度和频率维度内传输,本节提出的 MFH 方案可以对各种干扰波形,如宽带噪声干扰、部分频带噪声干扰、单音干扰和多音干扰取得较好的抗干扰效果。因此,MFH 方案可以应用于无线局域网、室内无线通信、卫星通信、水下通信、雷达、微波等多种场景。

8.5 性能评估

本节评估了 MH 和 MFH 方案的性能,并将该方案与传统宽带 FH 方案的误比特率进行了比较。以下给出了在不同模式/频率跳数、SINR 和不同干扰用户数情况下的抗干扰性能计算结果。在图 8-3、图 8-4、图 8-5、图 8-6 和图 8-7 中,采用二进制 DPSK 调制来评估系统的误比特率。图 8-8 和图 8-9 展示了二进制 DPSK 调制和非相干二进制 FSK 调制对 MH 及 MFH 方案的误比特率的影响。在整个仿真中,将 Nakagami 的衰落因子 m 设置为 1。数值结果表明,在窄频带内,MH 方案可以获得与传统 FH 方案相同的误比特率,并且在这三种方案中 MFH 方案可以获得最小的误比特率。

8.5.1 单用户场景误比特率

图 8-3 显示了不同平均信道信噪比下,FH、MH 及 MFH 方案在使用二进制 DPSK 时的误比特率,其中跳数 U 分别设置为 1、2、4。显然,给定一个固定的跳数,FH 和 MH 方案的误比特率是相同的,而 MFH 方案是三种方案中误比特率最小的一种。随着信道平均信噪比的增加,三种方案的误比特率都会减小。在给定跳数的情况下,MH 方案和 MFH 方案在低信噪比区域的误比特率非常接近,而在高信噪比区域的误比特率差异在扩大。另外,三种方案的误比特率均随跳数 U 的增大而减小。而且,随着 U 的增加,误比特率曲线下降速度增加。

例如,在 MH 方案中,对比与模/频跳数为 $U=2$ 和 $U=4$ 时的误比特率,可以发现在单用户情况下,当平均信道信噪比从 5dB 增加到 10dB 时,$U=4$ 场景的误比特率从 5.4×10^{-3} 减少至 1.3×10^{-4},而 $U=2$ 场景的误比特率从 4.0×10^{-2} 下降至 6.0×10^{-3}。当信噪比从 10dB 增加到 15dB 时,$U=4$ 场景的误比特率下降了 10^{-2},$U=2$ 场景的误比特率下降了 10^{-1}。如图 8-3 所示,这两种场景下的误比特率均比 $U=1$ 时小。

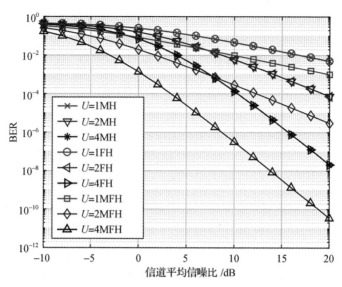

图 8-3 FH,MH 及 MFH 方案在不同平均信噪比下的
误比特率(使用二进制 DPSK 调制)(见彩图)

观察式(8-21)和式(8-37),有 $\zeta/(m+\mu\zeta)=1/\left(\dfrac{m}{\zeta}+\mu\right)$ 和 $G\zeta/(m+G\mu\zeta)=G/\left(\dfrac{m}{\zeta}+G\mu\right)$。因此,对于 MH 和 MFH 方案,误比特率随着平均信噪比的增加而减小。由于 MFH 方案的接收信噪比是 MH 方案接收信噪比的 G 倍,所以 MFH 方案的误比特率小于 MH 方案的仿真结果与预期一致。实验结果表明,在较高的跳数和较高的信噪比下,本章提出的方案具有较好的抗干扰性能。MFH 方案的抗干扰性能是三种方案中最好的。

8.5.2 多用户场景误比特率

图 8-4 比较了使用 DPSK 调制的 MH 和 MFH 方案在不同平均信干噪比下的误比特率,其中干扰用户数设置为 10,可用 FH 数设置为 5,可用 MH 数设置为 10,模式/频率跳数分别设置为 1、2、4 和 8。在给定跳数的情况下,MFH 方案在多用户场景的平均信道信干噪比范围内有着小于 MH 方案的误比特率。只有在低信干噪比区,MFH 系统和 MH 系统之间的误比特率才比较接近。这是因为 MFH 方案中被干扰用户干扰的概率比 MH 方案小。结果表明,本章提出的 MH 方案可以与传统的 FH 方案联合使用,以获得更低的误比特率。

图 8-5 展示了 FH、MH 及 MFH 方案在不同干扰用户数下的误比特率,将平均信干噪比设为 10dB,跳数 U 分别设为 1、2 和 4。如图 8-5 所示,FH、MH

及 MFH 方案的误比特率在多用户干扰情况下随干扰用户数的增加而增加。随着干扰用户数的增加,三种方案的误比特率增加,直到接近一个固定值。此外,通过比较 MH 方案和 MFH 方案的误比特率,可以发现 MFH 方案的误比特率要比 MH 方案小得多。实验结果表明,MH 和 MFH 方案在干扰用户数较少时具有更好的抗干扰性能。此外,采用 MFH 方案可以显著提高抗干扰性能。

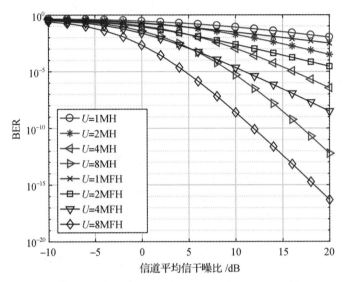

图 8-4 在多用户场景下,MH 和 MFH 方案时在不同平均信干噪比下的误比特率(使用二进制 DPSK 调制)(见彩图)

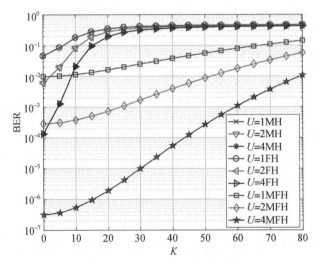

图 8-5 FH、MH 及 MFH 方案在不同干扰用户数下的误比特率(使用二进制 DPSK 调制)(见彩图)

图 8-6 显示了使用二进制 DPSK 调制的 MH 和 MFH 方案的误比特率与干扰用户数和 OAM 模式数的关系,其中信干噪比设为 10dB,OAM 模式跳数 $U=2$,可用 FH 数设为 5。仿真结果表明,随着 OAM 模式数的增加和干扰用户数的减少,系统的误比特率逐渐降低。这是因为可用 OAM 模式的数量随着被干扰用户干扰的概率减小而增加,被干扰用户干扰的概率随着干扰用户数的减少而减小,从而提高了接收信噪比。此外,MFH 方案的误比特率比 MH 方案小得多。从仿真结果可以看出,随着 OAM 模式数的增加和干扰用户数的减少,期望信号被干扰用户干扰的概率减小,从而保证了传输的可靠性。

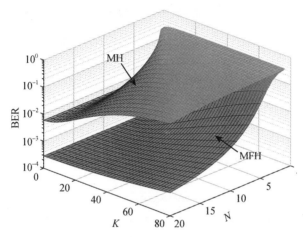

图 8-6　MH 及 MFH 方案在不同干扰用户数和 OAM 模式数下的
误比特率(使用二进制 DPSK 调制)(见彩图)

图 8-7 显示了使用二进制 DPSK 调制的 MFH 方案误比特率与可用频带数和可用 OAM 模式数的关系,将干扰用户数设置为 10,跳数设置为 4,平均信道信干噪比分别设置为 5dB 和 10dB。由图 8-7 可得,误比特率随着可用频带数和可用 OAM 模式数的增加而减小。这是因为期望用户的信号被干扰用户干扰的概率随着 OAM 模式数和频带数的增加而减小,导致相应的误比特率降低。图 8-7 还证明了误比特率随着平均信干噪比的增加而减小。

8.5.3　MH 与 MFH 方案下二进制 DPSK 与 FSK 调制对比

图 8-8 比较了 MH 方案在多用户场景下使用二进制 DPSK 调制和二进制 FSK 调制的误比特率与平均信干噪比的关系,OAM 模式跳数分别设置为 1、2、4 和 8。仿真结果表明,采用二进制 DPSK 调制比采用二进制 FSK 调制的误比特率小。在低 SINR 区,二进制 DPSK 和 FSK 调制的误比特率接近,而在高

SINR 区,二者的误比特率差距逐渐增大。这是因为 MH 模式的 $\zeta/(m+\mu\zeta)$ 随着 μ 的减小而增大。因此,二进制 DPSK 调制($\mu=1$)对应的误比特率小于二进制 FSK 调制($\mu=1/2$)。显然,使用二进制 DPSK 调制的 MH 方案误比特率随着跳数的增加而减小。

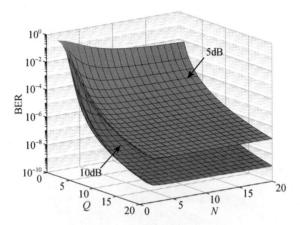

图 8-7 MFH 方案在不同可用频带数和 OAM 模式数下的误比特率(使用二进制 DPSK 调制)(见彩图)

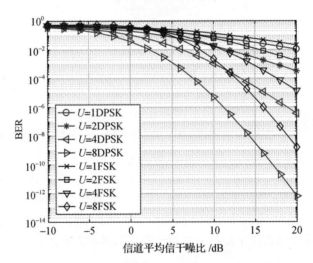

图 8-8 MH 方案下二进制 DPSK 与 FSK 调制在不同平均信干噪比下的误比特率对比(见彩图)

图 8-9 为 MFH 方案下二进制 DPSK 与 FSK 调制在不同平均信干噪比下的误比特率对比,其中干扰用户数设置为 10,可用 FH 数设置为 2,可用 MH 数设置为 10,OAM 模式跳数分别设置为 1、2、4 和 8。由图 8-9 可知,采用二进制

DPSK 调制的 MFH 方案误比特率小于采用二进制 FSK 调制的 MFH 方案。这是因为 MFH 格式的 $G\zeta/(m+G\mu\zeta)$ 随着 μ 的减小而增大。对比图 8-8 和图 8-9 可以发现,采用二进制 FSK 调制的 MFH 方案的误比特率性能要优于 MH 方案。

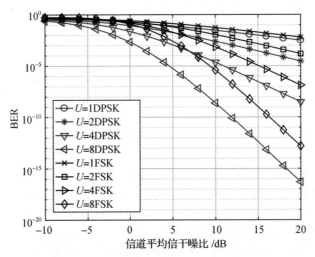

图 8-9　MFH 方案下 DPSK 与 FSK 调制不同平均信干噪比下的误比特率对比(见彩图)

8.6　本章小结

本章提出的 MH 方案有望成为一种新的无线通信抗干扰技术。为了评估其抗干扰性能,本章基于设计的 MH 方案推导出了误比特率的通用闭式表达式。该方案为无线通信在窄频带内提供了一个新的角/模维度,因此,可以获得与传统的宽带 FH 方案相同的抗干扰效果。此外,基于 MH 和 FH 方案提出的 MFH 方案进一步提高了无线通信的抗干扰性能。同时,本章推导了 MFH 算法的误比特率表达式,并分析了 MFH 算法的抗干扰效果。数值仿真结果表明,在窄频带内,MH 方案与传统的宽带 FH 方案相比具有相同的抗干扰效果,并且 MH 方案的误比特率随着跳数的增加、干扰用户数的减少和平均信干噪比的增加而减小。此外,MFH 方案的抗干扰性能优于传统的 FH 方案,且 MH 和 MFH 方案在采用二进制 DPSK 调制时可以获得比采用二进制 FSK 调制时更好的抗干扰效果。

参 考 文 献

[1] POPOVSKI P, YOMO H, PRASAD R. Dynamic adaptive frequency hopping for mutually interfering wireless personal area networks[J]. IEEE Trans Mobile Comput, 2006, 5(8):991 – 1003.

[2] ZHI C, LI S, DONG B. Performance analysis of differential frequency hopping system in AWGN[J]. Signal Process, 2006, 22(6):891 – 894.

[3] Popper C, Strasser M, Capkun S. Anti – jamming broadcast communication using uncoordinated spread spectrum techniques[J]. IEEE J. Sel. Areas Commun, 2010, 28(5): 703 – 715.

[4] WANG Q, XU P, REN K, et al. Towards optimal adaptive UFH – based anti – jamming wireless communication[J]. IEEE J. Sel. Areas Commun, 2012, 30(1):16 – 30.

[5] ZHANG L, WANG H, LI T. Anti – jamming message – driven frequency hopping – part I: system design[J]. IEEE Trans. Wireless Commun, 2013, 12(1):70 – 79.

[6] ZANDER J, MALMGREN G. Adaptive frequency hopping in HF communications[J]. IEE Proc. Commun, 1995, 142(2):99 – 105.

[7] ZHANG J, TEH K C, LI K H. Error probability analysis of FFH/MFSK receivers over frequency – selective Rician – fading channels with partial – band – noise jamming[J]. IEEE Trans. Commun, 2009, 57(10): 2880 – 2885.

[8] ZHANG J, TEH K C, LI K H. Maximum – likelihood FFH/MFSK receiver over Rayleigh – fading channels with composite effects of MTJ and PBNJ[J]. IEEE Trans. Commun, 2011, 59(3): 675 – 679.

[9] PELECHRINIS K, KOUFOGIANNAKIS C, KRISHNAMURTHY S V. On the efficacy of frequency hopping in coping with jamming attacks in 802.11 networks[J]. IEEE Trans. Wireless Commun, 2010, 9(10):3258 – 3271.

[10] HE H, REN P, DU Q, et al. Enhancing physical – layer security via big – data – aided hybrid relay selection[J]. J. Commun. Inf. Netw, 2017, 2(1):97 – 110.

[11] CHEN J, MAO G. On the security of warning message dissemination in vehicular Ad hoc networks[J]. J. Commun. Inf. Netw, 2017, 2(2): 46 – 58.

[12] THIDÉ B, THEN H, SJÖHOLM J, et al. Utilization of photon orbital angular momentum in the low – frequency radio domain[J]. Phys. Rev. Lett, 2007, 99(8):87701.

[13] MAHMOULI F E, WALKER S D. 4 – Gbps uncompressed video transmission over a 60 – Ghz orbital angular momentum wireless channel[J]. IEEE Wireless Commun. Lett, 2013, 2(2):223 – 226.

[14] TAMBURINI F, MARI E, SPONSELLI A, et al. Encoding many channels in the same frequency through radio vorticity: first experimental test[J]. IEEE Antennas Wireless Propag. Lett, 2013, 14(3):33001.

[15] CHENG W, ZHANG W, JING H, et al. Orbital angular momentum for wireless communications[J]. IEEE Wireless Commun. Mag,2019(26):100-107.

[16] WANG H, QIN Y, LI X, et al. Orbital-angular-momentum-based electromagnetic vortex imaging[J]. IEEE Antennas Wireless Propag. Lett,2015(14):711-714.

[17] OPARE K A, KUANG Y, KPONYO J J. Mode combination in an ideal wireless OAM-MIMO multiplexing system[J]. IEEE Wireless Commun. Lett,2015,4(4):449-452.

[18] YUAN T, WANG H, QIN Y, et al. Electromagnetic vortex imaging using uniform concentric circular arrays[J]. IEEE Antennas Wireless Propag. Let,2016(15):1024-1027.

[19] JING H, CHENG W, XIA X G. Concentric UCAs based low-order OAM for high capacity in radio vortex wireless communications[J]. IEEE Trans. Commun,2018(3):85-100.

[20] ZHANG L, LIU S, LI L, et al. Spin-controlled multiple pencil beams and vortex beams with different polarizations generated by pancharatnam-berry coding metasurfaces[J]. ACS Appl. Mater. Interfaces,2017,9(41):36447-36455.

[21] MA Q, SHI C B, BAI G D, et al. Beam-editing coding metasurfaces based on polarization bit and orbital-angular-momentum-mode bit[J]. Adv. Opt. Mater,2017,5(23):1-7.

[22] ZHU Q, JIANG T, CAO Y, et al. Radio vortex for future wireless broadband communications with high capacity[J]. IEEE Wireless Commun,2015,22(6):98-104.

[23] ZHU Q, JIANG T, QU D, et al. Radio vortex-multiple-input multiple-output communication systems with high capacity[J]. IEEE Access,2015(3):2456-2464.

[24] CHENG W, ZHANG H, LIANG L, et al. Orbital-angular-momentum embedded massive MIMO: achieving multiplicative spectrum-efficiency for mmwave communications[J]. IEEE Access,2018(6):2732-2745.

[25] WANG J, YANG J Y, FAZAL I M, et al. Terabit free-space data transmission employing orbital angular momentum multiplexing. Nat. Photon,2012(6):488-496.

[26] BOZINOVIC N, RAMACHANDRAN S. Terabit-scale orbital angular momentum mode division multiplexing in fiber[J]. Science,2013,340(6140):1545.

[27] YANG Y, CHENG W, ZHANG W, et al. Mode modulation for orbital-angular-momentum based wireless vorticose communications[R]. 2017 IEEE Global Communications Conference (GLOBECOM), Singapore,2017:1-7.

[28] GAO S, CHENG W, ZHANG H, et al. High-efficient beam-converging for UCA based radio vortex wireless communications[R]. 2017 IEEE/CIC International Conference on Communications in China (ICCC), Qingdao,2017:1-7.

[29] REN Y, LI L, XIE G, et al. Line-of-sight millimeter-wave communications using orbital angular momentum multiplexing combined with conventional spatial multiplexing. IEEE Trans[J]. Wireless Commun,2017,16(5):3151-3161.

[30] Gibson G, Courtial J, Padgett M, et al. Free-space information transfer using light beams carrying orbital angular momentum[J]. Opt. Exp,2004,12(22):5448.

[31] JIANG Y, HE Y, LI F. Wireless communications using millimeter-wave beams carrying orbital angular momentum[C]//2009 WRI International Conference on Communications and Mobile Computing, vol. 1 (2009):495-500.

[32] CANO E, ALLEN B, BAI Q, et al. Generation and detection of OAM signals for radio communications[C]// 2014 Loughborough Antennas and Propagation Conference (LAPC) (2014):637-640.

[33] ZHANG W, ZHENG S, HUI X, et al. Mode division multiplexing communication using microwave orbital angular momentum: an experimental study[J]. IEEE Trans. Wireless Commun,2017, 16(2):1308-1318.

[34] THIDÉ B. Eletromagnetic Field Theory [M].2nd edn. New York: Dov, Mineola, 2011.

[35] EDFORS O, JOHANSSON A J. Is orbital angular momentum (OAM) based radio communication an unexploited area?[J]. IEEE Trans. Antennas Propag,2012,60(2):1126-1131.

[36] MOHAMMADI S M, DALDORFF L K S, BERGMAN J E S, et al. Orbital angular momentum in radio: a system study[J]. IEEE Trans. Antennas Propag,2010,58(2):565-572.

[37] ALFOWZAN M, ANGUITA J A, VASIC B. Joint detection of multiple orbital angular momentum optical modes[C]// 2013 IEEE Global Communications Conference (GLOBECOM) (2013):2388-2393.

[38] PROAKIS J G. Digital Communications[M]. New York: McGraw-Hill, 1989.

[39] FOLLAND G B. Fourier Analysis and Its Applications[M]. New York: Springer, 2010.

[40] ANDREWS G E, ASKEY R, ROY R. Special Functions[M]. London: Cambridge University Press, 1999.

[41] PICKHOLTZ R, SCHILLING D, MILSTEIN L. Theory of spread-spectrum communications-a tutorial[J]. IEEE Trans. Commun,1982,30(5):855-884.

第 9 章　6G 中的光/射频混合网络

　　光波技术在无线网络中存在明显优势,因而其在无线接入领域得到良好的发展。尽管它有许多优点,但其仍需与传统的射频网络技术互补使用。因此,搭建光/射频混合网络成为一种可行的互补方案。基于光网络可以实现更高的区域数据速率,两者融合可以显著提高频谱效率和网络密度。但是异构网络会带来一些挑战,如光/射频混合网络的资源分配、用户调度以及与下一代无线接入技术(如 NOMA 接入)的集成。除此之外,作为能源可持续网络的手段,可见光信息能量同传(SLIPT)引起了学术界和工业界的广泛关注。本章将详细介绍光/射频混合网络面临的挑战,并讨论与下一代无线接入技术之间的融合。最后,提出第六代无线网络(6G)的入门技术——跨频段网络。

9.1　引言

　　无线通信的发展促进了 5G 的出现,满足了新兴业务和应用对多连接、低时延和高速率日益增长的需求。在此之后,为实现跨设备的需求,下一代无线网络将成为智能信息共享的关键推动力[1]。近年来,传统的无线电频段已经不足以支撑未来网络的需求、大连接及高速率的需求,会引发"频谱短缺"现象,即带宽不足导致新增设备无法接入。基于此,作为替代方案,学术界和工业界已经开始关注不同频段的电磁频谱,尤其是具有充足带宽的高频段频谱,比如已被纳入 5G 标准化的毫米波频段[2,3]。在这种情况下,使用光学频段的频谱变得非常具有吸引力,在过去的 50 年里,光波技术中光纤通信的使用已经成熟。在过去的 5 年,OWC,更具体地说是 VLC 已被广泛研究,主要利用现有的室内照明设备进行无线接入,并提供数据访问[4-7]。

　　可见光通信的光源由 LED 灯产生,其具有高速率、低成本和高能量利用率的优势。由于光不能穿透墙壁或其他不透明物体,所以它具有较高的频率重用因子,同时在物理层具有很高的安全性。然而这种特性可能会带来两个问题:第一,基于视距的通信会因为接收器的移动、旋转或经过物体而遭受阻挡；第二，可见光通信取决于房间的照明等级，但这可以通过使用红外波长得到有效解决。由于移动终端必须直接指向接入点才能进行通信，所以网络的上行链路仍然具有挑战性。基于上述问题，业界对光波与射频混合异构解决方案展开了研究。在光/射频混合网络中，一方面，基于射频子系统可以提供无缝覆盖；另一方面，基于光波子系统可以提供高速率服务。

在这种异构网络中，由于两个网络具有不同属性，为了保证用户的无线接入以及用户间的公平性，在资源分配时需进行优化设计[7-10]。此外，当务之急是研究这种有前景的网络解决方案如何与 5G 及下一代网络中先进技术融合，如 NOMA[11,12]。由于用户集的划分会影响所能达到的数据速率，所以 NOMA 网络需要格外关注用户分组问题[3,14]。

光通信的特别之处在于它可以存在于无线供电网络（WPN）中[15]。无线电力传输作为一项关键技术，能够通过人为产生的无线电信号为移动设备充电，从而延长电池的使用寿命。太阳能作为移动终端重要且免费的能量来源，同样引起了人们的关注。然而，由于太阳能收集的不稳定性，使用人造光源（如 LED 灯）收集光波能量的方法更具备可实现性[16]。业界已经提出可见光信息能量同传（SLIPT）技术，作为射频能量收集的替代方案[17]。传统射频能量收集会导致射频污染并增加网络中的干扰，相比之下，光波能量传输方案优于射频方案，室内空间具有丰富的人工光源，且成本较低。

本章将研究常见使用场景中光/射频混合网络的资源分配等基本问题。此外，还会探讨光/射频混合网络和其他先进技术（如 NOMA）的融合，并简要介绍采用光波技术的无线供电网络。最后，提出了光/射频混合网络领域的未来挑战。

9.2 信道模型

9.2.1 可见光系统信道模型

对于室内可见光通信系统，视距信道增益使用朗伯放射（Lambertian Emission）建模，非视距使用朗伯反射（Lambertian Reflections）建模。对于可见光通信的用户，可以大胆假设视距总是可用的。这一假设是因为可见光通信为用户提供的服务可以提高速率，而非视距链路通常不能为此用途提供足够的功率[8,18,19]。因此，信道增益是由参考文献[20,21]给出的

$$h = A_r \frac{m+1}{2\pi d^2} T_s(\psi) g(\psi) \cos^m(\phi) \cos(\psi) \qquad (9-1)$$

式中:A_r为光学探测器尺寸;d为发射端和接收端之间的距离;ϕ和ψ分别为辐照度和入射角;$T_s(\psi)$为光学滤波器增益;$g(\psi)$为聚光器(Concentrator)的增益,由参考文献[20,22]给出

$$g(\psi)=\begin{cases}\dfrac{n^2}{\sin^2(\psi_{\text{FoV}})}, & 0\leqslant\psi\leqslant\psi_{\text{FoV}} \\ 0, & \psi>\psi_{\text{FoV}}\end{cases} \quad (9-2)$$

式中:n为折射率;ψ_{FoV}为视野范围;m为朗伯模型的阶,由下式给出

$$m=-\frac{1}{\log_2\cos(\phi_{1/2})} \quad (9-3)$$

式中:$\phi_{1/2}$为在半光强度时半角宽度。

假设接入点放置在距离地板 L 的天花板上,终端朝上放置,如参考文献[23]所述,信道增益在距离上体现为

$$h=A_r\frac{m+1}{2\pi}T(\psi)g(\psi)\frac{L^{m+1}}{(r^2+L^2)^{\frac{m+3}{2}}}=\frac{C(m+1)L^{m+1}}{(r^2+L^2)^{\frac{m+3}{2}}} \quad (9-4)$$

式中:$C=\dfrac{A_r T(\psi)g(\psi)}{2\pi}$;$r$为终端在地面上的径向距离。

9.2.2 射频系统信道模型

射频系统是一项成熟的技术,基于不同场景和具体用途,可以选用不同信道模型,以提供更优的场景-模型匹配精度。传统的射频系统在 6GHz 以下的频段工作,例如 Wi-Fi。对于室内场景,可以使用简单的对数模型来计算路径损耗,即

$$P_L(d)[\text{dB}]=P_L(d_0)[\text{dB}]+10\alpha\lg(d/d_0) \quad (9-5)$$

式中:d_0为参考距离;α为路径损耗指数。小尺度衰落通过随机变量 g 建模,通常遵循瑞利分布。但实际中可能会用到更多的随机分布模型,以实现不同场景的建模。

9.3 资源分配

可见光/射频混合网络包含一个可见光通信接入点和一个射频通信接入点。两个接入点分别服务一组用户,记为 $N=\{1,\cdots,n,\cdots,N\}$,$M=\{1,\cdots,m,\cdots,M\}$,所有用户都配置天线和光电探测器。在实际场景中,两个子系统共用一个回传链路,其容量记为 C_0。正交多址方案是每个子系统访问公共信道最常用的方式。一般来说,可见光通信子系统采用 TDMA 方案[7,24],射频通信子系统采

用 OFDMA 方案。

因此,可见光通信用户 n 接收电信号的信噪比由下式给出

$$\mathrm{SNR}_n^{\mathrm{VLC}} = \frac{(\eta h_n P_n)^2}{\sigma^2} \quad (9-6)$$

式中:η 为光电探测器的响应度;P_n 为分配给用户 n 的光功率;σ^2 为接收器处的噪声方差,且假定每个用户处的噪声方差都相同。假设可见光通信子系统采用强度调制直接检测(IM/DD)的方式,对于这种情况,经典的香农容量计算公式已不再适用。参考文献[25]给出了用户 n 的低频带容量,计算公式为

$$R_n^{\mathrm{VLC}} = t_n \log_2\left(1 + \frac{\mathrm{e}}{2\pi}\mathrm{SNR}_n^{\mathrm{VLC}}\right) \quad (9-7)$$

式中:t_n 为 TDMA 方案中分配给用户 n 的时隙持续时间;R_n^{VLC} 为带宽归一化容量。

由于光照始终保持不变,一方面,用户 n 受到最大功率的约束,表示为 $P_n \leqslant P_{\max}$;另一方面,受到平均光功率的约束,表示为

$$\sum_{n=1}^{N} t_n P_n \leqslant P_{\mathrm{av}} \quad (9-8)$$

式中:总时隙持续时间是归一化的,即 $\sum_{n=1}^{N} t_n \leqslant 1$;$P_{\mathrm{av}}$ 为平均光功率。

射频接入点服务的用户 m 可达速率 R_m^{RF} 由下式给出

$$R_m^{\mathrm{RF}} = B_m \log_2\left(1 + \frac{|g_m|^2 PL_m p_m}{N_0 B_m}\right) \quad (9-9)$$

式中:B_m 为用户 m 的分配带宽;p_m 为用户 m 的分配功率;N_0 为 AWGN 的功率谱密度。p_m 受到总功率限制为

$$\sum_{m=1}^{M} P_m \leqslant P_{\max} \quad (9-10)$$

此外,和时隙持续时间一样,总带宽也进行了归一化处理

$$\sum_{m=1}^{M} B_m \leqslant 1 \quad (9-11)$$

在可见光/射频混合网络中,所有用户的回传链路的速率总和受回传容量的限制,表示如下

$$\sum_{n=1}^{N} R_n^{\mathrm{VLC}} + \sum_{m=1}^{M} R_m^{\mathrm{RF}} \leqslant C_0 \quad (9-12)$$

综上,资源分配的优化目标函数 f 为

$$\begin{aligned}
&\max_{P, p, t, B} \quad f \\
&\text{s.t.} \quad C_1: \sum_{n=1}^{N} R_n^{[\text{VLC}]} + \sum_{m=1}^{M} R_m^{[\text{RF}]} \leqslant C_0 \\
&\qquad C_2: \sum_{n=1}^{N} t_n P_n \leqslant P_{\text{av}} \\
&\qquad C_3: P_n \leqslant P_{\max}, \quad \forall n \in N \\
&\qquad C_4: \sum_{m=1}^{M} p_m \leqslant p_{\max} \\
&\qquad C_5: \sum_{n=1}^{N} t_n \leqslant 1 \\
&\qquad C_6: \sum_{m=1}^{M} B_m \leqslant 1
\end{aligned} \quad (9-13)$$

9.3.1 用户公平的体现

在式(9-13)中,目标函数 f 可以选用无线网络中最常见的指标,例如总速率或能效。但是在此类网络中,必须保证用户之间的公平性。举个例子,在目标为最大化总速率时,可见光通信用户相比射频用户,可以获得更高速率,这将逐步占用所有可用的回传容量,从而导致射频用户出现中断。实现用户最小速率的最大化是保障公平性的一种方式,然而,使用可见光通信来提高速率,优化比例公平才是最优选择。

比例公平性定义为效用函数的对数之和,在本例中选用数据速率作为效用函数[7,26,27]。因此,针对此类异构网络,速率的对数之和是更为适合的目标函数。比例公平有两个特性:

(1)它是数据速率的递增函数;

(2)当用户的数据速率趋于零时,它趋于负无穷大。

优化方案很少考虑到用户数据速率极低的情况,所以第二个特性是为了保证用户的公平性。当所有用户达到相同的数据速率时,该目标函数会达到最大值。然而,由于接入点的硬件条件和回传容量的限制,达到这种临界值并不容易。基于此,我们可以使用加权因子 $0 \leqslant a \leqslant 1$ 表示一个子系统的优先级。目标函数 f 表示为

$$f = a \sum_{n=1}^{N} \log(R_n^{\text{VLC}}) + (1-a) \sum_{m=1}^{M} \log(R_m^{\text{RF}}) \quad (9-14)$$

本节中，我们针对可见光/射频混合网络如何优化运行，提供了有价值的参考。当回传容量非常低时，所有用户均等共享。随着回传容量的增加，射频用户由于硬件限制达到速率上限，无法继续提高其回传速率。在这种情况下，可见光通信用户由于拥有更高速率上限，可以继续提高其回传速率。当 $a \neq 0.5$ 时，一个子系统比另一个子系统具有更高的服务优先级，前述的权重调整方式对网络行为没有明显的影响。

9.4 非正交多址的融合与应用

在 9.3 节中，介绍了正交多址技术。下一代网络的连接性和频谱效率需求呈指数级增长，从而催生了非正交多址（NOMA）技术。NOMA 可以在发射端对用户信息进行功率域叠加，在接收端使用串行干扰消除（SIC）技术来区分信号[12]。与传统的正交方案相比，NOMA 在多种场景中都表现出了卓越的性能。可见光/射频混合网络是支持高频谱效率的主要候选网络之一，因此，它们与 NOMA 的结合引起了极大的关注。

9.4.1 用户分组

由于异构特性导致数据速率不对称，可见光/射频混合网络面临着多方面挑战。在这样的网络中，用户分组对混合网络的性能最优化起着至关重要的作用。NOMA 中的用户分组是一个基本的组合问题，会影响用户所在区域的容量[13]。在可见光/射频混合网络中，将用户按照接收到信号强弱区分的方法用处不大，特别是在多接入点的情况下，用户从每个接入点获得的信道增益不同。正如上一节所阐明的那样，网络中会出现公平问题，因此，需要一个不同的效用函数，在单个速率最大化和公平性之间进行权衡。

可以使用联合博弈论[28]来分析多个接入点服务的多个用户之间的复杂交互。每个联盟都仅分配到一个特定的接入点（可见光/射频），用户加入联盟可以获得最大化效益。每个联盟也可以被认为是一个单一的资源块。在 NOMA 中，用户在单个资源块中进行叠加，以提高频谱效率，代价是信号较弱用户的干扰有所增加。随着单个联盟中用户数量的增加，聚合干扰会影响信号较弱用户的速率，降低系统中的用户公平性。因此，在网络中提高系统频谱效率和用户公平性之间存在权衡。此外，随着用户数量的增加，SIC 的处理将变得更加复杂。

考虑可见光/射频混合网络，由 1 个射频接入点提供全覆盖，同时用 M 个可见光通信的接入点增加网络容量，总共有 $|M|=M+1$ 个接入点。为 $|N|=N$ 个用户分别配备单天线和单光电探测器。运算符 $|A|$ 表示集合 A 的基数，射频接

入点由 $m=0$ 表示。

在传输阶段,每个接入点发送小区内用户的叠加信号。假设接入点 m 服务 N_m 个用户,则 $\sum_{m=0}^{M} N_m = N$。接入点 m 中的用户 n 接收到的基带等效信号为

$$y_{nm} = h_{nm} \sum_{i=1}^{N_m} P_{im}^q s_{im} + n_n \tag{9-15}$$

式中:h_{nm} 是用户 n 和接入点 m 之间的信道增益。一般来说,假设用户信道增益满足 $|h_1| < |h_2| < \cdots |h_{N_m}|$;$P_{im}$ 为接入点 m 分配给用户 i 的功率;S_{im} 为接入点 m 中用户 i 的信息;n_n 为接收端的高斯白噪声。考虑到可见光通信接入点的光功率,引入 q,表示如下

$$q = \begin{cases} 1/2, m=0 \\ 1, m \neq 0 \end{cases} \tag{9-16}$$

解码阶段仅考虑强用户的干扰,并在接收端采用 SIC 进行干扰消除。若可见光用户 n 和用户 j 由同一接入点 m 服务,且 $j<n$,则用户 n 解码用户 j 信号的信干噪比可以表示为

$$\text{SINR}_{j \to nm}^{\text{VLC}} = \frac{(\eta h_{nm} P_{jm})^2}{\eta^2 h_{nm}^2 \sum_{i=j+1}^{N_m} P_{im}^2 + \sigma^2} \tag{9-17}$$

如果成功执行 SIC,则用户 n 解码自身消息的 SINR 由下式给出

$$\text{SINR}_{nm}^{\text{VLC}} = \frac{(\eta h_{nm} P_{nm})^2}{\eta^2 h_{nm}^2 \sum_{i=n+1}^{N_m} P_{im}^2 + \sigma^2} \tag{9-18}$$

式中:η 为光电探测器的响应度;σ^2 为 AWGN 方差。在同一接入点服务的小区内,N_m 个用户可以针对任一其余用户执行 SIC,其 SINR 可以表示为

$$\text{SINR}_{N_m}^{\text{VLC}} = \frac{(\eta h_{nm} P_{nm})^2}{\sigma^2} \tag{9-19}$$

需要满足如下总功率约束(光亮/照明度约束)为

$$\sum_{n=1}^{N_m} P_{nm} \leqslant P_{\max} \tag{9-20}$$

最后,由于可见光通信系统中 IM/DD 的实现(由于可见光通信系统中采用 IM/DD 的方式),这种情况适合用容量下界。因此,可达速率由下式给出

$$R_{nm}^{\text{VLC}} = \log_2(1 + \frac{e}{2\pi} \text{SINR}_{nm}^{\text{VLC}}) \tag{9-21}$$

式中:速率根据可用带宽进行了归一化。同理,假设成功执行 SIC,由射频接入点服务的用户 n 的可达速率由下式给出

$$R_{n0}^{RF} = \log_2\left(1 + \frac{|h_{n0}|^2 P_{n0}}{|h_{n0}|^2 \sum_{i=n+1}^{N_0} P_{i0} + \sigma^2}\right) \quad (9-22)$$

为了达到理想的用户分组,进行了联盟博弈[14]。如果达到以下条件,用户可以在联盟之间切换:

(1)他们可以增加其效用函数;

(2)他们征得了该联盟中其他用户的同意,即没有降低其他人的效用。

因此,效用函数需考虑如下两点进行设计:

(1)用户最关心的问题是能否实现更高的速率,因此,效用函数应该与数据速率正相关;

(2)由于弱用户通过 SIC 增加了强用户的复杂性,而强用户则增加了对弱用户的干扰,因此,每个用户都会根据其信道增益排序付出加入联盟的代价。

联盟 S_m 中,用户 n 的效用函数可以表示为

$$u_n(S_m) = R_{nm} - \kappa_{S_m}(n) \quad (9-23)$$

式中:κ_{S_m} 是用户 n 在联盟 S_m 中的代价函数。联盟 S_m 的总代价是所有用户为加入联盟而付出的代价总和,表示为

$$\Xi(S_m) = \sum_{n=1}^{Nm} \kappa_{S_m}(n) \quad (9-24)$$

$\kappa_{S_m}(n)$ 定义为

$$\kappa_{S_m}(n) = \lambda^{i-1} \kappa_0 \quad (9-25)$$

式中:i 为用户 n 在联盟中的次序,κ_0 为通过式(9-24)以循环方式计算的标准成本。当 $\lambda < 1$ 时,分配给弱用户的代价更多;当 $\lambda > 1$ 时,分配给强用户的代价更多;当 $\lambda = 1$ 时,分配给所有用户的代价均等。

功率分配可以最大化效用函数,因此,对于 NOMA 系统至关重要。在这种情况下,联盟中的用户必须为获得特定接入点的服务付出代价。当一个新用户想要加入联盟时,他们需要得到其他用户的同意,即要考虑他们的效用函数。由于新用户会承担联盟的部分代价,因此,可以将总功率的一部分分配给新用户,这样不会降低其余用户的效用。

值得关注的是,尽管可见光通信接入点可提供高速率,但用户并不总是趋向于连接到可见光通信接入点。某些情况下,可见光通信接入点可能发生拥挤进而导致低收益,此时射频接入点可为其提供有利的替代方案。

9.4.2 跨频段合并选择

目前,射频网络作为独立接入点,可以在光/射频混合网络设置中起到补充

作用。用户使用可见光通信接入点接入时,可以通过多种方式利用射频。我们考虑一个室内下行链路传输系统,可见光通信接入点放置在距离地面为 L 的天花板上,两类用户 U_1 和 U_2 位于地面。假设 U_1 距离接入点较近,是强用户;U_2 距离接入点较远,是弱用户。NOMA 将信息从接入点同时传送给两个用户。在 U_1 和 U_2 之间建立一条辅助射频中继链路,可以协助弱用户进行信号检测。

信道增益取决于接入点和用户之间的距离,假设 U_1 均匀分布在半径为 R_1 的圆内,U_2 分布在以 $[R_1,R_2]$ 为界的环形区域中。信道增益 $|h_i|^2$ 的 CDF 为

$$F_{|h_i|^2}(y) = P_r\left[\frac{(C(m+1)L^{m+1})^2}{(r_i^2+L^2)^{m+3}} < y\right] = 1 - P_r[r_i < T(y)] \quad (9-26)$$

式中:$P_r[\cdot]$ 为概率;$T(y)$ 定义为

$$T(y) = \sqrt{\left(\frac{(C(m+1)L^{m+1})^2}{y}\right)^{\frac{1}{m+3}} - L^2} \quad (9-27)$$

由于用户均匀分布在各自的区域内,U_1 和 U_2 的信道增益 CDF 分别为

$$F_{|h_1|^2}(y) = \begin{cases} 1 - \dfrac{T(y_1)}{R_1^2}, & Y_{1,\min} \leqslant y_1 \leqslant Y_{1,\max} \\ 1, & y_1 > Y_{1,\max} \\ 0, & y_1 < Y_{1,\max} \end{cases} \quad (9-28)$$

$$F_{|h_2|^2}(y) = \begin{cases} 1 - \dfrac{T(y_2)^2 - 2R_1 T(y_2) + R_1^2}{(R_2 - R_1)^2}, & Y_{2,\min} \leqslant y_2 \leqslant Y_{2,\max} \\ 1, & y_2 > Y_{2,\max} \\ 0, & y_2 < Y_{2,\max} \end{cases} \quad (9-29)$$

式中:$Y_{1,\min} = h(r_i)|_{r_i=R_1}$;$Y_{1,\max} = h(r_i)|_{r_i=0}$;$Y_{2,\min} = h(r_i)|_{r_i=R_2}$;$Y_{2,\max} = h(r_i)|_{r_i=R_1}$。

参考文献[29]提出可见光通信用户可达速率的下限可表示为

$$R_{2\to 1} = \left[B_v \log_2\left(1 + \frac{\eta^2 P_2^2 |h_1|^2}{(\eta^2 P_1^2 |h_1|^2 + 9\sigma^2)(1+\epsilon_\mu)^2}\right) - \epsilon_\phi\right]^+ \quad (9-30)$$

$$R_1 = \left[B_v \log_2\left(1 + \frac{\eta^2 P_1^2 |h_1|^2}{9\sigma^2 (1+\epsilon_\mu)^2}\right) - \epsilon_\phi\right]^+ \quad (9-31)$$

$$R_2 = \left[B_v \log_2\left(1 + \frac{\eta^2 P_2^2 |h_2|^2}{(\eta^2 P_1^2 |h_2|^2 + 9\sigma^2)(1+\epsilon_\mu)^2}\right) - \epsilon_\phi\right]^+ \quad (9-32)$$

式中:B_v 是可见光通信系统的带宽 $\epsilon_\mu = 0.0015$,$\epsilon_\phi = 0.016$,且 $[\cdot]^+ = \max(\cdot, 0)$。

两个用户之间射频链路的速率为

$$R_{2,\text{RF}} = B_r \log_2\left(1 + \frac{P_{\text{RF}} |h_R|^2}{\sigma_R^2}\right) \quad (9-33)$$

式中：P_{RF} 为发射功率；h_R 为衰落系数，通常用 Nakagami 随机变量表示；σ_R^2 为射频接收端 AWGN 的方差。

就现有策略而言，有两种情况会导致 U_1 与 AP 的连接中断：一是当 U_1 无法解码 U_2 的消息时，他们之间无法保证 Γ_2 的数据速率；二是当 U_1 SIC 成功后仍然无法解码自己的消息，U_1 与 AP 之间无法保证 Γ_1 的数据速率。表示如下[23]

$$P_{O,VLC}^1 = P_r[R_{2\to 1} < \Gamma_2] + P_r[R_{2\to 1} > \Gamma_2, R_1 < \Gamma_1] \qquad (9-34)$$
$$= 1 - P_r[R_{2\to 1} > \Gamma_2 \cap R_1 > \Gamma_1]$$

结合式(9-28)、式(9-30)、式(9-31)，可以计算出中断概率为

$$P_{O,VLC}^1 = \begin{cases} 1 - \dfrac{T(\zeta^*)^2}{R_1^2}, & \gamma_2 \leqslant \dfrac{P_2^2}{P_1^2} \\ 1, & 其他 \end{cases} \qquad (9-35)$$

式中

$$\zeta^* = \min\{\max\{\zeta, Y_{1,\min}\}, Y_{1,\max}\} \qquad (9-36)$$
$$\zeta = \max\{\zeta_1, \zeta_2\} \qquad (9-37)$$
$$\zeta_1 = \frac{9\gamma_1 \sigma^2}{\eta^2 P_1^2} \qquad (9-38)$$
$$\zeta_2 = \frac{9\gamma_2 \sigma^2}{\eta^2 (P_2^2 - \gamma_2 P_1^2)} \qquad (9-39)$$
$$\gamma_i = (2^{(\Gamma_i + \epsilon_\phi)/B_v} - 1)(1 + \epsilon_\mu)^2 \qquad (9-40)$$

类似地，如果射频链路处于非连接态，U_2 发生中断的概率为

$$P_{O,VLC}^2 = P_r[R_2 < \Gamma_2] \qquad (9-41)$$

代入式(9-29)和式(9-32)后，此概率可表示为

$$P_{O,VLC}^2 = \begin{cases} 1 - \dfrac{T(\zeta_{2,2}^*)^2 - 2R_1 T(\zeta_{2,2}^*) + R_1^2}{(R_2 - R_1)^2}, & \gamma_2 \leqslant \dfrac{P_2^2}{P_1^2} \\ 1, & 其他 \end{cases} \qquad (9-42)$$

式中：$\zeta_{2,2}^* = \min\{\max\{\zeta_2, Y_{2,\min}\}, Y_{2,\max}\}$。

使用射频中继链路时，有两种情况会导致 U_2 的连接中断：一是用于 U_1 解码 U_2 的可见光通信链路的速率低于 Γ_2；二是 U_2 与射频接入点之间的速率低于 Γ_2，如下所示

$$P_{O,VLC/RF}^2 = P_r[\min\{R_{2\to 1}, R_{2,RF}\} < \Gamma_2] \qquad (9-43)$$

式(9-43)的数学性非常难以理解，可采用参考文献[23]中针对高 SNR 方案的闭式表达式。当仅使用可见光通信链路时，网络的吞吐量由下式给出

$$R_{VLC} = (1 - P_{O,VLC}^1)\Gamma_1 + (1 - P_{O,VLC}^2)\Gamma_2 \qquad (9-44)$$

当使用可见光/射频通信混合链路代替单独的可见光链路对 U_2 进行解码时,可表示为

$$R_{\text{VLC/RF}} = (1 - P_{\text{O,VLC}}^1)\Gamma_1 + (1 - P_{\text{O,VLC/RF}}^2)\Gamma_2 \quad (9-45)$$

除了现有策略,还可以使用跨频带选择合并(CBSC)方案来提升网络性能[23]。CBSC 的运作机制是:分别通过可见光通信链路和光/射频混合链路传输相同的 U_2 信息,但由于网络异构性质,这种情况下无法使用性能更好的合并方法(例如 MRC)。因此,CBSC 方案下的中断概率表示为

$$P_{\text{O,CBSC}}^2 = P_r[O_2^{\text{VLC}} \cap O^{\text{VLC/RF}}] = P_r[O_2^{\text{VLC}}]P_r[O^{\text{VLC/RF}} \mid O_2^{\text{VLC}}] \quad (9-46)$$

为简单起见,OVLC 和 OVLC/RF 分别是可见光通信和光/射频混合链路中的中断事件。参考文献[23]中提供了中断概率的闭式表达。

因此,采用 CBSC 时的系统吞吐量可表示为

$$R_{\text{CBSC}} = (1 - P_{\text{O,VLC}}^1)\Gamma_1 + (1 - P_{\text{O,CBSC}}^2)\Gamma_2 \quad (9-47)$$

9.5 具有光波能量传输的超小型电池

现代网络中,光波技术的另一个应用方向是太阳能电池,用于收集光波能量,同时解码承载信号的光学信息[17]。一般来说,为满足下一代无线通信能效需求,无线电力传输(WPT)成了重要研究课题。尤其是光学无线电力传输和SLIPT,它们作为新兴的解决方案引导了能量收集方法的转变。不同于传统的太阳能收集方式,光学无线电力传输利用人工创建的光信号为移动终端充电,取得了显著成效[30]。

受此启发,我们提出了一种室内蜂窝网络,配置多个可见光通信接入点(超小型蜂窝)和一个带有多根天线的射频接入点。可见光通信接入点可以由 RGB LED 组成,这意味着它们可以选择单一颜色进行信息传输,而不会对相邻小区造成干扰。LED 元件 i 通过颜色 $s \in S$ 传输信息,由移动设备 j 进行解码。为使 LED 元件 i 保持白色,其他颜色 $c \in \bar{S}, \bar{S} = S - \{s\}$ 也同步工作,并同样由移动设备 j 接收。接收信号表示如下

$$y_{i,j} = N_s V_s [A_{i,j}^s x_{i,j} + B_{i,j}^s] h_{i,j} + \sum_{c \in \bar{S}} N_c V_c B_{i,j}^c h_{i,j} \quad (9-48)$$

式中:N_s、N_c 分别为元件 i 用于信号承载颜色和其他颜色的 LED 数量;V_s 和 V_c 分别为用于信号承载颜色和其他颜色的电压;$x_{i,j}$ 为均值为零和方差为 1 的调制电信号[31];$A_{i,j}^s$ 为信号承载颜色的交流分量;$B_{i,j}^S$ 和 $B_{i,j}^C$ 分别为信号承载颜色和其他颜色的直流偏差。在这种情况下,输入电流偏置具有最小值 I_L 和最大值 I_H,则交流分量的范围可表示为[17,32]

$$A_{i,j}^s \leqslant \min\{B_{i,j}^S - I_L, I_H - B_{i,j}^S\} \quad (9-49)$$

此外,为了保证白光照明,所有颜色的平均光强需要相等。假设每种颜色的 LED 的数量相同,记为 N_{LED},在相同电压 V_{LED} 下表示为

$$B_{i,j}^s = B_{i,j}^c = B \qquad (9-50)$$

接收端的信噪比表示为

$$\text{SNR}_{i,j}^s = \frac{(\eta N_{\text{LED}} V_{\text{LED}} h_{i,j} A_{i,j}^s)^2}{\sigma^2}. \qquad (9-51)$$

此外,可见光通信信号的直流分量还可用于能量收集。具体来说,收集的能量计算如下[17]

$$EH_j^{\text{VLC}} = f I_{j,G} V_{j,oc} \qquad (9-52)$$

式中:f 为填充因子;$I_{j,G}$ 为光生电流。值得注意的是,所有到达接收端 j 的光辐射都有助于能量的收集,因此,$I_{j,G}$ 可定义为

$$I_{j,G} = 3\eta N_{\text{LED}} V_{\text{LED}} B \sum_i h_{i,j} \qquad (9-53)$$

此外,接收端 j 处的开路电压 $V_{j,oc}$ 为

$$V_{j,oc} = V_T \ln\left(1 + \frac{I_{j,G}}{I_D}\right) \qquad (9-54)$$

式中:V_T 为热电压;I_D 为暗饱和电流。结果表明,基于交流增益和直流偏置的选择值,在获得的信噪比和收获的能量之间存在权衡。在不降低 SNR 的情况下,为了保证用户收集到预设能量,可以使用备用射频链路向用户进行无线能量传输。

射频链路接收的能量信号可以表示为

$$y_j^{\text{RF}} = x_j^{\text{RF}} \mathbf{g}_j^H \mathbf{w}_j \qquad (9-55)$$

式中:x_j^{RF} 是单位能量信号;$\mathbf{g}_j$ 是信道增益矢量;$\mathbf{w}_j$ 是波束成形矢量。与光学无线电力传输相同,接收端 j 收集到的能量是所有射频信号 j' 的能量总和,表示为

$$\Phi_j^{\text{RF}} = \sum_{j'} |\mathbf{g}_j^H \mathbf{w}_{j'}|^2 \qquad (9-56)$$

实际上,收集到的能量值取决于能量转换效率,但是转换效率不是一个常数,它往往取决于输入能量。因此,射频能量收集可以使用非线性函数建模,表示为

$$EH_j^{\text{RF}} = \frac{\dfrac{M^{EH}}{1+\exp(-a(\Phi_j^{\text{RF}}-b))} - \dfrac{M^{EH}}{1+\exp(ab)}}{1 - \dfrac{1}{1+\exp(ab)}} \qquad (9-57)$$

面向网络中所有用户构建一个优化问题,最大化用户的接收信噪比下限,同时保证所有用户可以获得预设能量。这个问题可以表示为[32]

$$\max \min_{i,j} \alpha_{i,j} \frac{(\eta N_{\text{LED}} V_{\text{LED}} h_{i,j} A_{i,j}^s)^2}{\sigma^2}$$

$$B, A^s, EH^{\text{RF}}$$

s. t.

$$C_1: EH_j^{\text{VLC}} + EH_j^{\text{RF}}, \forall j$$
$$C_2: B_{i,j} = B, \forall j, \forall i$$
$$C_3: A_{i,j}^s \leqslant I_H - B_{i,j}^s, \forall j, \forall i \quad (9-58)$$
$$C_4: \frac{I_H + I_L}{2} \leqslant B \leqslant I_H$$
$$C_5: EH_j^{\text{RF}} \leqslant \theta^{\text{RF}}$$

如果元件 i 为用户 j 服务,则 $a_{i,j}$ 等于 1,否则为 0。此外,θ 为收集到能量总和的预设值,θ_{RF} 是用户通过射频接入点收集到的能量总和。可以通过该过程求得射频能量,即优化变量 EH_j^{RF}。继而,射频接入点可以帮助实现总功率的最小化,确保以较低的能耗传输最优值 $EH_j^{\text{RF}} *$ 给所有用户。

为了有效解决这个问题,考虑最大化最弱用户的 SNR,以找到从射频接入点中收集的所需能量。通过考虑射频收集能量的最优值,我们将式(9-58)可见光/射频混合网络的问题简化为纯可见光通信子系统中的问题。

在这种光/射频混合的设置中,射频接入点充当备用方案,以保证所有用户的接收 SNR 更高,同时确保用户收集的能量超过所需的阈值。事实证明,射频接入点可以显著增加用户的 SNR。

9.6　本章小结

本章首先讨论了多种光/射频混合方案,这些方案对于应对下一代无线接入需求的指数增长至关重要;同时,研究了包括资源分配在内的无线通信基本问题,并讨论了相关新兴技术,将光/射频混合网络与 NOMA 相结合,是下一代室内网络很有前景的发展方向。此外,未来对 6G 网络更深入的研究将引入诸如人工智能在内的新工具,以应对未来混合网络的复杂性。这种启发式解决方案可以降低优化异构网络带来的高计算量,并维持较低的性能损失;最后,光波能量收集为建设更节能的网络提供了可能,它也可以与射频系统结合以获得性能优势。

参 考 文 献

[1] ZHANG Z, XIAO Y, MA Z, et al. 6G wireless networks: vision, requirements, architecture, and key technologies[J]. IEEE Vehic. Technol. Mag,2019,14(3):28-41.

[2] RAPPAPORT T S, SUN S, MAYZUS R, et al. Millimeter wave mobile communications for 5G cellular: It will work![J]. IEEE Access,2013(1): 335-349.

[3] RAPPAPORT T S, HEATH JR R W, DANIELS R C, et al. Millimeter Wave Wireless Communications[M]. London: Pearson Education, 2015.

[4] KAVEHRAD M. Sustainable energy-efficient wireless applications using light[J]. IEEE Commun. Mag,2010, 48(12):66-73.

[5] ARNON S. Visible Light Communication[M]. Cambridge: Cambridge University Press,2015.

[6] AYYASH M, ELGALA H, KHREISHAH A, et al. Coexistence of WiFi and LiFi toward 5G: concepts, opportunities, and challenges[J]. IEEE Commun. Mag,2016,54(2):64-71.

[7] Papanikolaou V K, Diamantoulakis P D, Sofotasios P C, et al. On optimal resource allocation for hybrid vlc/RF networks with common backhaul[J]. IEEE Trans. Cog. Commun. Netw,2020,6(1):352-365.

[8] BASNAYAKA D A, HAAS H. Design and analysis of a hybrid radio frequency and visible light communication system[J]. IEEE Trans. Commun,2017, 65(10):4334-4347.

[9] WU X, SAFARI M, HAAS H. Joint optimisation of load balancing and handover for hybrid LiFi and WiFi networks[C]//2017 IEEE Wireless Communications and Networking Conference (WCNC) (2017): 1-5.

[10] PAPANIKOLAOU V K, BAMIDIS P P, DIAMANTOULAKIS P D, et al. Li-Fi and Wi-Fi with common backhaul: coordination and resource allocation[C]//2018 IEEE Wireless Communications and Networking Conference (WCNC) (2018).

[11] MARSHOUD H, KAPINAS V M, KARAGIANNIDIS G K, et al. Non-orthogonal multiple access for visible light communications[J]. IEEE Photon. Technol. Lett,2016, 28(1):51-54.

[12] DING Z, LEI X, KARAGIANNIDIS G K, et al. A survey on nonorthogonal multiple access for 5G networks: research challenges and future trends[J]. IEEE J. Sel. Areas Commun,2017,35(10):2181-2195.

[13] DING Z, FAN P, POOR H V. Impact of user pairing on 5G nonorthogonal multiple-access downlink transmissions[J]. IEEE Trans. Veh. Technol,2016, 65(8): 6010-6023.

[14] PAPANIKOLAOU V K, DIAMANTOULAKIS P D, KARAGIANNIDIS GK. User grouping for hybrid vlc/RF networks with noma: a coalitional game approach[J]. IEEE Access,2019(7):103299-103309.

[15] DIAMANTOULAKIS P D, PAPPI KN, DING Z, et al. Wireless-powered communications with non-orthogonal multiple access[J]. IEEE Trans. Wirel. Commun,2016, 15(12):8422-8436.

[16] FAKIDIS J, VIDEV S, KUCERA S, et al. Indoor optical wireless power transfer to small cells at nighttime[J]. J. Lightw. Technol,2016, 34(13):3236-3258.

[17] DIAMANTOULAKIS P D, KARAGIANNIDIS G K, DING Z. Simultaneous lightwave information and power transfer (SLIPT)[J]. IEEE Trans. Green Commun. Netw,2018(2):1.

[18] ZENAIDI M R, REZKI Z, ABDALLAH M, et al. Achievable rate-region of VLC/RF communications with an energy harvesting relay[C]//Proceedings of the GLOBECOM 2017-2017 IEEE Global Communications Conference:1-7.

[19] KAZEMI H, SAFARI M, HAAS H. A wireless optical backhaul solution for optical attocell networks[J]. IEEE Trans. Wirel. Commun,2019,18(2):807-823.

[20] KOMINE T, NAKAGAWA M. Fundamental analysis for visible-light communication system using LED lights[J]. IEEE Trans. Consum. Electron,2004,50(1):100-107.

[21] MA H, LAMPE L, HRANILOVIC S. Coordinated broadcasting for multiuser indoor visible light communication systems[J]. IEEE Trans. Commun, 2015, 63(9): 3313-3324.

[22] KAHN J M, BARRY J R. Wireless infrared communications[J]. Proc. IEEE,1997, 85(2):265-298.

[23] XIAO Y, DIAMANTOULAKIS P D, FANG Z, et al. Hybrid lightwave/RF cooperative noma networks[J]. IEEE Trans. Wirel. Commun,2020, 19(2):1154-1166.

[24] ABDELHADY A M, AMIN O, CHAABAN A, et al. Downlink resource allocation for multichannel TDMA visible light communications[C]//Proceedings of the IEEE Global Conference Signal and Information Processing (GlobalSIP) (2016): 1-5.

[25] WANG J B, HU Q S, WANG J, et al. Tight bounds on channel capacity for dimmable visible light communications[J]. J. Lightw. Technol,2013,31(23):3771-3779.

[26] LI X, ZHANG R, HANZO L. Cooperative load balancing in hybrid visible light communications and WiFi[J]. IEEE Trans. Commun,2015,63(4): 1319-1329.

[27] WU X, SAFARI M, HAAS H. Access point selection for hybrid Li-Fi and Wi-Fi networks[J]. IEEE Trans. Commun,2017,65(12):5375-5385.

[28] APT K R, WITZEL A. A generic approach to coalition formation[J]. Int. Game Theory Rev,2009,11(3):347-367.

[29] CHAABAN A, REZKI A, ALOUINI M. On the capacity of the intensity-modulation direct-detection optical broadcast channel[J]. IEEE Trans. Wirel. Commun,2016,15(5):3114-3130.

[30] Wi-Charge. Products [EB/OL]. https://www.wi-charge.com/products [online] (Accessed on May 12 2021).

[31] Chen C, Basnayaka D A, Haas H. Downlink performance of optical attocell networks [J]. J. Lightwave Technol,2016,34(1):137-156.

[32] TRAN H, KADDOUM G, DIAMANTOULAKIS P D, et al. Ultra–small cell networks with collaborative RF and lightwave power transfer[J]. IEEE Trans. Commun,2019, 67(9): 6243-6255.

[33] BOSHKOVSKA E, NG D W K, ZLATANOV N, et al. Practical non–linear energy harvesting model and resource allocation for swipt systems[J]. IEEE Commun. Lett, 2015,19(12):2082-2085.

[34] BOSHKOVSKA E, NG D W K, ZLATANOV N, et al. Robust resource allocation for MIMO wireless powered communication networks based on a non–linear eh model [J]. IEEE Trans. Commun,2017,65(5):1984-1999.

第10章　6G光无线通信系统中的资源分配

丰富的光学频谱在6G通信系统电磁频谱中具有广阔前景,光频谱是光学频谱的一部分,可以同时提供通信和照明。VLC系统已经得到了广泛的研究,但在多址接入方面的研究却很少。本章研究了VLC系统中支持多用户的WDMA技术,并讨论了资源分配的优化问题;提出了一种MILP模型,该模型可以在支持多用户的情况下最大限度地提高信干噪比,并基于资源分配优化,给用户提供最佳的接入点和波长;同时,本章对办公室场景、飞机机舱场景、数据中心场景等不同的室内环境进行了评估。此外,提出使用具有四个波长(红、绿、黄、蓝)的激光二极管(LD)提供高带宽的通信和白光照明;提出使用角度分集接收机(ADR)接收信号,并利用空间域来降低噪声和干扰。

10.1　引言

随着互联网用户数量的显著增加,对高数据速率的需求日益增长。无线频谱是目前在室内环境中广泛使用的频谱,但它面临诸多限制,例如,带宽受限导致频谱资源不够用、信道容量受限以及传输速率降低。因此,当前已引入了多种技术以最大限度减少频谱中的这些限制,包括先进的调制技术、智能天线和多输入多输出系统[1,2]。在使用当前的无线频谱时,特别是当连接的设备数量继续增加的情况下,为每个用户实现超过10Gb/s的高数据速率成了一个挑战。与此同时,思科预计2017年至2021年连接设备数量将增长27倍。因此,应寻找替代频谱以满足这些需求。光学频谱就是这样一种频谱,它能够在高数据速率下支持多个用户。OWC系统是一种潜在的解决方案,与目前的射频无线技术相比,光无线通信系统具有优良的信道特性、丰富的带宽和低成本组件等关键优势[3-10]。光无线通信系统可以在室内环境中为6G提供Tb/s的总数据速率。已有用户体验证明,光无线通信系统的室内下行链路速率能够超过25Gb/s[9-20]。上行链路的研究已经有很多文献[21,22],其能量效率也成了一个关键研究领域[23]。此外,为减小时延扩展[15,24-31]并提高信噪比[32-36],需要研究发射机和接收机的多种配置。无线射频系统中使用的不同多址接入方法,如共享时间、频率、波长或码域,也可以在光无线通信系统中使用,以支持多用户连接。为避免信号质量下降,光无线通信需要有效利用资源,共享包括空间、功率、波长和时间资源在内的方法已受到人们的关注。

本章介绍了一种使用波分多址提供多址接入的室内光无线通信系统。通过最大化所有用户的信干噪比之和来考虑资源在波长和接入点方面对不同用户的优化分配。同时,提出了一种 MILP 模型来优化资源配置。本章其他部分安排如下:10.2 节描述了发射机和接收机的设计,10.3 节描述了包括 WDMA 和 MILP 模型在内的相关多址接入技术,10.4 节给出了不同室内环境下的模拟装置和测试结果,10.5 节为本章结论。

10.2 发射机和接收机设计

10.2.1 发射机设计

在本项工作中,采用红、黄、绿、蓝(RYGB)激光二极管的可见光照明光源也同时被用作通信发射机(接入点)。如图 10-1(a)所示,RYGB 激光二极管用于提供四种波长,每种波长可以承载不同的数据流,以支持多个用户。激光二极管用于提供高带宽的数据传输并支持高数据速率。如图 10-1(b)所示,RYGB 激光二极管可以安全地用于室内环境照明[37],四种混合激光二极管颜色可用于提供白色照明,利用色度分束器将四种不同的激光二极管颜色组合产生白色色源;组合光束使用反射镜反射,在照明被传递到房间环境之前,经由扩散器传播以减少散斑。

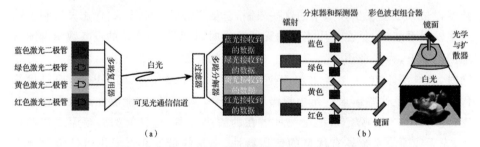

图 10-1 WDM 在采用激光二极管的可见光通信系统中的应用(见彩图)

10.2.2 接收机设计

在本项工作中,一个由四个分支组成的角度分集接收机(ADR)(图 10-2)被用于三种不同的室内环境,以收集来自不同方向的信号。ADR 的每个分支都有一个窄视场(FOV),以减少来自其他用户的干扰和符号间干扰(ISI)。ADR

的设计类似于参考文献[9,22,38]。ADR 的每个分支通过基于方位角(A_z)和俯仰角(E_l)将分支定向到室内环境中的不同区域来覆盖该区域。四个分支的方位角分别为 45°、135°、225°、315°，而俯仰角均为 70°。由于窄视场可以减少干扰和符号间串扰，接收机的每个分支的视场都被设定为 21°。每个分支的探测器面积为 10mm², 对红、黄、绿、蓝波长的响应率分别为 0.4A/W、0.35A/W、0.3A/W 和 0.2A/W。

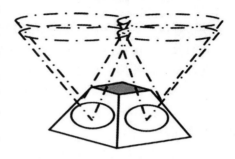

图 10-2　角度分集接收机(ADR)

10.3　多址技术

10.3.1　波分多址（WDMA）

在射频系统中使用的几种多址技术同样可以在光无线通信系统中使用。在光无线通信系统中，通过在用户间共享波长以支持多用户的 WDMA 已成为当前研究的热点[6,38-41]。在发射机处使用多路复用器将波长聚集成单个光束。接收机使用解复用器来分离波长。在光无线通信系统中使用了两种不同的光源，即 RGB LED 和 RYGB LD，它们都可以支持 WDMA（图 10-3）[6,42]。

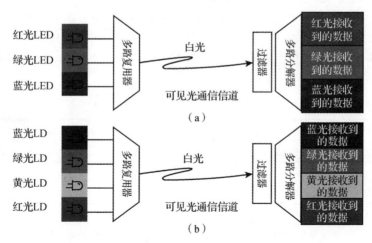

图 10-3　可见光通信系统中使用的波分复用器（见彩图）
(a)LED/LD 发射器；(b)波分复用接收器。

10.3.2 MILP模型

本节提出了一种 MILP 模型,该模型基于最大化所有可能用户的信干噪比之和进行资源分配优化[38],其作用是将用户或设备分配到接入点和波长,同时最大化所有用户的信干噪比之和。MILP 模型的输入数据是预先计算的接收功率、接收机噪声和背景噪声,以及用于测量室内环境中位于每个兴趣点所有用户的信干噪比。图 10-4 提供了一个简单的例子来说明如何进行资源分配。其中使用三个用户、三个接入点、两个波长(红色和蓝色)。用户 1 被单独分配蓝色波长,只受到其他接入点的背景噪声的影响。用户 2 和用户 3 分配了不同接入点,但是共享相同波长(红色),因此,它们彼此干扰并接收来自接入点 1 的背景噪声。

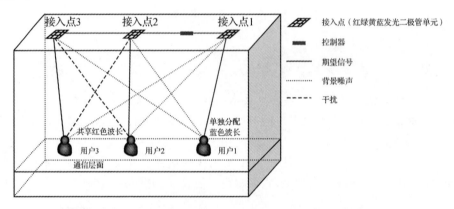

图 10-4 室内光无线通信环境下 MILP 模型的分配示例(见彩图)

MILP 模型由一组资源集、参数和变量组成。表 10-1、表 10-2 和表 10-3 分别介绍了这些集合、参数和变量。

表 10-1 MILP 模型资源集

US	室内环境用户集合	W	可用波长集
AP	接入点集	B	接收机支路集

表 10-2 MILP 模型的参数

us, ui	us 是期望用户,ui 是指其他用户
ap, cp	ap 是分配给用户 us 的接入点,cp 是分配给其他用户 ui 的接入点
λ	波长
b, f	接收支路,b 为 us 的接收支路,f 为其他用户的接收支路

(续)

$P_{us,b}^{ap,\lambda}$	由于在接收机分支 b 处使用波长 λ 从接入点 ap 接收到的光功率,在接收机处从用户 us 接收到的电功率
$\sigma_{us,b}^{cp,\lambda}$	使用接收机分支 b 处波长 λ 的接入点 cp 的背景未调制功率引起的用户 us 接收机处的散粒噪声
σ_{Rx}	接收机噪声

表 10-3 MILP 模型的变量

$USINR_{us,b}^{ap,\lambda}$	使用接收机分支 b 处波长 λ 分配到接入点 ap 的用户 us 的信干噪比
$S_{us,b}^{ap,\lambda}$	二进制选择器函数,其中 1 指的是在接收机分支 b 处使用波长 λ 将用户 us 分配给接入点 ap
$\phi_{us,ui,b,f}^{ap,cp,\lambda}$	非负值的线性化变量,$\phi_{us,ui,b,f}^{ap,cp,\lambda} = S_{us,b}^{ap,\lambda}$

MILP 模型的目标是最大化所有用户的信干噪比之和,其定义如下

$$\max \sum_{us \in US} \sum_{ap \in AP} \sum_{\lambda \in W} \sum_{b \in B} USINR_{us,b}^{ap,\lambda} \quad (10-1)$$

每个用户的信干噪比可以计算如下

$$USINR_{us,b}^{ap,\lambda} = \frac{信号}{干扰 + 噪声}$$

$$= \frac{P_{us,b}^{ap,\lambda} S_{us,b}^{ap,\lambda}}{\sum_{\substack{cp \in AP \\ cp \neq ap}} \sum_{\substack{ui \in US \\ ui \neq us}} \sum_{f \in B} P_{us,b}^{cp,\lambda} S_{ui,f}^{cp,\lambda} + \sum_{\substack{cp \in AP \\ cp \neq ap}} \sigma_{us,b}^{cp,\lambda} \left[1 - \sum_{\substack{ui \in US \\ ui \neq us}} \sum_{f \in B} S_{ui,f}^{cp,\lambda}\right] + \sigma_{Rx}} \quad (10-2)$$

式中:接收机噪声 σ_{Rx} 可由下式计算得到:

$$\sigma_{Rx} = N_R B_E \quad (10-3)$$

式中:N_R 是接收机噪声测量的密度(单位:A^2/Hz),B_E 是电带宽。

背景噪声 $\sigma_{us,b}^{cp,\lambda}$ 可表示为

$$\sigma_{us,b}^{cp,\lambda} = 2e(RPO_{us,b}^{cp,\lambda})B_o B_e \quad (10-4)$$

式中:R 为接收灵敏度;e 为电子电荷;$PO_{us,b}^{cp,\lambda}$ 为来自未调制接入点的接收光功率;B 为光带宽。

电接收功率 $P_{us,b}^{cp,\lambda}$ 可计算为

$$P_{us,b}^{ap,\lambda} = (RPO_{us,b}^{ap,\lambda})^2 \quad (10-5)$$

式中:$PO_{us,b}^{ap,\lambda}$ 为接收到的光功率。

式(10-2)中的分子是接收信号乘以选择器二进制变量;分母由两部分组成:第一部分是来自使用相同波长通信的所有接入点的干扰之和,第二部分是来

自使用相同波长通信的所有未调制接入点的背景噪声之和。

式(10-2)可以重写成

$$\sum_{\substack{cp\in AP \\ cp\neq ap}} \sum_{\substack{ui\in US \\ ui\neq us}} \sum_{f\in B} \text{USINR}_{us,b}^{ap,\lambda} P_{us,b}^{cp,\lambda} S_{ui,f}^{cp,\lambda}$$
$$+ \sum_{\substack{cp\in AP \\ cp\neq ap}} \text{USINR}_{us,b}^{ap,\lambda} \sigma_{us,b}^{cp,\lambda} \left[1 - \sum_{\substack{ui\in US \\ ui\neq us}} \sum_{f\in B} S_{ui,f}^{cp,\lambda}\right] \quad (10-6)$$
$$+ \text{USINR}_{us,b}^{ap,\lambda} \sigma_{Rx} = P_{us,b}^{cp,\lambda} S_{ui,f}^{cp,\lambda}$$

式(10-6)可以重写成

$$\sum_{\substack{cp\in AP \\ cp\neq ap}} \sum_{\substack{ui\in US \\ ui\neq us}} \sum_{f\in B} (P_{us,b}^{cp,\lambda} - \sigma_{u,f}^{b,\lambda}) \text{USINR}_{us,b}^{ap,\lambda} S_{ui,f}^{cp,\lambda}$$
$$+ \sum_{\substack{cp\in AP \\ cp\neq ap}} \text{USINR}_{us,b}^{ap,\lambda} \sigma_{us,b}^{cp,\lambda} + \text{USINR}_{us,b}^{ap,\lambda} \sigma_{Rx} = P_{us,b}^{cp,\lambda} S_{ui,f}^{cp,\lambda} \quad (10-7)$$

式(10-7)的第一部分由干扰和背景噪声组成,背景噪声是由连续变量和二元变量相乘而成的非线性部分。为了线性化这一部分,使用了与文献[38,43]相同的方程

$$\phi_{us,ui,b,f}^{ap,cp,\lambda} \geqslant 0 \quad (10-8)$$

$$\phi_{us,ui,b,f}^{ap,cp,\lambda} \leqslant \alpha S_{ui,f}^{cp,\lambda}, \forall us, ui\in US, \forall ap, cp\in AP, \forall \lambda\in W, \forall b,f\in B$$
$$(us\neq ui, ap\neq cp) \quad (10-9)$$

式中:α 为一个非常大的值,$\alpha \gg \text{USINR}$。

$$\phi_{us,ui,b,f}^{ap,cp,\lambda} \leqslant \text{USINR}_{us,b}^{ap,\lambda}, \forall us, ui\in US, \forall ap, cp\in AP, \forall \lambda\in W, \forall b,f\in B$$
$$(us\neq ui, ap\neq cp) \quad (10-10)$$

$$\phi_{us,ui,b,f}^{ap,cp,\lambda} \leqslant \alpha S_{ui,f}^{cp,\lambda} + \text{USINR}_{us,b}^{ap,\lambda} - \alpha, \forall us, ui\in US, \forall ap, cp\in AP, \forall \lambda\in W, \forall b,f\in B$$
$$(us\neq ui, ap\neq cp) \quad (10-11)$$

使用线性化公式(10-8)~式(10-11)代替公式(10-7)的第一部分,可将等式(10-7)重写如下:

$$\sum_{\substack{cp\in AP \\ cp\neq ap}} \sum_{\substack{ui\in US \\ ui\neq us}} \sum_{f\in B} (P_{us,b}^{cp,\lambda} - \sigma_{u,f}^{b,\lambda}) \phi_{us,ui,b,f}^{ap,cp,\lambda}$$
$$+ \sum_{\substack{cp\in AP \\ cp\neq ap}} \text{USINR}_{us,b}^{ap,\lambda} \sigma_{us,b}^{cp,\lambda} + \text{USINR}_{us,b}^{ap,\lambda} \sigma_{Rx} = P_{us,b}^{ap,\lambda} S_{us,b}^{ap,\lambda} \quad (10-12)$$

MILP 模型受制于以下三个约束:

第一个约束确保属于某 AP 的某波长只能分配一次,可以表示为

$$\sum_{us\in U} \sum_{b\in B} S_{us,b}^{ap,\lambda} \leqslant 1, \forall ap\in AP, \forall \lambda\in W \quad (10-13)$$

第二个约束确保所有用户被分配到一个接入点、一个波长和一个分支(由于在 ADR 接收机中使用选择合并(SC)),即每个用户选择一个接收机分支,可以表示为

$$\sum_{ap\in AP} \sum_{\lambda\in W} \sum_{b\in B} S_{us,b}^{ap,\lambda} = 1, \forall us\in US \quad (10-14)$$

最后一个约束确保每个用户的信干噪比不应该低于15.6dB的阈值,以便提供10^{-9}的误码率,该误码率使用开关键控调制。这种约束可以表示为

$$\text{USINR}_{us,b}^{ap,\lambda} \geqslant 10^{\frac{15.6}{10}}, \forall us \in US, \forall ap \in AP, \forall \lambda \in W, \forall b \in B \quad (10-15)$$

采用CPLEX求解器求解MILP模型。

10.4 不同室内环境的评估

本节对三种不同的室内环境进行了评价:办公室环境、小型室内环境和数据中心环境。光通道用类似于参考文献[44,45]所述的光线跟踪算法建模。此外,由于三阶和更高阶反射对接收光功率的影响非常小,所以本节模拟使用了二阶反射[44]。办公室环境被分成了多个表面,一个表面被分成了许多小元素,可将这些元素看作次级小发射器,它们能够反射符合朗伯模型的信号[46]。元素面积对解算结果有很大影响:增加元素的面积,会降低结果的时间分辨率;但随着单元面积的减小,模拟运行时间将会增加。

10.4.1 办公室环境评估

在本项工作中,测试场景之一为一间空办公室。下文针对该场景中的多用户接入方案进行分析,对其系统配置、评估设置和测试结果进行描述。

10.4.1.1 办公室OWC系统配置

本节场景是一个无门窗、无家具的办公室,如图10-5所示。表10-4介绍了该场景下使用的光无线通信系统参数。

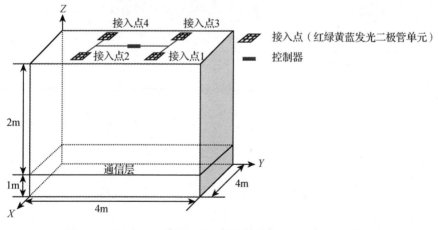

图10-5 办公室尺寸

表 10-4 办公室场景下 OWC 参数

参数	配置	
办公室场景		
墙壁和天花板反射系数	0.8[46]	
地板反射系数	0.3[46]	
反射次数	1	2
反射元件面积	5cm×5cm	20cm×20cm
朗伯图案、墙壁、地板和天花板的顺序	1[46]	
半功率下反射元件的半角	60°	
发射机		
发射机单元数	4	
发射机位置(x,y,z)	(1m,1m,3m),(1m,3m,3m),(3m,1m,3m),(3m,3m,3m)	
每单位 RYGB LDs 数	9	
红、黄、绿、蓝 LD 的透射光功率	0.8W、0.5W、0.3W 和 0.3W	
半功率半角	60°	
接收机		
接收机噪声电流谱密度	$4.47\text{pA}/\sqrt{\text{Hz}}$[45]	
接收机带宽	5GHz	

10.4.1.2 办公室光无线通信系统安装与评估结果

本节探讨了 8 个用户的场景,其中每个 AP 下有两个用户。表 10-5 显示了 8 个用户的位置,以及基于 10.3.2.节 MILP 模型的最优化资源分配。

表 10-5 AP 和波长的优化资源分配

用户	位置(x,y,z)/m	接入点	波长	接收机支路
1	(0.5,0.5,1)	1	黄色	1
2	(0.5,2.5,1)	2	红色	1
3	(1.5,1.5,1)	1	红色	3
4	(1.5,3.5,1)	2	黄色	3
5	(2.5,0.5,1)	3	红色	1
6	(2.5,2.5,1)	4	黄色	1
7	(3.5,1.5,1)	3	黄色	3
8	(3.5,3.5,1)	4	红色	3

图 10-6 显示了 8 个用户场景的信道带宽、信干噪比和数据速率。所有用户位置都支持 8GHz 以上的高信道带宽。此外,所有用户的位置都可以提供高于阈值(15.6dB)的高信干噪比。然而,与分配给红色波长的用户相比,分配给黄色波长的用户具有更低的信干噪比。其原因是,与红色波长相比,黄色波长具有较低的发射功率(为确保所需的白光[38])和接收器响应性。在数据速率方面,所有用户都可以支持 7Gb/s 以上的数据速率。

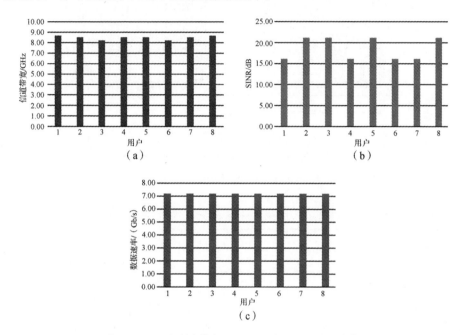

图 10-6 (a)信道带宽;(b)信干噪比;(c)数据速率。

10.4.2 飞机机舱环境评估

本节将评估支持多个用户的飞机机舱下行通信链路。光无线通信系统不会造成更多的电磁干扰,因而在这种环境下更具性能优势。飞机类型及系统配置、场景评估及测试结果,将在以下章节展开描述。

10.4.2.1 飞机座舱光无线通信系统配置

在该场景中,用于室内环境评估的飞机类型是空客 A321neo(图 10-7)[47]。该型飞机包含 1 个经济舱、202 个乘客座位。舱体尺寸长 36.85m,宽 3.63m。将机舱表面划分为小扇区进行射线跟踪,以评估信道脉冲响应、时延扩展和带宽。表 10-6 介绍了用于舱内通信的相关参数。座位以下通信将会受阻。

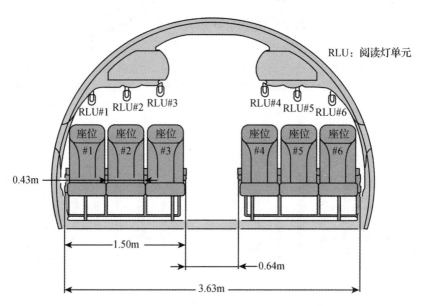

图 10-7 舱室环境尺寸

表 10-6 飞机舱室环境光无线通信系统参数

参数	配置	
客舱环境		
墙壁和天花板反射系数	0.8[46]	
地板反射系数	0.3[46]	
反射次数	1	2
反射元件面积	5cm×5cm	20cm×20cm
朗伯图案、墙壁、地板和天花板的顺序	1[46]	
半功率下反射元件的半角	60°	
发射机		
发射机单元数	6	
发射机位置(RLU)	每个座位上方	
单位 RYGB LDs 数量	3	
红、黄、绿、蓝 LD 的透射光功率	0.8W、0.5W、0.3W 和 0.3W	
半功率半角	19°	
接收机		
接收机噪声电流谱密度	$4.47 \text{pA}/\sqrt{\text{Hz}}$[45]	
接收机带宽	5GHz	

10.4.2.2 飞机座舱光无线通信系统安装与评估结果

在这一部分中,假设每个乘客有三个设备来研究这些设备的资源分配问题,并采用 10.3.2 节中介绍的 MILP 模型实现优化资源配置。这三个装置的位置假设如下:装置 1 位于座椅的中心,而装置 2 和 3 位于座椅的不同角落。接入点和波长的优化资源分配如表 10-7 所示。

表 10-7 接入点和波长的优化资源分配

设备	阅读灯单元	接收支路	波长	阅读灯单元	分支机构	波长	阅读灯单元	分支机构	波长
	1 号乘客			2 号乘客			3 号乘客		
1	1	4	红色	2	2	红色	3	3	红色
2	1	2	绿色	2	2	黄色	3	2	绿色
3	1	3	黄色	2	3	绿色	3	3	黄色
	4 号乘客			5 号乘客			6 号乘客		
1	4	3	红色	5	2	红色	6	4	红色
2	4	3	黄色	5	3	绿色	6	3	黄色
3	4	2	绿色	5	2	黄色	6	2	绿色

信道带宽、信干噪比和数据速率如图 10-8 所示。与其他设备相比,位于座椅中心的第一个设备具有最佳的信道带宽和信噪比。所有机位上的所有设备都能支持超过阈值的高信噪比和超过 7Gb/s 的高数据速率。

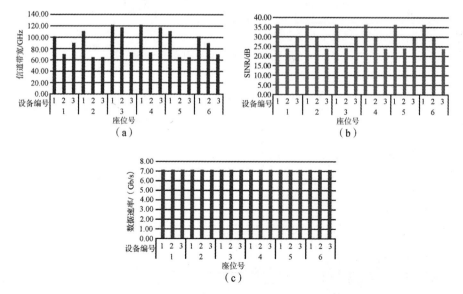

图 10-8 (a)信道带宽;(b)信干噪比;(c)数据速率。

10.4.3 数据中心环境评估

本节研究数据中心的光无线通信系统下行链路的资源分配。以下各节对数据中心的系统配置和测量结果展开描述。

10.4.3.1 数据中心光无线通信系统配置

假设拟建的数据中心为吊舱,每个吊舱的尺寸为:长 5m、宽 6m、高 3m,如图 10-9 所示。每个吊舱包含两排,每排包括五个机架。在该数据中心,每个机架的顶部都连接有交换机,该交换机作为通信协调器将机架的服务器和数据中心内的机架连接起来。机架尺寸如图 10-9 所示。为保证通风,两排机架之间,以及墙壁和每排机架之间都设有 1m 以上间距。如图 10-9 所示,每个机架都包含接收器,放置于机架顶部的中心以接收信号。表 10-8 给出了数据中心的模拟参数。

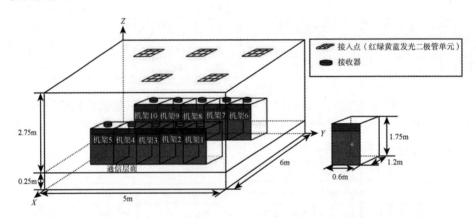

图 10-9 数据中心尺寸

表 10-8 数据中心光无线通信参数

参数	配置	
数据中心环境		
墙壁和天花板反射系数	0.8[46]	
地板反射系数	0.3[46]	
反射次数	1	2
反射元件面积	5cm×5cm	20cm×20cm
朗伯图案、墙壁、地板和天花板的顺序	1[46]	
半功率下反射元件的半角	60°	

(续)

参数	配置
发射机	
发射机单元数	6
发射机位置(RLU)	(1.6m,1.5m,3m),(1.6m,2.5m,3m),(1.6m,3.5m,3m), (4.4m,1.5m,3m),(4.4m,2.5m,3m),(4.4m,3.5m,3m)
每单位 RYGB LDs 数	9
红、黄、绿、蓝 LD 的透射光功率	0.8W、0.5W、0.3W 和 0.3W
半功率半角	60°
接收机	
接收机噪声电流谱密度	$4.47\text{pA}/\sqrt{\text{Hz}}$ [45]
接收机带宽	5GHz

10.4.3.2 数据中心光无线通信系统设置与评估结果

本节评估场景为10个机架组成的数据中心。每个机架自身都有接收器,位于每个机架的顶部中心。基于10.3.2节的MILP模型,每个机架将会分配给不同的接入点和信号波长。表10-9给出了每个机架的接入点和波长的优化资源分配。

表10-9 AP 的优化资源分配

机架	接入点	波长	接收机支路
1	1	红色	1
2	1	黄色	4
3	2	红色	2
4	3	黄色	2
5	3	红色	3
6	4	红色	2
7	4	黄色	3
8	5	红色	1
9	6	黄色	2
10	6	红色	4

图10-10给出了系统的信道带宽、信干噪比和数据速率。所有机架都支持高信道带宽和高于15.6dB的高信噪比。与其他机架相比,分配给红色波长的机架提供了更高的信干噪比。所有机架都能提供超过7Gb/s的高数据速率。

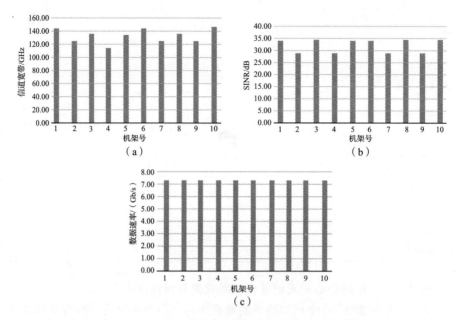

图 10-10 （a）信道带宽；（b）信干噪比；（c）数据速率。

10.5 本章小结

本章介绍并讨论了光无线通信系统,特别是可见光通信系统中的资源优化分配问题,并针对优化资源配置提出了 MILP 模型,针对多用户连接场景构建了波分多址系统;资源分配优化能够为用户提供接入点和波长的最佳分配。此外,利用红、绿、黄、蓝激光二极管构成可见光照明系统,能够提供高带宽通信及白光照明;采用角度分集接收机接收信号,可以降低噪声和干扰。最后,本章对三种不同的室内环境(办公室、客舱和数据中心)进行了系统性评估,其中,在办公室环境下对 8 个用户进行了评估,在客舱环境下对每个乘客的 3 个设备进行了评估,在数据中心对各机架连接接入点进行了评估,各类场景均可支持超过 7Gb/s 的高速率通信传输。

参 考 文 献

[1] ALEXIOU A, HAARDT M. Smart antenna technologies for future wireless systems: Trends and challenges[J]. IEEE Commun. Mag, 2004, 42(9):90-97.

[2] PAULRAJ A J, GORE D A, NABAR R U, et al. An overview of MIMO communications - a key to gigabit wireless[J]. Proc. IEEE, 2004:198-217.

[3] GHASSEMLOOY Z, POPOOLA W, RAJBHANDARI S. Optical wireless communications: system and channel modelling with Matlab® [Internet]. Ieeexplore. Ieee. Org (2012), 513p. Available [EB/OL]. https://books.google.co.in/books?hl=en&oi=fnd&pg=PP1&dq=Optical+Wireless+Communications:+System+and+Channel+Modelling+with+MATLAB%EF%BF%BD&ots=Ya_CDECP3e&lr=&id=jpXGCN1qVQ4C&redir_esc=y#v=onepage&q=Optical%20Wireless%20Communications%3A%20System%20and%20C.

[4] ALSAADI F E, ALHARTOMI M A, ELMIRGHANI J M H. Fast and efficient adaptation algorithms for multi-gigabit wireless infrared systems[J]. J. Light. Technol, 2013, 31(23):3735-3751.

[5] HUSSEIN A T, ELMIRGHANI J M H. 10Gb/s mobile visible light communication system employing angle diversity, imaging receivers, and relay nodes[J/OL]. J. Opt. Commun. Netw, 2015, 7(8):718-735. https://www.osapublishing.org/abstract.cfm?URI=jocn-7-8-718.

[6] YOUNUS S H, ELMIRGHANI J M H. In WDM for high-speed indoor visible light communication system[C]//International Conference on Transparent Optical Networks, Girona, 2017:1-6.

[7] HUSSEIN A T, ALRESHEEDI M T, ELMIRGHANI JMH. 20 Gb/s mobile indoor visible light communication system employing beam steering and computer generated holograms[J]. J. Light. Technol, 2015, 33(24):5242-5260.

[8] HUSSEIN A T, ALRESHEEDI M T, ELMIRGHANI J M H. In 25Gb/s mobile visible light communication system employing fast adaptation techniques[C]//2016 18th International Conference on Transparent Optical Networks (ICTON), Trento, 2016.

[9] ALSULAMI O Z, ALRESHEEDI M T, ELMIRGHANI J M H. Transmitter diversity with beam steering[C]//2019 21st International Conference on Transparent Optical Networks (ICTON), (IEEE, Angers, France, 2019):1-5.

[10] ALSULAMI O Z, MUSA M O I, ALRESHEEDI M T, et al. Visible light optical data centre links[C] 2019 21st International Conference on Transparent Optical Networks (ICTON), (IEEE, Angers, France, 2019):1-5.

[11] ALSULAMI O Z, ALRESHEEDI M T, ELMIRGHANI J M H. Optical wireless cabin communication system[C/OL]//2019 IEEE Conference on Standards for Communications and Networking (CSCN) [Internet], (IEEE, GRANADA, Spain, 2019): 1-4. Available from: https://ieeexplore.ieee.org/document/8931345/.

[12] ALSULAMI O Z, MUSA M O I, ALRESHEEDI M T, et al. Co-existence of micro, pico and atto cells in optical wireless communication[C/OL]//2019 IEEE Conference on Standards for Communications and Networking (CSCN) [Internet], (IEEE, GRANADA, Spain, 2019):1-5. Available from: https://ieeexplore.ieee.org/document/8931323/.

[13] STERCKX K L, ELMIRGHANI J M H, CRYAN R A. Sensitivity assessment of a three-

segment pyrimadal fly-eye detector in a semi-disperse optical wireless communication link[J]. IEE Proc. Optoelectron,2000,147(4):286-294.

[14] AL-GHAMDI A G, ELMIRGHANI J M H. Performance evaluation of a triangular pyramidal flyeye diversity detector for optical wireless communications[J]. IEEE Commun. Mag,2003,41(3):80-86.

[15] ALRESHEEDI M T, ELMIRGHANI J M H. Hologram selection in realistic indoor optical wireless systems with angle diversity receivers[J]. IEEE/OSA J. Opt. Commun. Netw,2015,7(8):797-813.

[16] HUSSEIN A T, ALRESHEEDI M T, ELMIRGHANI J M H. Fast and efficient adaptation techniques for visible light communication systems[J]. J. Opt. Commun. Netw,2016,8(6):382-397.

[17] YOUNUS S H, AL-HAMEED A A, HUSSEIN A T, et al. Parallel data transmission in indoor visible light communication systems[J/OL]. IEEE Access[Internet],2019 (7):1126-1138. Available from: https://ieeexplore.ieee.org/document/8576503/.

[18] AL-GHAMDI A G, ELMIRGHANI M H. Optimization of a triangular PFDR antenna in a fully diffuse OW system influenced by background noise and multipath propagation [J]. IEEE Trans. Commun,2003,51(12):2103-2114.

[19] Al-Ghamdi A G, Elmirghani J M H. In characterization of mobile spot diffusing optical wireless systems with receiver diversity[C]//ICC'04 IEEE International Conference on Communications,2004.

[20] ALSAADI F E, ELMIRGHANI J M H. Performance evaluation of 2.5Gbit/s and 5Gbit/s optical wireless systems employing a two dimensional adaptive beam clustering method and imaging diversity detection[J]. IEEE J. Sel. Areas Commun,2009,27(8):1507-1519.

[21] ALRESHEEDI M T, HUSSEIN A T, ELMIRGHANI J M H. Uplink design in VLC systems with IR sources and beam steering[J/OL]. IET Commun. [Internet],2017,11 (3):311-317. Available from: http://digital library.theiet.org/content/journals/10.1049/iet-com.2016.0495.

[22] ALSULAMI O Z, ALRESHEEDI M T, ELMIRGHANI J M H. Infrared uplink design for visible light communication (VLC) systems with beam steering[C/OL]//2019 IEEE International Conference on Computational Science and Engineering (CSE) and IEEE International Conference on Embedded and Ubiquitous Computing (EUC) [Internet], (IEEE, New York, NY, USA, 2019):57-60. Available from: http://arxiv.org/abs/1904.02828.

[23] Elmirghani J M H, Klein T, Hinton K, et al. GreenTouch GreenMeter core network energy-efficiency improvement measures and optimization [Invited] [J]. J. Opt. Commun. Netw,2018,10(2):250-269.

[24] ALRESHEEDI M T, ELMIRGHANI J M H. 10Gb/s indoor optical wireless systems

employing beam delay, power, and angle adaptation methods with imaging detection [J]. IEEE/OSA J. Light. Technol,2012, 30(12):1843-1856.

[25] STERCKX K L, ELMIRGHANI J M H, CRYAN R A. Pyramidal fly-eye detection antenna for optical wireless systems[J]. IEE Colloq. Opt. Wirel. Commun. (Ref. No. 1999/128), 5/1-5/6 (1999).

[26] ALSAADI F E, NIKKAR M, ELMIRGHANI J M H. Adaptive mobile optical wireless systems employing a beam clustering method, diversity detection, and relay nodes [J]. IEEE Trans. Commun,2010,58(3):869-879.

[27] ALSAADI F E, ELMIRGHANI J M H. Adaptive mobile line strip multibeam MC-CDMA optical wireless system employing imaging detection in a real indoor environment [J]. IEEE J. Sel. Areas Commun,2009,27(9):1663-1675.

[28] ALRESHEEDI M T, ELMIRGHANI J M H. Performance evaluation of 5Gbit/s and 10Gbit/s mobile optical wireless systems employing beam angle and power adaptation with diversity receivers[J]. IEEE J. Sel. Areas Commun,2011,29(6):1328-1340.

[29] ALSAADI F E, ELMIRGHANI J M H. Mobile multi-gigabit indoor optical wireless systems employing multibeam power adaptation and imaging diversity receivers[J]. IEEE/OSA J. Opt. Commun. Netw,2011,3(1):27-39.

[30] AL-GHAMDI A G, ELMIRGHANI J M H. Line strip spot-diffusing transmitter configuration for optical wireless systems influenced by background noise and multipath dispersion[J]. IEEE Trans. Commun,2004,52(1):37-45.

[31] ALSAADI F E, ELMIRGHANI J M H. High-speed spot diffusing mobile optical wireless system employing beam angle and power adaptation and imaging receivers[J]. J. Light. Technol,2010,28(16): 2191-2206.

[32] CHAN H H, STERCKX K L, ELMIRGHANI J M H, et al. Performance of optical wireless OOK and PPM systems under the constraints of ambient noise and multipath dispersion [J]. IEEE Commun. Mag,1998,36(12):83-87.

[33] AL-GHAMDI A G, ELMIRGHANI J M H. Spot diffusing technique and angle diversity performance for high speed indoor diffuse infra-red wireless transmission[J]. IEE Proc. Optoelectron,2004,151(1):46-52.

[34] AL-GHAMDI A G, ELMIRGHANI J M H. Analysis of diffuse optical wireless channels employing spot-diffusing techniques, diversity receivers, and combining schemes [J]. IEEE Trans. Commun,2004,52(10):1622-1631.

[35] ALSAADI F E, ELMIRGHANI J M H. Adaptive mobile spot diffusing angle diversity MC-CDMA optical wireless system in a real indoor environment[J]. IEEE Trans. Wirel. Commun,2009,8(4):2187-2192.

[36] ELMIRGHANI J M H, CRYAN R A. New PPM-CDMA hybrid for indoor diffuse infrared channels[J]. Electron. Lett,1994, 30(20):1646-1647.

[37] NEUMANN A, WIERER J J, DAVIS W, et al. Four-color laser white illuminant dem-

onstrating high color-rendering quality[J/OL]. Opt. Express [Internet],2011, 19 (S4): A982. Available from: https://www. osapublishing. org/oe/abstract. cfm? uri=oe-19-S4-A982.

[38] Alsulami O Z, Alahmadi A A, Saeed S O M, et al. Optimum resource allocation in optical wireless systems with energyefficient fog and cloud architectures[J/OL]. Philos. Trans. R. Soc. A: Math. Phys. Eng. Sci. [Internet],2020, 378(2169). Available from: https://royalsocietypublishing. org/doi/10. 1098/ rsta. 2019. 0188. Cited 2020 July 25.

[39] ALSULAMI O Z, ALAHMADI A A, SAEED SOM, et al. Optimum resource allocation in 6G optical wireless communication systems[C/OL]//2020 2nd 6G Wireless Summit (6G SUMMIT) [Internet], (IEEE, Washington, DC, 2020): 1-6. Available from: https://ieeexplore. ieee. org/document/9083828/. Cited 2020 May 8.

[40] COSSU G, KHALID A M, CHOUDHURY P, et al. 3. 4Gbit/s visible optical wireless transmission based on RGB LED[J/OL]. Opt. Express [Internet], 2012, 20(26): B501-B506. Available from: http://www. ncbi. nlm. nih. gov/pubmed/23262894.

[41] WANG Y, WANG Y, CHI N, et al. Demonstration of 575-Mb/s downlink and 225-Mb/s uplink bi-directional SCM-WDM visible light communication using RGB LED and phosphor-based LED[J/OL]. Opt. Express [Internet],2013, 21(1):1203. Available from: https:// www. osapublishing. org/oe/abstract. cfm? uri=oe-21-1-1203.

[42] WU F M, LIN C T, WEI C C, et al. In 3. 22-Gb/s WDM visible light communication of a single RGB LED employing carrier-less amplitude and phase modulation[C/OL]// Optical Fiber Communication Conference/National Fiber Optic Engineers Conference 2013[Internet] (2013), p. OTh1G. 4. Available from: https://www. osapublishing. org/abstract. cfm? uri=OFC-2013-OTh1G. 4.

[43] HADI M S, LAWEY AQ, EL-GORASHI T E H, et al. Patient-centric cellular networks optimization using big data analytics[J]. IEEE Access,2019(7):49279-49296.

[44] BARRY J R, KAHN J M, KRAUSE WJ, et al. Simulation of multipath impulse response for indoor wireless optical channels[J]. IEEE J. Sel. Areas Commun,1993, 11 (3):367-379.

[45] HUSSEIN A T, ELMIRGHANI J M H, Mobile multi-gigabit visible light communication system in realistic indoor environment[J]. J. Light. Technol,2015, 33(15): 3293-3307.

[46] GFELLER F R, BAPST U. Wireless in-house data communication via diffuse infrared radiation[J]. Proc. IEEE,1979, 67(11):1474-1486.

[47] Aircraft characteristics-airport operations and technical data-airbus[Internet][EB/OL]. https://www. airbus. com/aircraft/support-services/airport-operations-and-technical-data/aircraft-characteristics. html. Cited 2020 May 8.

第 11 章　6G 中的机器类通信

6G 预计在 21 世纪 30 年代初部署。届时,接入互联网的设备密度将爆炸式地增长至每立方米数百台。这些设备(1)产生大量的感知数据;(2)高频访问复杂的基于人工智能的业务;(3)在延迟、带宽、能量和计算能力方面具有广泛而不同的限制。设备彼此之间进行通信,以及与位于网络核心或边缘的远程服务器进行通信。这种机器之间的无线通信称为机器类通信(MTC)。机器类通信可以在共同收集和处理多维信息的多台机器之间进行,也可以在与服务器进行业务交互的机器之间进行。代表性的例子包括自动驾驶、无人飞行器、智能电网能源交易等。在这一章中,根据自主连接设备的预测密度和异构性,定义了 6G 的以下需求:(1)超密集无线通信网络;(2)大规模多址边缘计算;(3)具有异构需求和约束的设备的大规模自主运行。为了满足这些需求,6G 将融合计算、能源和通信技术,以实现设备感知和应用感知通信。本章讨论了 6G 如何实现这种融合,并强调了机器类通信在集成计算领域的重要性。

11.1　引言

近年来,联网设备的功能和复杂性大幅增加,自动控制系统拥有了更多的自动化操作机会[1,2]。如今,传感器、执行器、服务器和其他联网的物理机器可以在没有任何人为干预的情况下进行交互和操作。

机器类通信,也被称为机器对机器(M2M)通信,是指通过固定网络或无线网络在设备之间进行自动化操作和通信。用例包括车联网和路边基础设施[3]、智能电网[4]和工厂自动化[5]。预计在未来几年,自主连接设备的数量将呈爆炸式增长,逐渐取代人工操作设备成为互联网的主要用户[6]。

机器类通信与人类通信(HTC)具有截然不同的特点。人类通信通常是以人与人之间的互动为核心,操作者最终与设备交互。因此,低延迟和高带宽通常是人类通信的两个主要参数。此外,大多数人类通信应用对带宽和延迟的变化有一定程度的容忍度。例如,云游戏可以接受高达 160ms[7] 的往返延迟,在带宽下降的情况下,视频质量可以暂时降低。但是根据设备和具体用例,机器类通信具有完全不同的约束。机器类通信系统需要考虑设备具有有限的计算能力、不确定(很长或很短)的传输距离、超高的设备密度和有限的能耗,并且同时满足与应用密切相关的可靠性、带宽和延迟方面的限制[8]。因此,针对远距离通信(SigFox[9]和LoRA[10])、海量设备(802.15.4[11])或个人局域网(BLE[12])等应用场景,开发了多种协议。5G旨在将这些多样化的通信场景[13]进行融合。然而,将机器类通信的多个用例与人类通信结合在一个单一的通信方式中非常困难。相比之下,人类具有有限的感知能力,对网络核心参数的变化有更高的容忍度。2020年,机器的感知能力已经超过了人类,一些机器类通信应用的延迟容忍程度远超出人类通信(表11-1)。尽管最近在世界各地部署了5G网络,但对研究人员和行业来说,如何从以人类通信为中心的网络迁移到以机器类通信为中心的网络,仍然是一个悬而未决的问题。

表11-1 2020年人类和机器感知局限性的典型值

	人类	机器
视场	5°中心(可识别文本、字符)	360°
	120°方位角周边	
	100°天顶周边	
分辨率	中心视野非常高	无限,360°(对于典型的360°摄像机,分辨率为8K~16K)
监听范围	20Hz~20kHz(通常更窄)	无限(典型的智能手机麦克风范围为20Hz~20kHz)
可视范围	380nm~700nm	无限(典型相机传感器范围为360nm~1000nm)
延迟	<20ms(AR/VR)	<1ms(安全应用)
	<100ms(云游戏)	>10min(能量约束传感)
	<1s(Web浏览)	

6G正处于起步阶段。目前,一些研究人员、公司和组织已经发布了6G相关的白皮书[14~16],使得我们能够展望6G和机器类通信的未来愿景。联网的自主设备数量的显著增加将推动6G的发展[17]。预计到2030年,将有500亿[6]到5000亿[18]台设备连接到互联网上,大大超过人口数量。正如Letaief等所设想的那样,6G将超越移动互联网,并支持从核心网到终端设备的无处不在的人工智能业务。同时,人工智能技术将在设计和优化6G架构、协议和运行方面发挥关键作用[14]。因此,机器将成为网络和计算资源的主要用户。这种从以人类为核心的通信网络到以机器为核心的通信网络的转变将面临以下重大挑战:

(1)性能:6G将支持数千亿台设备实时交换信息。因此,6G网络必须具有足够大的带宽以在毫秒级的延迟下实时传输大量信息,并支持单个接入点对媒体的数千次并发访问。

(2) 网络架构：6G 不能仅仅依靠性能提升来解决从 HTC 到 MTC 的迁移问题。机器类通信中具有更多的场景，这些场景受设备和应用的限制。为了保证应用的安全性，一些设备可能需要亚毫秒级的延迟(例如车联网)，而另一些设备由于能耗受限，可能每小时只能通信一次。6G 网络不仅要使这些设备具有通信能力，还要提供适应这两种场景的策略。因此，业务的复杂性要求网络架构向人工智能网络调整，以实现自动优化、适应和维护与自主设备的无线通信。

(3) 可靠性：随着危及人类生命的高度敏感应用的发展，6G 网络需要提供可靠性保证，并为最关键的应用提供强大的备份操作。

(4) 可信性：6G 环境中的设备将持续监视、感知和解释物理世界及其参与者。因此，6G 网络上的数据本质上是敏感的，数据主体的隐私性需要加强保护。对人工智能的强烈依赖将需要构建技术健壮性、人力代理(Human Agency)、非歧视、透明度和问责制的具体机制。

本章将采用自下而上的方法来解决这些挑战。我们调研了目前的工作进展，来开发一个以机器为中心，从物理层到应用层，并与人类通信兼容的 6G 网络。本章的其余部分组织如下：在 11.2 节，总结了 6G 机器类通信涉及的设备和应用。在 11.3.3 和 11.3.4 节讨论了物理层和接入层技术。在 11.4 节进一步讨论了网络层和传输层相关内容，并描述了 6G 应该发展的技术和策略，以满足上述要求。最后，在 11.5 节详细说明了特定应用需求，并讨论了如何通过跨层设计，融合满足这些需求。

11.2　MTC 应用和设备

随着物联网的飞速发展，越来越多的设备连接到互联网上。这些设备正在成为完全自治系统的一部分，人类用户只需通过单个端口，就可以访问这些系统，完全不用考虑复杂的底层架构。本节将介绍可能在 2030 年影响机器类通信的应用。

11.2.1　通用、非关键物联网

在介绍更具体的应用之前，我们认为大部分机器类通信应用都是由中小规模的物联网设备群体组成，每个设备都在一定的范围内运行。这些成群设备的主要功能是感知周边环境，并定期更新服务器(位于附近或远端)上的感知数据。这种应用的特点是设备之间距离较近、数据速率较低且移动性有限。此外，这些应用通常具有延迟容忍性(多达几分钟)，并且能够承受一定程度的信息丢失(只

有少数明确的例外)。智能家居就是这种类型的用例。大量智能设备被固定在一个位置范围内。这些设备定期向位于本地的或云中的中央处理单元报告温度、湿度、运动、耗电量等有关的信息。通常,每个设备上报单个参数(例如温度),并且只在网络上零星地发送小数据包,时间间隔以分钟为单位。在这些应用中,要么部分设备(如果不是大多数的话)是冗余的,要么能够承受一定程度的损失。例如,在自动供暖的情况下,如果单个卧室中的温度传感器无法传输温度值,可以重复使用以前的值或从位于附近房间的温度传感器推断,对最终结果影响很小。智能家居中的应用,一般对可靠性要求不高,但是在安全相关的应用(例如,烟雾检测或入侵检测)中,往往要求将信息实时可靠地传递给相关方。尽管这些应用产生的流量在网络中占据的比例很小,但由于其规模巨大,物联网仍将是 6G 的重大挑战。即使采用断断续续的低数据速率传输,物联网中仍有数十万甚至数百万设备同时连接到同一个小区,并在核心网中产生大量数据。此外,应用的多样性及其相关的服务质量要求将使网络规划大大复杂化。尽管垂直网络切片等解决方案,允许我们将此类应用隔离出来,但当网络规模较小时,部署这些方案既不方便也不划算。

11.2.2 车联网与道路安全

近年来,车联网已成为日益活跃的机器类通信应用。在这些车辆中,嵌入了多种传感器、计算单元和通信模块。类似地,路边固定基础设施也能提供传感、计算和通信功能。通过在车辆、路边基础设施、用户设备和远程服务器之间进行信息交换,大量 HTC、MTC 应用得以在车联网中实现。这类应用包括车内信息娱乐、驾驶员辅助系统、应急系统、碰撞预防、交通优化和自动驾驶等。在车联网中,机器类通信应用不仅包括自动驾驶、自动制动、碰撞避免等人工干预程度较小的应用,还包括那些能够收集和解释信息,并以最简单的形式呈现给驾驶员的应用。例如,许多驾驶辅助系统,在检测或推断潜在的障碍物时,更多地依赖于车辆和路边单元之间的自动通信,只是向驾驶员显示小部分信息。

车联网是 6G 中的一种机器类通信应用,对通信能力有严格的要求和约束。大多数机器类通信应用都会对人类的生活产生直接影响,例如,需要较大带宽和合理延迟(1s)的车内信息娱乐和基本的驾驶员辅助系统(例如,交通堵塞检测)。因此,理想情况下,实体感知信息和车辆决策之间的等待时间应该保持在毫秒量级。此外,信息延迟或丢失可能会造成严重的后果。因此,车联网对网络和基础计算设施的可靠性要求极高。在带宽方面,目前车联网传感器产生的数据在 3Gb/s(10.8Tb/h) 到 40Gb/s(144Tb/h) 之间[19]。当数百辆车辆连接到同一个小区时,车辆之间或车辆与基础设施之间交换数据需要相当大的带宽。与大多数其他MTC应用相反,车联网中的车辆集成了强大的计算单元,使其能够处理车载信息。以上做法允许联网车辆在不依赖网络或外部计算资源的情况下,执行紧急事态判决。然而,在上述约束条件下,许多应用仍然需要车辆之间进行通信。

11.2.3 有机智慧城市

城市系统的分布日益复杂,其中既包括上面提到的车联网和物联网,也包括其他的大规模应用。这些庞大的有机实体可以类比计算机系统。在计算机系统中,不同的组件之间交换信息,并通过单一的接口将大规模信息呈现给用户。到2030年,智慧城市的规模和复杂性将达到人类无法操作的程度。为了应对城市的复杂性,将智慧城市系统抽象化至关重要。如果将智慧城市视为一个单一的大规模分布式系统,机器类通信则是这种演变的推动者。在传统的计算机系统中,总线连接组成系统的各种元件。同样,在智慧城市中,无线网络取代总线,连接自动感知、聚合、解释和显示城市数据的各种设备。部署在边缘和云端的服务器,作为中央处理器和存储设备,智能手机、智能可穿戴设备、增强现实耳机等终端用户设备将取代屏幕等传统设备。

智慧城市拥有几乎无限的感知和处理能力,但是可能会遇到通信瓶颈。就像在计算机系统中一样,性能较低的单个节点会显著降低计算机系统的性能。例如,在台式计算机中,低速硬盘会阻碍系统的运行速度。类似地,在智慧城市中,低带宽、高延迟或高抖动的单个区域可能会降低整个城市系统的通信性能,甚至影响人类用户[20]。

因此,智慧城市面临的挑战不仅仅涵盖资源方面,还与实际网络部署有关。随着6G无线技术融合,未来的智慧城市将与蜂窝网络的部署产生内在联系。除了纯粹的工程问题,城市系统还将面临与城市规划有关的问题。

11.2.4 工业自动化

近年来,工业经历了彻底的数字化转型。工业4.0的一个重要方向,是在机器类通信应用的支持下实现自主生产。6G性能提升对于建立完全自主的生产线至关重要。除此之外,专家预测,下一次工业革命,由人类和机器人的合作共同推动[21],使得生产线具备认知能力。这就要求,生产线不同系统之间能够通过6G网络实现完美通信。

大多数工业应用依赖高频率更新的控制回路,其特点是环境极其可靠和稳定。例如,伺服电机的闭环控制回路可能每秒更新100多次。因此,为了适应控制回路更新的高频率,工业自动化需要亚毫秒的延迟(理想情况下为0.1ms),并要求具有极高的可靠性(损失率低于 10^{-9})[22]。对于如此低的延迟目标,抖动是工业应用的另一个关键参数。这种控制应用有效负载在 10 字节～100 字节量级,比上面提到的其他应用需要更低的带宽。

11.2.5 体域网

体域网是一种无线传感器网络,其设备由用户随身携带。体域网(BAN)的设备可以作为植入物嵌入体内,也可以在固定位置佩戴(例如智能手表),或始终由用户携带(例如智能手机)。这种体域网络主要用于远程医疗,其应用多种多样,如主动康复、患者监测或辅助生活[23],另外还涵盖了与灾难管理相关的新应用[24]。

根据应用对用户重要性的不同,体域网可能产生各种不同的要求。但可以确定的是,体域网具有以下四个关键要求。首先,人的生命可能直接依赖于系统的可靠性,因此,无论是健康数据的准确性,还是这类数据的传输,都需要极高的可靠性。其次,在患者监控应用处理紧急事态数据时,需要极快的响应速度,因此,低延迟是许多应用的关键要求。此外,体域网可能会跟踪记录医疗信息或个人信息。任何情况下,隐私和安全都是体域网的核心。最后,功耗是所有永久性或半永久性设备的关注点之一,例如,作为植入物嵌入的传感器。这些设备依靠能量收集技术,属于低功耗能量物联网的范畴。

由于体域网设备的物理位置,实现这些要求可能很困难。许多独立的设备可能位于同一位置,相互干扰。此外,人体会衰减无线电频率,并且阻碍设备之间的通信。最后,有限的功耗会限制设备的计算和通信能力。

11.2.6 低至零功耗物联网

物联网设备配备了多个传感器和通信接口,能够在接入智能电网和可再生能源的现代建筑中形成设备对设备网络,并执行复杂的任务,这将使低至零功耗建筑变得可行[25]。未来,MTC 跨技术通信协议将集成到 6G 技术中。这将允许各种类型的传感器和执行器利用收集到的大量数据,从成本和效率的角度决定何时更换最有意义,以适应建筑的能源消耗。在智能建筑中,6G 人工智能技术将协助机器类通信应用实现最低功耗,以预测能源需求,并与周围需要能量的实体进行交易。

除低功耗的要求外,一些设备可能需要脱离电网独立运行。典型示例包括,部署在稀疏的农村环境中的森林火灾探测,或者是在超密集的城市环境中,将大量设备连接到电网,需要对现有基础设施进行重大改动。因此,随着环境反向散射通信等新技术的发展,能量收集将成为 6G 的核心问题。

11.3　6G MTC 的介质接入和网络结构

随着接入互联网设备的爆炸式增长,以及机器类通信应用对带宽和时延要求的不断提高,网络拥塞将成为 6G 中机器类通信应用面临的主要挑战之一,数以百万计的设备将同时竞争访问无线介质。同时,核心网将需要处理数十亿连接带来的额外负载。本节首先回顾当前和未来的网络访问技术,然后讨论支持大规模部署机器类通信的网络体系架构,同时遵守 11.2 节中提到的机器类通信应用的约束。

11.3.1　MTC 流量特征

目前的蜂窝网和核心网传统上是以人类通信为中心的。因此,它们旨在处理由人类用户生成的流量。这种业务通常在下行链路上,具有大数据包和高数据速率的要求。另一方面,延迟一般很少低于 20ms,这与人类处理信息的能力有关。在大多数蜂窝网络中,每个蜂窝最多处理数百个用户。最后,人类用户一般处于移动状态,接入点经常切换。

机器类通信无线接入模式明显不同于人类通信。2020 年,5G 的目标是将数十万台设备连接到单个小区[26]。到 2030 年,预计将有数百万台设备连接到单个小区。然而,与人类用户相反,大多数设备只是零星地进行通信,在上行链路上发送短脉冲数据。此外,在特定的应用(如车联网)中,大多数设备将处于固定位置,可以大大简化网络配置。我们在表 11-2 中总结了 HTC 和 MTC 流量之间的差异。

表 11-2　HTC 和 MTC 流量之间的差异

	HTC	MTC
数据包大小	大数据包(1～100kB)	小数据包(10～100B)
方向	下行链路	上行链路
数据速率	高(Mb/s)	低(10～100kb/s)
业务模式	基于会话的	散发且不可预测
并发用户	每个小区数百个	每个小区数百万个
移动性	高	固定 100km/h

如今,蜂窝网络主要使用 HTC,偶尔也会使用 MTC。大多数 4G 甚至 5G 的部署都涉及非对称链路,其中下行链路的容量大于上行链路。机器类通信应用在延迟、带宽、范围或能耗方面提出了特定要求,而这些要求是蜂窝网络无法

实现的。机器类通信使用其他技术，如 802.15.4、Sigfox、LoRA 或 BLE 来解决这些问题。在未来几年，网络中的流量数量或数据包大小都将由 HTC 向 MTC 转变。因此，必须重新考虑 6G 的构建模式，以实现 HTC 和 MTC 在单一网络技术中的融合。

11.3.2 业务类别

在 5G 中，业务主要分为三个类别：eMBB、mMTC、URLLC。这些业务类别可以涵盖大多数机器类通信应用的需求，无论是通用物联网（对应 eMMB 业务类别），大规模部署 MTC 设备，如智慧城市（对应 mMTC 业务类别），还是关键的 MTC 应用，包括联网车辆的碰撞检测（对应 URLLC 业务类别）。然而，6G 的特点是设备和应用的数量显著增加，异构性大大增强。因此，预计未来将出现以下业务类别。

（1）关键可靠 MTC：这个业务类别涵盖了所有需要低延迟和高可靠性操作的机器类通信应用。它包括可能危及人类生命的应用，如车联网和自动驾驶，还包括可能因延迟增加导致重大损失的应用，如自动化生产线。

（2）超密集 MTC：一些机器类通信应用会在非常近的地方部署数百到数千台设备。此业务类别中设备数量超过媒体容量几个数量级，同时仍然需要一定程度的可靠性和低延迟。

（3）超稀疏 MTC：与超密集 MTC 相反，超稀疏 MTC 考虑的是机器类通信网络在城市、地区甚至国家范围内广泛分布的情况。在某些地区，网络可能会具有有限的连通性和较高的延迟，并且主要依赖于辅助通信、机会网络或卫星通信[27]。

（4）高移动性关键 MTC：许多关键机器类通信应用都具有高移动性的特点，例如车辆自动驾驶以及健康监测。移动性是影响网络可靠性和时延的关键因素之一[28]。这种业务类别需要优先级和移动性预测，以便提前规划应用的需求。

（5）低至零功耗 MTC：这些应用受到低功耗的约束，并且有时需要在无电池的情况下利用收集的能量维持运行。在如此极端的能量限制下，这种业务类别需要对相关技术进行全局简化，例如媒体访问控制、拥塞控制和差错编码技术，以最大限度地减少关键计算和信息传输。

（6）尽力而为 MTC：最后，如 11.2 节所述，不是所有的机器类通信应用都有特定的要求。一些通用的物联网业务可以在合理的、提供尽力而为 QoS 的网络中运行。

除了机器类通信特定的流量类别外，人类通信应用也可能遵循类似的机制，并且需要由机器和人类之间的密切协作支持。因此，未来流量融合将以终端应用为特征，而不是终端用户为特征。

11.3.3 物理层

为了满足机器类通信对物理层的极端需求,研究人员提出了多种解决方案。在本节中,我们将重点讨论应用于 6G 网络中的机器类通信技术。

11.3.3.1 传输介质

为了支持大规模部署机器类通信,需要提高 6G 无线基础设施的部署密度。在目前可用的频段内,这种密集化必然会导致网络小区之间的干扰,从而大大降低服务质量。因此,必须扩大可用频率的范围。通过使用毫米波,5G 旨在为视距通信提供密集、超出本地基础设施范围、允许在城市环境中大量部署的微型基站。大多数运营商正在向三个频段迁移,分别是用于大多数应用的低频段(600MHz)、用于城市地区的中频段(sub-6GHz)和用于超密集、高速和近距离通信的高频段(6GHz 以上)[29]。6G 还需要继续探索大多数未经许可的更高频段(60～100GHz),甚至是用于大规模部署超本地机器类通信应用(密集智能家居、个人局域网络)的太赫兹频段[30]。同样,现有的较低频段仍需扩展,以承受密集城市区域下远距离应用带来的负载。

随着当前频谱的不断拓宽,VLC 被广泛地应用于超本地通信。可见光通信可以利用廉价的 LED 和光电探测器,实现低延迟以及高传输速率。在机器类通信环境中,可以重复使用现有的光源,例如,利用设备的 LED 状态来传输信息。此外,可见光通信要求在接近视距的条件下进行最佳信号解析,从而限制了空间和频域的干扰。最后,光/射频(VLC/RF)混合网络可在室内环境中结合二者的优势[31]。因此,在设备周期性地传输少量数据(例如家庭物联网)的超密集环境中,可见光通信是理想的选择。同样,基于近场通信(NFC)的协议可以提供低干扰的替代方案,尤其是在附近的 NFC 设备按需交换数据的机器类通信环境中[32,33]。

除开放频谱以满足机器类通信的各种应用场景外,6G 还需要融合多种传输技术。到目前为止,宽带网络、无线宽带网络、住宅无线网络、非地面互联网接入(卫星、无人机、平流层气球)以及个人局域网络和其他专业网络之间存在明显的分离。增加可用频段的数量将使每个应用的需求集成在一个单一的技术中,从而实现无线宽带网络、无线住宅网络和无线局域网络之间的融合。其次卫星通信,特别是近地轨道卫星网络可以集成到 6G 基础设施中,为传统上无法到达的地区提供服务和替代路径,疏导潜在的拥塞路径。无人机和平流层气球也可以提供类似的功能,并且增加了快速、可扩展的部署优势,允许在交通拥堵严重或其他基础设施扰动(小区故障、自然灾害)的情况下,在几分钟内建立备用链接。

总体而言,在无线链路层面,6G 需要融合各种技术,以提供超密集、超可靠的网络技术,满足机器类通信应用对带宽和延迟的极端要求。

11.3.3.2 调制

1) 环境反向散射通信(AmBC)

环境反向散射通信将现有的无线网络转变为无线设备的射频源。通过调制和反射现有的射频信号,例如,电视广播信号或移动通信信号,使得无电池设备在不产生无线信号的情况下能够通信,如图 11-1 所示。这种技术允许在不接入电网的情况下分配传感器[34],同时提供全面的网络连接[35]。然而,要想大规模部署 AmBC,仍面临着重大挑战。

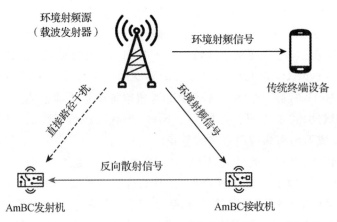

图 11-1 环境反向散射通信,收发信机收集环境中的 RF 信号以满足低功率要求

(1)载波和 AmBC 信号之间的干扰:AmBC 重复使用已经包含编码数据的信号,将具有微小变化的现有信号恢复编码并不容易。理想情况下,AmBC 要求载波信号具有固定幅度以便恢复。然而在野外环境中,RF 信号很少具有恒定的振幅,这增加了 AmBC 信号恢复的复杂性。此外,为了不干扰原始收发信机,AmBC 要求清楚掌握载波信号的调制方案。如果载波信号和 AmBC 符号具有相似的大小,那么它们可能相互干扰。这不仅增加了 AmBC 信号的恢复难度,而且在大规模部署 AmBC 的情况下,也会增加载波信号的恢复难度[36]。

(2)直接路径干扰:载波信号往往比 AmBC 信号高几个数量级,因此,直接路径信号是 AmBC 信号的直接干扰源。为了抑制各种无线通信技术的直接路径干扰,研究人员提出了多种策略[34,37,38]。然而,这些策略往往会消耗能量,且依赖于高分辨率的硬件。

(3)去中心化:AmBC 不提供管理访问介质时间点的集中式访问控制器。因此,在数千个设备同时传输数据包的情况下,需要仔细规划介质访问机制。虽然存在冲突避免机制,但它们依赖于随机数生成器等技术。这些技术可能很难在超低功耗终端上实现。类似地,解决隐藏终端问题的常用技术可能消耗更多的能量。

(4)范围:AmBC 的路径损耗很大,其应用范围小于一米。因此,它只能应用在少数明确定义的场景中,不能满足多数设备在不接入电网的情况下运行的要求[39]。

在这些限制下,大规模部署 AmBC 将是低至零功耗物联网面临的重大挑战之一。另一方面,解决这些挑战需要开发无需接入电网即可运行的设备,从而实现部署的密集化和规模化。

2)波束成形

6G 将利用超过 100GHz 的新高频范围,这些频率范围受到高衰减的影响。另一方面,这种高频率的主要优势之一是波长小(小于 1mm)。因此,可以在 $1cm^2$ 的表面上设计 10×10 的天线阵列,从而实现大规模 MIMO 系统。这样的 MIMO 系统可以通过建立相长干涉和相消干涉来引导信号的传输,与全向传输相比具有显著的改进。

在波束成形技术中引入空间复用,允许更多设备同时无干扰地传输。因为束分多址(BDMA)允许在几个频率上传输,从而使容量能够与连接到小区的设备数量匹配。因此,已经考虑将束分多址技术应用于 5G。由于机器类通信设备的大规模部署,6G 将面临前所未有的业务量和复杂性。为了应对这些挑战,研究人员一直在考虑以下方向[40]:

(1)XL‐MIMO(Extra‐Large MIMO):特大型 MIMO 考虑使用数千根天线来保证用户的服务质量。XL‐MIMO 可以利用基站上的大规模天线阵列[41],或与设备上天线阵列互通的分布式设备网络[42],实现高空间分辨率,并大大降低能量受限器件所需的发射功率。

(2)智能波束成形:随着网络复杂性的增加(设备规模、移动性),可以应用机器学习技术动态优化波束成形过程,例如,预测用户移动性和由此产生的效率[43]。

(3)通信和传感:大型天线阵列除了通信外还有其他用途。波束成形通常可用于雷达系统,以产生高分辨率定向波束。因此,未来可能将波束成形用于通信和诸如环境感知、定位的传感应用。例如,在车联网中,波束成形可以用于与其他车辆通信,同时参与碰撞避免机制[44]。

(4)AmBC 和波束成形:由于设备需要感知位置才能准确地使用 AmBC 传输信号,波束成形的方向性使 AmBC 变得更加复杂。然而,当传统接收机和 AmBC 接收机位于同一位置时,可以利用传统发射机的方向性使 AmBC 以较少的干扰发送信息[40]。

(5)空间非正交多址:波束成形允许将信号的传输集中到其接收机。然而,在 mMTC 的情况下,近距离通信设备的数量可能比发射机的分辨率大得多。因此,可以在空间中应用非正交多址。我们将在下面更详细地描述。

3)非正交多址

无线网络基于正交多址为用户分配无线资源。从 1G 的 FDMA 到 4G 的 OFDMA,每一代移动网络中都使用这样的方案。随着连接设备的密度呈指数级增加,预计传统的正交多址接入技术将出现局限性。这个问题的一个潜在解决方案是通过利用以前未使用的频带,如太赫兹通信[45]或可见光通信[46],在频谱上扩展通信。另一个解决方案是开发新的 NOMA 方案[47](图 11-2)。

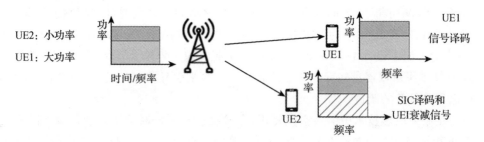

图 11-2 功率域 NOMA。多个信号在功率域中叠加并在同一信道上传输。在接收机侧,连续干扰消除首先对最强信号进行解码,然后将其从接收信号中进行子分解,以获得所需信号

NOMA 允许服务用户并行共享相同的时间或频率资源。目前有多种技术来执行 NOMA,最常用的是在码域或功率域。码域 NOMA 通过在码域中使用用户特定的扩展序列来多路复用。这些扩展序列具有稀疏、低密度和低互相关特性[48]。功率域 NOMA 依赖于叠加编码(SC)以允许更多的用户访问相同的资源,并在接收侧依赖串行干扰消除(SIC)来恢复通信。最近,研究人员考虑将空间波束[49]用于毫米波。为了适应日益增长的用户数,NOMA 成为 5G 多址接入策略的一部分。然而,目前的大多数技术依赖于基站预先分配扩展序列或发射功率。在 6G 和 mMTC 的背景下,只有小部分(未知)设备同时发送数据,这些策略会导致大量不必要的开销。因此,无冗余的 NOMA 方案更加方便[50]。例如,MC-NOMA 利用帧理论的特性,在有限数量的正交资源上复用用户[51]。在这种不可预测的网络条件下,人工智能技术是优化延迟和可靠性的选择之一[52]。机器类通信设备在计算能力和能量方面的限制,也要求对收发信机结构进行精心设计。这种收发信机应该依赖于低复杂度但高效的多用户检测算法[53]。最后,在大规模部署环境反向散射通信的情况下也可以考虑 NOMA[54]。

NOMA 允许在单个信道上并发传输,从而为协作通信和设备到设备通信领域提供新的可能性。

4)短包编码

信息论预测了能够达到信道容量的纠错码的存在[55]。因此,研究人员一直在努力实现接近香农极限的纠错码。例如,由于 Turbo 码的错误概率与香农极限小于 1dB,从而被广泛地应用于包括 4G 和 5G 在内的各种应用中。然而,Turbo 码有许多缺点,包括译码延迟高,在高信噪比环境下性能不佳,在低误码率下性能不佳等。因此,Turbo 码不能解决机器类通信带来的业务多样性。

因为 5G 网络要求较高的吞吐量,所以采用低密度奇偶校验码(LDPC)和极化码分别作为数据信道和控制信道的纠错码。LDPC 还支持广泛的块长度和编码速率,以保证高性能、并行译码和低复杂度。因此,LDPC 已被确定为 eMBB 业务类别的纠错码,而 mMTC 和 URLLC 业务类别仍在标准化中。正如我们在前几节中所描述的那样,机器类通信的多个应用依赖于非常小的分组,因此,需要设计针对较小块长度的超可靠编码。LDPC[56]在较小的块长度上受到许多限制,因此,需要进行重大的调整来解决 mMTC 的一些限制。

与 LDPC 相反,BCH 码具有较大的最小距离,在低误码率下具有较高的可靠性。然而,BCH 码要求块长度遵循特定的规则,限制了其灵活性。卷积码在数据包尺寸较小时具有良好的性能,尾部比特卷积避免了编码终止带来的损失,以更复杂的译码过程为代价增加了可靠性。最后,极化码作为 eMBB 控制信道编码方案,其特点是传输的数据包较小。与 LDPC 相反,对于较短的块长度,它们在没有下限的情况下表现良好[57]。

没有一个完美的解决方案可以满足每个类别的所有需求,但 5G 定义的三个类别(eMMB、mMTC 和 URLLC)已经可以覆盖未来大部分机器类通信应用。6G 场景下,机器类通信应用需求和约束的多样性,将需要定义更多的流量类别,并在这些子类上应用各种纠错码。

11.3.4 MAC 层

人工智能辅助网络的功能之一是无线资源管理。更具体地说,对于 MAC 层,6G 将使用基于人工智能的算法实现资源的动态调度。5G 中的介质访问控制协议与 ALOHA 的方案几乎完全相同[58]。然而,目前的 5G 标准是面向连接的,这对于设备部署密度大幅增加的机器类通信来说非常低效。6G 中的随机接入协议使用数据驱动的方法,在接收机可以访问关于设备激活模式信息的情况下,通过智能无线电与物理层协议配合协同工作。

1)太赫兹及更高频段的 MAC 协议

传统无线通信系统与太赫兹频段的系统最大的区别在于,前者采用全向天线,使用基于载波侦听的 MAC 协议,而后者采用高度定向的波束,使用基于握手的 MAC 协议。用于太赫兹频段通信的 MAC 协议需要考虑固有的空间和频谱特征,以解决侦听阻塞问题和视线遮挡问题[59]。

考虑到太赫兹通信可以成为泛在网络(纳米网络、切片无线网络、个人局域网络、局域网、数据中心网络和星际网络)的一部分,人工智能技术和基于上下文的 MAC 层协议,有望在确保链路为 Tb/s 级的情况下,用于处理侦听阻塞和视线遮挡问题[60]。

在太赫兹频带之外,可见光通信也可用于传输超本地信息。然而,在不同的传输实体之间,可见光通信存在严重的干扰问题。因此,对于密集部署的机器类通信来说,要实现可靠信息传输,必须采用冲突检测避免协议。为了在混合 RF/VLC 网络上实现共享访问[31,61],提供负载平衡[62],甚至是机器学习支持的资源分配方案[63],进行了多项研究。总的来说,没有一个万能的标准能够适用所有方案。目前正在部署多种 PHY 和 MAC 协议以适应可见光通信的特定用途[64]。

2)设备对设备(D2D)通信

D2D 计划通过 LTE Direct 集成 4G[65]。这种技术允许设备在不连接到基站的情况下,使用 LTE 进行通信。它将允许多达 1000 台设备之间相互连接,并降低能耗,甚至优于传统的 LTE[66]。然而,它从未真正实施。在 5G 时代,D2D 通信被设想为点对点通信。这是一种替代通信方法,允许设备直接相互通信,从而减轻基站的负担[67]。6G 将模糊用户终端和基站之间的界限,并将目前不同的通信方法集合在同一标准化技术中[68]。因此,D2D 将是 6G 的核心技术。D2D 不仅可以作为拥塞情况下的备份信道,还将支持网络基础设施本身的一些要素。正如 3.3.1 节所述,群组的移动无人机和平流层气球将成为 6G 不可或缺的一部分。因此,必须开发可靠的协议,以便有效地在自组织的核心网中进行路由过程。

3)车联网

车联网,尤其是车对车通信(V2V),将为 6G 中的 D2D 通信带来额外的挑战。车辆具有高度移动性,并要求在低时延和高可靠性的约束下进行通信。此外,车载通信往往涉及车辆之间的通信(V2V),还涉及与基础设施(V2I),以及与边缘计算资源(V2E)和云(V2C)的通信。这允许结合车辆性能进行全球通信[69],但也带来了多重挑战。例如,在多无线电环境中提供快速精确的信道划分,在高度移动条件下的无线电配置,以及高速波束成形[70]等。6G 需要将智能无线电、智能网络和车载智能技术结合,以优化通信并满足车联网的严格要求。

11.4 网络智能

6G 与前几代无线移动通信最显著的区别在于,它不是将更多的"物"连接在一起,而是将"智能实体"连接在一起。AI 在这种世界范围的智能实体集成中,发挥着至关重要的作用。6G 将超越传统的移动互联网架构,为位于网络核心和边缘基础设施之间的设备,提供无处不在的人工智能服务。此外,机器和深度学习等人工智能技术还将应用于 6G 架构协议、运营的设计和优化。更具体地说,6G 将采用人工智能技术来实现其功能。同时通过低延迟和高带宽的专用硬件通信信道,应用能够基于密集数据型的人工智能模型运行。联邦学习可能是人工智能技术中最具代表性的例子,这种技术将广泛应用于机器类通信。联邦学习是最近出现的一种跨机器训练模型的技术。它允许生成和存储数据的机器,共同训练一个机器学习模型。其只需要交换一组学习的参数[71],而不需要它们交换数据。有权访问本地存储数据的机器定期与位于云中的专用机器通信,并发送参数更新。在每个周期内,专用服务器聚合收集的更新参数,使用采样机制选择机器的子集,并将聚合参数发送到每个采样机器。在接收到新的参数后,采样机器在固定的时间内使用存储的数据对本地模型进行训练,并在结束时传回计算出的参数。考虑到机器可能不具备本地训练模型的计算能力,即使是少量迭代计算,它也可以使用拆分学习技术,利用云资源完成计算[72]。

因此,6G 将需要新的业务类型的支持。这些业务类型第一能支持能力较弱的小型设备和位于网络中的资源丰富的实体之间的计算卸载;第二能增强感知上下文并适应链路拥塞、网络拓扑和移动性的能力;第三能为具有空间和时间变化的设备密度、流量模式、频谱和基础设施之间建立超可靠和低延迟的通信[14]。这些业务将处理分布式计算的需求,使用联邦学习范式以及边缘计算训练机器学习模型。具有代表性的例子包括自动驾驶、无人飞行器驾驶、智能电网能源交易等。

除支持智能设备之外,6G 还需要网内智能来应对机器类通信应用大规模增长带来的问题。5G 将 SDN 和 NFV 应用于用户侧和骨干网,以提供网络资源的可编程控制和管理。此外,这些技术允许使用垂直网络切片,将 5G 网络拆分为多个逻辑网络,每个逻辑网络保证每个应用的服务质量[73]。尽管与前几代网络相比,垂直切片优势明显。但到 2030 年,垂直切片将无法应对大量的设备和各种各样的应用。6G 将通过人工智能技术,实现对网络功能的自动化控制,使网络软件化达到一个新的水平。网络智能将为每个单独的应用提供动态的、按需的资源。类似地,人工智能技术可以利用软件无线电(SDR)实时处理多种通信技术和频段的资源分配[14]。

11.5 情境感知应用

如 11.2 节所述，未来的机器类通信应用将包含多种 QoS 需求。许多新兴应用都将高可靠性和低延迟作为首要任务。例如，车联网防撞系统需要亚毫秒的延迟和极高的可靠性。类似地，在工业自动化中，系统的一次故障就可能会导致高额的损失。另一方面，家庭物联网或智慧城市传感等应用可以接受更宽松的传输环境，有时其对延时的容忍程度甚至超过人类通信应用。为了使这些异构应用能够共同协作，网络态势感知是设计和执行不同 QoS 级别协作通信方案的关键。

故障弱化是指即使在网络条件不佳的情况下，也能够保持最低限度的功能。这种概念可应用于关键机器类通信应用系统，以防止发生灾难性故障。另外，这种概念也可以应用于非关键应用。这些非关键应用利用网络态势感知来检测拥塞，并为具有更高可靠性和延迟约束的应用提供空间。故障弱化经常应用于人类通信[74,75]中，但在机器类通信[76]中也非常重要。在机器类通信网络中，故障弱化能够实现功率、延迟和可靠性间的折中，同时减少关键应用中网络利用率瞬时峰值的影响。即使在单独的机器类通信应用中，也可以减少一些信息流，以支持最重要的信息流传输。例如，车联网中出现网络拥塞时，可以暂停为乘客提供的娱乐信息服务，降低导航系统的更新频率，并继续传输防撞系统的全部信息流，从而以不太舒适的乘车体验为代价确保乘客的安全。

故障弱化必须跨层应用，其中每层从较低层获取信息以适应其网络行为。在链路拥塞的情况下，物理层和数据链路层要通知应用目前介质访问受限。因此，应用可以通过选择最重要的信息来决定临时限制其传输速率。同样，应用应该与网络层和传输层协同工作，以适应全局网络状态，并在出现拥塞时执行内部 QoS 以确定流量的优先级。尽管这打破了典型的 OSI 模型，但这种融合允许应用在内部根据网络情况确定流量优先顺序，并且允许关键的应用在网络条件不佳的情况下也能运行。

在集中式机器类通信部署中，机器类通信控制器可以很容易地感知网络情况，并决定是否在其监督下触发机器类通信设备[77]。一般来说，这种控制器的计算能力比设备更强，并且可以部署先进的机器学习算法，根据网络情况进行决策、学习和改进。然而，正如我们在前面的章节中所描述的，机器类通信目前倾向于免授权资源分配方案。在该方案中，设备相互协作以高效地共享通信介质[78]。在部署集中式机器类通信时，应采用新的机制来实现低能耗和低复杂度、设备上的网络感知和解释。

早在2014年就有学者已经讨论过机器类通信的网络感知,目的是确保机器类通信应用不会影响人类通信应用在LTE网络中的访问概率。在下一代移动网络中,机器类通信应用间的干扰情况加剧。目前,已经通过延迟一些激活的机器类通信设备发送访问请求,以解决拥塞控制问题[79]。其中,使用统计配置[80]、流量预测[81]和机器学习[82]来优化蜂窝机器类通信应用中的大规模接入。

11.6 本章小结

6G中的机器类通信的特征是近距离部署大量设备。应用的异构性将导致前所未有的约束和需求的多样性。为了应对这些挑战,必须在传输过程中从接入介质本身到应用的每一层采用新的策略。

在这一章中,我们总结了最有前途的研究方向,并展望了6G如何实现海量异构机器类通信。可以看到,在物理层扩展频谱可以显著提高比特率,同时通过增加可用信道的数量,利用具有高衰减(因此是低范围)的频率范围来减少设备之间的干扰。当与诸如AmBC、波束成形或NOMA的特定调制技术相结合时,机器类通信可以在有限的区域中容纳大量的设备。同时,考虑到太赫兹通信的频谱特性和特殊性,需要设计新的基于人工智能技术的MAC层协议,来解决太赫兹通信中的侦听阻塞和视线遮挡问题。此外,我们还讨论了6G与前几代协议的不同之处。它不仅将"物"连接在一起,还在协议栈的每一层中添加了"智能实体"。最后,情况感知应用可以弱化故障引起的不良影响,以支持内部和外部最关键的应用。

我们希望全面概述未来几年机器类通信大规模部署带来的变化。未来的蜂窝网络将逐渐从以人类通信为中心迁移到以机器类通信为中心。这将给网络带来更多且更难以预测的压力,只有融合相关技术才能解决这些问题。

参 考 文 献

[1] PU L, CHEN X, XU J, et al. D2D fogging: an energy-efficient and incentive-aware task offloading framework via network-assisted D2D collaboration[J]. IEEE J. Selec. Areas Com-mun,2016,34(12):3887-3901.

[2] CHATZOPOULOS D, BERMEJO C, HAQ E U, et al. D2D task offloading: a dataset-based Q&A[J]. IEEE Commun. Mag,2019,57(2):102-107.

[3] CHEN S, HU J, SHI Y, et al. Vehicle-to-everything (V2X) services supported by lte-based systems and 5G[J]. IEEE Commun. Stand. Mag,2017,1(2):70-76.

[4] FANG X, MISRA S, XUE G, et al. Smart grid - the new and improved power grid: a survey[J]. IEEE Commun. Surveys Tutorials,2011,14(4):944-980.

[5] HOLFELD B, WIERUCH D, WIRTH T, et al. Wireless communication for factory automation: an opportunity for lte and 5G systems[J]. IEEE Commun. Mag,2016,54(6):36-43.

[6] STATISTA. Number of internet of things (IOT) connected devices worldwide in 2018, 2025 and 2030 (2020) [EB/OL]. https://www.statista.com/statistics/802690/worldwide-connected-devices-by-access-technology/. Accessed 23 July 2019.

[7] JARSCHEL M, SCHLOSSER D, SCHEURING S, et al. An evaluation of QoE in cloud gaming based on subjective tests[C]// 2011 Fifth International Conference on Innovative Mobile and Internet Services in Ubiquitous Computing:330-335.

[8] DAWY Z, SAAD W, GHOSH A, et al. Toward massive machine type cellular communications[J]. IEEE Wirel, Commun,2017,24(1):120-128.

[9] Sigfox connected objects: radio specifications - ref.: Ep - specs rev.: 1.5, SigFox (2020). Accessed 23 July 2019[Z].

[10] SORNIN N, LUIS M, EIRICH T, et al. Lorawan 1.1 specification. LoRa Alliance (2015). Accessed 23 July 2019[Z].

[11] IEEE standard for local and metropolitan area networks - part 15.4: low - rate wireless personal area networks (LR - WPANs). IEEE Std 802.15.4 - 2011 (Revision of IEEE Std 802.15.4 - 2006) (2011), pp. 1-314[Z].

[12] Bluetooth core specification v 5.2, Bluetooth (2019). Accessed 23 July 2019[Z].

[13] ETSI, ETSI - mobile technologies - 5g, 5g specs|future technology. https://www.etsi.org/technologies/5g. Accessed 23 July 2019[Z].

[14] LETAIEF K B, CHEN W, SHI Y, et al. The roadmap to 6G: AI empowered wireless networks[J]. IEEE Commun. Mag,2019,57(8):84-90.

[15] 6G - the next hyper - connected experience for all. Samsung Research (2020) Accessed 23 July 2019[Z].

[16] AAZHANG B, AHOKANGAS P, ALVES H, et al. Key drivers and research challenges for 6G ubiquitous wireless intelligence (white paper) (2019) [Z].

[17] MAHMOOD N H, BÖCKER S, MUNARI A, et al. White paper on critical and massive machine type communication towards 6G (2020) [Z].

[18] Cisco edge - to - enterprise IoT analytics for electric utilities solution overview. Cisco (2018). Accessed 23 July 2019[Z].

[19] ZHANG J, LETAIEF K B. Mobile edge intelligence and computing for the internet of vehicles[J]. Proc. IEEE,2019,108(2):246-261.

[20] LEE L H, BRAUD T, HOSIO S, et al. Towards augmented reality - driven human - city interaction: current research and future challenges (2020) [EB/OL]. Preprint arXiv:09207,2007.

[21] ÖZDEMIR V, HEKIM N. Birth of industry 5.0: Making sense of big data with artificial intelligence, "the internet of things" and next-generation technology policy[J]. OMICS: J. Integr. Biol,2018,22(1):65-76.

[22] BERARDINELLI G, MAHMOOD N H, RODRIGUEZ I, et al. Beyond 5G wireless irt for industry 4.0: design principles and spectrum aspects[C]//2018 IEEE Globecom Workshops (GC Wkshps) (2018):1-6.

[23] NEGRA R, JEMILI I, BELGHITH A. Wireless body area networks: applications and technologies[J]. Procedia Comput. Sci,2016(83):1274-1281.

[24] CICIOGLU M, ÇALHAN A. IoT-based wireless body area networks for disaster cases [J]. Int. J. Commun. Syst,2020,33(13): e3864.

[25] JAIN R, GOEL V, REKHI J K, et al. IoT-based green building: towards an energy-efficient future, in Green Building Management and Smart Automation[M]. Hershey: IGI Global, 2020 ;184-207.

[26] SACHS J, POPOVSKI P, HÖGLUND A, et al. Machine-Type Communications [M]. Cambridge: Cambridge University Press, 2016;77-106.

[27] AUCINAS A, CROWCROFT J, HUI P. Energy efficient mobile M2M communications [J]. Proc. ExtremeCom ,2012(12):1-6.

[28] BRAUD T, KÄMÄRÄINEN T, SIEKKINEN M, et al. multi-carrier measurement study of mobile network latency: the tale of Hong Kong and Helsinki[C]//2019 15th International Conference on Mobile Ad-Hoc and Sensor Networks (MSN) (IEEE, Piscataway, 2019):1-6.

[29] HORWITZ J. The definitive guide to 5G low, mid, and high band speeds[J/OL]. Venture Beat Online Magazine ,2019.

[30] KÜRNER T, PRIEBE S. Towards THz communications-status in research, standardization and regulation[J]. J. Infr. Millimeter Terahertz Waves,2014, 35(1):53-62.

[31] AMJAD M, QURESHI H K, HASSAN S A, et al. Optimization of mac frame slots and power in hybrid VLC/RF networks[J]. IEEE Access,2020(8):21653-21664.

[32] SUCIPTO K, CHATZOPOULOS D, KOSTA S, et al. Keep your nice friends close, but your rich friends closer-computation offloading using NFC[C]//IEEE INFOCOM 2017-IEEE Conference on Computer Communications (2017): 1-9.

[33] CHATZOPOULOS D, BERMEJO C, KOSTA S, et al. Offloading computations to mobile devices and cloudlets via an upgraded NFC communication protocol[J]. IEEE Trans. Mobile Comput,2020,19(3):640-653.

[34] LIU V, PARKS A, TALLA V, et al. Ambient backscatter: wireless communication out of thin air[J]. ACM SIGCOMM Comput. Commun. Rev,2013,43(4):39-50.

[35] KELLOGG B, PARKS A, GOLLAKOTA S, et al. Wi-Fi backscatter: Internet connectivity for RF-powered devices[C]//Proceedings of the 2014 ACM Conference on SIGCOMM (2014) ;607-618.

[36] RUTTIK K, DUAN R, JÄNTTI R, et al. Does ambient backscatter communication need additional regulations? [C]//2018 IEEE International Symposium on Dynamic Spectrum Access Networks (DySPAN) (2018): 1 - 6.

[37] QIAN J, GAO F, WANG G, et al. Noncoherent detections for ambient backscatter system. IEEE Trans[J]. Wirel. Commun,2017, 16(3):1412 - 1422.

[38] YANG G, LIANG Y, ZHANG R, et al. Modulation in the air: backscatter communication over ambient ofdm carrier[J]. IEEE Trans. Commun,2018,66(3):1219 - 1233.

[39] DUAN R, WANG X, YIGITLER H, et al. Ambient backscatter com - munications for future ultra - low - power machine type communications: challenges, solutions, opportunities, and future research trends[J]. IEEE Commun. Mag,2020, 58(2): 42 - 47.

[40] CHEN S, SUN S, XU G, et al. Beam - space multiplexing: practice, theory, and trends, from 4G TD - LTE, 5G, to 6G and beyond[J]. IEEE Wirel. Commun,2020,27(2):162 - 172.

[41] CARVALHO E D, ALI A, AMIRI A, et al. non - stationarities in extra - large - scale massive mimo[J]. IEEE Wirel. Commun,2020,27(4):74 - 80.

[42] RODRIGUES V C, AMIRI A, ABRÃO T, et al. Low - complexity distributed xl - mimo for multiuser detection[C]// 2020 IEEE International Conference on Communications Workshops (ICC Workshops) (2020):1 - 6.

[43] MAKSYMYUK T, GAZDA J, YAREMKO O, et al. Deep learning based massive mimo beamforming for 5G mobile network[C]//2018 IEEE 4th International Symposium on Wireless Systems within the International Conferences on Intelligent Data Acquisition and Advanced Computing Systems (IDAACS - SWS) (2018): 241 - 244.

[44] ZHANG J A, HUANG X, GUO Y J, et al. Multibeam for joint communication and radar sensing using steerable analog antenna arrays[J]. IEEE Trans. Vehic. Technol, 2019, 68(1): 671 - 685.

[45] BOULOGEORGOS A A, PAPASOTIRIOU E N, ALEXIOU A. A distance and bandwidth dependent adaptive modulation scheme for thz communications[C]// 2018 IEEE 19th International Workshop on Signal Processing Advances in Wireless Communications (SPAWC) (2018):1 - 5.

[46] GULER A U, BRAUD T, HUI P. Spatial interference detection for mobile visible light communi - cation[C]// 2018 IEEE International Conference on Pervasive Computing and Communications (PerCom) (IEEE, Piscataway, 2018): 1 - 10.

[47] ISLAM S, ZENG M, DOBRE O A. Noma in 5G systems: exciting possibilities for enhancing spectral efficiency (2017) [EB/OL]. Preprint arXiv:1706.08215.

[48] DUCHEMIN D, GORCE J M, GOURSAUD C. Code domain non orthogonal multiple access versus aloha: a simulation - based study[C]// 2018 25th International Conference on Telecommunications (ICT) (IEEE, Piscataway, 2018): 445 - 450.

[49] SHAO W, ZHANG S, LI H, et al. Angle - domain noma over multicell millimeter wave

massive mimo networks[J]. IEEE Trans. Commun,2020,68(4):2277-2292.

[50] SHAHAB M B, ABBAS R, SHIRVANIMOGHADDAM M, et al. Grant-free non-orthogonal multiple access for iot: a survey[J]. IEEE Commun. Surv. Tutor,2020, 22(3):1805-1838.

[51] STOICA R, ABREU G T F D. Massively concurrent noma: a frame-theoretic design for non-orthogonal multiple access[C]// 2018 52nd Asilomar Conference on Signals, Systems, and Computers (2018): 461-466.

[52] YE N, LI X, YU H, et al. Deep learning aided grant-free noma toward reliable low-latency access in tactile internet of things[J]. IEEE Trans. Ind. Inf,2019, 15(5):2995-3005.

[53] CHEN Y, BAYESTEH A, WU Y, et al. Toward the standardization of non-orthogonal multiple access for next generation wireless networks[J]. IEEE Commun. Mag,2018,56(3):19-27.

[54] ZHANG Q, ZHANG L, LIANG Y, et al. Backscatter-noma: a symbiotic system of cellular and internet-of-things networks[J]. IEEE Access,2019(7):20000-20013.

[55] Shannon C E. Probability of error for optimal codes in a gaussian channel[J]. Bell Syst. Tech. J,1959, 38(3):611-656.

[56] RICHARDSON T. Error floors of LDPC codes[C]//Proceedings of the Annual Allerton Conference on Communication Control and Computing, vol. 41 (The University: 1998, 2003) :1426-1435.

[57] Shirvanimoghaddam M, Mohammadi M S, Abbas R, et al. short block-length codes for ultra-reliable low latency communi-cations[J]. IEEE Commun. Mag,2018,57(2): 130-137.

[58] CLAZZER F, MUNARI A, LIVA G, et al. From 5G to 6G: Has the time for modern random access come? (2019) [EB/OL]. Preprint arXiv:1903. 03063.

[59] HAN C, ZHANG X, WANG X. On medium access control schemes for wireless networks in the millimeter-wave and terahertz bands[J]. Nano Commun. Netw,2019(19): 67-80.

[60] AKYILDIZ I F, KAK A, NIE S. 6G and beyond: the future of wireless communications systems[J]. IEEE Access,2020(8):133995-134030.

[61] PAPANIKOLAOU V K, DIAMANTOULAKIS P D, SOFOTASIOS P C, et al. On optimal resource allocation for hybrid VLC/RF networks with common backhaul[J]. IEEE Trans. Cognit. Commun. Netw,2020, 6(1):352-365.

[62] ADNAN-QIDAN A, MORALES-CÉSPEDES M, ARMADA A G. Load balancing in hybrid VLC and RF networks based on blind interference alignment[J]. IEEE Access, 2020(8):72512-72527.

[63] SHRIVASTAVA S, CHEN B, CHEN C, et al. Deep q-network learning based downlink resource allocation for hybrid RF/VLC systems[J]. IEEE Access, 2020 (8):

149412 - 149434.

[64] NDJIONGUE A R, NGATCHED T M N, DOBRE O A, et al. VLC - based networking: feasibility and challenges[J]. IEEE Netw,2020, 34(4):158 - 165.

[65] 3GPP. Overview of 3GPP release 12 v0.2.0, Technical Report, 3GPP (2015)[R/OL]. https://www.3gpp.org/ftp/Information/WORK _ PLAN/Description _ Releases/. Accessed 28 Aug 2020.

[66] Condoluci M, Militano L, Orsino A, et al. LTE - direct vs. WiFi - direct for machine - type communications over LTE - a systems[C]//2015 IEEE 26th Annual International Symposium on Personal, Indoor, and Mobile Radio Communications (PIMRC) (2015): 2298 - 2302.

[67] Ansari R I, Chrysostomou C, Hassan S A, et al. 5G D2D networks: techniques, challenges, and future prospects[J]. IEEE Sys. J,2018, 12(4):3970 - 3984.

[68] ZHANG S, LIU J, GUO H, et al. Envisioning device - to - device communications in 6G [J]. IEEE Netw,2020, 34(3):86 - 89.

[69] ZHOU P, BRAUD T, ZAVODOVSKI A, et al. Edge - facilitated augmented vision in vehicle - to - everything networks[J]. IEEE Trans. Vehic. Technol,2020(69): 1.

[70] TANG F, KAWAMOTO Y, KATO N, et al. Future intelligent and secure vehicular network toward 6G: machine - learning approaches[J]. Proc. IEEE,2020,108(2):292 - 307.

[71] YANG Q, LIU Y, CHEN T,et al. Federated machine learning: concept and applications [J]. CoRR abs/1902.04885,2019.

[72] SINGH A, VEPAKOMMA P, GUPTA O, et al. Detailed comparison of communication efficiency of split learning and federated learning (2019)[EB/OL]. Preprint arXiv:1909.09145.

[73] BARAKABITZE A A, AHMAD A, MIJUMBI R, et al. 5G network slicing using sdn and NFV: a survey of taxonomy, architectures and future challenges[J]. Comput. Netw, 2020(167):106984.

[74] BRAUD T, BIJARBOONEH F H, CHATZOPOULOS D, et al. Future networking challenges: the case of mobile augmented reality[C]// 2017 IEEE 37th International Conference on Distributed Computing Systems (ICDCS) (IEEE, Piscataway, 2017): 1796 - 1807.

[75] SCHIERL T, HELLGE C, MIRTA S, et al. Using h.264/AVC - based scalable video coding (SVC) for real time streaming in wireless IP networks[C]//2007 IEEE International Symposium on Circuits and Systems (IEEE, Piscataway, 2007): 3455 - 3458.

[76] SHEHAB M, DOSTI E, ALVES H, et al. On the effective capacity of MTC networks in the finite blocklength regime[C]// 2017 European Conference on Networks and Communications (EuCNC) (IEEE, Piscataway, 2017):1 - 5.

[77] W. U. Rehman, T. Salam, A. Almogren, K. Haseeb, I. Ud Din, S. H. Bouk, Improved resource allocation in 5G MTC networks. IEEE Access 8, 49187 - 49197 (2020).

[78] HAN B, SCIANCALEPORE V, HOLLAND O, et al. D2D - based grouped random access

to mitigate mobile access congestion in 5G sensor networks[J]. IEEE Commun. Mag,2019,57(9):93-99.

[79] DUAN S,SHAH-MANSOURI V,WANG Z,et al. D-ACB: adaptive congestion control algorithm for bursty M2M traffic in LTE networks[J]. IEEE Trans. Vehic. Technol,2016,65(12):9847-9861.

[80] SHEHAB M,DOSTI E,ALVES H,et al. Statistical QOS provisioning for MTC networks under finite blocklength[J]. EURASIP J. Wirel. Commun. Netw,2018,2018(1):1-14.

[81] ALI S, SAAD W, RAJATHEVA N. A directed information learning framework for event-driven M2M traffic prediction[J]. IEEE Commun. Lett,2018, 22(11):2378-2381.

[82] SLIWA B, FALKENBERG R, LIEBIG T, et al., Boosting vehicle-to-cloud communication by machine learning-enabled context prediction[J]. IEEE Trans. Intell. Transport. Syst. 21, 019.

第 12 章　6G 系统中的边缘智能

本章将边缘智能视为 6G 无线系统的关键技术。智能互联技术推动了新型无线业务的发展,未来网络将无法在僵化、静态、传统的基础设施中运行。网络需要具备能够随时随地提供分布式决策的能力。6G 业务既需要智能运营协调无线功能和资源,以应对分散在边缘设备上微小但海量的异构数据,也需要具有服务智能来实现高精度制造和全息隐形传态等复杂应用。处于边缘位置的人工智能则需要具备管理大规模、异构、海量小数据的能力,情境感知的同时执行高度精准的决策。为了打破数据的异构性和资源的间歇性,我们提出了一种通过元学习来部署无监督学习机制的框架,该框架可在稍后元学习的单独任务中体现聚类趋势。此外,通过数据科学和基于理论模型支持的可解释边缘智能技术赋能,可满足对网络进行主动、可持续设计和优化的需求。

12.1　引言

随着 5G IoT 的问世,我们所熟知的经典互联网基础设施见证了新型云计算能力的范式转变,即将冗长的处理和存储部分转移到更靠近连接设备的地方。由此,边缘计算的概念应运而生,成为将计算、连接和存储能力从云服务器扩展到网络边缘的有效方法[1]。迄今为止,边缘计算研究一直专注于设计边缘技术,以降低在远程云上执行计算产生的开销和延迟,例如,可为物联网关键应用提供URLLC 业务。与此同时,新型智联网(IoI)业务也出现了前所未有的激增。例如,XR、连接全息、触觉反馈、自动驾驶和触觉互联网等。为 IoI 应用提供实时和沉浸式通信,需要突破每秒太比特(Tb/s)级的数据速率、近零的端到端时延、高能源效率和高端到端可靠性。此外,在 6G[2-4]中,网络需要保持稳定,能够即时、连续地向用户提供这些业务能力,这些操作使得对处理和通信的要求更加严格。而且,IoI 业务被部署在异构设备上,这些设备要么完全以人为中心,需要高度的沉浸感;要么以设备为中心,以模仿人类的行为和思考方式为目的,如机器人、自动驾驶、数字孪生等。换言之,这类业务的需求不仅更加严格,而且超出了传统无线网络传输数据包时"尽力而为"的要求。例如,虚拟现实对感知和触觉的需求,需要即时的高速率、高可靠低延迟通信(HRLLC)和低抖动[5-6]。无法满足这些要求可能会导致VR用户在使用时出现晕动病。因此,仅提高无线通信标准是不够的,此类业务需要由部署在网络边缘经验丰富的类人智能来管理,而且还需要具备海量小型异构数据、业务和资源的潜力释放能力。所以,5G中的边缘计算概念必须向6G中的边缘智能演进,以实现前所未有的主动网络优化。

近期,许多论文针对边缘计算技术开展研究[7-9]。参考文献[7]研究了通信和计算资源联合分配,解决云边协同系统中所有设备延迟加权和的最小化问题。参考文献[8]的作者在考虑混合雾云架构的同时,探究了雾网络①的形成和任务分配问题。参考文献[9]则针对关键任务应用,提出了一种低延迟、高可靠的通信计算系统设计方案。然而,这些工作大多局限于物联网和5G业务,并未涵盖针对复杂的6G网络和应用的智能驱动边缘。参考文献[10-13]中出现了一批与边缘智能相关的概述和教程。在参考文献[10-12]中对围绕边缘智能的文献进行了彻底而全面的调研。在参考文献[13]中,作者探索了边缘机器学习的关键构造和理论原理,设计出了全新的神经网络架构。然而,参考文献[10-13]中的工作既没有探讨6G网络所支持的去中心化学习机制,也没有讨论新兴6G业务协作边缘机制所面临的挑战。与这些最新的研究方法不同,本章将重点关注边缘智能如何成为6G应用的关键推动力。更值得关注的是,6G业务将被应用在更复杂的环境中,这些环境通常具有更高的移动性和动态性,同时由更稀疏的信道和更高的不确定性和敏感性驱动。在这些复杂条件下,这类业务需要更智能,以更贴近人类的行为方式来运行,为XR和全息隐形传态等应用的使用者提供沉浸式体验,或者在自动驾驶和工业自动化等应用中模仿人类思考和行为的方式。此外,与需要大量数据才能训练成功的传统架构相比,边缘人工智能能够利用少量的异构数据和资源进行学习训练。而且,边缘智能从全封闭的黑箱机制迁移到有依据和可解释性支持的机制,具有了灵活、可伸缩和透明的特性。这些特性,为我们提供了改进边缘智能机制的思路与策略,并让用户对该机制有更加清晰明了的认知,增强了该机制的公信力。

本章的主要目标是为6G边缘智能提出一个整体前瞻性愿景,该愿景描述了前所未有的高精度、仿人无线需求及其关键促成因素。这一愿景还描绘了可预见的未来边缘智能在IoI应用中的作用和挑战。随后,本章概述了实现有效部署IoI业务和协同边缘智能所需的具体研究方法和框架。这些方法赋予网络边缘积极主动的学习策略,能够释放少量、分布式和异构数据的潜力。随后,本章对比了边缘智能和集中式智能的区别。一方面,本章内容强调边缘数据及其建立的模型的显著特征,以及它们对传统学习机制进行颠覆性设计的需求,如元

---

① 文献中交替使用了术语雾和边缘,严格来说,它可以定义为在网络边缘由各种网络设备组成的数据卸载层。

学习和理论指导的数据科学模型。另一方面,它表征了由专业化、泛化和可解释性所驱动的新型边缘训练和推理机制。

本章的其余部分组织如下。第 12.2 节讨论了边缘的定义以及为什么我们需要向这个方向发展。第 12.3 节回答了"边缘智能与集中式智能有何不同"。第 12.4 节为本章的总结。

12.2　什么是边缘,为什么在 6G 网络中要用到它?

边缘最初被认为是将特定业务处理和数据存储部署在物理和逻辑上更靠近用户侧的关键推动力。然而,6G 的驱动因素(例如,致密化、更高的数据速率和能源效率)[2-4]要求我们转向智能边缘,将其作为新的通信基础设施,以实现 5G 网络发展中无法实现的新业务。这些业务将无线网络需求推到了一个没有先进的知识和丰富的经验就无法优化或实现的水平。例如,全息远程传送,终极 XR 的进化版本,需要太比特级的数据速率和小于 1ms 的端到端延迟。因此,与传统的、简单的数据包传输相比,它能够传输五个维度(代表五种感官)。此外,工业自动化业务需要由位于边缘的具有高度智慧的零差错决策者来管理,以实现 10^{-9} 数量级的极高可靠性。事实上,在此类关键任务中,不满足可靠性等性能指标会导致高风险错误的发生。如参考文献[14]所示,将 AR 应用于外科手术时,延时信息会对人们的生命构成威胁。此外,在某些场景中,如果对私有用户数据进行控制,则管理边缘需要基于信任而不是基于传统的分层模型来启用链接。因此,如何构建保护个人数据所需的网络架构和学习机制是面临的首要问题。

鉴于前面提到的 6G 所面临的挑战,边缘智能将带来前所未有的、尽可能贴近用户的分布式智能。边缘智能将作为网络的智能主干,为高要求的 6G 应用提供同步和即时的通信流。此外,移动到边缘将建立基于信任的网络连接,而不再是依赖于中央云智能。因此,边缘智能可以保护用户原始数据,并在严格的延迟和隐私设置下实现设备到设备的通信。边缘独特的智能将使网络具有情境感知,能够做出灵活且高度准确的决策。事实上,6G 边缘智能与 5G 中的传统边缘计算形成鲜明对比,后者的主要目标只是以更少的开销和更低的延迟来提供服务。本章将详细阐述网络向边缘迁移所面临的无线通信需求和挑战,并围绕网络结构与终端用户来着重讲述如何实现协作和智能边缘机制。

12.2.1　向边缘迁移的无线网络

12.2.1.1　迈向海量小数据和密集单元

大规模物联网连接了大量异构无线设备,这些设备需要在不依赖远程云的情况下存储、处理和计算数据。因此,5G 中的边缘计算需要处理任务的分配、卸载、缓存等。尽管如此,随着向高频(HF)(即毫米波和太赫兹)的迁移,需要缩小小区范围,以及更加密集的基站部署,且由于信道的相干时间将变得非常小,从而使得这类设备和资源传输的数据仅在非常有限的时空区域内不失真。换言之,6G 应用中更稀疏的信道和更复杂的环境将会造成管理的资源具有更强的间歇性和变化性,如连接到一个非常小的小区,特别窄的波束和有限的可用时间等。例如,参考文献[1]引入了临时边缘计算的概念,以捕捉在相对较短的时间内物联网设备边缘计算发生的情况。因此,由于更短的相干时间,更明显的阻塞效应,更小的通信范围,使得 IoI 设备服务周期更短。此外,IoI 的异构性不仅局限于设备,而且表现在提供的业务以及通信、计算和能源资源上。因而导致海量小数据在整个网络中呈现分散且偏态分布。网络学习的训练过程在与大数据相结合的情况下表现得非常理想,而此处海量的小异构数据将对网络学习的训练过程提出挑战。为了解决此类问题,就需要引入边缘智能,采用全新的学习机制,实现新的积极主动的策略,在中央大数据稀缺且资源间歇性的情况下,仍能做出准确和关键的决策。

12.2.1.2 高速率、高可靠低延迟通信需求

5G 主要支持三种通用业务:eMBB、mMTC 和 URLLC。5G 应用或专注于独立的高速率业务,或专注于短包 URLLC 业务。随着 6G 的出现,诸如终极 XR、全息技术、互联网机器人以及自主系统(CRAS)[2]等新一代应用具有更严格的技术要求,它们需要同时满足高数据速率和稳定的低延迟两个条件,即 eMBB 和 URLLC 的结合。因此,未来网络需要高可靠性、低延迟和高数据速率,而我们恰好可以利用太赫兹和毫米波上丰富的可用带宽来满足这些要求。虽然利用毫米波和太赫兹提供了期望的高数据速率,但是这些信道有对遮挡的敏感性高、通信距离短以及太赫兹分子吸收的特点。由于这种不确定性的存在,需要提出一种新的边缘预测机制来描述网络架构和资源上需要解决的基本权衡问题,最终保证用户的无缝体验。换言之,边缘智能将是这类业务的关键推动者,它将打破不确定性壁垒,激发用户感官体验。例如,在太赫兹频段运行的 XR 业务,要求用户和基站天线之间要用连续的笔形窄波束对齐,而由于波束的狭窄性,微小的错位都会导致体验中断。在实际应用中,边缘需要考虑所有与优化相关的方面,如高密度环境下的干扰抑制、短距离通信中的用户关联等以提高预测的精度。构建边缘智能的基本需求是通过一种智能的方式来协调无线和应用资源。

综上所述,控制预测机制需要由经验驱动,即由一组资源学习得到的网络管理机制应该能够适用于不同环境中不同类型的无线资源管理。只有利用可迁移的学习机制,即能够将从先前任务中学习到的知识转移到与之密切相关的其余

任务中去,才能在这种高度变化的信道中优化网络性能,并稳定地为用户提供实时服务。因此,一方面,边缘智能需要以服务智能提升所有应用对用户良好体验的鲁棒性,即通过赋予工业自动化和机器人系统人类行为智能,来实现精确的机械制造和创新。另一方面,边缘智能管理为网络提供了自治能力,使其能够以可扩展的方式高效利用资源,并最终克服 6G 应用的高度动态和复杂环境[2]。

12.2.1.3 迈向隐私保护智能

IoI 业务的有效部署需要从边缘设备收集大量小且零散的数据。因此,从自动驾驶汽车到未来 6G 业务中的可穿戴设备,都必须能够处理涉及用户活动、位置和偏好的个人数据。尽管这些数据是短时的,但以大规模的方式收集,并利用推断见解进行补充,这些数据也可以提供用户私人生活的完整时间表。此后,为了实施强有力的隐私政策,边缘智能将在原始数据源的附近进行数据处理,从而实现信任约束。除了上述措施,鉴于边缘智能依赖于固有的分布式学习架构,可将原始数据集以分散的方式共享,从而保护其隐私。例如,从无线脑机交互[2]中收集的原始数据集不仅能够危及个人生活,还会损害我们对情绪、心境和思想的控制力,因此,应完全禁止在集中式云实体上存储、处理或训练此类数据集或其相关模型。

为了实现分布式学习策略,本章引入一种能够学习分布式数据的技术——联邦学习(FL)。事实上,联邦学习就是 ML 的分布式实现,边缘设备利用本地数据进行机器学习模型训练,然后将梯度上传至中央控制器,最后中央控制器聚合各边缘设备的梯度更新模型参数并将其反传给边缘设备,以协作方式找到共享的最优模型[15,16]。虽然联邦学习保护了用户的原始数据集,但要提供一个完整的私有系统却面临着一些独特的挑战。这些挑战是由隐私级别和预测准确性之间的权衡决定的,这是由于引入噪声虽然增强了隐私级别但是降低了预测的准确性[17]。联邦学习[18]中对隐私最突出的威胁发生在学习过程或输出过程中,后者意味着数据输出从一个参与者泄露到另一个参与者,而前者意味着联邦中的任何参与者都能够推断另一个参与者私有数据集的信息。参考文献[18]中的工作提出了一种可扩展的方法,该方法可以防止推理威胁,并生成高精度的模型。此外,分布式认证是 IoI 的另一个至关重要的问题,区块链系统的分布式账本技术将成为分布式和去中心化认证的关键推动力,但这一讨论超出了本章的研究范围,不在这里进行详细描述。接下来,我们将讨论不同的协作机制,这些机制根据网络的具体需求赋予边缘更大的灵活性。

12.2.2 如何使能协同边缘智能?

边缘智能旨在增强 5G 中边缘计算的优势,包括 URLLC、流量优化和能源节约。在 5G 的原始形态中,边缘计算主要用于推动云服务更接近终端用户,即网络边缘。然而,随着设备异构化越来越突出,在内存、处理单元和功能上可能各有不同。重要的是解决这种异构性不能采用一刀切的方法,而是在所有的网络设计和优化方法中解决它。因此,在 B5G 和 6G 系统中,边缘不再是一个特定的实体,而是一系列邻近的范围,使我们能够赋予网络智能基础,并在此基础上为其后续进一步应用提供可靠的和沉浸式的体验。不同设备的计算能力跨度较大,它们不仅包括具有低处理能力的物联网传感器和可穿戴设备,还包括可以轻松处理和训练复杂深度神经网络(DNN)的 GPU 驱动工作站等高处理能力设备。为实现这种广泛的能力范围,边缘需要包括如图 12-1 所示的一系列业务和设备需求。因此,计算负担可以在边缘设备和边缘服务器之间进行加权分配,这些加权值是基于应用的延迟要求及其计算效率来评估的。这需要进一步在隐私性、延迟和学习模型的准确性之间进行权衡,以优化性能。在参考文献[12]中讨论了类似的边缘层次概念,根据数据卸载的数量和路径长度,他们将边缘智能分为六个层次,其中 0 级是指纯云智能(云上的训练和推理),最高级别是指全设备智能,中间级别在云、边缘和设备之间依照分级策略进行协作训练和推理。

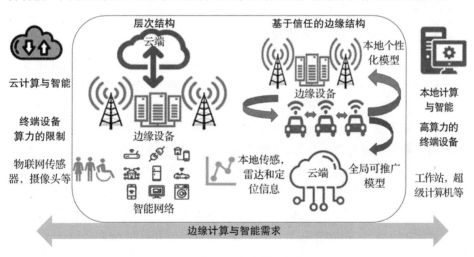

图 12-1 6G 中的边缘计算与智能需求示例

值得注意的是,如图 12-1 所示,在部署 5G 网络时,分层结构在边缘计算中占主导地位。尽管分层结构对于 6G 的大部分应用仍有意义,但基于信任的结构打破了边缘设备和云端之间的阶梯,并建立了能够保护原始数据的隐私、确保低延迟和准确性的物理和逻辑连接。动态性也会因应用需求以及所需的隐私和延迟程度而异。非分层模型的一个例子是参考文献[15]中提出的协作联邦机制,其中不能直接连接到基站的设备可以与邻近用户关联,从而成功地参与协作。此后，对支持广泛级别的通信和推理，以及根据应用需求量身定制的不同边缘结构（分层或基于信任）赋予了边缘强大的协作机制。与边缘拓扑和结构的转变类似，考虑到大规模分布式的小数据以及上述通信约束条件（隐私、安全、功率和范围限制等），集中式学习机制将无法提供具有规模化的加速学习过程。接下来，我们将探讨如何对 AI 系统做出优化修改，以期为 6G 系统提供所承诺的性能。

12.3 边缘智能与集中式智能的区别

机器学习系统的三大支柱是：数据、训练/模型和测试/推理。与前几代无线通信和常规机器学习应用中采用的传统人工智能机制相比，边缘智能极大地改变了机器学习系统的三大支柱，从而导致机器学习的设计和部署发生了重大变化。在下文中，我们将着重探讨每个支柱中的变化将如何反映在新的部署方式和设计挑战上面。此外，我们将阐明一些潜在的解决方案，并强调其应用于网络时的注意事项和优势。

12.3.1 边缘数据和模型构建

由于大数据的广泛使用，机器学习系统数量激增。在理想情况下，使用无偏和无噪声的大数据可以进行非常成功的训练，并得到十分精确的预测模型。然而，向边缘智能的训练算法中注入大量数据是一件奢侈的事情。事实上，即使能够得到大量数据，考虑到最终目标是运行在低延迟高可靠的环境中，如此长的训练周期也是很难接受的。例如，大数据的概念已经转变为分散在网络中不同个体之间的分布式小数据。这就是边缘智能需要使用分布式和多智能体学习的原因。此外，根据资源和联通的异构程度，这些小数据分布模式可能从非独立同分布到独立同分布。而且，小数据可以通过大量聚合用于模仿大数据，但是由于其自身极端的时效性，尽管将其聚合在一起，仍有可能存在稀缺性。因此，关于小数据的新特性可以做如下处理。

12.3.1.1 异质性和非独立同分布数据处理

由于计算机资源和设备的异构性，使得网络管理任务从单个任务流程转变为多任务流程。事实上，在网络中存在分布式小数据，也就是说网络中存在具有短期异构经历的数据点，这些数据点类似于多任务学习和元学习任务中的多任务数据集。当每个任务的数据点数量稀少时，这种学习机制称为少样本学习，如果用单任务学习来解决这类问题，则会导致智能体无法泛化模型或无法在高动态变化情况下做出正确决策。在此种情况下进行测试，智能体将认为网络处于未学习状态。即使有充足的数据,让智能体在无限多的动态条件下对网络进行学习也不是一项可行的技术。元学习不仅能提高智能体在数据稀缺时的学习能力,而且增强了智能体处理稀疏、高度不确定和多变信道时的泛化能力。然而,元学习范式仍处于萌芽阶段,迄今仅仅成功地将其应用于标记任务的先验或针对较为简单任务的确定性强化学习(RL)机制。而处理诸如信道参数估计、资源管理和网络切片等问题时具有很强的随机性和不确定性,尤其是在高频段。因此将元学习应用于此主要面临三方面的挑战。

(1) 鉴于多动态交织在一起,依据此类问题中的任务获取分类数据集并非易事,这就导致了学习智能体不能明确定义包含训练过程输入任务在内的所有任务。

(2) 为了说明网络的瞬时行为,需要考虑到极端事件以保证高可靠性和高质量的物理体验(QOP)。考虑到真实的极值数据点可能会与带有偏置的异常点和噪声点混淆,这就导致预处理阶段的异常检测过程需要满足更为苛刻的要求。

(3) 在多任务场景中,由于边缘网络管理的高度动态性和短期性,不能轻易地从用户获取任务数据集;在单任务场景中,也不能便利地从用户获取数据集来训练模型,以达到最终结果所需的预测精度。

1) 定义边缘智能管理任务

假设无线管理在处理资源分配、信道估计和边缘缓存等问题时没有预定义的任务;那么,我们可以将边缘用户和边缘服务器的原始数据的预处理操作转换为预定义任务。元学习领域中的任务(Task)一词与其英语中的语义不同。

对于监督学习设置,当学习多个任务时,将一个任务定义为[19]

$$\mathcal{T}_i \triangleq \{p_i(\boldsymbol{x}), p_i(\boldsymbol{y}|\boldsymbol{x}), \mathcal{L}_i\} \qquad (12-1)$$

式中:$\boldsymbol{x}$ 为特征向量;$\boldsymbol{y}$ 为相对应的标签;$p_i(\boldsymbol{x})$ 和 $p_i(\boldsymbol{y}|\boldsymbol{x})$[①] 分别为给定特征标签向量和类标签向量的概率分布函数;$\mathcal{L}_i$ 为损失函数。除此之外,在强化学习设置中,将任务定义为如下马尔可夫决策过程(MDP)[19]

$$\mathcal{T}_i^R \triangleq \{\mathcal{S}_i, \mathcal{A}_i, p_i(s_1), p_i(s'|s,a), r_i(s,a)\} \qquad (12-2)$$

式中:$\mathcal{S}_i$ 和 $\mathcal{A}_i$ 分别为状态空间和动作空间;$p_i(s_1)$ 为初始状态分布;$p_i(s'|s,a)$ 为状态转移概率分布;$r_i(s,a)$ 为奖励函数。

由于一组预定义和标签任务并不容易获得,强化学习问题设置在无线网络中更为常见。通过运行环境反馈给学习智能体奖励是让用户理解学习理念的基本机制。在实际应用中,建立准确的奖励函数在任何强化学习任务中都是一个

---

① 虽然我们可能无法访问这些函数,但它们允许数据科学家在所面临的元学习问题的范围内对构成任务内容进行分类。

重要因素,在元学习中更是如此,但是这样的讨论超出了本章的范围,在这里不予赘述。对于边缘学习,所学习的任务主要反映了用户之间的特定趋势,以打破数据固有异构性。实现这些任务的一种方法是利用无监督学习的概念,并将数据点聚类成趋势集群,从而形成准同质趋势集群。在参考文献[20]中已经提出了利用无监督学习来解决确定性强化学习问题。在其基础上,如图12-2所示,我们进一步扩展参考文献[20]的工作,利用无监督学习把数据按趋势聚类以研究具有随机性和高度动态性的环境。如果发现有意义的趋势,则在提出任务集群后进行元强化学习进程。否则,就需要根据所分析的问题和业务,建立如联邦学习和民主化学习这类分布式学习机制。

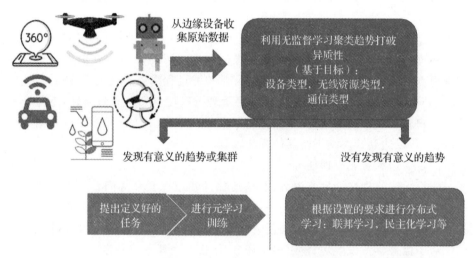

图 12-2 一种打破数据异构性的方法

2)极端行为和异常行为区分

在强大的处理单元出现之前,大多数机器学习模型只是理论框架。因此,在机器学习出现之前的大多数优化方法都依赖于纯理论模型。然而,随着问题复杂性的增加和处理单元性能的飞速发展,现今的研究工作更依赖于使用真实数据的训练机器,工程师们更有可能接触基于数据科学的模型。因此,鉴于无线通信运行在一个非完全任意的科学框架中,这样的模型可以用来定向、初始化和绑定数据科学模型,而不是放弃已经建立的理论框架。参考文献[21]中的工作首次探讨了以理论为指导的数据科学范式,利用丰富的科学知识来提高数据科学模型的有效性。在本节,我们将进一步扩展这一思路,探讨如何从异常点中区分真极值的问题。理论框架可以给我们提供极值的方差,从而让我们确定如图12-3所示阴影区域的边界。在实际操作中,风险和破产理论[22,23]为我们提供了强大的经济学框架,使我们能够仔细研究极值的趋势及其分布,从而能够准确地量化阴影区域。在参考文献[5]中,作者量化了不可靠虚拟现实技术性能的风险,并利用这些框架推导出了端到端延迟尾部的分布。将分布式模型的有关见解与数据科学模型相结合,有助于构建整体实体模型和学习机制。

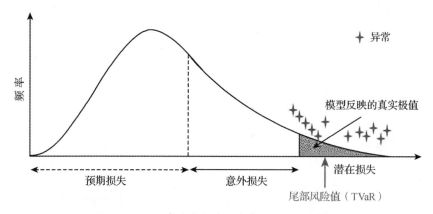

图 12-3　具有真实极值和异常的损失函数模型

3)解决数据集的稀缺性

元学习和多任务学习虽然不需要庞大的数据集,但仍需大量的任务数据集。虽然我们能够基于无监督学习和聚类技术来分离趋势和异构性,但这些趋势可能并没有反映所有的可能/情况/方向,只有分离出所有可能的趋势才允许智能体推广到新的不可见的趋势和实例。类似地,更简单来说,即使在边缘,单任务学习也是不可避免的,如边缘服务器正在寻求对同构资源的网络进行管理和优化。在这种情况下,智能体也可能会受到数据点稀少的影响。一个可行的解决方案是利用生成对抗网络(GAN)对原始数据点进行预处理。在参考文献[24]中,作者将这种方法用于单任务学习,利用生成对抗网络混合使用真实数据和仿真数据对深度强化学习架构进行预训练,最终得到了对网络情况具有良好泛化能力的深度强化学习架构。在实际应用中,可以拓展该框架去生成任务的仿真数据集,来为智能体提供强大的推理策略,最终形成一种避免较长试错周期的可推广型边缘学习机制。

12.3.1.2　利用 HRLLC 领域的边缘数据

鉴于数据是异构的、非独立同分布的,并且分布在边缘服务器和设备上,那么数据预处理就是边缘智能的一项基本任务。考虑到这一点,这样的数据应该进行额外处理,以允许训练算法在 HRLLC 领域中运行。在关键任务业务中,不遵守低延迟和可靠性限制与未能学习到核心利益变化趋势一样严重。但我们也受益于并非所有数据都是平等的这一事实。例如,在 VR 场景中,背景更容易预测,但由于其丰富的细节和复杂的纹理,渲染负载更高,又因为前景的可预见性较差,使得其计算复杂度要轻得多[25]。关于数据的这些特性可以用于提升网络性能,例如对于环境背景,可以利用边缘服务器的计算能力来渲染图像,而训练(因为它是可预测的并且不需要很多轮次)是在包含用户偏好及其原始数据的边缘设备上完成的。

此外,对于是否需要大型模型来实现高精度预测仍存在很大争议。按常理来说,为了训练强鲁棒性确实需要大型模型,但我们能否用更少的代价做更多的事情?在参考文献[26]中提出了知识蒸馏和压缩的概念,通过从较深的教师网络中提取出具有相似精度的较浅的学生网络,在网络深度层面进行复合压缩。将这些机制整合到边缘学习中是其最终能在 HRLLC 领域中运行的必要条件。

12.3.2 边缘训练和预测机制

12.3.2.1 迈向泛化和个性化学习

用户是 6G 应用的核心,因此,训练得到的智能体不应只能进行图像分类或简单的垃圾邮件自动检测。理想情况下,边缘智能的行为和交互应该模仿人类智能。在训练时,边缘智能使用的数据和人学到的一样,都是常见的、个性化的。虽然有些行为在大多数人中是很常见的,但其他特征往往是非常个性化的。这种现象正好验证了关于所学习数据的特征以及之前已经讨论过的异构性问题。边缘智能需要能够学习具有高泛化性和个性化空间的任务。换句话说,虽然所学到的趋势在资源或设备之间往往是不同的,但应始终把它们的共性纳入考虑。因此,在不同学习任务之间需要调整其共享的通用行为相关参数,并且能够基于分布式智能体之间的共享经验来逐步学习。例如,新的智能体可以利用公共参数来进行初始化,这样就避免了从头开始训练,有助于模型更快收敛。最近出现了一种同时具有专业性和泛化性的学习框架,即民主化学习[27,28],它是联邦学习中新兴的分布式学习框架之一。在这里,智能体根据其不同的特征形成特定的、量身定制的群组。这些群组是在一个层次结构中自组织形成的,其中最大的群组共享了所有智能体中最常见的数据,然后随着专业技能的不断出现,群组开始缩小规模。由专业化和泛化驱动的学习机制不仅能够模仿人类行为,而且由于它可以显著减少偏差,因此更加趋于公平。

此外,还可以引入贝叶斯聚类范式,使单个智能体能够在考虑异构上下文信息的同时,维持自身的多样性和个性化。在参考文献[29]中引入了这样一个框架,便于实现边缘在线缓存协作。特别需要注意的是,因为缓存以内容的流行度作为目标,从而优化了服务体验而不是无线体验,所以缓存被认为是服务智能而不是操作智能。此外,参考文献[29]的作者们还提出了一种动态聚类策略,该策略主要包含两种:一种是允许通过单独处理聚类来识别异构性的多样性策略;另一种是在每个聚类中采用统一策略,以加速学习过程。在实际应用中,这些框架需要经过更加精心的设计,才能参与到管理边缘学习整体结构的大规模分布式学习范式中。

12.3.2.2 建立鲁棒透明的学习机制

随着人工神经网络(ANN)成为大多数机器学习机制的关键模块和通用函数逼近器,机器学习模型的复杂度直线上升。虽然在某些情况下,这种复杂模型提高了决策的准确性,但模型较差的可解释性带来了更高的不确定性。这种与黑匣子模型相关的不确定性引发了许多问题,尤其是将其应用于关键任务时。换言之,在工厂和制造厂中使用 AR 等应用时,一个小小的错误就可能会导致严重后果,造成重大危害,因此,需要提升模型的透明度,来提高模型的公信力。这种透明度应该将模型的学习机制从简单的二元决策转变为提供支持这种决策的信息。此外,除对涉及利益的受众或角色提供透明度之外,建立这些机制的专家还需要提供模型的可解释性。如图 12-4 所示,可解释性可以让我们在构建模型和算法时离成功更进一步,从而得到更加准确和鲁棒的结论。许多著作研究了可解释性人工智能[30-32],然而这些著作并没有着重分析可解释性人工智能将如何成为边缘智能、无线网络或 6G 应用的关键推动力。

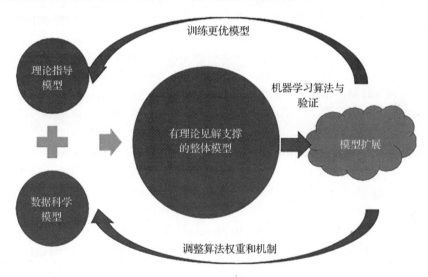

图 12-4 透明 AI 机制的一般配方的说明性示例

当前机器学习技术面临的另一个难题是无法学习复杂的趋势(在不能无限运行算法的情况下)。这不得不引发我们的思考,一个比人工神经网络更智能的结构是否可以应对当前烦琐的学习任务。对于该问题,一个潜在解决方案是量子机器学习。众所周知,量子力学会在数据中产生复杂和非典型的模式[33],而受量子力学启发而构建的小型量子信息处理器可以轻松学习和推理那些对于传统计算机来说非常困难的任务。事实上,在量子驱动的 RL 算法中,并行和叠加可以用来表示算法中的本征态[34]。量子驱动不仅可以加速强化学习算法,还给生成模型的运算速度带来了指数级提升。量子机器学习也是加快 6G 系统完备进程的关键动力,应进行更加深入的研究。

12.4 本章小结

在本章中,我们概述了边缘智能以及它如何成为 6G 技术的关键推动力。具体来说,我们研究了这种新型业务的无线需求和变革,这些需求和变革要求智能骨干网以交互的方式支持新型业务网络,这与边缘计算在 5G 中所扮演的角色相去甚远。随后,我们研究了管理边缘的 AI 机制需要进行的必要更改,以便成功交付具有预期性能的复杂 6G 应用。

参 考 文 献

[1] LEE G, SAAD W, BENNIS M An online framework for ephemeral edge computing in the internet of things (2020) [EB/OL]. Preprint arXiv:2004.08640.

[2] SAAD W, BENNIS M, CHEN M. A vision of 6G wireless systems: applications, trends, technologies, and open research problems[J]. IEEE Netw,2020,34(3):134-142.

[3] MOZAFFARI M, KASGARI A T Z, SAAD W, et al. Beyond 5G with UAVs: foundations of a 3d wireless cellular network[J]. IEEE Trans. Wirel. Commun,2018,18(1): 357-372.

[4] AKYILDIZ I F, KAK A, NIE S. 6G and beyond: the future of wireless communications systems. IEEE Access 8, 133995-134030 (2020) I. F. Akyildiz, A. Kak, S. Nie, 6G and beyond: the future of wireless communications systems[J]. IEEE Access,2020(8): 133995-134030.

[5] CHACCOUR C, SOORKI M N, SAAD W, et al. Can terahertz provide high-rate reliable low latency communications for wireless VR? (2020) [EB/OL]. Preprint. arXiv: 00536,2005.

[6] BONATO F, BUBKA A, PALMISANO S, et al. Vection change exacerbates simulator sickness in virtual environments[J]. Presence Teleoperat. Virt. Environ,2008, 17(3): 283-292.

[7] REN J, YU G, HE Y, et al. Collaborative cloud and edge computing for latency minimization[J]. IEEE Trans. Vehic. Technol,2019, 68(5):5031-5044.

[8] LEE G, SAAD W, BENNIS M. An online optimization framework for distributed fog net-

work formation with minimal latency[J]. IEEE Trans. Wirel. Commun,2019,18(4):2244-2258.

[9] ELBAMBY M S, PERFECTO C, LIU C F, et al. Wireless edge computing with latency and reliability guarantees[J]. Proc. IEEE,2019, 107(8):1717-1737.

[10] SHI Y, YANG K, JIANG T, et al. Communication-efficient edge AI: algorithms and systems (2020) [EB/OL]. Preprint arXiv: 09668,2002.

[11] XU D, LI T, LI Y, et al. A survey on edge intelligence (2020) [EB/OL]. Preprint arXiv: 12172,2003.

[12] ZHOU Z, CHEN X, LI E, et al. Edge intelligence: paving the last mile of artificial intelligence with edge computing[J]. Proc. IEEE ,2019,107(8):1738-1762.

[13] PARK J, SAMARAKOON S, BENNIS M, et al. Wireless network intelligence at the edge. Proc[J]. IEEE,2019, 107(11):2204-2239.

[14] CHACCOUR C, SAAD W. On the ruin of age of information in augmented reality over wireless terahertz (THz) networks[C]// Proceedings of IEEE Global Communications Conference (Globecom), Taipei, December 2020.

[15] CHEN M, POOR H V, SAAD W, et al. Wireless communications for collaborative federated learning in the internet of things (2020) [EB/OL]. Preprint arXiv: 02499,2006.

[16] CHEN M, YANG Z, SAAD W, et al. A joint learning and communications framework for federated learning over wireless networks (2019) [EB/OL]. Preprint arXiv: 1909. 07972.

[17] MCMAHAN H B, RAMAGE D, TALWAR K, et al. Learning differentially private recurrent language models (2017) [EB/OL]. Preprint arXiv: 1710. 06963.

[18] TRUEX S, BARACALDO N, ANWAR A, et al. A hybrid approach to privacy-preserving federated learning[C]// Proceedings of the 12th ACM Workshop on Artificial Intelligence and Security (2019): 1-11.

[19] FINN C, ABBEEL P, LEVINE S. Model-agnostic meta-learning for fast adaptation of deep networks[C]// Proceedings of 2017 International Conference on Machine Learning, Sydney, August 2017.

[20] HSU K, LEVINE S, FINN C. Unsupervised learning via meta-learning (2018) [EB/OL]. Preprint arXiv: 1810. 02334.

[21] KARPATNE A, ATLURI G, FAGHMOUS J H, et al. Theory-guided data science: a new paradigm for scientific discovery from data[J]. IEEE Trans. Knowl. Data Eng, 2017,29(10): 2318-2331.

[22] MCNEIL A J. Extreme value theory for risk managers[J]. Departement Mathematik ETH Zentrum,1999, 12(5):217-237.

[23] DICKSON D C M. Insurance Risk and Ruin [M]. Cambridge: Cambridge University Press,2016.

[24] KASGARI A T Z, SAAD W, MOZAFFARI M, et al. Experienced deep reinforcement

learning with generative adversarial networks (GANs) for model‐free ultra reliable low latency commu‐nication (2019) [EB/OL]. Preprint arXiv: 1911.03264.

[25] GUO F, YU R, ZHANG H, et al. An adaptive wireless virtual reality framework in future wireless networks: a distributed learning approach[J]. IEEE Trans. Vehic. Technol, 2020, 69(8): 8514‐8528.

[26] POLINO A, PASCANU R, ALISTARH D. Model compression via distillation and quantization (2018) [EB/OL]. Preprint arXiv: 1802.05668.

[27] NGUYEN M N H, PANDEY S R, DANG T N, et al. Self‐organizing democratized learning: towards large‐scale distributed learning systems (2020) [EB/OL]. Preprint arXiv: 03278, 2007.

[28] NGUYEN MNH, PANDEY S R, THAR K, et al. Distributed and democratized learning: philosophy and research challenges (2020) [EB/OL]. Preprint arXiv: .09301, 2003.

[29] LIU J, LI D, XU Y. Collaborative online edge caching with bayesian clustering in wireless networks. IEEE Internet of Things J. 7(2), 1548‐1560 (2019)

[30] CHARI S, GRUEN D M, SENEVIRATNE O, et al. Foundations of explainable knowledge‐enabled systems (2020) [EB/OL]. Preprint arXiv:07520, 2003.

[31] SAMEK W, MÜLLER K R. Towards explainable artificial intelligence[C]// Explainable AI: Interpreting, Explaining and Visualizing Deep Learning (Springer, New York, 2019): 5‐22.

[32] ARRIETA A B, DÍAZ‐RODRÍGUEZ N, SER J D, et al. Explainable artificial intelligence (XAI): concepts, taxonomies, opportunities and challenges toward responsible AI [J]. Inf. Fusion, 2020(58): 82‐115.

[33] BIAMONTE J, WITTEK P, PANCOTTI N, et al. Quantum machine learning[J]. Nature, 2017, 549(7671): 195‐202.

[34] NAWAZ S J, SHARMA S K, WYNE S, et al. Quantum machine learning for 6G communication networks: state‐of‐the‐art and vision for the future[J]. IEEE Access, 2019(7): 46317‐46350.

第13章 6G云网：迈向分布式、自动化、联邦AI赋能的云边计算

预计当下的5G网络部署将支持海量连接并提供极高的数据速率，以确保超可靠和低延迟的增强移动宽带业务。同时，未来数字社会所具有的全连接性要求，为5G带来了挑战。为切实满足未来需求，移动通信的研究重点转向了B5G无线通信技术。本章针对6G网络的设想用例、网络架构、部署场景和技术驱动范式转换进行了深入研究。B5G的连接将基于数字孪生世界，以实现物理和生物世界的精准、统一表达。为了实现这一点，创新性概念将不断出现，以定义6G系统需求和使能技术。此外，AI的迅猛发展使其成为6G网络的可行解决方案之一。同时，新频段、认知频谱共享、基于光子学的认知无线电、创新架构模型、太赫兹通信、全息无线电、全双工和先进调制方案等关键技术领域的发展和相关技术的进步也将完善定义6G RAN。因此，预计6G RAN将是一个超高动态、内生智能的极密集异构网络，可有效支持所有事物。

13.1 引言

5G网络已经逐步部署在商业领域的各个市场。5G网络旨在为用户提供超低延迟、高比特率、大容量和泛在接入的一系列全新业务和垂直应用[1]。在这样的背景下，可以预见5G系统将极大地改变移动网络，并显著增强现有的4G网络性能，而且还将支持各种先进技术，如信息中心网络（ICN）可有效地管理网络流量；网络切片技术可以实现各种业务的快速部署；软件定义网络（SDN）技术可以确保网络的充分灵活性；毫米波和大规模MIMO技术可以提高系统的可达信息率[2]。除了上述关于延迟和数据速率方面的性能增强之外，预计还会有大规模连接密度和其他系统性能方面的改进[3,4]。基于此，ITU定义了不同的5G网络应用场景，例如mMTC、eMBB以及URLLC[5]。

此外，相关应用对关键系统参数（如功耗、连接设备数量、延迟、比特率和可用性）有着严格的规范。值得注意的是，这些应用场景在思路上是相同的，每个场景都主要聚焦在至少一个关键设计参数的优化上，如比特率、延迟或连接设备数量等[6]。此外，相关人员正在6G网络方向上努力，以确定6G是什么，以及潜

在使能技术和未来应用场景。6G 移动网络被设想为一个超高动态、内生智能、极密集的异构网络,可以支持一切设备的超低延迟(即 1ms)和超高速(即 1Tb/s)传输需求[7]。6G 的实际设计效果取决于现有 5G 网络产生的开发和性能限制。在这方面,5G 实际部署中表现不佳的领域,将是未来 6G 需要重点解决的领域[8]。

  本章深入研究了 6G 网络的设想用例、网络架构、部署场景和技术驱动范式转换。AI 作为实现高度自动化的有效手段,对当前和未来复杂网络的优化和管理至关重要。此外,还介绍了 5G 及 B5G 网络的关键技术领域和技术进展,如认知频谱共享、基于光子学的认知无线电、创新架构模型、太赫兹通信、全息无线电和先进调制方案。

注意

  需要指出的是,6G 的主要驱动因素不仅是 5G 时代下将出现的性能限制和挑战,还与无线网络的特点相关,这包括持续不断的网络演进和技术驱动的范式转换趋势。

13.2 5G 及 B5G 网络

  在本节中,将介绍不同的无线接入网架构并讨论相关概念。同时还将讨论系统的主要需求、使能技术、相关技术挑战,并提供可用于实现高效系统的潜在解决方案。

13.2.1 云无线接入网(C-RAN)

  5G 网络将提供更好的性能。与 4G 网络相比,5G 网络有望在高速率、超低延迟和泛在接入方面提供卓越的用户体验。此外,网络中大量的机器类通信(MTC),可支持智能机器之间全自动的数据生成、处理、交换和执行[9,10]。5G 支持海量移动设备和大量应用下的 mMTC。这将有助于通过提供 eMBB 业务提升用户体验以及为关键通信和控制服务提供 URLLC 业务[10,11]。尽管通过新兴的 5G 网络可以支持低延迟和高比特率的许多应用,例如视频驱动的人机交互、实时闭环的机器人控制、VR、AR 和基于 360°高清视频流的混合现实(MR)等,然而不断发展的 5G 网络将迎来更具挑战性的应用,例如用于自动系统控制的高分辨率地图的实时共享和更新[6]。除增强移动宽带外,预计 5G 将通过数字化和万物互联实现第四次工业革命(工业 4.0)。此外,建立在边缘云上的大规模数字孪生体将成为下一代数字世界不可或缺的基础[12]。

  在下一代网络中,数字孪生世界既包含物理和生物实体,还具备超低延迟的海量容量,是支持新数字化业务的基础平台。并且,数字化将创建新型虚拟世界。从这个角度出发,一定程度上虚构对象的数字表示将与数字孪生世界相结合,从而产生混合现实和超物理世界。例如,随着手表和心率监测器等智能设备转变为可穿戴设备、皮肤贴片设备、身体植入设备、可摄入设备和脑部活动检测器,人类生物学将被准确地映射并集成到数字和虚拟世界中。这将激发新的超级人类潜能。同时,AR用户界面将确保人类对整个世界(物理、虚拟或生物)有效且直观的控制[12]。

此外,为了有效支持 5G 用例、部署场景和相关需求,人们越发认同,必须对所有现有网络架构进行重构[11,13]。从这个意义上说,RAN 和核心网的演进对于实现 5G 网络的预期目标是非常必要的。5G 已经考虑了许多可行的 RAN 架构。其中之一是 C-RAN,它被认为是一种有发展前景的接入网架构。C-RAN 的实施除可以加快网络部署速度外,还可以提高能效并节省成本(即资本和运营支出)[14]。多家运营商在不同现场试验和基于 4G 系统的商业网络中都证明了这一点。随着向 5G 的演进,C-RAN 也有了相当大的进步。在 C-RAN 中已经提出和采用了许多附加技术,例如 SDN、虚拟化和新的前传(FH)解决方案[11]。

13.2.2 C-RAN 架构

作为逻辑网络实体,传统 BS 包括一个基带单元(BBU)和一个远程无线单元(RRU)[11]。此外,4G 网络部署一直采用两种主要网络架构形式,即分布式无线接入网(D-RAN)和 C-RAN。在 D-RAN 中,整个基站堆栈被合并到每个小区站点中,在 C-RAN 中,每个小区站点只包含辐射单元和远程无线前端(RRH),基带单元通常集中部署在一个远程位置,形成一个基带单元池。按照C-RAN 体系结构的发展路线,基带单元可以在虚拟化平台上实现,从而获得更大的灵活性[11,15]。值得注意的是,C-RAN 是基于云计算无线接入网(CC-RAN)的应用模型。其他常见的模型有异构云无线接入网(H-CRAN)和基于雾计算的无线接入网(F-RAN)[14]。

如前所述,C-RAN 架构具备相对较大的优势,比如更高的能源效率和基于小区间协作的网络容量增强。然而,这对基于通用公共无线接口(CPRI)的前传传输网络提出了非常严格的要求。远程无线前端通过移动前传连接到集中式基带单元[16]。另外,在 D-RAN 中,IP 数据包通过回传网络在小区站点和核心网之间传送。值得注意的是,基于现有部署技术,前传和回传网络将完全作为不同的实体来实现[15]。例如,在 C-RAN 架构中,基于光纤的数字无线电 CPRI 已应用于网络实体之间的数字化无线样本传输。然而,将基于 CPRI 的前传网络扩展到 5G RAN 仍然是一个挑战[15,17]。为了解决上述问题,已经提出了多种创新解决方案。除了为缓解该问题而提出的 H-CRAN 和 F-RAN 之外,还提出了其他可行的解决方案,如将 RAN 功能在集中位置和小区站点之间进行拆分,这种方法在集中化收益和传输网络要求之间进行了权衡。类似地,5G RAN 架构中的下一代基站(gNB)包含了 DU、CU 和无线单元(RU)三个模块,3GPP 已经通过并采用了该架构以支持灵活定位的多种功能拆分[15,17,18]。在相同背景下,CPRI 联盟提出了 eCPRI①方案,其利用灵活的功能拆分来确保降低增强型无线设备控制器(eREC,即集中式单元)和增强型无线设备(eRE,即分布式单元)之间的数据速率需求,同时限制 eRE 的复杂性[15,23]。此外,还可以利用边缘缓存和移动数据卸载等数据传输方案来缓解移动网络对带宽密集型业务的严格要求和影响[14]。

13.2.3　5G RAN 架构

基于 Release 15 规范,3GPP 5G RAN 架构(NG-RAN)提供了各类接口和功能模块以及相关的各种术语。3GPP NG-RAN 包含一组被称为 gNodeB (gNB)的无线基站[24]。与图 13-1(a)中所示的 4G RAN 架构不同,图 13-1(b)中的 5G gNB 包含三个逻辑网络实体:分布式单元、集中式单元和无线单元。这些实体可以在网络环境中以多种组合方式部署,如图 13-2 所示。借助 3GPP NG-RAN 架构,gNB 可以拥有一个集中式单元以及多个相关联的分布式单元。因此,可以将典型的 gNB 架构视为 Mini-C-RAN。

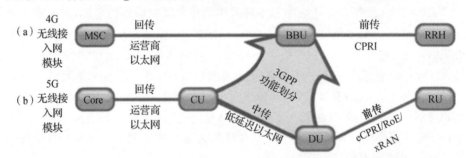

图 13-1　4G 和 5G 无线接入网的架构对比

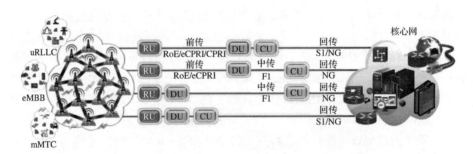

图 13-2　无线接入网(RAN)实体和功能的灵活分布

---

① eCPRI 是通过交换式以太网(基于数据包)运行 CPRI 的增强功能。在参考文献中,它被称为基于以太网的 CPRI[19]、增强型 CPRI[20,21]和演进型 CPRI[22]。

第13章 6G云网:迈向分布式、自动化、联邦AI赋能的云边计算

图 13-3 描述了一个典型的 5G C-RAN 架构,该架构将多个集中式单元集中在一起,用于有效协作连接的分布式单元。如图 13-3 所示,5G C-RAN 架构支持前传链路和中传链路两种传输网络[16,24]。前传链路将分布式单元连接到一个或多个无线单元,而中传链路连接集中式单元和相关的分布式单元[11]。需要注意的是,新兴的 5G 用例(如 mMTC、eMBB 和 URLLC)在延迟、带宽和可靠性方面需要广泛的 QoS 保障。然而,传统的完全集中式 C-RAN 主要集中在"一刀切"的方法上。这种方法对于解决不同流量和相关用例的广泛 QoS 需求保障是低效的。同时该方法的实施对前传链路提出了非常严格的要求[25]。因此,为支持 5G 用例中潜在的广泛 QoS 需求,采用传统完全集中式 C-RAN 将可能导致大量延迟和带宽需求的相关问题。

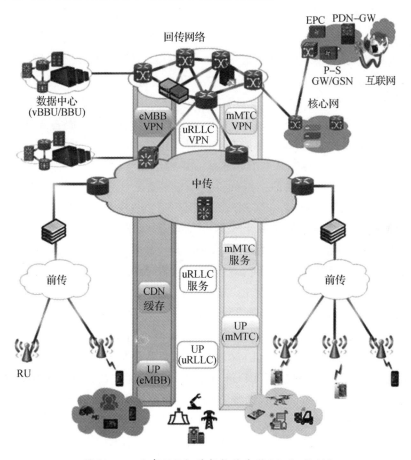

图 13-3 具有网络切片架构的典型 5G C-RAN

此外,还有各种可行的方法可以在共享的单一网络基础设施上有效且经济

地支持不同的用例。其中一种方法是网络切片[25,26],通过在一个集成的物理基础设施上创建多个虚拟(逻辑)切片(即子网络)来提供灵活的系统实现。这种方法融合云计算、SDN 和 NFV 等技术方案[25-28]。通过利用网络切片技术,可以在共享的基础设施上支持具有广泛需求的高度多样化业务,通过每个网络切片的独立配置来实现[25,28]。相应的,网络切片是一个经过精心设计以满足业务需求的端到端虚拟网络[25]。

NFV 作为一种先进的技术,已经在网络切片中用于实现网络虚拟化和基础设施虚拟化。通过网络切片的实现,底层物理基础设施和相关网络功能可以在 5G 网络上适当地实例化、连接与合并[25,28]。此外,网络切片不同于通常用于隔离不同网络的虚拟专用网络(VPN)[28],它超越了 VPN,且能够提供计算和存储资源[25]。

5G 中所采用的毫米波和多天线等创新技术对传输网络提出了严格的要求。例如,随着大规模 MIMO 的实现,基于传统 CPRI 应用的前传数据速率将增加至数百吉比特/秒[11]。为了解决这一问题,针对 5G 前传提出了各种传输解决方案,例如光载无线(RoF)、光传送网(OTN)和多芯光纤(MCF)传输。尽管这些大容量传输解决方案有着显著的优势,但落实到实际应用还需要进一步的努力。例如,RoF 是一种低成本、低复杂度和面向未来的解决方案,而基于空分复用(SDM)的大容量 MCF 解决方案则非常吸引人。当 RoF 方案可与 MCF 一起融合实现时,将为 5G 前传提供一个非常有前景的传输解决方案,但现实中这种解决方案仍具有一定的挑战性。例如,与单核单模光纤(SMF)解决方案相比,MCF 仍然是一项新兴技术,在实现商业化上还需要付出相当大的努力。同时用于上行链路传输(从远程无线单元到集中式单元)的 RoF 应用也会带来一定的技术挑战。例如,为了防止干扰,与传统无线系统相比,MCF 中放大器的动态接收范围较低[11]。尽管 MCF 提供了一个极具吸引力的解决方案,但核心间串扰造成的后续影响缩小了其覆盖范围,降低了其性能,这可能是 5G C-RAN 系统中需要解决的一个问题[11,29,30]。

上述传输解决方案只是试图通过增加传输网络容量以获得更好的性能,而前传信号却被人们所忽略。因此,这些解决方案只是临时性的,不是长久之计。对前传信号和相关前接口(FHI)进行整体设计和优化的方法是非常必要的。下一代前传接口(NGFI)的提议便是方法之一。原则上,NGFI 提供了一种前传接口,其中的数据速率与天线无关,但与流量相关。与流量相关的属性意味着流量的增加会导致前传速率的相应增加。与传统的 CPRI 固定前传速率不同,NGFI 提供了根据实际网络流量动态增加或降低前传速率的能力。这将显著提高传输效率。并且,与天线无关的特性,可以最大限度地减少天线数量对前传的影响,将有助于改进前传传输网络对大规模 MIMO 的支持[11]。

第13章　6G云网：迈向分布式、自动化、联邦AI赋能的云边计算

NGFI的出现揭示了5G及后续演进系统对高效前传网络的需求。在这种背景下，一些组织一直在不懈地研究下一代前传网络的不同架构和设计要求。例如，IEEE成立了一个名为NGFI 1914的工作组来开发5G前传标准，其中的1914.1项目是基于架构设计和需求开发，而1914.3项目则侧重于无线电信号的以太网封装格式定义[11]。

虚拟化无线电接入网络(vRAN)是移动网络的一个很有前途的发展方向，因其能够显著降低成本、在逻辑上扩大容量和优化客户体验。vRAN的主要使能方案是NFV，将有效推动典型网络架构从基于硬件方式到基于软件方式的转换①，并将基于硬件的基站概念转化为一个更加敏捷、灵活和更具经济效益的系统②。但是vRAN的部署与其他网络元件相比预期要慢得多。除了前传问题，大规模部署vRAN的另一个主要障碍是来自供应商的阻力。运营商曾试图在4G中开发基带单元和远程无线单元之间的开放接口。然而，从CPRI到eCPRI的过渡并没有得到充分的重视以确保开放的接口。因此，新的6G网络架构需要具有开放接口的超低延迟、超高数据速率的系统为基础，从而确保有效支持控制、通信、传感和计算融合[7,8]。

13.2.4　未来移动系统：B5G

长距离传播通常采用具有广泛覆盖特性的低频段。由于带宽相对较窄，对于低速率应用更为有效。同样，由于通信流量的显著增加，以及现有和新兴用例的相关网络需求，因此必须跨越低频段(sub-6GHz)，转向更高的载波频率，例如毫米波频段和光学频段[6,31]。目前，毫米波频段已应用于5G。毫米波频段能够提供大约千兆赫兹的带宽。尽管如此，基于当前和未来可预期的流量增长，想要利用毫米波频段来满足2030年网络(6G及以上)的带宽需求仍然十分具有挑战性[31]。此外，传统的信道状态使用基于较少反馈和简化建模的方法，将无法满足需要，特别是在较高的载波频率下。原因在于通用模型无法模拟未知信道，要想获得更具鲁棒性的模型，范式转换将是必不可少的。同时，由于传统干扰消除方案并不是最优的，因此出现了更为先进的干扰利用技术。此外，未来无线网络具有高度异构和大规模连接的特征，使得更密切的合作以及更积极的资源共享成为未来无线网络的一些使能特征。然而这将导致干扰管理变得越来越难，因而，需要进行资源协作研究，以实现更有效的无线资源利用。例如，利用干扰可以显著提高系统性能[8]。

国际电联于2018年7月成立了网络2030焦点组。该工作组旨在指导全球信息通信技术(ICT)业界探索潜在系统技术，面向2030年及以后的网络发展。

---

① 网络虚拟化涉及从定制网络节点到软件实现网络功能的演变。软件通常运行在通用硬件计算平台上。
② 不依托供应商的硬件将有助于实现跨越各种软件生态系统的革新。

目前关于6G网络的研究工作正在广泛进行[8,31,32]。依据网络2030焦点组的看法,6G时代将在业务应用、全息媒体、互联网协议和网络架构等方面出现大量新概念。此外,一些其他组织和相关国家所属的科研机构也在开展相关领域的研究工作。其中一些研究工作集中在AI和分布式计算;近实时、可靠、无限的无线连接,以及用于支持未来电路和器件的天线和材料[8,32]。基于现有的研究进展,6G网络架构将有望利用AI、更高频段、绿色能源、超级物联网、移动超宽带以及共生无线电和卫星辅助通信(如空天地海一体化(SATSI))等多种方案[7]。

通过共生无线电和卫星辅助通信,可为大规模节点(即支持超级物联网)提供高效、灵活和无处不在的连接[7]。正如将在第13.3节中所讨论的,机器学习算法将成为无线AI网络最有效的解决方案[31]。同时通过使用AI技术,B5G网络将得到极大的改进[6]。因此,运营商希望借助机器学习/AI来提高网络性能,同时降低部署成本。AI也为实现高度自动化提供了一个高效平台,这对于当前和未来复杂网络的优化和管理至关重要。运营商利用机器学习/AI可以无缝、快速地从网络管理转向业务管理[8]。在此背景下,未来网络发展的一个基本目标是采用认知能力改进5G应用和垂直用例。此目标可以通过基于机器学习算法和海量可用大数据的认知计算系统来实现。为了确保泛在移动超宽带(uMUB)在超高数据速率和超低延迟下得到良好的支持,6G将利用更广泛的频段,如 VLC、THz 和 sub-THz。6G 网络必然是一个极密集系统,才能解决高频段带来的路径高损耗问题,并且低延迟、高速率的设备到设备(D2D)通信以及超大规模 MIMO 通信将是提高系统性能的良好解决方案。综上,6G的主要特征之一就是超密集异构网络[7]。

此外,6G系统将以相对较少的天线来支持更高的载波频率,并且扩大带宽以提高分辨率。其中的主要问题之一便是如何在非常宽的带宽上实时分析和处理射频信号,而无须事先了解载波频率、信号和调制格式。光子学定义①的系统可以提供全频谱容量和超大带宽,将是支持未来6G系统的理想平台[8]。

尽管AI在6G技术发展中对物理层的潜在改进需要进一步考虑,但它的实现不仅将带来灵活敏捷的空口,还将有效地提高效率。由于硬件平台的灵活性和带宽受到限制,传统基于AI的认知无线电②在灵活模块和移动网络部署之间存在巨大的差距。因此,机器学习和光子定义无线电的集成将是6G AI的关键发展方向之一。在认知无线电应用中,神经形态光子学③概念已经被用于拥挤

---

① 光子定义系统是一种聚焦于微波光子学扩展的方案,其利用了数字光子学(光计算和光子DSP)、相干光学和光子模数/数模转换(ADC/DAC)等多个领域。
② 光子学定义无线电是集成微波光子学、集成相干和光子数字信号处理(DSP)的融合[8]。
③ 神经形态光子学是一个不断发展的领域,光子学和神经科学之间有着紧密的战略联系。其融合了电子学和光学的优势,产生了在互联性、效率和信息密度方面具有优越特性的系统[8,33]。

复杂环境下的射频指纹识别,其在射频收发器前端的实现有助于将复杂的信号处理操作卸载到光子芯片,从而解决现有 DSP 解决方案的延迟和带宽限制。因此,在 6G 基础设施中采用光子学和 AI 技术的结合,可以提供高可靠、低延迟和可扩展的 AI 能力[8]。

在带宽改进和数据速率增强方面,6G 中拟采用的太赫兹频段理论上可以比毫米波频段高出三个数量级[31]。6G 旨在通过整合卫星通信网络和水下通信来实现泛在连接业务以提供全球覆盖。智能驾驶和产业革命将是 6G 的核心需求。因此,6G 网络描述中包括了新的业务类型,例如超高速低延迟通信(uHSLLC)、泛在移动超宽带和超高数据密度(uHDD)[2,8]。举例来说,未来智能工厂的特征将是密集的智能移动机器人,这些机器人将以无线方式访问高性能计算资源。而这种场景需要基于具有 TB 级计算能力的分布式智能网络。此外,机器人还必须快速响应不断变化的条件以满足各种应用的要求。为了实现这一目标,机器人将需要巨大的计算能力来处理大量数据。光无线和太赫兹无线通信所固有的超大带宽可以支持所需的数据密度,将有望成为最佳解决方案。因此,uHDD 对于 uHSLLC 中所支持的超大无线通信容量至关重要[8]。在这种情况下,IEEE 802.15 成立了一个专门的研究组,负责太赫兹频谱分配和标准化。同时英特尔和华为等几家公司也一直在这些频段进行实验[31]。更多关于 5G 及 B5G 网络的需求、技术、挑战和解决方案的信息可以在参考文献[14]和其参考资料中找到。对于设想中的复杂网络,自动化对于有效的优化和管理是必不可少的,13.3 节中将讨论智能优化网络的发展趋势。

注意

一般来说,6G 移动网络必须在系统架构、基础技术和移动终端方面进行隐式定义,例如 6G 移动终端必须超越当前的 4G/5G 智能手机。另外,基础技术将在引入智能技术的同时发生显著的演进,因此,软件定义无线电将只是一种补充技术。在网络架构方面,将利用全息无线电和光子技术等方案,实现从 C-RAN 向分布式和自主 AI 边缘计算的范式转换。智能驾驶(智能汽车)和智能工业(智能制造/智能移动机器人)预计将成为 6G 业务的重点。

13.3 迈向智能优化网络的趋势

在网络设计、可拓展性和优化方面出现了前所未有的挑战。如图 13-4 所示,为了有效部署和实施不同的用例,主要是满足高风险应用的低延迟和高可靠通信需求,当前的趋势是从传统基于云的方案转向分布式协作的 AI 方案。本节将介绍现有网络迈向智能网络的发展趋势。

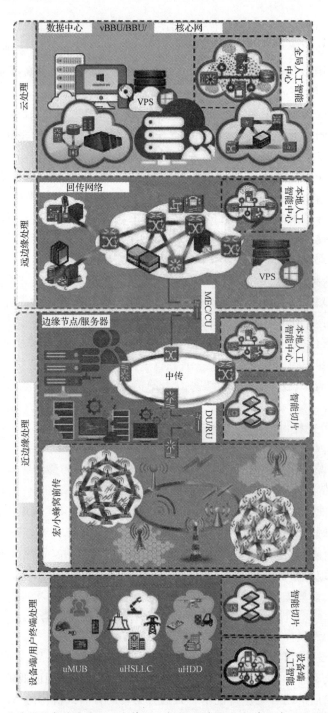

图13-4 一种典型的智能内生(AI支持)6G架构,该架构可以基于底层用例的需求支持本地与/或全局处理和业务提供

13.3.1 AI赋能的云边计算

云计算作为一种便捷、泛在、按需访问网络的范例,可通过具有可编程选项的共享计算资源池来实现。云计算的基本特征之一是建立一个可以按需提供无限计算资源的平台。然而单个云支持的资源大多是有限的,而且单个云可能无法应对用户需求的突然激增。不过上述问题可以通过互联云(Inter Cloud)解决。互联云是云之间的互联,有助于云之间的协作,从而形成全球云,没有足够资源来满足用户需求的云便可以利用其他云的资源[34]。

随着网络中设备数量的爆炸性增长,互联网支持的带宽密集型移动应用程序和业务也空前增长[10,35]。与此同时,边缘数据处理设备越来越多[6]。由于5G及B5G网络对超低延迟、极佳用户体验连续性和超高可靠性的严格要求,这就需要在RAN中提供额外的本地化业务,并且尽可能地接近移动用户,因此提出了移动边缘计算(MEC)的概念。MEC旨在统一电信、信息技术(IT)和云计算,从而便利地在网络边缘直接提供云业务,这样可以提供诸如扩展的可达性、改进的云业务可用性和最小化的网络延迟等优势[14]。从概念上讲,MEC通过将计算、存储和缓存等云功能扩展到边缘的方法,旨在优化宽带体验和降低RAN与物联网设备或移动用户之间的端到端延迟[6,14]。

移动用户终端(UE)的发展也为本地边缘计算铺平了道路。集成的多传感器、充足的存储资源、延长的电池寿命以及高性能和高端的处理器,使移动用户终端的技术不断发展。用户终端已经可以被视为个人移动工作站平台,为未来的智能组网提供了轻量级AI处理设备端。由于其具有本地网络环境动态感知能力,一系列设备端AI协作研究的开展,可以有效优化和调整网络参数,满足各种网络需求[7]。

机器学习的发展,尤其是深度学习(DL),可获取的额外数据和计算能力的推动,带来了业务和应用程序交付方式的持续改变。传统机器学习/AI①概念是基于使用云计算模型实现的集中式方案,其需要先验的全局数据集,同时在训练阶段还需使用海量数据和计算能力。然而,随着新型智能设备和高风险用例,如装配机器人、遥控无人机、自动驾驶汽车和AR/VR应用,基于云的机器学习所提供的能力还远远不够。因为上述应用都属于实时应用,不仅要求高可靠性,甚至毫秒级的延迟都是不能容忍的[6,36]。

---

① AI是一种先进的概念,其基础是开发具有与人类智能相同基本特征的自动化智能机器,而机器学习是AI的一个应用或子集,允许机器从数据中学习而无须显式编程。机器学习使用算法来分析数据,然后从中学习,从而预测和决定事件。

13.3.2　分布式联邦 AI

互联云大致可以分为联邦云(Federated Clouds)和多云(Multi-Clouds)。在联邦云中,供应商可以很容易地将网络基础设施连接在一起,以支持彼此之间的资源交换和共享。联邦云还可以分为集中式①和点对点②方式。同样,在同一层和不同层互联的云分别称为水平联邦云和垂直联邦云。而在多云中,供应商没有意愿进行基础设施的互联与共享,因此,多云系统的资源管理由使用者负责。基于代理③的云计算可以使用智能代理系统,以促进云资源交易,这些代理可用于云间资源的发现、匹配、选择、组合、协商、调度、工作流和监控[34,37]。

上述应用需要一种新型系统设计,该系统将主要侧重于在边缘设备中引入智能。因此,低延迟、分布式、协作和可靠的机器学习应用便得到了广泛的关注。由此,研究重点已经从利用基于云的平台进行集中训练和推理,转向了创新的边缘智能赋能平台,该平台将通过移动或固定接入网向边缘设备提供智能业务。边缘智能赋能平台能够应对云计算范式推向边缘计算④时无法应对的挑战[6,36]。

一个典型的边缘智能架构如图 13-4 所示。在此类架构中,为有效支持网络需求,训练数据必须随机分布在大量边缘设备中⑤。在该架构中,除了每个边缘设备访问一小部分数据外,训练和推理是基于可访问的计算和存储资源协同实现的。同时,该架构促进了边缘设备之间的有效通信,并实现了本地训练模型的交换,从而取代了边缘设备之间私有数据的交换。基于未来边缘设备规模巨大的特点,必须进行数据降维、清理和抽象⑥[6,36]。

边缘智能平台具备低延迟、低成本等多种优势,被普遍认为是极具未来应用潜力的系统,不仅与可靠安全通信相关,还与约束设备资源的内存、能耗和计算能力相关。所提供的平台可以作为分布式处理单元,为边缘智能提供足够的性能,从而有效地支持 B5G 网络的部署。此外,平台还提供了与分布式终端设备非常接近的协同计算能力。平台间的网络互联可以是无线与/或(And/Or)光学链路(光纤和自由空间光),这样便可在城域网与/或接入网基础设施上进行有效管理。例如,自主移动空地系统将对我们的日常生活产生深远影响,并将成为分布式 AI 应用(如区域测量、灾难恢复和自动驾驶)的通用设备和平台。需要注意

---

① 在这种情况下,资源分配由中央实体完成。
② 没有权威释义。
③ 代理是一个计算机系统,可以独立地作出决策,自主地执行动作,并通过合作、协调和协商的方式与其他代理进行交互。
④ 其中一些挑战是需要海量的训练数据集,难以有效处理动态变化的环境,以及高昂的计算成本。
⑤ 在这里,边缘设备可以是网络基站与/或移动设备。
⑥ 这是由于相关海量监控数据的存储问题造成的。

第 13 章　6G 云网：迈向分布式、自动化、联邦 AI 赋能的云边计算

的是，前所未有的自主协作系统将在分布式系统、组网和资源管理等各个方面提出新的挑战[38]。例如，无线 AI 在网络边缘的部署对通信、联合优化训练和控制方面提出了一定的挑战，这其中需要综合考虑硬件需求、可靠性、端到端延迟、隐私和安全性[6,36]。

通过在边缘节点附近智能地部署/卸载某些计算任务，可以有效地管理相关网络约束。在此种体系下，核心云将被作为处理的最后手段[14,38]，避免通过 RAN、核心网和互联网进行连接的传统方法[14]，这有助于利用本地边缘应用和本地边缘资源来降低相关延迟，增强全局智能并提高全局系统性能[14,38]。

分布式 AI 应用需要在整个计算谱系，如云、雾和边缘[38]上，采用适当的计算机制进行无缝、有效和高效的通信。由于资源分配在执行过程中可能经常发生波动①，无线边缘智能支持的平台需要开发有效算法，以便在大量边缘设备之间进行分布式优化，而这些设备将共享一个待训练的模型。训练则可以通过大量互连边缘设备中的分布式数据来实现，这种分布式机器学习训练架构的一个很好的例子是 FL 方法②。由于联邦学习仍处于发展阶段，需要共同努力解决一些基本问题，如在无线信道特性和设备限制下，机器学习通信的协同设计问题[6,36]。

13.3.3　机器学习与通信之间的潜在协同

如前所述，具有低延迟、高速率和高可靠性等显著特征的通信系统是实现边缘机器学习/AI 的关键，这便引发了机器学习通信（CML）应用领域的研究。同样，用于通信的机器学习（MLC）利用边缘机器学习来改善通信能力，例如边缘机器学习/AI 的实现必须通过综合考虑信道动态、通信开销和设备限制（如内存、能耗和计算）来进行优化[6,36]。

利用边缘机器学习可以提高和优化 RAN 的性能，从而为 MLC 开辟了各种新的研究方向。例如，支持 AI 的下一代网络（如 6G）将以最佳方式利用网络边缘的物理和计算资源，这将有助于内容感知的智能业务交付。同样，AI 赋能算法将有助于 RAN 的软件定义控制和管理平面，可根据网络固有参数或其他外部因素确定所需资源。此外，AI 还有助于识别潜在的设备故障、物理故障以及恶意攻击[6,36]。总的来说，MLC 和 CML 将对下一代智能系统产生重大影响，这

---

① 本地和全局的计算负载和业务可用性可能会发生突变。在某些情况下，这可能对中央处理单元（CPU）和图形处理单元（GPU）造成破坏性和毁灭性的影响。同样，越接近边缘，通信将变得越发不稳定和不可靠[38]。
② 联邦学习是一种边缘机器学习训练方案，支持在本地训练期间定期交换移动设备的神经网络权重和梯度。

将在第13.4节中展开讨论。

13.4　6G潜在技术转型

如第13.2节中所描述的那样,6G RAN的连通性将确保生物、物理和数字世界的无缝集成。如图13-5所示,这种集成将有助于在多个本地设备、云和互联云系统中实现泛在的通用计算。还将促使终端设备从单个实体演化为一组具有良好同步功能的本地实体集合,从而建立新的人机界面。同时还将支持基于知识(基于代理)的系统,该系统将能够处理和存储数据,并将其转换为可操作的知识。类似地,将出现用于控制物理世界的精确感知和执行,以实现统一的体验[12]。在本节,将讨论未来影响6G系统的各种潜在技术转型。

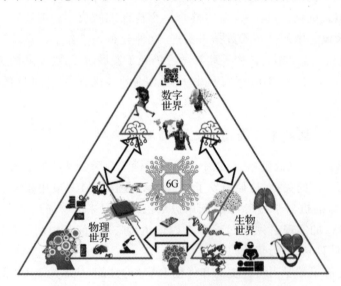

图13-5　通过6G整合生物、物理和数字世界

13.4.1　AI开发

如前所述,AI和机器学习算法,尤其是深度学习,已经取得了相当大的进步,使其成为计算机视觉、图像分类、网络安全和社交网络等诸多领域有吸引力的解决方案。机器学习/AI概念通常是在有大量数据可供训练的场景中实现的,例如强化学习(RL)广泛应用于机器人控制领域。深度学习已经成为无线系统提高性能的创新技术之一,可以预计5G及B5G系统的部署将基于分布式机器学习/AI技术,并且这些技术将嵌入各种网络节点中。这将有助于通过自动

化迅速适应网络环境的内在波动。因此,机器学习/AI 可以成为各种模型中一层和二层算法的一个极具吸引力的替代方案,如信道估计、均衡、前导码检测和用户调度[12]。

5G 采用 UDN 部署,而 B5G 的网络部署则将从超密集网络(SDN)到巨密集网络(TDN)[14]。需要注意的是,6G 网络中巨大的网络密度将带来各种挑战,如高能耗、庞大的信令开销、高成本、严苛的干扰控制以及非常复杂的资源管理。基于此,机器学习/AI 技术将成为智能自动化系统运行、优化、维护和管理的良好工具[7,12]。例如,在考虑区域流量模式的情况下,该技术可以通过配置一个最佳的波束子集,从而更有效地覆盖该区域。此外,UDN-TDN 中将存在大量设备,因此,在部署期间需要配置庞大数量的参数,机器学习/AI 技术可以通过基于自动化的终端设备定位和网络优化来应对这方面的相关挑战[12]。总的来说,利用感知和网络大数据训练,复杂的 6G 网络通过机器学习/AI 技术的实施将变得更加智能,同时还将提供许多特色功能,如状态预测、动态优化、自我修复、主动配置和网络环境感知[7]。

机器学习/AI 技术除了在 5G 及 B5G RAN 中的应用外,还将在端到端网络自动化中发挥重要作用。这将有助于解决跨多层和网络域相关编排所导致的复杂问题。此外,还可以根据网络需求、业务部署和系统可靠性的内在本质,实现边缘资源和云资源的动态适配。在后续的章节中,将讨论 6G 系统中的潜在机器学习/AI 技术实现。

13.4.1.1 AI 赋能 D2D 通信的准自主移动设备

正如第 13.3.1 节中所讨论的那样,移动设备的发展使其具有了与移动工作站相媲美的能力。而未来的移动设备将配备传感器、充足的存储资源和强大的处理器,足以执行相对特殊的功能。因此未来移动设备将朝着能够执行不同功能的手持移动设备的方向发展,例如无线现实感知、环境感知、AR/VR 云游戏、机器学习、光子计算和全息处理,并且在具备执行密集处理能力的同时,也将继续保留可移植性。未来移动设备将利用其所配置的资源,从简易智能(Smart)演进为 AI 驱动,其可通过本地数据训练来支持设备端 AI。此外,未来移动设备还可借助设备端的机器学习,预测共同感兴趣的内容,抢占移动轨迹,并感知本地环境。AI 驱动/AI 赋能的移动设备将有助于 6G 网络中的自动网络配置和抢占式网络管理,从而提高系统性能。然而,仅靠设备端 AI 还不足以抢占和管理庞大且动态的网络。因此,针对网络需求,层次化的 AI 体系(全局、本地和设备上)将被引入以进行网络优化[7]。

如上所述,层次化 AI 将在 6G 通信系统中得到应用。例如,来自设备上和局部网络中 AI 的共享信息,不仅可以扩展移动设备在 D2D 通信中的视野,还可以增加对本地网络环境的感知。然而前所未有的数据流量和计算量的增加给云和 MEC 服务器带来了巨大的工作负载,因此,它们的联合实现可能不足以满足移动设备所需的 QoE 需求。为解决这个问题,可以采用边缘计算来保证有效的 D2D 通信,同时为了提高系统性能,通过多个终端协作,这样构建一个集合就可以满足一个协作实体的需求①。为了在 6G 网络中实现 D2D 增强 MEC 相关网络资源的优化分配和管理,可利用机器学习/AI 技术,根据计算能力和网络需求进行智能优化和分配。层次化 AI 将被用于智能资源感知、预测、配置、聚合、评估和监控,这将有助于建立动态资源的逻辑互联[7]。

此外,移动设备将嵌入多个无线接口,这些接口将具有全频无线接入的潜力。这将有助于连接多个具有不同 QoS 需求的系统。并且随着 6G 中更高频段的使用,移动设备中还将嵌入多个小尺寸天线,从而可以利用大规模天线技术(如大规模 MIMO)。而太赫兹频段则将带来多领域的传感应用,如手势检测、医疗监测、安全感知、身体扫描,以及三维成像和地图绘制。同样地,移动设备还将能够提供认知能力、高速数据传输、全双工传输、MIMO 通信和可观的数据缓存[7]。

13.4.1.2 自优化 RAN 收发器

6G 超密集异构网络中的太赫兹通信具有非常严格的指向性特征。例如,发射机波束必须完美地指向接收机天线才能成功传输信息。鉴于 6G 网络相对于前几代网络具有更高的复杂性和动态性,这使网络管理的实施变得十分困难。在这个问题上,传统的网络管理方法将变得效率低下,因此,在 6G 超密集异构网络中急需创新的管理方法。为了满足多样化 QoS 需求,网络的优化和管理需要朝着智能化方向发展。目前已经采用了一些机器学习算法(如无监督学习、监督学习和强化学习),以协助智能网络优化、网络设计、资源分配以及无人机或小型基站的部署[7]。

未来,AI 赋能的核心网和 RAN 将使下一代网络不仅能够感知和学习环境,还可以通过大数据训练以做出决策。这将有助于自动预测和适应网络变化,从而通过自配置实现最佳性能[7]。例如,关于深度学习系统的各种研究已经证明了其通过准静态链接进行学习和通信的能力,并且与基于模型的系统相比,深度学习的执行效率更高[39,40]。深度学习系统不需要对星座、波形或参考信号等参数进行明确的设计。利用发射机和接收机之间的广泛训练[41],收发器便可以学会选择最优的设计参数。不过其中所需的端到端学习技术在动态变化的复杂多用户环境中可能是不切实际的。因此,6G 通信的设计准则将有助于对某些设计

---

① 单个终端的能力相对较弱。因此在边缘计算中,计算密集型任务可以分配给协作集群。

选项的学习,并且有望在环境、频谱、硬件和应用需求的选择中实现空口优化,同时,空口也将适应硬件能力[12,42]。

总体上,6G 网络的全球智能管理将得到多层次分布式 AI 的辅助。其中,核心网将支持全球 AI 中心,而本地 AI 中心将嵌入传统的移动基站或 MEC 服务器中。终端还可以提供设备端的数据训练,这种设备端的数据训练不仅能够获取本地信道模式,还能够从流量模式和移动轨迹中感知和学习。这将有助于理解有关用户行为的各种特性,从而帮助预测网络状态。因此,6G 网络将有望提供支持全球、本地和设备端的 AI 平台,而多层次的 AI 将相互协作和利用彼此的优势,以确保网络的运行和优化得到良好的维护。

13.4.1.3 认知和 D2D 辅助的协作 NOMA

认知无线电网络(CRN)和 NOMA 的结合可以提高用户公平性、频谱效率和连接密度。NOMA 的实现有助于次终端与主终端的有效合作,从而增加频谱接入机会。除此之外,D2D 和 NOMA 的结合可以实现一个 D2D 发射机和多个 D2D 接收机之间的通信,这种基于 NOMA 的通信可以确保增强型 D2D 性能增益[7]。

13.4.1.4 基于光子学的认知无线电与认知频谱管理

如第 13.2.4 节中所述,光子学技术和机器学习的结合不仅将为 6G 带来更好的性能,还能促进基于光子学的认知无线电系统的性能提升,使其具备各种显著优势。在 5G 中,AI 主要集中在网络运维和管理方面,以确保智能管理和维护。与 5G 不同,6G 网络将在智能系统架构和认知无线电网络的基础上进行构建。因此,为了做到真正的智能,需要在每个网络节点的协议栈中支持 AI[8]。

基于光子学的认知无线电将利用异构和分层的 AI 架构。一个典型的框架将包括全光子实体、光子神经网络和频谱计算单元,其中,频谱计算单元中可以采用基于 GPU 的神经网络加速器。由于神经网络处理一般使用传统的 GPU,而当在 6G 中使用这类设备时,海量的信号处理操作将导致设备的运行能效变得十分低下。因此,基于光子学的神经网络将是一种有效的解决方案,其能够以比 GPU 更少的能耗来执行并行计算,为可扩展的 AI 系统提供了高能效的平台[8]。

6G 网络中基于光子学的认知无线电系统将有望支持多用途和多频段信号。在该系统中,光子学神经网络将被用来处理、识别和分割不同类型的信号,如毫米波、雷达、自由空间光(FSO)、太赫兹和激光雷达。在神经网络应用中,数据训练环节将产生非常大的计算量,光域的实现将有助于在这个环节中优化人工神经网络的速度、效率和功耗。然而,使用 GPU 通常会比使用光子处理器拥有更精确的训练过程。总的来说,异构、分层和混合 AI 认知无线电架构将能够产生更为灵活和敏捷的空口[8]。

正如第 13.2.4 节中所述,广域覆盖的实现将继续基于低频段的开发,这是由于相比于高频段,低频段在 NLOS 情况下提供了更好的传播特性。并且随着 5G 演进,需要分配额外的频段来支持多个用例,这最终会导致 6GHz 以下频段的频谱短缺。因此,6G 需要新的频谱使用技术,以确保改善多个运营商之间的本地接入、共存和频谱共享。这将使多代网络和相关创新技术不仅可以共存,还可以共享频谱。基于支持多频段操作的无线电技术的进步以及深度强化学习等技术,有效的自主共享系统可以缓解频谱共享所带来的挑战和管理问题[43]。例如,网络致密化需要采用更先进的波束成形技术。在这方面,频谱利用正逐渐实现本地化,这将确保更具成本效益的频谱复用,也将促进认知共享系统之间的显著共存[12]。

13.4.1.5 情景感知实现

正如前面章节所讲的,6G 将通过机器学习/AI 技术以创新的数据采集和处理方案来增强系统性能,例如通信系统优化将基于上下文感知技术实现。利用机器学习/AI 技术,实现对业务模式、环境、位置和移动模式等各种因素的感知,并无缝地集成到优化方案中。基于此,可以实时地获取、预测和处理不同因素的变化,然后利用深度学习网络进行通信系统优化[12]。

由于海量网络元素将用于支持各种用例,因此,可以从设备特性和不同流量发送模式中学习到构建通信业务所需要的知识。这将有助于更为准确的个性化业务,以确保自动且适当的业务交付。在这种情况下,在性能优化过程中将采用一些学习技术,如,迁移学习和联邦学习等。具体而言,联邦学习技术可以确保网络基础设施和设备间的共同学习,从而在促进有效端到端操作方面发挥关键作用。此外,各种类型的强化学习也将用于不同节点和不同目的,如资源分配优化和系统参数控制[12]。

13.4.2 新频段开发

由于对容量和峰值速率的需求不断增长,促进 5G 网络采用毫米波、大规模天线阵列以及波束成形技术的发展。为了支持持续不断增长的系统需求,6G 系统将开发从 114~300GHz 的亚太赫兹频段。亚太赫兹频谱可用于蜂窝系统以支持不同的传输链路,如前传、中传和回传链路,而随着当前的发展,这些链路将被整合,以便在未来提供有效支持。除对回传链路的潜在支持外,亚太赫兹频谱还可以用于短距离通信,例如数据中心的高速光互联和边缘数据中心的机架间(Rack-To-Rack)通信[12]。

除亚太赫兹频段的开发外,低成本的大规模 MIMO 方案将有助于更高效地使用毫米波和厘米波频谱资源。此外,随着网络密度的增加和更具成本效益的大规模 MIMO 技术,未来将朝着在毫米波频段构建多用户 MIMO 实施方案的方向发展。这将有利于在现有可用频谱基础上开发大规模应用。必须注意的是,对于 6G 系统,在较低的厘米波频段,由于天线元件尺寸相对较大,导致大规模 MIMO 的应用存在相应的局限性。此外,在亚千兆赫频率下,材料穿透特性和基本路径损耗会相对更好,因此,在 6G 网络的广域覆盖中也将使用较低频段。并且,利用 AI 技术实现从静态频谱分配到动态频谱分配的显著演进[12]。

为了促进频谱开发,将采用基于板载或片上天线阵列与移相器耦合的创新射频集成电路(RFIC),并且 RFIC 能够提供窄波束。同时,为通过单用户或多用户 MIMO 实现巨大容量,混合波束成形将作为一种可行方案。这将有助于发展最初基于模拟波束成形的毫米波系统,这种系统可以在单个面板上同时支持有限数量的用户。其他 6G RAN 可预期的创新方案还包括基于机器学习/AI 的功耗降低机制、新波形设计、先进的信号处理、增强的信道测量和相关的信道模型[12]。

13.4.3 网络架构与技术

在 6G 移动通信系统的技术路径中,有许多潜在的解决方案可加以利用。根据现有的研究进展,6G 网络架构有望利用如图 13-6 所示的各种方案。本小节将介绍各种潜在的关键 6G 技术和系统架构。

13.4.3.1 具有子网络的超密集异构网络

5G 系统已经经过了精心设计,通过支持像时间敏感网络(TSN)等创新机制来满足需求,6G 中将继续利用并巩固这一特性,这将使 6G 能够为一系列应用和业务提供相同于有线的连接和可靠性。无论是静态设备还是移动设备,无论是孤立的、稀疏的还是密集部署的,都将得到 6G 系统的有效支持。为了实现这一点,预期的 6G 网络将由高密集部署的自治子网络聚合而成,而这有助于确保子网络中最关键的业务保持不中断,哪怕是在与整体网络处于无连接或很差的连接的状态下[12]。为了实现超高的可靠性,需要与基础设施的多路径连接以及机会式 D2D 连接[7,12],但这将会导致出现无蜂窝架构①。集成接入和回传(IAB)架构②的演进将有效支持 6G 超密集异构无线系统。总的来说,6G 支持下的子网将具有各种优势,如极低延迟、高数据速率、更高可靠性、动态业务执行、强安全性和更高弹性。这些显著特征将跨越边缘云和子网络中的设备[12]。

---

① 无蜂窝网络可以确保无缝移动性的支持,而不存在由于切换而造成的一般开销,特别是在太赫兹频率下。
② 极密集系统所需的回传容量非常巨大,建造基于光纤的基础设施不仅成本高昂,而且耗时。因此,基于集成接入和回传的节点可以通过无线链路支持接入和回传业务[44]。

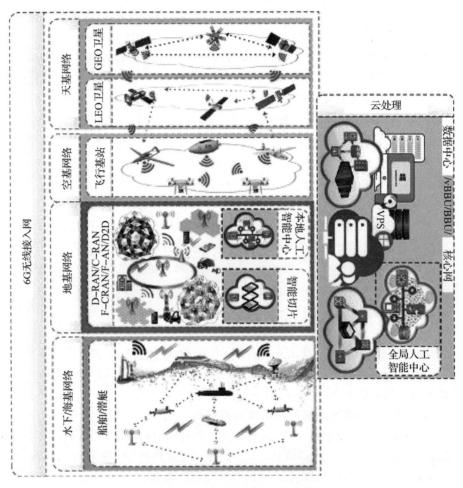

图 13-6 典型的 6G RAN 架构

由于设备的极端密集化,6G 的无线传输距离将大大缩短。D2D 通信将显著演变为 6G 超密集异构无线系统,从而有效支持未来多样化应用下的海量网络设备。不过这样的超密集网络可能会出现性能下降,而造成这一现象的主要原因是严重的干扰,这可能会导致高能耗和过度切换,特别是对于高速移动设备。不过这些问题将随基于 D2D 和基于 NOMA 的未来通信系统发展而得到解决[7]。

13.4.3.2 新型网络切片

如第 13.2.3 节中所描述的那样,除 6G 及以后网络所支持的各种子网外,5G 中的网络切片和虚拟化技术也将不断演进,以有效支持 6G 创新用例。在这种情况下,预计未来将采用基于各类软件堆栈的极其智能和专门的网络切片技术,以支持每个网络切片。通过 AI 优化,自动化的流程可以实现不同需求下的不同业务[12,25]。

具有动态特征的 D2D 集群能够提供虚拟与/或(And/Or)物理资源,例如网络、存储、内存和计算。这有利于网络边缘资源的扩散,并且网络运营商也可以通过支持 D2D 的智能网络切片,在边缘高效地整合和联合网络资源。同时为确保实时动态网络切片,必须利用分层 AI 来发现和管理大量的 D2D 集群。基于分层 AI,可以通过底层资源和网络切片状态的评估和监控,实现虚拟资源的智能编排和管理。此外,利用虚拟网络功能(VNF),联邦网络切片的实例可以有效地生成与/或(And/Or)动态调整以满足不同的业务需求,而不会对其他切片实例产生负面影响[7]。

在未来,RAN 虚拟化将得到相当大的发展,以确保 RAN 相关功能的进一步拆分/分解,使相关功能被分散到模块化的微业务中。基于此,RAN 可以由微业务自适应地组成特定切片来实现,并根据特定切片的要求,在诸如中继、边缘、小区站点、网关设备和云的各种网络实体之间实现灵活的特定切片功能。而这种特定切片的实现需要依托于网络编排和业务管理方面的技术演进[12]。

13.4.3.3 融合网络

6G 将是一个融合的系统,以确保网络简化和系统性能提升。本小节重点介绍了 6G 网络融合的相关内容。

1)接入网与核心网融合

如第 13.2.3 节中所描述的,为了提高网络灵活性和系统性能,5G 基站可分为集中式单元和分布式单元。协议栈的第一层物理层和第二层实时功能部分将在分布式单元上实现,第二层非实时功能部分和第三层功能由集中式单元支持。集中式单元通常基于虚拟化功能,可以部署在边缘云或城域云中,为多个分布式单元服务。核心网功能也将得到显著虚拟化,并且可以部署在区域云或城域云。此外,低延迟业务则可以在云边缘实现。考虑到上层 RAN 功能集中化以及核心网功能分布化的显著提升,通过融合 RAN 和核心网的某些功能可以实现网络架构的显著简化。因此,通过集成 5G RAN 和核心网的某些功能模块,可以为无核心网的 RAN 实现铺平道路[12]。

2)天地一体化网络

由于流量和终端分散性的持续增加,现有的地面网络将很难提供泛在连接,且无法支持全球覆盖。预期中的 6G 网络将是一个融合网络,能为大规模设备和应用提供泛在的连接业务。例如,6G 有望超越 5G 空天地网络,通过集成水下/海上网络,形成 6G 空天地海一体化网络,确保在全球范围内维持泛在移动超宽带业务[7,8]。

在空天地海一体化网络中,天基网络包括一组位于相同或不同轨道平面上相连的卫星。同样,空基(空中)网络需要飞行基站、低空 UAV 和高空平台(例如飞艇和飞机等)。而地基(陆地)网络由蜂窝移动网络(M2M 通信、边缘、云和核心网)、移动卫星终端和卫星地面站组成[45,46]。海基网络则包括水声网络、超短波通信、短波通信和海底光网络[7]。随着空地网络的融合,可以利用视线广、空间覆盖大和传输损耗低等相关特性,实现全球三维空间下的无缝高速移动覆盖。例如,在 5G 定义的天地一体化网络中,基于高通量卫星系统将使用毫米波或微波频段,以提供 100Mb/s 的宽带业务[8]。

SATSI 一体化网络将采用新的架构以应对 6G 泛在移动超宽带用例。同时,自由空间相干/自相干光通信系统提供了巨大的容量,可以支持空-天、天-天、天-地和地-海节点之间的通信[47]。因此,通过集成光学-毫米波的融合技术,可以实现超过 100Gb/s 的天地一体化网络。由于毫米波易受雨衰而不是云衰和雾衰影响,而自由空间光易受雾衰和云衰而不是雨衰影响,因此,毫米波和自由空间光之间可以相互补充。同时,必须采用分集技术来提高系统的性能[48,49]。基于这种实现,接入网可以根据信道条件和系统需求动态地采用各种链路(光、毫米波和混合链路)[8]。

13.4.3.4 全息无线电

在现代无线通信系统中,干扰是影响 QoS 的主要障碍之一,而目前的大多数方法主要集中在干扰的消除、最小化和避免上。与认为"无用信号是有害现象"的传统观点相反,在 6G 系统中,干扰将用于开发高精度和高能效的全息通信系统。值得注意的是,全空间射频全息技术或计算全息无线电技术是干扰利用领域中最具潜力和最高水平的技术。全息无线电除了对整个空间的精确控制外,还可以利用空间波场合成和空间光谱全息技术实现电磁场的全闭环控制,不仅可以大大提高频谱效率,还可以提高网络容量。全息无线电除了可以实现 6G uHDD 业务外,还可以实现成像和无线通信的集成[8]。

13.4.3.5 全光子 RAN

6G 用例(例如 uHDD、uMUB 和 uHSLLC)同时需要超宽带和超低延迟。常规的方案在面临海量处理的时候会导致延迟增加,因此 5G 很难满足这些要求。已经可以确定全光网络在延迟方面能够提供出色的性能,所以全光集成器件(无源、有源或两者兼有)的超快信号处理被认为是提高下一代 RAN 性能的有效解决方案,特别是对于时间要求严苛的应用和业务。不过由于需要高功率射频光子前端,全光/光子 RAN 的实现仍然具有挑战性。尽管如此,预计 6G 的网络实体将是基于全光子的。在光学领域中将实现能够支持超宽带信号产生和处理的平台[8]。

13.4.4 新的安全、信任和隐私模型

数十亿物联网设备(如传感器)的出现,使得人与人之间、设备与设备之间的互联率都有了显著的提高。然而相互连接的增加也突显了每个人和整个社会的脆弱性。例如,金融和健康数据等各类敏感信息经常通过网络传输,当传输的信号被窃听时,将可能导致数百万用户和数十亿应用程序的数据被操纵和窃取,因此,仅凭物理安全显然是不够的。每一代网络中的通信安全和隐私措施都至关重要,关键的网络基础设施和物联网设备必须受到保护,以免发生数据泄露和意外业务中断[50]。6G 网络将通过跨不同级别信任边界的高级授权策略,来实现对各种可能网络威胁的强大抵御能力[12]。这种策略可以通过联邦学习来实现,这是因为联邦学习具有在每个移动设备(例如用户终端)上保持数据训练的能力,所以可以利用联邦学习从移动/边缘设备中学习得到共享全局模型[7]。

目前用于保护物联网通信安全的加密算法很容易被量子计算机破解,所以为了保护物联网安全需要采用抗量子密码系统。密码方案必须同时确保不容易受到来自经典计算机和量子计算机的攻击,并且还要解决诸如密钥速率、代价、共存性和安全多方计算(SMC)等各种问题[51-53]。

13.5 本章小结

预计 6G 及以后的网络将集成智能,以实现从传统基于云的 RAN 方案到分布式协作的边缘智能范式的无缝演进。边缘智能使能架构有望支持网络向智能和融合的 6G 网络方向发展,这将促进 IoE,使工业 4.0、全息通信、智慧城市、自动驾驶、可持续发展、能效提升、AR/VR/MR 等各种应用/业务的部署不仅成为现实,而且更加深入和全面。虽然控制、通信、感知和计算功能在 5G 中没有得到太多重视,但是这些功能将在 6G IoE 的应用中得到融合。然而,由于相关应用必须在动态和实时环境中运行,边缘智能使能方法面临着许多新的挑战。相关场景必须满足严苛的端到端延迟、比特率、设备约束、可靠性和安全性要求。在此基础上,为满足各种用例所需的 QoS,机器学习/AI 技术将是 6G 极密集异构网络中系统自动化运行、优化、维护和管理的重要工具。同样可以借助基于光子学的认知无线电,使空口可以更加敏捷和灵活,从而提高效率。此外,计算全息无线电技术还可以显著提高网络容量和频谱利用率,并有助于 6G 超级密集异构网络中的成像和无线通信集成。

参 考 文 献

[1] ZHU J, ZHAO M, ZHANG S, et al. Exploring the road to 6G: ABC – foundation for intelligent mobile networks[J/OL]. China Commun,2020,17(6):51 – 67. https://doi.org/10.23919/JCC.2020.06.005

[2] HUANG T, YANG W, WU J, et al. A survey on green 6G network: architecture and technologies[J]. IEEE Access ,2019,7(175):758 – 175, 768.

[3] KATTI R, PRINCE S. A survey on role of photonic technologies in 5G communication systems [J/OL]. Photon. Netw. Commun. 2019(38): 85 – 205. https://doi.org/10.1007/s11107 – 019 – 00856 – w.

[4] CHANCLOU P, NETO LA, GRZYBOWSKI K, et al. Mobile fronthaul architecture and technologies: a RAN equipment assessment [invited][J/OL]. IEEE/OSA J. Opt. Commun. Netw,2018, 10(1): A1 – A7. https://doi.org/10.1364/JOCN.10.0000A1.

[5] LIBERATO A, MARTINELLO M, GOMES R L, et al. RDNA: residue – defined networking architecture enabling ultra – reliable low – latency datacenters[J/OL]. IEEE Trans. Netw. Serv. Manage,2018, 15(4): 1473 – 1487 (2018). 10.1109/TNSM.2018.2876845.

[6] TOMKOS I, KLONIDIS D, PIKASIS E, et al. Toward the 6G network era: opportunities and challenges[J/OL]. IT Professional, 2020, 22(1): 34 – 38. https://doi.org/10.1109/MITP.2019.2963491.

[7] ZHANG S, LIU J, GUO H, et al. Envisioning device – to – device communications in 6G [J/OL]. IEEE Netw,2020,34(3):86 – 91. https://doi.org/10.1109/MNET.001.1900652.

[8] ZONG B, FAN C, WANG X, et al. 6G technologies: key drivers, core requirements, system architectures, and enabling technologies[J/OL]. IEEE Vehic. Technol. Mag,2019, 14(3): 18 – 27. https://10.1109/MVT.2019.2921398.

[9] DUTKIEWICZ E, COSTA – PEREZ X, KOVACS I Z, et al. Massive machine – type communica – tions[J/OL]. IEEE Netw,2017, 31(6): 6 – 7. https://doi.org/10.1109/MNET.2017.8120237.

[10] ALIMI I A, TAVARES A, PINHO C, et al. Enabling Optical Wired and Wireless Technologies for 5G and Beyond Networks, Chap. 8[M/OL]. London: IntechOpen, 2019:177 – 199. https://doi.org/10.5772/intechopen.85858.

[11] I C, LI H, KORHONEN J, et al. RAN revolution with NGFI (xHaul) for 5G[J/OL]. J. Lightwave Technol ,2018,36(2):541 – 550. https://doi.org/10.1109/JLT.2017.2764924.

[12] VISWANATHAN H, MOGENSEN P E. Communications in the 6G era[J/OL]. IEEE Access 2020(8):57,063 – 57,074. https://doi.org/10.1109/ACCESS.2020.2981745.

[13] I C, ROWELL C, HAN S, et al. Toward green and soft: a 5G perspective[J]. IEEE Commun. Mag,2014, 52(2):66 – 73. https://doi.org/10.1109/MCOM.2014.6736745.

[14] ALIMI A I, TEIXEIRA A L, MONTEIRO P P. Toward an efficient C – RAN optical

Fronthaul for the future networks: a tutorial on technologies, requirements, challenges, and solutions[J/OL]. IEEE Commun. Surv. Tutor,2018, 20(1): 708-769. https://doi.org/10.1109/COMST.2017.2773462.

[15] CAMPS-MUR D, GUTIERREZ J, GRASS E, et al. 5G-XHaul: a novel wireless-optical SDN transport network to support joint 5G Backhaul and Fronthaul services[J/OL]. IEEE Commun. Mag, 2019, 57(7): 99-105. https://doi.org/10.1109/MCOM.2019.1800836.

[16] ADAMS H. Mobile transport for 5G networks. iHS markit white paper[M]. London: IHS Markit ,2018.

[17] ALIMI L A, MONTEIRO P P. Functional split perspectives: a disruptive approach to RAN performance improvement[J/OL]. Wirel. Pers. Commun,2019, 106(1):205-218. https://doi.org/10.1007/s11277-019-06272-7.

[18] SEHIER P, CHANCLOU P, BENZAOUI N, et al. Transport evolution for the RAN of the future [invited][J/OL]. IEEE/OSA J. Opt. Commun. Netw,2019,11(4): B97-B108. https://doi.org/10.1364/JOCN.11.000B97.

[19] LI L, BI M, XIN H, et al. Enabling flexible link capacity for eCPRI-based Fronthaul with load-adaptive quantization resolution[J/OL]. IEEE Access ,2019(7):102-174,185. https://doi.org/10.1109/ACCESS.2019.2930214.

[20] OTERO PÉREZ G, LARRABEITI LÓPEZ D, HERNÁNDEZ J A. 5G new radio Fronthaul network design for eCPRI-IEEE 802.1CM and extreme latency percentiles [J/OL]. IEEE Access, 2019(7): 82,218-82,230. https://doi.org/10.1109/ACCESS.2019.2923020.

[21] LE S T, DRENSKI T, HILLS A, et al. 400 Gb/s real-time transmission supporting CPRI and eCPRI traffic for hybrid LTE-5G networks[C]//2020 Optical Fiber Communications Conference and Exhibition (OFC) (2020:1-3.

[22] KALFAS G, AGUS M, PAGANO A, et al. Converged analog fiber-wireless point-to-multipoint architecture for eCPRI 5G Fronthaul networks[C/OL]//2019 IEEE Global Communications Conference (GLOBECOM) (2019):1-6. https://doi.org/10.1109/GLOBECOM38437.2019.9013123.

[23] Common public radio interface: eCPRI interface specification (2018) [S/OL]//eCPRI specification v1.1, CPRI. http://www.cpri.info/spec.html.

[24] BROWN G. New transport network architectures for 5G RAN[R]//Heavy reading white paper, Fujitsu,2018.

[25] SONG C, ZHANG M, ZHAN Y, et al. Hierarchical edge cloud enabling network slicing for 5G optical Fronthaul[J/OL]. IEEE/OSA J. Opt. Commun. Netw,2019,11(4): B60-B70. https://doi.org/10.1364/JOCN.11.000B60.

[26] MA L, WEN X, WANG L, et al. An SDN/NFV based framework for management and deployment of service based 5G core network[J/OL]. China Commun,2018, 15(10):86-

98. https://doi.org/10.1109/CC.2018.8485472.

[27] WANG G, FENG G, QUEK T Q S, et al. Reconfiguration in network slicing - optimizing the profit and performance[J/OL]. IEEE Trans. Netw. Serv. Manage,2019, 16(2):591-605 https://doi.org/10.1109/TNSM.2019.2899609.

[28] ORDONEZ - LUCENA J, AMEIGEIRAS P, LOPEZ D, et al. Net - work slicing for 5G with SDN/NFV: concepts, architectures, and challenges[J/OL]. IEEE Commun. Mag, 2017, 55(5):80-87. https://doi.org/10.1109/MCOM.2017.1600935.

[29] MORANT M, MACHO A, LLORENTE R. On the suitability of multicore fiber for LTE - advanced MIMO optical Fronthaul systems[J/OL]. J. Lightwave Technol,2016, 34(2):676-682. https://doi.org/10.1109/JLT.2015.2507137.

[30] REBOLA J L, CARTAXO A V T, ALVES T M F, et al. Outage probability due to intercore crosstalk in dual - core fiber links with direct - detection[J/OL]. IEEE Photon. Technol. Lett, 2019,31(14):1195-1198. https://doi.org/10.1109/LPT.2019.2921934.

[31] ZHANG L, LIANG Y, NIYATO D. 6G visions: mobile ultra - broadband, super internet - of - things, and artificial intelligence[J]. China Commun,2019,16(8):1-14.

[32] YUAN Y, ZONG B, PAROLARI S, et al. Potential key technologies for 6G mobile communications[J/OL]. Sci. China Inf. Sci,2020, 63(8): 183,301. http://engine.scichina.com/publisher/ScienceChinaPress/journal/SCIENCECHINAInformationSciences/63/8/10.1007/s11432-019-2789-y, doi=

[33] NAHMIAS M A, SHASTRI B J, TAIT AN, et al. Neuromorphic photonics[J/OL]. Opt. Photon News,2018, 29(1):34-41. https://doi.org/10.1364/OPN.29.1.000034. http://www.osa-opn.org/abstract.cfm?URI=opn-29-1-34.

[34] SIM K M. Agent - based approaches for intelligent intercloud resource allocation[J/OL]. IEEE Trans. Cloud Comput,2019,7(2):442-455. https://doi.org/10.1109/TCC.2016.2628375.

[35] ALIMI I, SHAHPARI A, SOUSA A, et al. Challenges and opportunities of optical wireless communication technologies [C/OL]//Optical Communication Technology, Chap.2, ed. by P. Pinho (IntechOpen, Rijeka, 2017). https://doi.org/10.5772/intechopen.69113.

[36] PARK J, SAMARAKOON S, BENNIS M, et al. Wireless network intelligence at the edge[J]. Proc. IEEE,2019, 107(11):2204-2239. 10.1109/JPROC.2019.2941458.

[37] SIM K M. Agent - based cloud commerce[C/OL]//2009 IEEE International Conference on Industrial Engineering and Engineering Management (2009): 717-721. https://doi.org/10.1109/IEEM.2009.5373228.

[38] AGUIARI D, FERLINI A, CAO J, et al. Poster abstract: C - Continuum: edge - to - cloud computing for distributed AI[C/OL]// IEEE INFOCOM 2019 - IEEE Conference on Computer Communications Workshops (INFOCOM WKSHPS) (2019): 1053-1054. https://doi.org/10.1109/INFCOMW.2019.8845170.

[39] DÖRNER S, CAMMERER S, HOYDIS J, et al. Deep learning - based communication o-

ver the air[J/OL]. IEEE J. Select. Top. Signal Process,2018,12(1):132 - 143. https://doi. org/10. 1109/JSTSP. 2017. 2784180.

[40] O'SHEA T J, ROY T, CLANCY T C. Over - the - air deep learning based radio signal classification[J/OL]. IEEE J. Select. Top. Signal Process,2018,12(1):168 - 179. https://doi. org/10. 1109/JSTSP. 2018. 2797022.

[41] SIM M S, LIM Y, PARK S H, et al. Deep learning - based mmWave beam selection for 5G NR/6G with sub - 6 GHz channel information: algorithms and prototype validation[J/OL]. IEEE Access, 2020 (8): 51, 634 - 51, 646. https://doi. org/10. 1109/ACCESS. 2020. 2980285.

[42] RAJ V, KALYANI S. Backpropagating through the air: deep learning at physical layer without channel models[J/OL]. IEEE Commun. Lett,2018,22(11):2278 - 2281. https://doi. org/10. 1109/ LCOMM. 2018. 2868103.

[43] ZHOU F, LU G, WEN M, et al. Dynamic spectrum management via machine learning: state of the art, taxonomy, challenges, and open research issues[J/OL]. IEEE Netw,2019,33(4):54 - 62. https://doi. org/10. 1109/MNET. 2019. 1800439.

[44] LAI J Y, WU W, SU Y T. Resource allocation and node placement in multi - hop heterogeneous integrated - access - and - Backhaul networks[J/OL]. IEEE Access,2020(8):122,937 - 122,958. https:// doi. org/10. 1109/ACCESS. 2020. 3007501.

[45] ALIMI I A, TEIXEIRA A L, MONTEIRO P P. Effects of correlated multivariate FSO channel on outage performance of space - air - ground integrated network (SAGIN)[J/OL]. Wirel. Pers. Commun,2019,106(1):7 - 25. https://doi. org/10. 1007/s11277 - 019 - 06271 - 8.

[46] ALIMI I A, MUFUTAU A O, TEIXEIRA A L, et al. Performance analysis of space - air - ground integrated network (SAGIN) over an arbitrarily correlated multivariate FSO channel[J/OL]. Wirel. Pers. Commun, 2018, 100 (1): 47 - 66. https://doi. org/ 10. 1007/s11277 - 018 - 5620 - x.

[47] PATEL R K, ALIMI I A, MUGA N J, et al. Optical signal phase retrieval with low complexity DC - value method[J/OL]. J. Lightwave Technol,2020,38(16):4205 - 4212. https://doi. org/10. 1109/JLT. 2020. 2986392

[48] ALIMI I A, MONTEIRO P P, TEIXEIRA A L. Analysis of multiuser mixed RF/FSO relay networks for performance improvements in Cloud Computing - Based Radio Access Networks (CC - RANs) [J/OL]. Opt. Commun, 2017 (402): 653 - 661. https://doi. org/10. 1016/j. optcom. 2017. 06. 097. http://www. sciencedirect. com/science/article/pii/S0030401817305734

[49] ALIMI I A, MONTEIRO P P, TEIXEIRA A L. Outage probability of multiuser mixed RF/FSO relay schemes for Heterogeneous Cloud Radio Access Networks (H - CRANs) [J/OL]. Wirel. Pers. Commun,2017,95(1):27 - 41. https://doi. org/10. 1007/s11277 - 017 - 4413 - y.

[50] BROWN G. Quantum-safe security white paper: why quantum technologies matter in critical infrastructure and IoT[R/OL]//White paper, v1.0, ID Quantique SA (2017). https://marketing.idquantique.com/acton/media/11868/why-quantum-technologies-matter-in-critical-infrastructure-and-iot.

[51] CHENG C, LU R, PETZOLDT A, et al. Securing the Internet of Things in a quantum world[J/OL]. IEEE Commun. Mag, 2017, 55(2): 116-120. https://doi.org/10.1109/MCOM.2017.1600522CM.

[52] PINTO A N, SILVA N A, ALMEIDA A J, et al. Using quantum technologies to improve fiber optic communication systems[J/OL]. IEEE Commun. Mag, 2013, 51(8): 42-48. https://doi.org/10.1109/MCOM.2013.6576337.

[53] LEMUS M, RAMOS M, YADAV P, et al. Generation and distribution of quantum oblivious keys for secure multiparty computation[J]. Appl. Sci, 2020(10): 408

第 14 章　6G 网络中的云雾体系结构

在云服务出现之前,存储和信息处理都是由特定的硬件实现的。然而,这种方法在可扩展性、能效和成本方面存在诸多问题。随着云计算的出现,大规模存储和计算在一定程度上可以通过核心网络访问集中式数据中心的方式来解决。直到目前,云服务一直是主流,但也产生了新的挑战,延迟和能效问题尤为突出。随着嵌入式设备智能化水平的提高,雾的概念应运而生。网络边缘存在着大量存储和计算设备,部分由终端用户自己控制,大多数则由服务运营商拥有和部署,这些设备称为雾节点。这意味着云服务可以从中心向网络边缘推进,从而有效降低延迟。雾节点大量分布在网络中,部分通过有线连接,而其余则通过无线链路连接。如何分配服务的问题仍然是一项重要课题,需要引起广泛关注。本章介绍并评估了 6G 网络中的云雾体系结构,着重关注延迟、能效、可扩展性以及如何权衡分布式和集中式这两种资源处理模式。

14.1　引言

在过去的几十年里,计算模式已经从包括专用硬件(如工作站)的分布式模型演变为一个更集中的模型,被广泛称为云计算。云计算数据中心通常通过以太网连接到中心网络互相访问。如果不是有线和无线通信网络在数据传输速度方面的巨大进步,是不可能使用集中式云来实现远程处理的[2]。云计算在一定程度上解决了许多应用对海量存储和计算需求的问题。云计算有两个重要特征[3]:首先,集中化能够最大限度地降低管理和运营成本,促进规模经济发展;其次,个人和组织可以避免与数据中心相关的运营和资本支出[3]而集中力量创新。然而,尽管云具有随需应变和可伸缩性的优点,但访问其资源需要跨越接入网、城域网和核心网层,需要付出很大的代价。其中最为突出的是源节点和云之间的物理距离和复杂的网络结构造成的通信延迟,以及由传输网络引起的高功耗[4]。

于是,思科(Cisco)在 2012 年提出了一种新的计算模型,这就是众所周知的雾计算[2]。"雾"与"云"的区别在于它更靠近地面[5]。雾计算的主要目标是将云服务从核心延伸到网络边缘[6]。因此,雾资源(即计算和存储)在 N 层网络中分布于各个位置上,由此可在不同层次上提供异构的雾资源[1]。根据 OpenFog 组织的说法,无论是智能物联网设备上的嵌入式 CPU,还是 ISP(网络业务提供商)地区分局的服务器还是位于本地办事处或客户拥有的处理服务器[7],都可以充当雾节点。

随着 IoT 的不断发展,连接设备的数量预计将呈指数级增长。据估计,这些设备的数量在 250 亿~500 亿,产生大约 79.4 兆字节的数据[8,9]。鉴于互联设备的增长速度,工业界和学术界的工程师在推进 5G 商用的同时已经着手研究 6G 网络。6G 网络预计将支持新一代应用(例如增强现实、远程手术等)和大量设备的海量连接,也称为超级 IoT[10,11]。6G 网络的一个主要特点是结合 ML 工具(例如用于数据分析的人工智能 AI),以便在未来从人工配置及优化转向更智能的网络[10]。

正如首批 6G 白皮书所指出的那样,0.1ms 的延迟和 10 倍的能效改进是最重要的 KPI[12]中的一项。如果所有在边缘网络生成的原始数据都由云集中处理,延迟的增加将导致决策缓慢以及传输网络造成的功耗上升[13],因此,我们必须研究未来 6G 网络中的云雾架构。随着数据分析和处理的需求不断增长,雾和云在能效和延迟方面的相互作用将成为 6G 网络的一个重要方面。专门的集中式云数据中心(DC)可以提供更强的处理能力和更高的复杂度,但可能带来更高的功耗和延迟。因此,当必须在远程云或边缘处理雾节点中访问专用计算和存储硬件时,资源分配问题将变得至关重要。通过雾和云之间的分工合作,可以实现一个更高效、更绿色的网络[15]。

不同于以往只在单个层面上解决云雾架构中资源供应问题的工作,本章引入了一个基于 MILP 的综合优化模型,并在文章[16]的工作基础上进行了扩展,特别关注延迟和能耗。本章的优化模型主要考虑:

(1)物联网、接入网、城域网和核心网层中的元素;

(2)从多个物联网组同时产生任务请求时,如何权衡本地和远程服务器以及它们的协同处理;

(3)构建一个通用的 MILP 模型,它独立于网络技术模型,能够从全局角度观察整体效能。

此外,本章的工作借鉴了我们之前在提高云数据中心能效[17-21]、大数据分析[22-25]、核心网网络编码[26,27]、节能光核心网[13,28-34]以及核心网和物联网虚拟化[35-37]等方面的研究成果。

14.2　云雾架构

边缘网络中的设备,包括监控摄像机、智能手机、IoT 设备等。它们拥有低功耗的嵌入式专用 CPU。由于其分布式和接近最终用户的特性,它们的数量巨大且具有极低延迟,可以共同提供大量的计算资源。但 IoT 和雾节点在处理资源和效率方面高度异构,这给未来 6G 网络的资源分配问题带来了许多挑战。由此我们提出了如图 14-1 所示的云雾架构,包括五个不同的处理层:IoT 层、CPE(客户驻地设备)层、接入雾层、城域雾层和云数据中心层。系统生成的任务从 IoT 层发出,只要前述层中的任何设备有足够的计算资源,就可以交由其处理。

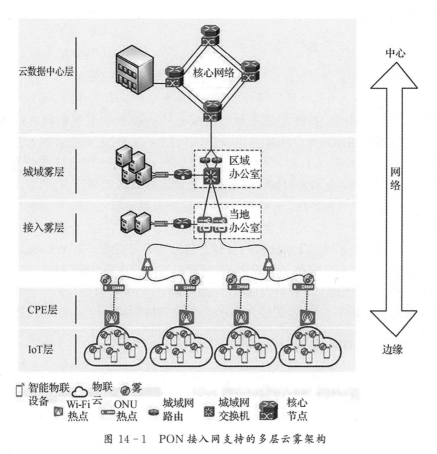

图 14-1　PON 接入网支持的多层云雾架构

14.2.1　IoT 层

IoT 层是整个网络结构的最底层,包括所有智能物联网节点,常见的有平板电脑、手机、车辆等。这一层定义了两类实体,称为源节点和物联网节点,传感器节点是物联网节点的一个子集。它们唯一的区别是前者会产生任务请求,而后者大多数时间保持空闲。如一个智能监测系统,其中部分摄像机会主动发送视频流,而其余的摄像机由于其安装的被动红外(PIR)传感器,在没有检测到运动物体时会长时间保持空闲。物联网节点通过无线网络连接到它们各自区域中的无线接入点(AP),当本地资源不足时,从源节点生成的任务会传输至更高一层来进行数据分析。IoT 和 APs 之间通信通常会使用 Wi-Fi 链路,与其他无线网络如蓝牙、Zigbee、LoRa 等相比,Wi-Fi 链路是数据密集型应用的理想选择。为了支持每个终端可达到非常高的数据速率,在室内环境中也可以用可见光链路来代替[38]。

14.2.2 CPE 层

这一层包括客户驻地设备(CPE),如光网络单元(ONU)和 Wi-Fi 接入点(AP),这些设备通常位于物联网节点附近。由于 ONU 具有多个以太网端口并可充当交换机使用,它通常配备具有与 IoT 节点相似或更大容量的嵌入式 CPU[39]。小型组织甚至个人用户可以在 AP、路由器、网关等位置部署自己的 CPE 节点。在本章中,ONU 代表 CPE 节点,它们是无源光网络(PON)的一部分[40]。由于 PON 技术为数据密集型应用提供了较高的数据速率,成本相对较低且具有较高的可扩展性[41],因此,具有很好的应用前景。CPE 节点的主要作用是充当控制器,收集和协作源节点生成任务的分配。我们认为这些 CPE 节点完全了解图 14-1 所示体系结构的所有上层可用处理资源。每个 CPE 节点连接并管理自己地理区域的 IoT 设备组,同时由于其协作和分配的功能,CPE 可以通过 PON 接入网与其他群组通信,由此可知,从一个群组生成的任务也可以分配给其他群组[42]。PON 的接入部分将在之后进行说明。

14.2.3 接入雾层

该层由多个光线路终端(OLT)组成,它们负责从所连接的 ONU 设备收集数据业务。单根光纤链路可以 1∶N 的比例分裂,下一代 PONS(NG-PONs)可以实现 1∶256 的分裂比[43]。这特别适用于 6G 网络,因为届时每立方米预计将有数百个设备[12]。"接入雾"包含多台高速服务器与 OLT 设备[44],处理能力比 IoT 层和 CPE 层强。然而 OLT 设备通常安装在小型本地办公室或封闭在街机柜中,可部署在这一层的服务器受空间限制数量仍然有限。因此,需要将更密集的任务传送到下一层进行处理。

14.2.4 城域雾层

如图 14-1 所示,该层节点设备包含多个边缘路由器和一个作为城域网和边缘网络入口点的以太网交换机。以太网交换机主要用于提供对公共云的访问,也用于聚合来自一个或多个接入网(本章为 OLT 设备)的流量。边缘路由器的主要作用是执行流量管理和认证,通常出于冗余目的使用多个边缘路由器[41]。由于支持的用户数较大,城域雾层可用的计算资源通常远多于物联网和低雾层,但与云数据中心[45]相比仍然微不足道。

14.2.5 云数据中心层

这一层由连接到核心网络的大型数据中心组成,核心节点间采用大容量 IP/WDM(基于波分复用的 IP 传输)光纤链路互联,IP/WDM 核心网络由光纤层和 IP 层组成。在 IP 层中,IP 核心路由器部署在每个节点以聚合业务或路由业务。在光纤层,光交叉连接用于建立 IP 核心路由器之间的物理网络链路。WDM(波分复用)光纤链路利用 EDFAs(掺铒光纤放大器)、转发器和中继器作为 IP/WDM 的一部分。与前面提到的其他处理层相比,云数据中心的处理资源实际上是无限的。云数据中心不受空间的限制,它们被用来支持大量的应用和服务计算[46]。

14.3 MILP 模型

如图 14-1 所提出的云雾结构所示,该优化模型可以最小化由 IoT 设备请求引起的网络和处理功耗[42,47]。每个任务请求由计算量和通信量两部分组成。计算量以每秒百万条指令(MIPS)为单位,通信量是以 Mb/s 为单位在网络中传输的数据量。优化模型将图 14-1 中的网络拓扑结构作为双向图 $G(N,L)$ 表示。其中,N 是所有节点的集合,L 是连接这些节点的链路的集合。处理节点的计算能力以 MIPS 为单位,而链路的网络容量以 Mb/s 为单位。

MILP 模型中使用的集合、参数和变量的定义如下。

(1) 集合。

N	图 14-1 中所示的体系结构中所有节点
N_m	在图 14-1 所示的体系结构中,节点 m 的所有邻居节点
$\mathbb{C}$	IP/WDM 核心节点,$\mathbb{C} \subset N$
A	Wi-Fi 接入点,$A \subset N$
$\mathbb{O}$	PON 中的 ONU 设备,$\mathbb{O} \subset N$
$\mathbb{OT}$	PON 中的 OLT 设备,$\mathbb{OT} \subset N$
MS	城域网中的以太网交换机,$MS \subset N$

(续)

$\mathbb{DC}$	云数据中心,$\mathbb{DC} \subset \mathbb{N}$	
$\mathbb{I}$	物联网设备,$\mathbb{I} \subset \mathbb{N}$	
$\mathbb{P}$	具有处理能力的节点,$\mathbb{P} \subset \mathbb{N}$ 且 $\mathbb{P}=\mathbb{I} \cup \mathbb{O} \cup \mathbb{OT} \cup \mathbb{M} \cup \mathbb{S} \cup \mathbb{DC}$	
$\mathbb{S}$	生成任务请求的所有 IoT 设备的集合,$\mathbb{S} \subset \mathbb{I}$	

(2)IP/WDM 核心网参数。

P_r	IP 路由器端口的最大功耗	W	光纤中的波长数
P_t	转发器的最大功耗	$\epsilon^{(r)}$	路由器端口的每比特能量,$\epsilon^{(r)} = \dfrac{P_t - I_t}{B}$
P_e	EDFA 的最大功耗	$\epsilon^{(t)}$	转发器的每比特能量,$\epsilon^{(t)} = \dfrac{P_r - I_r}{B}$
P_o	光交换机的最大功耗	$\epsilon^{(e)}$	EDFAs 的每比特能量,$\epsilon^{(e)} = \dfrac{P_e - I_e}{B}$
P_{rg}	中继器最大耗电量	$\epsilon^{(o)}$	光交换机的每比特能量,$\epsilon^{(o)} = \dfrac{P_o - I_o}{B}$
I_r	IP 路由器端口的闲时功耗	$\epsilon^{(rg)}$	中继器的每比特能量,$\epsilon^{(rg)} = \dfrac{P_{rg} - I_{rg}}{B}$
I_t	转发器的闲时功耗	D_{mn}	节点 m 与节点 n 之间的距离,其中 $m,n \in \mathbb{C}$
I_e	EDFA 的闲时功耗	S_e	相邻 EDFA 间的跨度距离
I_o	光交换机的闲时功耗	S_g	相邻中继器间的跨度距离
I_{rg}	中继器的闲时功耗	A_{mn}	核心网络中 m 节点和 n 节点间每根光纤上使用的 EDFA 数 $m, n \in \mathbb{C}, A_{mn} = \left\lceil \left(\dfrac{D_{mn}}{S_e}\right) - 1 \right\rceil + 2$
$I^{(pr)}$	设备的闲时功率	R_{mn}	核心网络中 m 节点和 n 节点间的中继器数 $m, n \in \mathbb{C}, R_{mn} = \left\lceil \left(\dfrac{D_{mn}}{S_g}\right) - 1 \right\rceil$
$I_d^{(pr)}$	服务器的闲时功率	PUE_C	IP/WDM 核心网节点的电力使用效率
B	单波长最大数据速率		

(3)云数据中心层参数。

$P^{(DS)}$	中心云交换机最大功耗
$I^{(DS)}$	中心云交换机闲时功耗
$B^{(DS)}$	中心云交换机数据速率

(续)

$\epsilon^{(DS)}$	中心云交换机的每比特功耗，$\epsilon^{(DS)} = \left(\dfrac{P^{(DS)} - I^{(DS)}}{B^{(DS)}}\right)$	
$P^{(DR)}$	中心云路由器最大功耗	
$I^{(DR)}$	中心云路由器闲时功耗	
$B^{(DR)}$	中心云路由器数据速率	
$\epsilon^{(DR)}$	中心云路由器每比特功耗，$\epsilon^{(DR)} = \left(\dfrac{P^{(DR)} - I^{(DR)}}{B^{(DR)}}\right)$	
PUE_DC	中心云网络节点传输和计算的电力使用效率	

(4) 城域网雾层参数。

$P^{(MS)}$	城域网交换机最大功耗
$I^{(MS)}$	城域网交换机闲时功耗
$B^{(MS)}$	城域网交换机数据速率
$\epsilon^{(MS)}$	城域网交换机的每比特功耗，$\epsilon^{(MS)} = \left(\dfrac{P^{(MS)} - I^{(MS)}}{B^{(MS)}}\right)$
$P^{(MfS)}$	城域雾节点交换机最大功耗
$I^{(MfS)}$	城域雾节点交换机闲时功耗
$B^{(MfS)}$	城域雾节点交换机数据速率
$\epsilon^{(MfS)}$	城域雾节点交换机的每比特功耗，$\epsilon^{(MfS)} = \left(\dfrac{P^{(MfS)} - I^{(MfS)}}{B^{(MfS)}}\right)$
$P^{(MR)}$	城域雾节点路由器最大功耗
$I^{(MR)}$	城域雾节点路由器闲时功耗
$B^{(MR)}$	城域雾节点路由器数据速率
$\epsilon^{(MR)}$	城域雾节点路由器的每比特功耗，$\epsilon^{(MR)} = \left(\dfrac{P^{(MR)} - I^{(MR)}}{B^{(MR)}}\right)$
$P^{(MfR)}$	城域雾节点路由器最大功耗
$I^{(MfR)}$	城域雾节点路由器闲时功耗
$B^{(MfR)}$	城域雾节点路由器数据速率
$\epsilon^{(MfR)}$	城域雾节点路由器的每比特功耗，$\epsilon^{(MfR)} = \left(\dfrac{P^{(MfR)} - I^{(MfR)}}{B^{(MfR)}}\right)$
PUE_M	城域网层节点传输和计算的电力使用效率
R	城域网冗余的路由器设备

(5) 接入网雾层参数。

参数	说明
$P^{(OT)}$	PON 网络中的 OLT 最大功耗
$I^{(OT)}$	PON 网络中的 OLT 闲时功耗
$B^{(OT)}$	PON 网络中的 OLT 数据速率
$\epsilon^{(OT)}$	PON 网络中的 OLT 每比特功耗，$\epsilon^{(OT)} = \left(\dfrac{P^{(OT)} - I^{(OT)}}{B^{OT}}\right)$
$P^{(O)}$	在 PON 网络中的 ONU 最大功耗
$I^{(O)}$	在 PON 网络中的 ONU 闲时功耗
$B^{(O)}$	在 PON 网络中的 ONU 数据速率
$\epsilon^{(O)}$	在 PON 网络中的 ONU 每比特功耗，$\epsilon^{(O)} = \left(\dfrac{P^{(O)} - I^{(O)}}{B^{(O)}}\right)$
$P^{(AfS)}$	在接入雾层中的交换机最大功耗
$I^{(AfS)}$	在接入雾层中的交换机闲时功耗
$B^{(AfS)}$	在接入雾层中的交换机数据速率
$\epsilon^{(AfS)}$	在接入雾层中的交换机每比特功耗，$\epsilon^{(AfS)} = \left(\dfrac{P^{(AfS)} - I^{(AfS)}}{B^{(AfS)}}\right)$
$P^{(AfR)}$	在接入雾层中的路由器最大功耗
$I^{(AfR)}$	在接入雾层中的路由器闲时功耗
$B^{(AfR)}$	在接入雾层中的路由器数据速率
$\epsilon^{(AfR)}$	在接入雾层中的路由器每比特功耗，$\epsilon^{(AfR)} = \left(\dfrac{P^{(AfR)} - I^{(AfR)}}{B^{(AfR)}}\right)$
$P^{(CfR)}$	在 CPE 层中的路由器最大功耗
$I^{(CfR)}$	在 CPE 层中的路由器闲时功耗
$B^{(CfR)}$	在 CPE 层中的路由器数据速率
$\epsilon^{(CfR)}$	在 CPE 层中的路由器每比特功耗，$\epsilon^{(CfR)} = \left(\dfrac{P^{(CfR)} - I^{(CfR)}}{B^{(CfR)}}\right)$
$P^{(AP)}$	AP 接入设备最大功耗
$I^{(AP)}$	AP 接入设备闲时功耗
$B^{(AP)}$	AP 接入设备数据速率
$\epsilon^{(AP)}$	AP 接入设备每比特功耗，$\epsilon^{(AP)} = \left(\dfrac{P^{(AP)} - I^{(AP)}}{B^{(AP)}}\right)$
PUE_A	接入网网络传输和计算的电力使用效率

(6)物联网设备参数。

$P^{(\text{IoT})}$	物联网传感器最大功耗
$I^{(\text{IoT})}$	物联网传感器闲时功耗
$B^{(\text{IoT})}$	物联网传感器数据速率
$\epsilon^{(\text{IoT})}$	物联网传感器每比特功耗，$\epsilon^{(\text{IoT})}=\left(\dfrac{P^{(\text{IoT})}-I^{(\text{IoT})}}{B^{(\text{IoT})}}\right)$

(7)处理设备参数。

$P_d^{(\text{cpu})}$	处理器最大功耗，$d\in\mathbb{P}$，单位为 W
$I_d^{(\text{cpu})}$	处理器闲时功耗，$d\in\mathbb{P}$，单位为 W
$C_d^{(\text{cpu})}$	处理器最大处理能力，$d\in\mathbb{P}$，单位为百万指令每秒（MIPS）
$\epsilon^{(\text{MIPS})}$	处理器每指令功耗，$\epsilon^{(\text{MIPS})}=\left(\dfrac{P^{(\text{MIPS})}-I^{(\text{MIPS})}}{B^{(\text{MIPS})}}\right)$

(8)应用参数。

$D_s^{(\text{cpu})}$	处理器接收到的来自 s 节点的处理任务，单位为百万指令每秒（MIPS）
$T_s^{(\text{cpu})}$	s 节点产生的数据速率，单位为 Mb/s
C_{mn}	处理器最大处理能力，$d\in\mathbb{P}$，单位为百万指令每秒（MIPS）
δ	设备闲时功率归因于用例的部分
Δ	处理 1Mb 通信量所需的处理能力，单位为百万指令每秒（MIPS）
M	足够大的数字

(9)其他变量。

L^{sd}	从源节点 s 到处理器 d 之间的通信量所需，$s\in\mathbb{S},d\in\mathbb{P}$
L_{mn}^{sd}	从源节点 s 到处理器 d 之间经过 m 节点和 n 节点的通信量所需，$s\in\mathbb{S},d\in\mathbb{P},m\in\mathbb{N},n\in\mathbb{N}_m$
L_d	在 d 节点聚集的业务量，$d\in\mathbb{N}$
B_m	表示 m 节点是否被激活，$B_m=1$ 表示 m 节点激活，否则 $B_m=0$
θ_d	经过 d 节点的需处理业务量，$\theta_d=\lambda_d\Omega_d$
Γ_{mn}	$\Gamma_{mn}=1$ 表示 m 节点和 n 节点间存在链路，否则 $\Gamma_{mn}=0$
ρ^{sd}	从源节点 s 产生的由处理器 d 处理的任务量，$s\in\mathbb{S},d\in\mathbb{P}$
Ω^{sd}	$\Omega^{sd}=1$ 表示从源节点 s 产生的由处理器 d 处理，否则 $\Omega^{sd}=0$
Ω^d	$\Omega^d=1$ 表示处理器 d 是开启状态，否则 $\Omega^d=0$
N_d	d 节点使用的处理器数量，$d\in\mathbb{P}$
W_{mn}	节点 m 与节点 n 之间每根光纤的光波长数，$m,n\in\mathbb{C}$
F_{mn}	节点 m 与节点 n 之间的光纤数，$m,n\in\mathbb{C}$
A_{gm}	在节点 m 激活的核心路由器聚合端口数，$m,n\in\mathbb{C}$

在本章中,我们采用图 14-2 中所示的功耗分配方式,它由闲时功耗和均衡功耗组成,无论负载(MIPS 或通信量)如何,一旦设备被唤醒,闲时功耗就一直存在,而均衡功耗依赖于分配给设备的工作负载(计算和传输)的量。几乎所有的器件都采用类似于图 14-2 中所示的线性功耗分布[48]。在实际设置中,闲时功耗占设备(网络传输和处理器)最大功耗的很大一部分,因此,不能忽略。

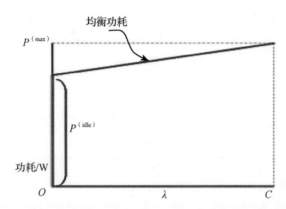

图 14-2 两部分能量消耗示意图(a)均衡功耗(b)闲时功耗

我们所考虑的体系结构跨越多个处理和网络层。因此,有必要公平地表示网络和处理设备的使用特性。根据以往的经验,当空闲时,服务器消耗大约 60% 的最大功耗,而网络节点消耗大约 90% 的最大功耗[49]。在本章中,对于网络和处理元件的空闲功耗,都假定了这两个比例。然而,大型网络设备,例如那些在访问核心层中的设备,由于这种设备可以由许多连接到它们的应用程序共享,我们假定消耗总闲时功耗的 3%[50]。图 14-2 中功率分布的总功耗使用式 14-1 计算。

$$总功耗 = \left(\frac{P^{(\max)} - P^{(\mathrm{idle})}}{C}\right)\lambda + P^{(\mathrm{idle})} \qquad (14-1)$$

式中:$P^{(\mathrm{idle})}$ 为设备(网络传输和处理)的闲时功耗,无论负载 λ 如何,设备只要启动就会消耗掉;$P^{(\max)}$ 为设备满负荷使用时的最大功耗,它被除以整体网络的能力 C。线性表示与功耗成正比。对于网络设备,这表示为每比特的能量,同样,对于处理设备,这表示为每指令的能量。

这里提出的云雾架构的总功耗由处理节点的功耗和网络中的功耗组成,处理功耗还包括内部处理节点的通信所需的网络元件的功耗。

14.3.1 网络功耗

在非旁路光路方法[51]下,核心网络中的总功耗由以下几部分组成:

路由器端口的功耗为

$$\text{PUE\_C}\Big[\sum\nolimits_{m\in\mathbb{C}}(\epsilon^{(r)}L_m)+\sum\nolimits_{m\in\mathbb{C}}\big(\delta I_r(Ag_m+\sum\nolimits_{n\in(\mathbb{N}_m\cap\mathbb{C})}W_{mn})\big)\Big] \quad (14-2)$$

转发器的功耗为

$$\text{PUE\_C}\Big[\sum\nolimits_{m\in\mathbb{C}}(\epsilon^{(t)}L_m)+\sum\nolimits_{m\in\mathbb{C}}\sum\nolimits_{n\in(\mathbb{N}_m\cap\mathbb{C})}(\delta I_tW_{mn})\Big] \quad (14-3)$$

EDFAs 的功耗为

$$\text{PUE\_C}\Big[\sum\nolimits_{m\in\mathbb{C}}(\epsilon^{(t)}L_mA_{mn})+\sum\nolimits_{m\in\mathbb{C}}\sum\nolimits_{n\in(\mathbb{N}_m\cap\mathbb{C})}(\delta I_eA_{mn}F_{mn})\Big] \quad (14-4)$$

光交换机的功耗为

$$\text{PUE\_C}\Big[\sum\nolimits_{m\in\mathbb{C}}(\epsilon^{(o)}L_m)+\sum\nolimits_{m\in\mathbb{C}}(\delta I_o\mathcal{B}_m)\Big] \quad (14-5)$$

中继器的功耗为

$$\text{PUE\_C}\Big[\sum\nolimits_{m\in\mathbb{C}}(\epsilon^{(rg)}L_mRg_{mn}W_{mn})+\sum\nolimits_{m\in\mathbb{C}}\sum\nolimits_{n\in(\mathbb{N}_m\cap\mathbb{C})}(\delta I_{rg}Rg_{mn}W_{mn})\Big] \quad (14-6)$$

城域网中交换机和路由器的功耗为

$$\text{PUE\_M}\Big[\mathcal{R}\sum\nolimits_{m\in\text{MR}}(\epsilon^{(\text{MR})}L_m)+\mathcal{R}\sum\nolimits_{m\in\text{MR}}(\delta I^{(r)}\mathcal{B}_m)+\\\sum\nolimits_{m\in\text{MS}}(\epsilon^{(\text{MS})}L_m)+\sum\nolimits_{m\in\text{MS}}(\delta I^{(\text{MS})}\mathcal{B}_m)\Big] \quad (14-7)$$

PON 接入网中 OLT 和 ONU 设备的功耗为

$$\text{PUE\_M}\Big[\sum\nolimits_{m\in\text{OT}}(\epsilon^{(\text{OT})}L_m)+\sum\nolimits_{m\in\text{OT}}(\delta I^{(\text{OT})}B_m)+\\\sum\nolimits_{m\in\mathbb{O}}(\epsilon^{(\mathbb{D})}L_m)+\sum\nolimits_{m\in\mathbb{O}}(\delta I^{(\text{O})}\mathcal{B}_m)\Big] \quad (14-8)$$

Wi-Fi 热点设备的功耗为

$$\sum\nolimits_{m\in\text{AP}}(\epsilon^{(\text{AP})}L_m)+\sum\nolimits_{m\in\text{AP}}(\delta I^{(\text{AP})}\mathcal{B}_m) \quad (14-9)$$

IoT 设备收发器的功耗为

$$\sum\nolimits_{m\in\mathbb{I}}(\epsilon^{(\text{IoT})}L_m)+\sum\nolimits_{m\in\mathbb{I}}(\delta I^{(\text{IoT})}\mathcal{B}_m) \quad (14-10)$$

14.3.2 处理功耗

处理总功耗由以下几部分组成：

IoT 设备的处理为

$$\sum\nolimits_{s\in\mathbb{S}}\sum\nolimits_{d\in\mathbb{I}}(E_d^{(i)}\rho^{sd})+\sum\nolimits_{d\in\mathbb{I}}(I^{(\text{pr})}\mathcal{N}_d) \quad (14-11)$$

CPE 雾节点服务器的处理为

$$\sum\nolimits_{s\in\mathbb{S}}\sum\nolimits_{d\in\mathbb{O}}(E_d^{(i)}\rho^{sd})+\sum\nolimits_{d\in\mathbb{O}}(I_d^{(\text{pr})}\mathcal{N}_d) \quad (14-12)$$

接入雾节点服务器的处理为

$$\text{PUE\_A}\left[\sum_{s\in\mathbb{S}}\sum_{d\in\text{OT}}(E_d^{(i)}\rho^{sd})+\sum_{d\in\text{OT}}I_d^{(\text{pr})}\mathcal{N}_d\right] \quad (14-13)$$

城域网雾节点服务器产生的处理为

$$\text{PUE\_M}\left[\sum_{s\in\mathbb{S}}\sum_{d\in\text{MS}}(E_d^{(i)}\rho^{sd})+\sum_{d\in\text{MS}}(I_d^{(\text{pr})}\mathcal{N}_d)\right] \quad (14-14)$$

云数据中心服务器产生的处理为

$$\text{PUE\_DC}\left[\sum_{s\in\mathbb{S}}\sum_{d\in\mathbb{DC}}(E_d^{(i)}\rho^{sd})+\sum_{d\in\mathbb{DC}}(I_d^{(\text{pr})}\mathcal{N}_d)\right] \quad (14-15)$$

云数据中心内部路由器和交换机产生的处理为

$$\text{PUE\_DC}\left[\sum_{d\in\mathbb{DC}}(\epsilon^{(\text{DR})}\theta_d)+\sum_{d\in\mathbb{DC}}(\delta I^{(\text{DR})}\Omega^d)+\sum_{d\in\mathbb{DC}}(\epsilon^{(\text{DS})}\theta_d)+\sum_{d\in\mathbb{DC}}(\delta I^{(\text{DS})}\Omega^d)\right] \quad (14-16)$$

城域网雾节点间光纤及路由器产生的处理为

$$\text{PUE\_M}\left[\sum_{d\in\text{MS}}(\epsilon^{(\text{MfR})}\theta_d)+\sum_{d\in\text{MS}}(\delta\epsilon^{(\text{MfR})}\Omega^d)+\sum_{d\in\text{MS}}(\epsilon^{(\text{MfS})}\theta_d)+\sum_{d\in\text{MS}}(\delta I^{(\text{MfS})}\Omega^d)\right] \quad (14-17)$$

MILP 模型的目标是使总功耗最小,可以表示为

最小化目标为 net_pc + pr_pc

而公式有以下几个约束条件:

$$\sum_{n\in\mathbb{N}_m}L_{mn}^{sd}-\sum_{n\in\mathbb{N}_m}L_{nm}^{sd}=\begin{cases}L_{sd}, & m=s\\ -L_{sd}, & m=d\\ 0, & \text{其他}\end{cases}$$

$$\forall s\in\mathbb{S},d\in\mathbb{P},m\in\mathbb{N}:s\neq d \quad (14-18)$$

式(14-18)是流量守恒。如果节点不是源节点或目标节点,一个节点的总传入流量等于该节点的总传出流量。

$$\sum_{d\in\mathbb{P}}\rho^{sd}=D_s^{(\text{CPU})}\ \forall s\in\mathbb{S} \quad (14-19)$$

式(14-19)确保每个 IoT 源节点的处理服务需求都会被处理。

$$\rho^{sd}\geqslant\Omega^{sd}\quad\forall s\in\mathbb{S},d\in\mathbb{P} \quad (14-20)$$

$$\rho^{sd}\leqslant M\Omega^{sd}\quad\forall s\in\mathbb{S},d\in\mathbb{P} \quad (14-21)$$

式(14-20)和式(14-21)表示二进制变量 ρ^{sd} 在终节点 $d\in\mathbb{P}$ 且源节点 $s\in\mathbb{S}$ 的条件下等于1。

$$\sum_{d\in\mathbb{P}}\Omega^{sd}\leqslant K\quad\forall s\in\mathbb{S} \quad (14-22)$$

式(14-22)表示每个需求可以被分成 K 个部分,若 $K=1$ 则表示该需求不可被分割。

$$\mathcal{N}_d\leqslant\mathcal{V}_d\quad\forall d\in\mathbb{P} \quad (14-23)$$

式(14-23)表示每个节点处理的需求不会超过它的总处理能力。

$$\mathcal{N}_d \geqslant \frac{\sum_{s \in \mathbb{S}} \sum_{d \in \mathbb{P}} \rho^{sd}}{C^{\mathrm{CPU}}} \quad (14-24)$$

$$\sum_{s \in \mathbb{I}} \Omega^{sd} \geqslant \Omega^d \quad \forall d \in \mathbb{P} \quad (14-25)$$

$$\sum_{s \in \mathbb{I}} \Omega^{sd} \leqslant M\Omega^d \quad \forall d \in \mathbb{P} \quad (14-26)$$

式(14-25)和式(14-26)表示二进制变量 Ω^d 在终节点 $d \in \mathbb{P}$ 时等于1,否则为0。

$$\lambda_m = \sum_{\substack{s \in \mathbb{S}; \\ m=s}} \sum_{d \in \mathbb{P}} \sum_{n \in \mathbb{N}_m} L_{mn}^{sd} + \sum_{\substack{s \in \mathbb{S}; \\ m \neq s}} \sum_{\substack{d \in \mathbb{P}; \\ s \neq d}} \sum_{n \in \mathbb{N}_m} L_{nm}^{sd} \\ \forall m \in \mathbb{S} \quad (14-27)$$

$$L_m = \sum_{\substack{s \in \mathbb{S}; \\ m \neq s}} \sum_{\substack{d \in \mathbb{P}; \\ s \neq d}} \sum_{n \in \mathbb{N}_m} L_{nm}^{sd} \\ \forall m \in (\mathbb{IU} \ \mathbb{APU} \ \mathbb{OU} \ \mathbb{OTU} \ \mathbb{MU} \ \mathbb{RU} \ \mathbb{DC}) \quad (14-28)$$

$$L_m = \sum_{s \in \mathbb{S}} \sum_{\substack{d \in \mathbb{P}; \\ s \neq d}} \sum_{\substack{n \in \mathbb{N}_m; \\ n \in (\mathbb{N}_m \cap \mathbb{C})}} L_{nm}^{sd} \quad \forall m \in \mathbb{C} \quad (14-29)$$

式(14-27)给出了由 IoT 节点生成或接收的业务,其中第一项表示其作为源的角色,第二项表示 IoT 节点服务于其他 IoT 节点的需求。式(14-28)给出了访问、城域和云网络的节点穿越/接收的流量。式(14-29)给出了穿越核心节点的流量。

$$\theta_d \leqslant M\Omega^d \quad \forall d \in \mathbb{P} \quad (14-30)$$

$$\theta_d \leqslant L_d \quad \forall d \in \mathbb{P} \quad (14-31)$$

$$\theta_d \geqslant \lambda_d - (1-\Omega^d)M \quad \forall d \in \mathbb{P} \quad (14-32)$$

利用式(14-30)、式(14-31)和式(14-32)可对非线性方程 $\lambda_d \Omega^d$ 进行线性化,其中 $d \in \mathbb{P}$。这确保了只有当流量是注定要由处理节点 d 处理时,该节点才会计入流量。

$$L_m \geqslant B_m \quad \forall m \in \mathbb{N} \quad (14-33)$$

$$L_m \leqslant MB_m \quad \forall m \in \mathbb{N} \quad (14-34)$$

式(14-33)和式(14-34)表示二进制变量 B_m 在终节点 $m \in \mathbb{N}$ 时等于1,否则为0。

$$L^{sd} = T^{(\mathrm{DR})} \Omega_{sd} \quad \forall s \in \mathbb{S}, d \in \mathbb{P} \quad (14-35)$$

式(14-35)确保通信量仅定向到承载处理服务的目的节点。

$$\sum_{s \in \mathbb{S}} \sum_{\substack{d \in \mathbb{P} \\ s \neq d}} L_{mn}^{sd} \leqslant C_{mn} \ \forall m \in (\mathbb{IU} \ \mathbb{APU} \ \mathbb{OU} \ \mathbb{OTU} \ \mathbb{MSU} \ \mathbb{MRU} \ \mathbb{DC}); n \in \mathbb{N}_m \quad (14-36)$$

式(14-36)确保除核心以外的所有层内链路 m、n 上承载的总业务量不超过链路容量。

$$Ag_m \geqslant \frac{L_m}{B} \quad \forall m \in \mathbb{C} \quad (14-37)$$

式(14-37)给出了每个 IP/WDM 节点上的聚合路由器端口的数量。

$$\sum_{s \in \mathbb{S}} \sum_{\substack{d \in \mathbb{P}: \\ s \neq d}} L_{mn}^{sd} \leqslant W_{mn} B \quad \forall m \in \mathbb{C}; n \in (\mathbb{C} \cap \mathbb{N}_m) \quad (14-38)$$

$$W_{mn} \leqslant W F_{mn} \quad \forall m \in \mathbb{C}; n \in (\mathbb{C} \cap \mathbb{N}_m) \quad (14-39)$$

式(14-38)和式(14-39)表示 IP/WDM 光链路的物理链路容量。式(14-38)保证链路上的总业务量不超过单个波长的容量,而式(14-39)保证波长信道的总数不超过单个光纤链路的容量。

14.4 MILP 模型的输入数据

14.4.1 处理和数据速率

在本章中,假设处理任务的需求与数据速率成正比。例如对于 1Mb,处理需要 1000MIPS。这个假设是来自于参考文献[52]中的成果,其中对于一个 10kB 的文件,视觉处理应用程序需要 69.23MIPS 的处理。因此,通过使用式(14-40)推导出处理 1Mb 流量所需的 MIPS 数量(Δ)为

$$\Delta = \frac{69.23}{0.08} \cong 865.4 \quad (14-40)$$

为了简单起见,假设 1Mb 流量需要大约 1000MIPS 进行处理。至于带宽需求,我们使用一个在线工具来估计不同视频分辨率所需的数据速率,估计在 1~10Mb/s,这涵盖了 1024×720 到 1600×1200 的视频分辨率,每秒 30 帧[53]。CPU 工作负载是通过流量之间的 Δ 相乘来计算。这使得 CPU 需求与流量大小成正比,因为流量越大,视频文件将保存越多的特征。

14.4.2 功耗数据

网络中所有网络设备的数据(核心设备除外)如表 14-1 所示。我们尽可能参考制造商和设备的标准数据表以代表实际情况。据报道,大容量网络设备的闲时功耗高达设备最大功耗的 90%[40]。由于大容量的网络设备由许多用户和应用共享,我们假设所考虑的物联网应用仅消耗设备最大闲时功耗的 3%(δ)。这是基于思科 2017—2022 年的可视化网络指数。据悉,在全球范围内,互联网上所有视频流量的 3%是由于监测应用[50]。在参考文献[49]的基础上,我们假设处理器的闲时功耗为 CPU 最大功耗的 60%。处理设备的输入数据汇总在

表 14-2 中。我们使用参考文献[66]中发表的一个技术基准来估计处理节点（在 MIPS 中）的处理能力。据悉,高端 CPU 每周期(I/C)处理四条指令。因此,为了确定处理设备的最大容量,我们使用了以下等式

$$\text{MIPS} = 时钟 \times I/C \tag{14-41}$$

表 14-1 除核心层外,网络中所有联网设备的数据

节点	最大功率/W	闲时功率/W	δ/%	数据速率/(Gb/s)
IoT(Wi-Fi)	0.56[54]	0.34[55]	—	0.1[54]
ONU(Wi-Fi)	15[56]	9[56]	—	0.3[56]
OLT	1940[57]	60[57]	3	8600[57]
城域网路由器端口	30[58]	27	3	40[58]
城域以太网交换机	470[59]	423	3	600[59]
城域路由器冗余设备(R)	2[41]			

表 14-2 所有处理设备的数据

节点	设备	最大功率/W	闲时功率/W	GHz	k MIPS	μW/MIPS	每周期指令
GP-DC 服务器	Intel Xeon E5-2680	130[60]	78	2.7[60]	108	481	5
城域网服务器	Intel X5675	95[61]	57	3.06[61]	73.44	517	4
存取服务器	Intel Xeon E5-2420	95[62]	57	1.9[62]	34.2	1111	3
CPE 服务器	RPi 3 Model B	12.5[63]	2	1.2[64]	2.4	4375	2
物联网服务器	RPi Zero W	3.96[63]	0.5	1[65]	1	3460	1

表中 I/C 是 CPU 每个时钟周期可以执行的指令数,单位为 GHz。为了区分不同类型的 CPU 及其效率,将城域网雾节点服务器的 I/C 作为参考点。当将计算和处理过程从核心转移到边缘时,处理效率就会降低[40]。在可以部署多个服务器的层,网络基础设施成为在多个服务器之间建立网络的必要条件。相应地,使用更多的路由器和交换机来实现。表 14-3 包含了用于此目的的所有设备的数据。对于云雾架构的底层,如 IoT 和 CPE,我们分别假设其为嵌入式处理器,如 Raspberry Pi(RPi)Zero W 和 Raspberry Pi(RPi)3 Model B。假设云数

据中心节点距离聚合流量只有一跳,使用谷歌地图对 AT&T 美国网络拓扑进行估计[67],假设平均距离为 2010km。IP/WDM 核心网的功耗与我们在参考文献[13]中的工作一致,参数汇总见表 14-4。

表 14-3 接入光纤、城域网光纤和数据中心处理单元内使用的联网设备的数据

设备	最大功率/W	闲时功率/W	数据速率/(Gb/s)	每比特能量/(W/Gb/s)
接入光纤路由器	13[58]	11.7	40[58]	0.03
接入光纤交换机	210[59]	189	240[59]	0.08
城域网路由器	13[58]	11.7	40[58]	0.03
城域网交换机	210[59]	189	600[59]	0.04
中心云路由器	30[58]	27	40[58]	0.08
中心云交换机	470[59]	423	600[59]	0.08

表 14-4 IP/WDM 核心网数据

两个相邻 EDFA 之间的距离	80km[13]	转发器闲时功耗(I_t)	116W
光纤中的波长数(W)	32[13]	转发器的每比特能量($\epsilon^{(t)}$)	0.32W/Gb/s
单波长比特率(B)	40Gb/s	光交换机最大功耗(P_o)	85W[13]
相邻核心节点间距离(D_{mn})	509km	光交换机闲时功耗(I_o)	76.5W
路由器端口最大功耗(P_r)	638W[13]	光交换每比特能量($\epsilon^{(r)}$)	0.2W/Gb/s
路由器端口闲时功耗(I_r)	574.2W	跨度 2500km 的中继器最大耗电量(P_{rg})	71.4W[13]
路由器端口每比特能量($\epsilon^{(r)}$)	1.6W/Gb/s	中继器闲时功耗(I_{rg})	64W
转发器最大功耗(P_r)	129W[13]	中继器的每比特能量($\epsilon^{(rg)}$)	0.19W/Gb/s

14.4.3 电力使用效率(PUE)

电力使用效率(PUE)是用来衡量中心云、ISP 网络等设施效率的一个比率。PUE 定义为设备和处理设施内的元件消耗的总功率与通信消耗的总功率之比。在中心云中,谷歌报告称其一个中心云 2018 年的 PUE 为 1.15。在本章中,我们依据"空间分布类型"估计了 PUE 值,且认为 PUE 值随着"空间跨度"的增加而减小[68]。同样,由于最大的"空间跨度"通常被连接到核心网的云数据中心所占据,因此,在所提出的网络架构中逐步增加 PUE。因为这两种类型的元素可以配置在同一办公室/大楼中,假设在接入层和城域层的处理和网络设备具有相同的 PUE。核心网络的 PUE 值与我们之前的工作一致,为 1.5[21]。本章中使用的 PUE 值的摘要见表 14-5。

表 14-5 MILP 模型中使用的电力使用效率(PUE)值

节点	PUE	节点	PUE
物联网	1	城域网雾节点(PUE_M)	1.4
CPE	1	云中心(PUE_DC)	1.12[35]
接入网雾节点(PUE_A)	1.5	IP/WDM 节点(PUE_C)	1.5[21]

14.5 场景和处理策略结论

14.5.1 能耗相关的处理策略

在本节中,考虑云雾架构中计算节点有容量限制,并且不能额外向该节点增强处理能力的情况。在网络已经完成搭建并且处理节点已部署到位的情况下,这种刻意营造的问题场景经常出现。值得注意的是,我们的场景是建立在假设云数据中心可以提供无限的处理能力,且计算容量没有上限的条件下,因此,整个网络永远有足够的计算能力去处理任何任务。将 20 个通用 IoT 设备均分为 4 组,给出一个处理策略,再来评估预期的云雾架构性能。IoT 设备在每组中的个数是基于典型家庭(一个或多个用户)LAN 网络设计的[69]。通过将云雾架构与基准方法相比较,得出云雾架构可以达到的性能。基准方法指的是所有的任务请求都同时被云数据中心进行处理。评估场景类型见表 14-6。

表 14-6 本章节的评估场景

场景	源节点分布情况	源节点总数	MIPS 总需求	
			最小值	最大值
场景一	任意随机 IoT 群组产生的单一任务请求	1	1000	10000
场景二	同一 IoT 群组产生的 5 个任务请求	5	5000	100000
场景三	每个 IoT 群组产生的 4 个任务请求	4	4000	80000
场景四	每个 IoT 群组产生的 5 个任务请求	20	20000	200000

14.5.2 场景一

在场景一中,假设单一源节点会在任意时间点从任意 IoT 群组中产生任务请求。图 14-3 展示了云雾架构和非云雾架构的标准架构(基准解决方案)在总能量消耗方面的对比。在 1000MIPS 左右的低负载情况下,任务被分配到源节点进行本地处理。当本地处理能力不足的时候调用最近的一层处理节点进行辅助,当前情况最近一层是 CPE 层。因为 CPE 层的设备搭载的是低功耗嵌入式

CPU，并且距离源节点很近，所以从图 14-4(a) 可以看出该场景总体来说会产生较低的网络功耗和较低的处理功耗。然而，当上述两层的处理资源耗尽时，云雾架构就会调用更高层的接入雾大型服务器。如图 14-3 所示，与非云雾架构的标准架构相比，将处理任务分配给低能耗嵌入式 CPU 节点相比之下会节约 98% 的能量，将处理任务分配给雾节点服务器会产生 46% 的能量节约。

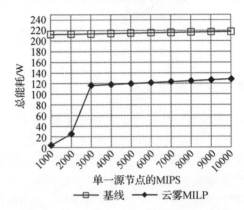

图 14-3　场景一中云雾架构和基准架构的总能耗对比（见彩图）

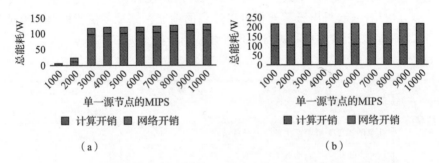

图 14-4　场景一中的总能耗分解为网络开销和处理开销后云雾架构和基准架构的对比（见彩图）

总计算任务的分配情况如图 14-5 所示。尽管此结果在这种情况下是最优的，但当 CPE 层的处理能力可以扩展时（不考虑 CPE 层的存储容量上限），它就不一定是最优解了，因为 CPE 节点消耗了比接入雾服务器低得多的能量，并且 CPE 没有因冷却问题产生负载过大的情况，所以如果可以进一步调整 CPE 层参数，当前场景可能会得出更优的结论。另外，网络中源节点的位置对分配处理节点有着决定性作用，这就是本节对源节点处于网络中不同位置的场景分别进行评估的原因。基准曲线在图中趋近于水平是因为数据中心的处理效率远超任一处理节点,所以能量消耗的增加幅度非常小。当休眠节点被逐一唤醒后,即可观察到一个楼梯形状的曲线[35]。

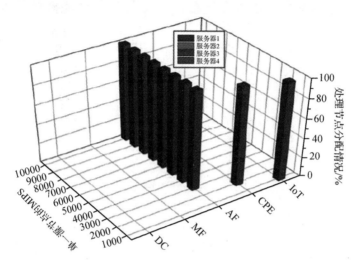

图 14-5　场景一中任务处理分配情况(见彩图)

14.5.3　场景二

在场景二中,假设接入雾节点无法提供足够算力,分析城域雾节点的使用情况。两者相比,接入雾的处理效率比城域雾低,PUE 值较高。如图 14-6(a)所示,接入雾节点被指派了 2000MIPS 的任务却没有向城域雾节点请求算力,由于访问城域雾节点的网络开销已经超过了本身的处理开销,因而城域雾节点的 PUE 优势较小。然而,随着工作负载的增加(超过 3000MIPS),城域雾节点的效率弥补了其网络开销,所有任务都在接入雾节点这一层处理,无需城域雾节点的介入。即便激活了较上层的接入雾节点和城域雾节点,云雾架构依然降低了能量消耗,如图 14-7 所示。尽管 CPE 节点拥有足够的能力去处理当前场景的大部分任务(共 10000MIPS,CPE 节点处理了 9600MIPS),但为了总体效能最优化,云雾架构计算模型强制要求分配所有任务到更大的接入雾节点服务器。如果云雾架构模型考虑了分割处理任务或者进一步增强 CPE 层的处理能力,结果就会完全不同。我们在之前的工作中已经研究了这些情况[47]。分割任务可以提高服务器利用效率,也可以帮助低处理能力的服务器结成组,实现场景一中描述的 IoT 和 CPE 层的能效节约(图 14-6 和图 14-8)。

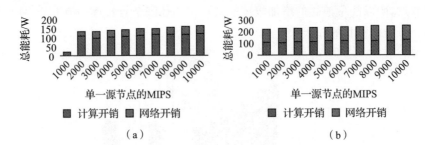

图 14-6 场景二中的总能量消耗分解为网络开销和处理开销后云雾架构和基准架构的对比(见彩图)

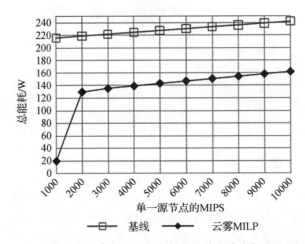

图 14-7 场景二中云雾架构和基准架构的总能量消耗对比(见彩图)

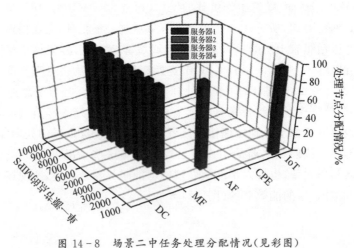

图 14-8 场景二中任务处理分配情况(见彩图)

14.5.4 场景三

如图 14-12 所示,场景三和场景二的趋势几乎相同,除了 2000MIPS 这一个例外情况。由于考虑了源节点的地理位置分布,当前场景将全部任务请求分配到了 CPE 层的计算节点。每个 CPE 雾服务器都有足够的处理能力来处理最近源节点的任务,并且总需求恰好与 CPE 层提供的总处理能力相匹配。因此,该模型激活多个低能耗 CPE 服务器,以避免更高的雾层(如接入雾和城域雾节点)的高闲时功率和相关的 PUE 开销,如图 14-10(a)所示。在 2000MIPS 时总能效节约大约是 66%,在超过 2000MIPS 时总能效节约预计为 55%,具体可参考图 14-9 至图 14-11。

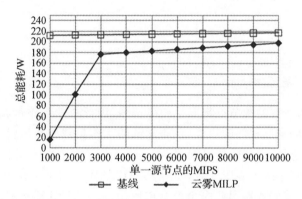

图 14-9 场景三中云雾架构和基准架构的总能量消耗对比(见彩图)

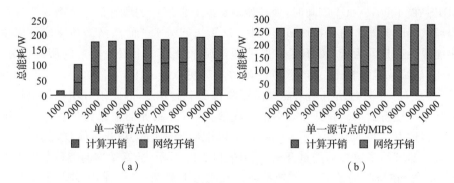

图 14-10 场景三中的总能量消耗分解为网络开销和处理开销后云雾架构和基准架构的对比(见彩图)

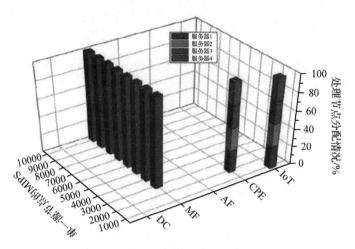

图 14-11 场景三中任务处理分配情况（见彩图）

14.5.5 场景四

场景四中，所有的源节点都产生任务请求，因此总的工作负载量明显增加。我们观察到和场景三相似的趋势，在非常低的工作负载时本地资源节点处理任务依旧是最优选择，总能效情况如图 14-12 所示。进行任务分配时，城域雾服务器的优先级高于接入雾服务器，如图 14-13 所示。由于没有必要激活接入雾层的节点，接入雾服务器因此完全没有被使用过。出于计算和网络的负载均衡的考虑，云雾架构模型在城域雾层使用了 4 种不同负载分配方式（图 14-14）。MIPS 在[4000,5000]区间时，处理城域雾服务器层中的所有任务会需要激活两台城域雾服务器。与选择城域雾相比，权衡访问云 DC 的高网络功耗能节省更多能源。这是因为云 DC 有足够的处理资源来处理单个服务器上的所有任务，因此，与城域雾层相比，总的服务器闲时功耗更低。MIPS 在[6000,7000]区间时，在云 DC 中处理所有请求需要激活两台 DC 服务器，因此闲时功耗加上核心网络功耗使得云 DC 解决方案不再是优解，城域雾服务器被选为处理所有任务的最佳位置。当 MIPS 大于 8000 时，数据中心处理的优势开始体现，相比城域雾服务器节约了更多的能量开销。如图 14-12 所示，云雾架构的能量节约大约是 29%。在当前场景下，云雾架构将计算能力下放到雾节点的方式不能取代数据中心的地位，但可以作为功能性的补充，为搭建 6G 网络的计算平台提供助力（图 14-13）。

14.5.6 能量和时延相关问题

本章节研究能量消耗和时延之间的取舍。不同网络环境中考虑网络节点之

第14章　6G网络中的云雾体系结构

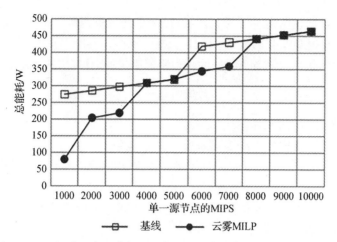

图14-12　场景四中云雾架构和基准架构的总能量消耗对比（见彩图）

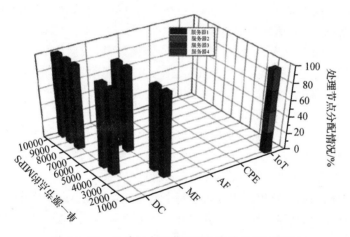

图14-13　场景四中任务处理分配情况（见彩图）

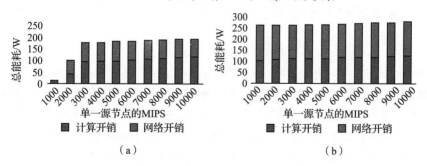

图14-14　场景四中的总能量消耗分解为网络开销和处理开销后云雾架构和基准架构的对比（见彩图）

265

间的时延和数据包队列时延的关系,通过优化处理资源的分配方式以达到能量消耗和时延同时最小化的效果。

传播时延是由网络节点之间的物理距离决定的,计算方式如下:

$$\text{传播时延} = \frac{D}{C} \tag{14-42}$$

式中:D 为距离;C 为光速。

在两个节点之间的距离 D 是基于以下假设的:

(1)AP 和周围 IoT 节点之间的距离,设定为 WLAN 的标准覆盖范围,约 100m[70]。

(2)AP 和 ONU 之间的距离,基于"一个 ONU 可以在标准 LAN(100m)距离里连接多个 AP"的假设[71]。

(3)ONU 和 OLT 之间的距离,基于标准 PON 进行设计的。考虑 OLT 位于城市中心电信核心节点的情况。ONU 一般代表设备距离终端用户的距离,例如电信核心节点到一个家庭的距离通常是 5~20km[72],假设平均距离是 10km。

(4)OLT 和中心节点(路由器)之间的距离,由城域网络的设计方案决定。这个城域网络半径通常是 20~120km[73]。OLT 可以共部署在中心节点旁边,也可以放在距离中心节点 1~10km 的任意位置。我们是基于后者进行的假设,OLT 和中心节点之间的距离约为 5km。

(5)中心节点和核心节点的距离(包括关联的数据中心),是假设当前的城市没有大型中心云时两个大型城市之间的距离。举例来说,利兹(Leeds)和伦敦(London)之间的距离约为 300km,符合这种假设。

数据包队列的时延模型用以表示每个网络节点拥有 $M/M/1$ 的队列和 1 台服务器的情况。此场景符合泊松分布并且服务率是负次幂分布的,如图 14-15 所示。数据包队列时延的计算方法可根据每个节点的聚合流量(到达率)和最大承载力(服务率)得出的,具体公式如下所示

$$\text{队列时延} = \frac{1}{\mu - \lambda} \tag{14-43}$$

式中:μ 为服务率;λ 为到达率。考虑数据包级别的工作时延,设定以太网最大数据包为 1500 字节,每秒数据到达速率是用每秒传输的数据包数量来表示的。

服务速率共有三种不同的值。假设 AP 在中等无线干扰容量情况下服务速率为 1Gb/s;假设带有数据中心的核心节点属于 IP/WDM 网络,此时服务速率为 40Gb/s;假设其他网络设备是基于 GPON 的,则服务速率为 10Gb/s。

MILP 模型在之前已经介绍过,现在将能耗和时延加入该模型。为了继续使用线性编程,基于修订的 MILP 式(14-43)被改写为线性关系。修订的 MILP 包含了所有可能存在的路由组合,并且标注了基于固定服务速率计算出来的数据

图 14-15　M/M/1 队列模型

包队列时延。因为我们有三种不同的服务速率的值,因而需要定义三个表格。根据到达速率的指示标注情况,节点的数据包队列时延可表示为具体值。

修订的 MILP 定义了额外的组合、参数和变量如下。

(1) 集合。

AR	到达速率的集合	SR	服务速率的集合

(2) 参数。

η_{as}	到达速率 $a \in AR$ 并且服务速率 $s \in SR$ 时的队列时延
$G1$	以 Mb/s 为单位的大数
$G2$	以 ms 为单位的大数
D_{mn}	当 $m \in N$ 且 $n \in N_m$ 时,两个节点 (m,n) 之间的距离
c	光速,$c = 299,792 \text{km/s}$
ΔRI	光纤的反射率,由光纤中的光速除以自由空间中的光速得出;$\Delta RI = \dfrac{2}{3}$

(3) 变量。

ξ_{mn}^{sd}	假设源节点 s 到处理节点 d 的横联物理链接是 (m,n),$s \in \mathbb{S}$,$d \in \mathbb{P}$,m、$n \in \mathbb{N}$ 的情况下,信息流二进制变量 $\xi_{mn}^{sd} = 1$
Q_{mn}^{sd}	假设源节点 s 到处理节点 d 的横联物理链接是 (m,n),$s \in \mathbb{S}$,$d \in \mathbb{P}$,m、$n \in \mathbb{N}$ 的情况下,节点 j 的队列时延
Q_i	节点 $i \in \mathbb{N}$ 路径聚合的情况下的队列时延
Q_{sd}	从节点 $s \in \mathbb{S}$ 到节点 $d \in \mathbb{P}$ 的队列时延
Q	网络中的总队列时延
R_{sd}	从节点 $s \in \mathbb{S}$ 到节点 $d \in \mathbb{P}$ 的传播时延
R	网络中的总传播时延
λ_i	每个节点 $i \in \mathbb{N}$ 的到达速率
H_{mn}	如果 m 的到达速率匹配了 $n \in AR$ 的到达速率,那么节点 $m \in \mathbb{N}$ 的 $\sigma_{mn} = 1$;除此以外均为 0

所有的能量消耗公式都在章节 14.3 中定义过,总的能量消耗计算公式如下:

$$\text{总能量消耗} = \text{netpc} + \text{prpc} \qquad (14-44)$$

除此以外,下列公式还可用于计算传播时延和数据包队列时延。

(1)总传播时延(R),指的是通过所有节点的传播时延总和:

$$R = \sum_{s \in \mathbb{S}} \sum_{d \in \mathbb{P}} R_{sd} \quad \forall s \in \mathbb{S}, d \in \mathbb{P} \qquad (14-45)$$

R_{sd} 指的是数据包路由的传播时延,其中源节点 $s \in \mathbb{S}$ 到计算节点 $d \in \mathbb{P}$,具体计算公式如下:

$$R = \sum_{\substack{m \in \mathbb{N} \\ m \notin \mathbb{I}}} \sum_{n \in \mathbb{N}_m} \zeta_{mn}^{sd} \frac{D_{mn}}{\Delta RIC} \quad \forall s \in \mathbb{S}, d \in \mathbb{P} \qquad (14-46)$$

$$R = \sum_{\substack{i \in \mathbb{N} \\ i \notin \mathbb{I}}} \sum_{j \in \mathbb{N}_m} \zeta_{mn}^{sd} \frac{D_{mn}}{C} \quad \forall s \in \mathbb{S}, d \in \mathbb{P} \qquad (14-47)$$

式(14-46)和式(14-47)计算了数据通过光纤或无线连接传递到计算节点的传播时延。ΔRI(值为 $\frac{2}{3}$)需要补充到等式(14-46)中,以修正光纤中传输的速度损失。

(2)总数据包队列时延(Q)是所有节点队列时延的总和:

$$Q = \sum_{s \in \mathbb{S}} \sum_{d \in \mathbb{P}} Q_{sd} \quad \forall s \in \mathbb{S}, d \in \mathbb{P} \qquad (14-48)$$

式中:Q_{sd} 为源节点 $s \in \mathbb{S}$ 到计算节点 $d \in \mathbb{P}$ 的数据包路由的队列时延,具体计算公式如下:

$$Q_{sd} = \sum_{m \in \mathbb{N}} \sum_{j \in \mathbb{N}_m} Q_{mn}^{sd} \quad \forall s \in \mathbb{S}, d \in \mathbb{P} \qquad (14-49)$$

式(14.47)计算队列时延的方法是累加每个节点的时延。

共同目标可以定义为

$$\text{Minimize } \alpha P + \beta R + \gamma Q \qquad (14-50)$$

式中:α、β、γ 为权重系数,其作用如下:

(1)权衡比重,从而便于比较;

(2)强调或弱化某些因素的比重(能量消耗、队列时延、传播时延);

(3)适应目标公式的单位。因此,α 是无单位因子(Unitless Factor),β 和 γ 有单位(W/s)。

为和第 13 章保持一致,增加了限制后的模型如下。

①每个节点的流量计算:

$$\sum_{s \in \mathbb{S}} \sum_{d \in \mathbb{P}} \sum_{m \in \mathbb{N}_m} \lambda_{mn}^{sd} = \lambda_m \quad \forall m \in \mathbb{N}, m \notin \mathbb{S} \qquad (14-51)$$

式(14-51)计算了到达每个节点的流量。

②到达速率指示参数:

$$\sum_{n \in \mathbb{AR}} H_{mn} \cdot n = \lambda_m \quad \forall m \in \mathbb{N}, m \notin \mathbb{S} \qquad (14-52)$$

式(14-52)为到达速率参数的计算公式。如果到达速率等于 n 的话,这个公式就等于1:

$$\sum_{n\in AR} H_{mn} \leqslant 1 \quad \forall m \in \mathbb{N}, m \notin \mathbb{S} \qquad (14-53)$$

式(14-53)确保每个节点的指示参数不高于1。

③队列时延计算:

$$\sum_{n\in AR} H_{mn} \cdot \eta_{ns} = Q_m \quad \forall m \in \mathbb{C} \cup \mathbb{DC}, s=40 \text{Gb/s} \qquad (14-54)$$

$$\sum_{n\in AR} H_{mn} \cdot \eta_{ns} = Q_m \quad \forall m \in \mathbb{N}, m \notin \mathbb{I} \cup \mathbb{C} \cup \mathbb{DC} \cup \mathbb{A}, s=10 \text{Gb/s}$$

$$(14-55)$$

$$\sum_{n\in AR} H_{mn} \cdot \eta_{ns} = Q_m \quad \forall m \in \mathbb{A}, s=1 \text{Gb/s} \qquad (14-56)$$

式(14-54)~式(14-56)表示每个节点在40Gb/s、10Gb/s、1Gb/s情况下的队列时延。

$$L_{mn}^{sd} \geqslant \zeta_{mn}^{sd} \quad \forall s \in \mathbb{S}, d \in \mathbb{P}, m, n \in \mathbb{N} \qquad (14-57)$$

$$L_{mn}^{sd} \geqslant G1\zeta_{mn}^{sd} \quad \forall s \in \mathbb{S}, n \in \mathbb{P}, i, j \in \mathbb{N} \qquad (14-58)$$

在源节点和处理节点的链接(m,n)之间的流量需求的情况下,式(14-57)和式(14-58)设定 $\zeta_{mn}^{sd}=1$。

$$Q_{mn}^{sd} \geqslant Q_n \zeta_{mn}^{sd} \quad \forall s \in \mathbb{S}, n \in \mathbb{P}, m, n \in \mathbb{N} \qquad (14-59)$$

$$Q_{mn}^{sd} \leqslant G2\zeta_{mn}^{sd} \qquad (14-60)$$

$$Q_{mn}^{sd} \leqslant Q_n \qquad (14-61)$$

$$Q_{mn}^{sd} \geqslant Q_n - G2(1-\zeta_{mn}^{sd}) \qquad (14-62)$$

式(14-59)计算了数据从源节点 s 发送到处理节点 d 的情况下,节点 m 的队列时延。正如式(14-59)涉及的变量 Q_{mn}^{sd} 与 Q_m 相乘,式(14-60)~式(14-62)用于去除式(14-59)中的非线性关系。

14.6　场景与结果

在14.5.6小节中介绍的模型可由不同目标函数产生如下变种:
(1)将总能量消耗最小化;
(2)将流量传播时延最小化;
(3)将能量消耗和流量传播时延同时最小化;
(4)将流量队列时延最小化;
(5)将能量消耗和流量队列时延同时最小化;
(6)将能量消耗、流量传播时延和流量队列时延同时最小化。
目标公式需要结合评估方法,以最优化某些变量。所有的评估考虑14.5节中场景二的情况,即云雾架构VEC分布(Cloud-Fog-VEC Allocation, CF-VA)和低密度VN(8VN),还有5个任务来自同一IoT组的情况。每个群组1的源节点都产生逐步递增的计算任务(1000～10000MIPS),并且与每个任务1～10Mb/s的数据速率成比例。

14.6.1 评估一:能量消耗和传播时延最小化

在这个评估中,研究能量消耗和传播时延最小化的情况(目标3),并且与目标1和目标2进行比较。图14-16和图14-17表明了这三种情况下的总能量消耗和平均传播时延情况,并针对目标函数与业务所需速率(1～10Mb/s)进行相关性展示。基于对比分析结果,图14-18说明了不同业务速率下每个节点的任务分配情况。

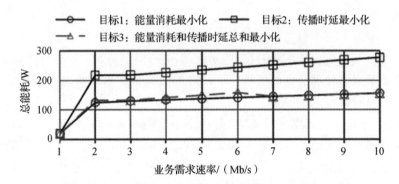

图14-16 评估一中总能量消耗(能量和传播时延最小化)(见彩图)

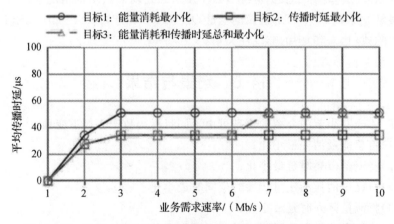

图14-17 评估一中平均传播时延(能量和传播时延最小化)(见彩图)

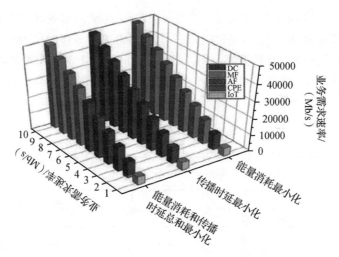

图 14-18 评估一中每个节点的处理任务分配情况(能量和传播时延最小化)(见彩图)

图 14-16 显示了在实现能量消耗最小化的情况下目标 1、目标 2 和目标 3 的本地 IoT 节点任务处理情况。本地处理是能量消耗最小的策略。不仅如此，因为本地处理可以避免多跳或多路径，所以本地处理可以达到传播时延最小化，如图 14-18 所示。在图 14-17 中，传播延迟最小化的情况产生了最高的功耗。曲线的跳跃是因为给效率较低的节点分配了任务。不仅如此，还激活 2 个处理节点的情况下引发了能量消耗增加(图 14-18)。能量消耗的增加发生在接入雾节点的所有服务器被激活并分配任务后，而不是能量最小化例子中分配到单一城域雾服务器的情况。在能量消耗和传播时延共同最小化的情况下，结果与单独追求时延最小化相比降低了 40% 的平均能量消耗(图 14-17)。然而，由于该模型激活了中心服务器和接入服务器，而不是最小化时延例子中的两个接入服务器，所以传播时延有所增加(图 14-18)。激活接入服务器降低了传播时延，但中心节点降低了能量消耗，这种情况下的总能量消耗如图 14-17 所示。

14.6.2 评估二：能量消耗和队列时延最小化

在这个评估中，研究了能量消耗和队列时延同时最小化(目标 5)的情况，并且和目标 1、4 进行比较。图 14-19 展现了这三种情况的总能量消耗对比。和传播时延最小化的例子相同，将任务分配给运算节点会产生最小的跳数，队列时延降低，但消耗了更多的能量。例如，图 14-20 中任务会优先分配给 CPE。紧接着在 CPE 算力不够的情况下，访问雾中的所有服务器会被激活，所有任务分配给 AF 层。另外，能量消耗结果可以观察图 14-19 中能量最小化的例子和能量与时延最小化的例子。在 3~4Mb/s 流量的情况下,时延最小化的策略将低流量任务分配给 AF 实现了能量消耗和队列时延共同最小化的结果,但产生了更多的能量消耗。图 14-19 展示了三个例子里平均队列时延的对比。图 14-21 说明了接入层和中心层的全部网络节点都有相同的服务速率。能量最小化例子中,队列时延的增加是由路由到中心层产生额外跳数引起的(图 14-21)。

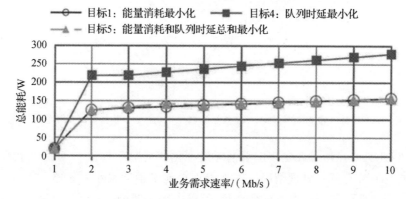

图 14-19 评估二中总能量消耗(能量和队列时延最小化)(见彩图)

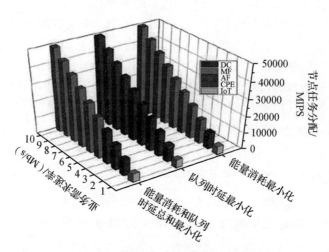

图 14-20 评估二中每个节点的处理任务分配情况
(能量和队列时延最小化)(见彩图)

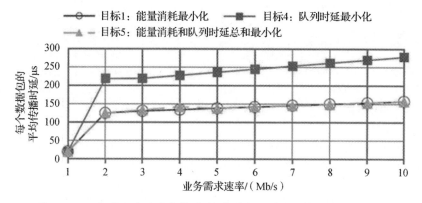

图 14-21　评估二中平均传播时延（能量和队列时延最小化）（见彩图）

14.7　本章小结

本章中，评估了未来 6G 网络的云雾架构，尤其关注其中的能源效率和延迟；建立了一种 MILP 模型，它在技术和应用层面具有通用性和独立性，并基于此模型研究了 IoT 应用中任务分配过程的相关问题。结果表明，尽管云雾架构在资源分配和分布上具有局限性，但它能极大节省能量开销；云数据中心理论上具备无限的处理能力和效率，因此，无论边缘计算多么高效率，云数据中心始终是必要的。此外，基于不同的目标函数进行了三类评估，采用传播延迟和排队延迟对功率消耗进行了检测，结果显示，距离和跳数是影响最终结果的重要因素，服务器距离源节点越近，传播时延和队列时延越低，并且可以通过提高数据速率降低队列时延。所以，在路由过程中使用更高的数据速率，并最小化传输路径的跳数，能够减少位于较远位置的任务时延。

未来研究工作可以考虑优化其他系统变量，如处理和传输时延、传播和队列延迟，以及考虑多个无线 IoT 设备节点通信的队列情况；可以模拟 MILP 模型的执行方式，开发新的启发式算法，并同时考虑不确定网络配置需求的动态特性；可以深入研究网络和处理设备的任务循环模式（深/浅休眠），进一步降低系统能耗。此外还需考虑到，在系统启动阶段完全关闭网络或处理单元也会带来延迟问题。

参 考 文 献

[1] BARESI L, MENDONCA D F. In towards a serverless platform for edge computing [C/OL]//Proceedings 2019 IEEE International Conference on Fog Computing, ICFC 2019, June 2019:1-10. https://doi.org/10.1109/ICFC.2019.00008.

[2] PHAM Q V, et al. A survey of multi-access edge computing in 5G and beyond: fundamentals, technology integration, and state-of-the-art[J/OL]. IEEE Access, 2020: 1. https://doi.org/10.1109/ACCESS.2020.3001277.

[3] SATYANARAYANAN M. The emergence of edge computing[J/OL]. Computer (Long. Beach. Calif.),2017, 50(1):30-39. https://doi.org/10.1109/MC.2017.9.

[4] PREMSANKAR G, DI FRANCESCO M, TALEB T. Edge computing for the internet of things: a case study[J/OL]. IEEE Internet Things J, 2018, 5(2):1275-1284. https://doi.org/10.1109/JIOT.2018.2805263.

[5] Fog | Definition of fog by merriam-webster [EB/QL]. https://www.merriam-webster.com/dictionary/fog. Accessed 24 July 2020.

[6] ABBAS N, ZHANG Y, TAHERKORDI A, et al. Mobile edge computing: a survey[J/OL]. IEEE Internet Things J, 2018, 5(1):450-465. https://doi.org/10.1109/JIOT.2017.2750180.

[7] Introduction and Overview at W3C Open Day OpenFog Consortium (2017) [Z].

[8] QI Q, CHEN X, ZHONG C, et al. Integration of energy, computation and communication in 6G cellular internet of things[J/OL]. IEEE Commun. Lett, 2020, 24(6):1333-1337. https://doi.org/10.1109/LCOMM.2020.2982151.

[9] SILVERIO-FERNÁNDEZ M, RENUKAPPA S, SURESH S. What is a smart device? A conceptualization within the paradigm of the internet of things[J/OL]. Vis. Eng, 2018 (6):3. https://doi.org/10.1186/s40327-018-0063-8.

[10] ZHANG L, LIANG Y C, NIYATO D. 6G visions: mobile ultra-broadband, super internet-of-things, and artificial intelligence[J/OL]. China Commun, 2019, 16(8):1-14. https://doi.org/10.23919/JCC.2019.08.001.

[11] YANG H, ALPHONES A, XIONG Z, et al. Artificial intelligence-enabled intelligent 6G networks [EB/OL]. arXiv Prepr:1912.05744, vol. 639798 ,2019.

[12] Key drivers and research challenges for 6G ubiquitous wireless intelligence | 1 (2019) [Z].

[13] ELMIRGHANI J M H, et al. GreenTouchGreenMeter core network energy efficiency improvement measures and optimization [Invited] [J/OL]. IEEE/OSA J. Opt. Commun. Netw, 2018, 10(2): A250-A269. https://doi.org/10.1364/JOCN.10.00A250.

[14] 6G channel-White Paper on 6G networking[R/OL]. https://www.6gchannel.com/

portfolio-posts/6gwhite-paper-networking/. Accessed 25 July 2020.

[15] YOSUF B A, MUSA M, ELGORASHI T, et al. Impact of distributed processing on power consumption for IoT based surveillance applications[J/OL]. Int. Conf. Transp. Opt. Netw,2019:1-5. https://doi. org/10. 1109/ICTON. 2019. 8840023.

[16] YOSUF B A, MUSA M, ELGORASHI T, et al. Energy efficient distributed processing for IoT[EB/OL]. arXiv Prepr:2001. 02974,2020.

[17] ALI H M M, EL-GORASHI T E H, LAWEY A Q. Future energy efficient data centers with disaggregated servers[J/OL]. J. Ligh. Technol, 2017, 35(24):5361-5380. https://doi. org/10. 1109/JLT. 2017. 2767574.

[18] DONG X, EL-GORASHI T, ELMIRGHANI J M H. Green IP over WDM networks with data centers[J/OL]. J. Light. Technol, 2011, 29(12):1861-1880. https://doi. org/10. 1109/JLT. 2011. 2148093.

[19] OSMAN N I, EL-GORASHI T, KRUG L, et al. Energy-efficient future high-definition TV[J/OL]. J. Light. Technol, 2014, 32(13):2364-2381. https://doi. org/10. 1109/JLT. 2014. 2324634.

[20] LAWEY A Q, EL-GORASHI T E H, ELMIRGHANI J M H. BitTorrent content distribution in optical networks[J/OL]. J. Light. Technol,2014,32(21):4209-4225. https://doi. org/10. 1109/JLT. 2014. 2351074.

[21] LAWEY A Q, EL-GORASHI T E H, ELMIRGHANI J M H. Distributed energy efficient clouds over core networks[J/OL]. J. Light. Technol,2014,32(7):1261-1281. https://doi. org/10. 1109/JLT. 2014. 2301450.

[22] AL-SALIM A M, LAWEY A Q, EL-GORASHI T E H, et al. Energy efficient big data networks:impact of volume and variety[J/OL]. IEEE Trans. Netw. Serv. Manag, 2018, 15(1):458-474. https://doi. org/10. 1109/TNSM. 2017. 2787624.

[23] AL-SALIM A M, EL-GORASHI T E H, LAWEY A Q et al. Greening big data networks:velocity impact[J/OL]. IET Optoelectron,2018,12(3):126-135. https://doi. org/10. 1049/iet-opt. 2016. 0165.

[24] HADI M S, LAWEY A Q, EL-GORASHI T E H, et al. Patient-centric cellular networks optimization using big data analytics[J/OL]. IEEE Access,2019(7):49279-49296. https://doi. org/10. 1109/ACCESS. 2019. 2910224.

[25] HADI M S, LAWEY A Q, EL-GORASHI T E H, et al. Big data analytics for wireless and wired network design:a survey[J/OL]. Comput. Netw,2018(132):180-199. https://doi. org/10. 1016/j. comnet. 2018. 01. 016.

[26] MUSA M, ELGORASHI T, ELMIRGHANI J. Bounds for energy-efficient survivable IP over WDMnetworks with network coding[J/OL]. J. Opt. Commun. Net,218,10(5):471-481. https://doi. org/10. 1364/JOCN. 10. 000471.

[27] MUSA M, ELGORASHI T, ELMIRGHANI J. Energy efficient survivable IP-over-WDM networks with network coding[J/OL]. J. Opt. Commun. Netw,2017,9(3):207-

217. https://doi.org/10.1364/JOCN.9.000207.

[28] MUSA M O I, EL‐GORASHI T E H, ELMIRGHANI J M H. Bounds on GreenTouchGreenMeter network energy efficiency[J/OL]. J. Light. Technol,2018,36(23):5395-5405. https://doi.org/10.1109/JLT.2018.2871602.

[29] DONG X, EL‐GORASHI T E H, ELMIRGHANI J M H. On the energy efficiency of physical topologydesign for IP over WDM networks[J/OL]. J. Light. Technol,2012,30(12):1931-1942. https://doi.org/10.1109/JLT.2012.2186557.

[30] BATHULA B G, ALRESHEEDI M, ELMIRGHANI J M H. In Energy Efficient Architectures for Optical Networks[C]//Proceedings of IEEE London Communications Symposium. London:September ,2009.

[31] Bathula B G, Elmirghani J M H. In energy efficient optical burst switched (OBS) networks[C/OL]//2009 IEEE Globecom Workshops, Gc Workshops (2009). https://doi.org/10.1109/GLOCOMW.2009.5360734.

[32] EL‐GORASHI T E H, DONG X, ELMIRGHANI J M H. Green optical orthogonal frequency‐division multiplexing networks[J/OL]. IET Optoelectron,2014,8(3):137-148. https://doi.org/10.1049/ietopt.2013.0046.

[33] DONG X, EL‐GORASHI T, ELMIRGHANI J M H. IP over WDM networks employing renewable energy sources[J/OL]. J. Light. Technol,2011,29(1):3-14. https://doi.org/10.1109/JLT.2010.2086434.

[34] DONG X, LAWEY A, EL‐GORASHI T E H, et al. In Energy‐Efficient Core Networks[COL]//2012 16th International Conference on Optical Networking Design and Modelling, ONDM 2012 (2012). https://doi.org/10.1109/ONDM.2012.6210196.

[35] NONDE L, EL‐GORASHI T E H, ELMIRGHANI J M H. Energy efficient virtual network embedding for cloud networks[J/OL]. J. Light. Technol,2015,33(9):1828-1849. https://doi.org/10.1109/JLT.2014.2380777.

[36] AL‐QUZWEENI A N, LAWEY A Q, ELGORASHI T E H, et al. Optimized energy aware 5G network function virtualization[J/OL]. IEEE Access ,2019(7):44939-44958. https://doi.org/10.1109/ACCESS.2019.2907798.

[37] AL‐AZEZ Z T, LAWEY A Q, EL‐GORASHI T E H, et al. Energy efficient IoT virtualization framework with peer‐to‐peer networking and processing[J/OL]. IEEE Access,2019(7):50697-50709. https://doi.org/10.1109/ACCESS.2019.2911117.

[38] ALSULAMI O Z, ALAHMADI A, SAEED S O M, et al. Optimum resource allocation in optical wireless systems with energy‐efficient fog and cloud architectures[J/OL]. R. Soc. Open Sci,2019:1-34. https://doi.org/10.1098/rsta.2019.0188.

[39] DENG R, LU R, LAI C, et al. Towards power consumption‐delay tradeoff by workload allocation in cloud‐fog computing[J/OL]. IEEE Int. Conf. Commun,2015:3909-3914. https://doi.org/10.1109/ICC.2015.7248934.

[40] JALALI F, HINTON K, AYRE R, et al. Fog computing may help to save energy in

cloud computing[J/OL]. IEEE J. Sel. Areas Commun,2016,34(5):1728 - 1739. https://doi. org/10. 1109/JSAC. 2016. 2545559.

[41] BALIGA B J, AYRE R W A, HINTON K, et al. Green Cloud Computing: Balancing Energy in Processing, Storage, and Transport [M]. Burlington, MA: ScienceOpen, Inc. ,2011.

[42] ALAHMADI A A, EL - GORASHI T, ELMIRGHANI J. Energy efficient processing allocation in opportunistic cloud – fog – vehicular edge cloud architectures [EB/OL]. arXiv:2006. 14659 [cs. NI], June, 2020.

[43] RADIVOJEVI'C M, MATAVULJ P, RADIVOJEVI'C M, et al. PON evolution[J/OL]. Emerg. WDM EPON, 2017: 67 - 99. https://doi. org/10. 1007/978 - 3 - 319 - 54224 - 9_3.

[44] TAHERI M, ANSARI N. A feasible solution to provide cloud computing over optical networks[J/OL]. IEEE Netw, 2013, 27 (6): 31 - 35. https://doi. org/10. 1109/MNET. 2013. 6678924.

[45] Jalali F, Khodadustan S, Gray C, et al. In greening IoT with fog: a survey[C/OL]//. Proceedings - 2017 IEEE 1st International Conference on Edge Computing, EDGE 2017: 25 - 31. https://doi. org/10. 1109/IEEE. EDGE. 2017. 13.

[46] YU W, et al. A survey on the edge computing for the internet of things[J/OL]. IEEE Access,2017(6):6900 - 6919. https://doi. org/10. 1109/ACCESS. 2017. 2778504.

[47] YOSUF B A, MUSA M O I, EL - GORASHI T E H, et al. Energy efficient distributed processing for IoT [EB/OL]. arXiv:2001. 02974 [cs. NI] (2020).

[48] CHOŁDA P, JAGLARZ P. Optimization/simulation - based risk mitigation in resilient green communicationnetworks[J/OL]. J. Netw. Comput. Appl, 2016 (59): 134 - 157. https://doi. org/10. 1016/J. JNCA. 2015. 07. 009.

[49] MEISNER D, GOLD B T, WENISCH T F. PowerNap: Eliminating server idle power [Z].

[50] Cisco visual networking index: Forecast and trends, 2017 - 2022 White Paper - Cisco[R/OL]. https://www. cisco. com/c/en/us/solutions/collateral/service - provider/visual - networkingindex - vni/white - paper - c11 - 741490. html. Accessed 26 Oct 2019.

[51] SHEN G, TUCKER R S. Energy - minimized design for IP over WDM networks [J]. IEEE/OSA J. Opt. Commun. Netw,2009,1(1):176 - 186.

[52] DELGADO C, GÁLLEGO J R, CANALES M, et al. On optimal resourceallocation in virtual sensor networks[J/OL]. Ad Hoc Netw,2016(50): 23 - 40. https://doi. org/10. 1016/j. adhoc. 2016. 04. 004.

[53] KAŠPAR M. Bandwidth calculator [EB/OL]. https://www. cctvcalculator. net/en/calculations/bandwidthcalculator/. Accessed 20 Mar 2019.

[54] Thepihut, USB Wifi adapter for the Raspberry Pi [EB/OL]. https://thepihut. com/products/raspberry - pizero - w. Accessed 21 Mar 2019.

[55] RasPi. TV. How much power does Pi Zero W use? [EB/OL]. http://raspi.tv/2017/how-much-power-doespi-zero-w-use. Accessed 21 Mar 2019.

[56] Cisco ME 4600 series optical network terminal data sheet - Cisco [EB/OL]. https://www.cisco.com/c/en/us/products/collateral/switches/me-4600-series-multiservice-optical-access-platform/datasheet-c78-730446.html. Accessed 16 Mar 2018.

[57] Cisco ME 4600 series optical line terminal data sheet - Cisco [EB/OL]. https://www.cisco.com/c/en/us/products/collateral/switches/me-4600-series-multiservice-optical-access-platform/datasheetc78-730445.html. Accessed 20 Nov 2019.

[58] Cisco network convergence system 5500 series modular chassis data sheet - Cisco [EB/OL]. https://www.cisco.com/c/en/us/products/collateral/routers/network-convergence-system-5500-series/datasheet-c78-736270.html. Accessed 26 Oct 2019.

[59] Cisco Nexus 9300-FX series switches data sheet - Cisco [EB/OL]. https://www.cisco.com/c/en/us/products/collateral/switches/nexus-9000-series-switches/datasheet-c78-742284.html. Accessed 26 Oct 2019.

[60] Intel® Xeon® Processor E5-2680 (20M Cache, 2.70GHz, 8.00GT/s Intel® QPI) Product Specifications. https://ark.intel.com/content/www/us/en/ark/products/64583/intel-xeon-processore5-2680-20m-cache-2-70-ghz-8-00-gt-s-intel-qpi.html. Accessed 26 Oct 2019.

[61] Intel® Xeon® Processor X5675 (12M Cache, 3.06GHz, 6.40GT/s Intel® QPI) Product Specifications [EB/OL]. https://ark.intel.com/content/www/us/en/ark/products/52577/intel-xeon-processorx5675-12m-cache-3-06-ghz-6-40-gt-s-intel-qpi.html. Accessed 26 Oct 2019.

[62] Intel® Xeon® Processor E5-2420 (15M Cache, 1.90GHz, 7.20GT/s Intel® QPI) Product Specifications [EB/OL]. https://ark.intel.com/content/www/us/en/ark/products/64617/intel-xeon-processore5-2420-15m-cache-1-90-ghz-7-20-gt-s-intel-qpi.html. Accessed 26 Oct 2019.

[63] FAQs - Raspberry Pi Documentation [EB/OL]. https://www.raspberrypi.org/documentation/faqs/. Accessed 26 Oct 2019.

[64] Raspberry Pi 3: Specs, benchmarks & testing [J/OL]. The MagPi magazine. https://magpi.raspberrypi.org/articles/raspberry-pi-3-specs-benchmarks. Accessed 26 Oct 2019.

[65] Raspberry Pi ZeroW (Wireless) | The Pi Hut [EB/OL]. https://thepihut.com/products/raspberry-pi-zerow. Accessed 26 Oct 2019.

[66] Cisco Industrial Benchmark (2016) [EB/OL]. https://www.cisco.com/c/dam/global/da_dk/assets/docs/presentations/vBootcamp_Performance_Benchmark.pdf. Accessed 16 Mar 2018.

[67] America - Google Maps [EB/OL]. https://www.google.com/maps/search/america/@42.593777.

[68] SHEHABI A, et al. United States Data Center Energy Usage Report[R]. Lawrence Berkeley Natl. Lab. Berkeley, CA, Tech. Rep. , No. June (2016): 1-66.

[69] GRAY C, AYRE R, HINTON K, et al. In Power Consumption of IoT Access Network-Technologies[C/OL]//2015 IEEE Int. Conf. Commun. Work. , pp. 2818 - 2823 (2015), https://doi.org/10.1109/ICCW.2015.7247606.

[70] BANERJI SCHOWDHURY RS. On IEEE 802.11: Wireless LAN technology[J/OL]. Orig. Publ. Int. J. Mob. Netw. Commun. Telemat, 2013, 3(4). https://doi.org/10.5121/ijmnct.2013.3405.

[71] Data communications and computer networks: a business user'sapproach - curt white - Google Books [EB/OL]. https://books.google.co.uk/books/about/Data_Communications_and_Computer_Network.html?id=FjV-BAAAQBAJ&redir_esc=y. Accessed 05 Aug 2020.

[72] KRAMER G, MUKHERJEE B, PESAVENTO G, et al. Ethernet PON (ePON): Design and analysis of an optical access network (2000)[Z].

[73] IANNONE P P, et al. In a 160 - km transparent metro WDM ring network featuring cascaded erbium - doped waveguide amplifiers[C]//OFC 2001. Optical Fiber Communication Conference and Exhibit. Technical Digest Postconference Edition (IEEE Cat. 01CH37171), vol. 3: WBB3 - W1 - 3 (2001) https://doi.org/10.1109/OFC.2001.928443.

第15章 面向6G移动网络的全虚拟化、云化和切片感知的无线接入网(RAN)

作为推动者,5G为垂直行业和IoE提供了三大类业务:URLLC、eMBB和mMTC。eMBB业务在各类5G部署中已获得显著发展,例如在5G无线接入网(NG-RAN)中使用毫米波频段。早期的URLLC和mMTC业务表明5G系统可支持其基本功能,但能否支持此类业务的复杂用例尚不明确。这些弊端可能是缘于NG-RAN架构适配当前各技术的局限性,如多接入云计算、网络功能虚拟化、软件定义网络(SDN)、网络切片技术等。

本章中,我们主要讨论以下内容:

(1)全面概述6G中RAN架构的关键概念;

(2)从不同角度研究各种传统RAN架构的实现,以及基于下一代通信需求进行架构重新设计的动机;

(3)对NG-RAN架构进行呈现,着重探讨基于此架构的资源和服务云化和虚拟化、RAN切片管理和编排;

(4)明确推动mMTC、URLLC和eMBB业务中复杂用例实现的关键驱动因素;

(5)针对NG-RAN部署的关键挑战,提出面向6G RAN架构的潜在使能技术。

15.1 6G无线网络中RAN架构的关键概念

自2019年以来,业界提出了关于6G的不同愿景[6,15,28,62,66],它们总体上都有共同的目标,即满足比5G更极致的性能要求,如更高的吞吐量、更大的容量、更强的可靠性、更低的延迟和更低的功耗[25]。但是,在一个无线接入网中同时满足这些极致性能要求是极具挑战性的,甚至在物理上是不可实现的,而且,现实中也没有需要全方面性能提升的用例。基于此,应设计可依据不同规范进行灵活定制的网络架构,每个规范用于满足特定用例的独特性能需求。这种用例驱动的网络编排方式已通过网络切片技术实现,并引入到5G中。面向未来6G时代,网络编排方式将被推向一个全新的高度。

第15章 面向6G移动网络的全虚拟化、云化和切片感知的无线接入网(RAN)

现有的关于6G前景的研究提出了多种类型的RAT,以期为6G奠定基础,其中多数研究将机器学习、AI、太赫兹新频谱、VLC和智能反射面(IRS)视为基本的6G驱动技术。高频段频谱拥有大带宽,可用于提升信道容量,然而高频信道通常要遭受较高的传播损耗和信号遮挡,因此,6G必须借助波束成形技术来维持合理的信道预算,如超大规模MIMO和IRS技术[63,67]。

虽然借助超大规模MIMO和IRS有望实现6G新频谱的开发利用,但仍需先进的在线认知解决方案以适配天线阵列和可编程表面,这对计算能力提出了挑战。此外,虚拟化6G网络中的资源管理也需要大量计算才能达到令人满意的资源效率。对于复杂优化问题的解决,ML和AI已被广泛认为是最有前景的方法。基于此,6G网络被普遍认为将是AI赋能的网络[36,57]。

目前,大多数用于网络系统的ML/AI解决方案都部署在集中式云服务器上,在云服务器上对全网获取的数据进行聚合和处理。然而,采用这种集中式拓扑结构意味着训练周期长、对局部环境的动态反应缓慢,可能难以满足未来6G应用的延迟限制。此外,聚合学习过程也可能引发隐私问题。为了解决这些问题,6G应将AI算法下沉并分发至边缘,旨在实现具备高安全性和实时学习能力的完全去中心化的边缘智能[55,68]。

回顾无线网络的发展历史,每诞生新一代的无线网络,RAN领域的体系架构都在随之演进,以支持相应使能技术的部署。2G首次使用数字无线电信号代替模拟信号;3G引入了沿用至今的分层小区结构;4G完全放弃电路交换技术,成为纯IP系统;5G借助SDN和NFV技术,以虚拟化和云化的方式构建网络基础设施,包括核心网和RAN。业界对2030年的6G RAN路线图充满好奇。主流观点认为,6G将基于当前的RAN架构进行演进。有一些激进的观点提出革命性的无服务器蜂窝网络概念[23]。同时也存在相反的观点,只需对现有5G网络架构进行轻度扩展,便足以满足未来无线服务需求[20]。

尽管对驱动6G的先进技术仍未形成准确定义,但学术界和工业界的研究人员都在研究6G系统的各个方面。当前研究更侧重于需求和新兴技术。一旦标准化机构定义了关键使能技术,需求便可随之确定。其中,关键问题之一是定义6G RAN的需求、关键使能技术和体系架构。因此,本章首次尝试回顾当前和传统的云化RAN体系架构,讨论它们对未来6G技术的支持能力,进而讨论即将到来的6G RAN演进。

本章其余部分的结构安排如下:15.2节回顾了一些传统的云化RAN架构,包括C-RAN、H-CRAN、采用5G虚拟化技术的V-CRAN和基于雾计算的F-RAN;15.3节描述了标准化的5G RAN架构,即NG-RAN;15.4节简要介绍了一些关键的6G使能技术,并进一步讨论它们可能对6G RAN架构产生的影响,以及它们在实施过程中可能产生的问题;15.5 节给出本章小结。

15.2 传统 RAN 架构

15.2.1 C-RAN

在 2G 移动通信系统中,RAN 架构包括集成到基站中的整个无线射频和基带处理功能。3G 和 4G 移动通信网络则部署了分布式 RAN(D-RAN),D-RAN 将无线射频和基带处理功能分成两个独立单元,分别为无线拉远射频模块(RRH)和基带单元(BBU)。面对用户数据量的增加和 QoS 要求的多样化,网络运营商不得不采用 BBU 及其对应的 RRH 的集中化和云化来满足这些需求。这种具有集中 BBU 池的集中式云化 RAN 被称为 C-RAN[11,31]。

C-RAN 架构最初由国际商业机器(IBM)提出,被称为无线网络云(WNC)[40]。随后,中国移动研究院在一份白皮书中增加了详细描述和技术细节[11]。图 15-1 描绘了 C-RAN 架构,C-RAN 打破了 BBU 和 RRH 之间的固定连接关系,并将 RRU 汇集到一个集中的、云化的、共享的和虚拟化的 BBU 池中。每个 RRH 单元通过前传链路连接到对应 BBU 池,BBU 池通过回传链路连接到核心网,每个 BBU 池可支持多达数十个 RRH。C-RAN 架构的主要优势体现在:可降低网络运营商的资本支出(CAPEX)和运营支出(OPEX),降低能耗,简化网络管理和维护,提高网络可扩展性,提升频谱效率,增加网络吞吐量,以及提升负载均衡的灵活性。

基于基带处理的集中化和虚拟化原则,C-RAN 将云计算纳入到 5G RAN 架构中[11]。集中化的主要目的是提高网络性能、降低能耗以及提高频谱效率,而虚拟化的目的是降低 5G 移动网络的 CAPEX 和 OPEX。

15.2.1.1 C-RAN 架构类型

依据 RRH 和 BBU 的功能划分,C-RAN 架构可以分为两种类型:完全集中式 C-RAN 和部分集中式 C-RAN。

如图 15-2 所示,在完全集中式 C-RAN 架构中,物理层(L1)、数据链路层(L2)和网络层(L3)功能均部署在 BBU 中,如物理层的调制、采样、量化、天线和 RB 映射等功能,数据链路层的传输介质访问控制等功能和网络层的无线资源控制等功能。完全集中式 C-RAN 为 5G 带来的改进和增益体现在:网络覆盖拓展更简便、网络容量升级更灵活、支持多标准操作、改善网络资源共享、增强多小区协同信号处理。此外,使用完全集中式 C-RAN 和开放平台有助于开发和实现软件无线电,从而通过软件实现空口标准升级,有利于 RAN 架构的便捷升级

第15章 面向6G移动网络的全虚拟化、云化和切片感知的无线接入网(RAN)

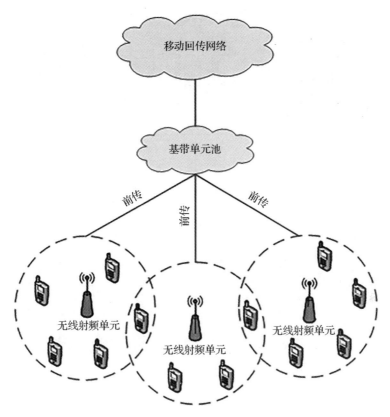

图 15-1 C-RAN 架构(该图说明 RRH 和 BBU 是分离的,但是 RRH 通过可靠的前传链路连接到虚拟化 BBU 池中的共享和集中式基带处理单元)

和多标准共存。虽然完全集中式 C-RAN 有上述优势,但仍面临两方面挑战:必须进行高带宽传输,以及必须在 RRH 和 BBU 之间进行基带 I/Q 信号传输[11]。

如图 15-3 所示,在部分集中式 C-RAN 架构中,无线射频和基带处理功能部署在 RRH 中,剩余更高层功能则保留在 BBU 中。即,所有物理层相关功能都在 RRH 中,而数据链路层和网络层相关功能则包含在 BBU 中。由于基带处理功能从 BBU 转移到 RRH 中,RRH 和 BBU 二者之间所需的传输带宽很小。然而,部分集中式 C-RAN 架构会导致网络升级灵活性差;此外,也影响了多小区协同信号处理的便捷性。

为了满足 5G 的多样化需求,业界已从多个角度对完全集中式和部分集中式 C-RAN 进行了研究和开发,这两种类型的 C-RAN 部署都有赖于网络特性。在任一类型的 C-RAN 架构下,运营商都可以迅速部署或者升级网络。运

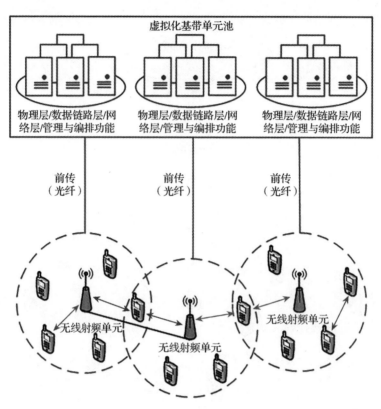

图15-2 完全集中式C-RAN架构（本方案中，所有物理层(L1)、
数据链路层(L2)和网络层(L3)功能都部署于BBU中）

营商只需要部署一些新的RRH并将其连接到对应的BBU池，就可以轻易地实现网络覆盖的扩展或网络容量的增加。如果网络负载增加，运营商只需要在BBU池中增加新的通用处理器即可。需要注意的是，随着C-RAN的部署，RRH和BBU之间的静态耦合会有所放松，RRH不再需要与专用物理BBU严格耦合。相反，实时虚拟化技术使得每个RRH都可以连接到BBU池中的虚拟基站。

15.2.2 H-CRAN

15.2.2.1 异构网络

与LTE和LTE-A相比，5G网络的RAN架构异构性更强。在参考文献[21]中，作者预计5G RAN中的基站密度将高达40~50个基站/km^2。此外，蜂窝网络的数据流量需求正在稳步增长。因此，为满足逐渐增长的用户需求，需要扩大系统容量和提高频谱效率。对此，一个有效途径是进行异构蜂窝网络布局，

第15章 面向6G移动网络的全虚拟化、云化和切片感知的无线接入网(RAN)

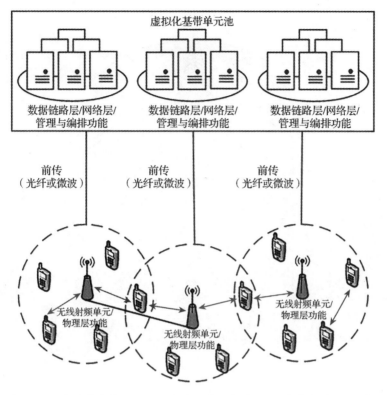

图15-3 部分集中式C-RAN架构。本方案将L1功能集成到RRH中，L2和L3功能部署在BBU中

即在宏蜂窝(Macro Cell)布局上叠加部署小蜂窝。可以通过香农定理来理解此方法的原理，即

$$C_{\text{sum}} \approx \sum_{n \in N_i} \sum_{i \in I_n} B_i \log_2 \left(1 + \frac{S_i}{N_i}\right) \tag{15-1}$$

式中：N为所有异构RAT的集合；I_n为RAT n中所有可用子信道的集合；系统的总容量约为C_{sum}；B_i、S_i和N_i分别为子信道i的带宽、信号功率和噪声功率的集合。显而易见，C_{sum}等价于所有子信道的总容量。为了增加C_{sum}，需要部署更多宏蜂窝和小蜂窝，以形成异构蜂窝网络，如图15-4所示。异构网络中的宏蜂窝可以在更大区域内提供广覆盖和无缝移动服务，而小蜂窝通过将计算和通信节点转移到终端用户附近来扩展覆盖范围、提升网络容量。

小蜂窝融合了飞蜂窝(Femtocell)、皮蜂窝(Picocell)和微蜂窝(Microcell)等[22]。这种小蜂窝可以灵活安装在家庭、企业环境、热点、商场、体育场、火车站和其他较小地理区域等各种环境中，旨在扩大整体网络容量和覆盖范围，降低网

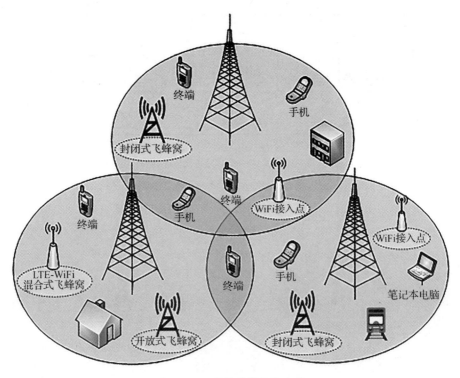

图 15-4 异构蜂窝网络布局

络成本,提升频谱效率。图 15-4 显示了几种大力部署的小蜂窝类型,用以满足未来 5G 网络的容量和覆盖需求。

小蜂窝可以安装在室内和室外。传统的宏基站需要大功率(5~40W),与宏基站相比,小基站具备低成本和低功耗优势,安装在室外的小基站只需 250mW~2W 的功率,而安装在室内的小基站需要的功率更小(100mW 或者更小)[14]。然而,由于发射功率较小,小蜂窝的覆盖范围通常比宏蜂窝要小得多,同时也限制了数据量[51]。

在配置室内飞蜂窝时,可以灵活设置接入限制。一方面,飞蜂窝小区可以配置为仅允许授权用户访问的封闭式飞蜂窝(封闭式家庭演进基站(HeNB)),封闭式 HeNB 通过维护封闭式用户组(CSG)来配置其限制[14]。另一方面,飞蜂窝也可以配置为开放式飞蜂窝(Open HeNB),该配置下允许位于其覆盖范围内的任意用户访问。此外,还有一种可能配置——混合式飞蜂窝。此配置下,允许免授权用户访问,但会限制其可访问资源上限。

在相关文献中,已有关于小蜂窝和异构蜂窝网络的广泛研究。最近,剑桥大学出版社出版的一本综合性书籍对 5G 移动网络中的小蜂窝进行了深入介绍[5]。该书讨论了小蜂窝的所有主要特性,包括设计、部署和优化,同时涵盖了小蜂窝相关概念,并详细介绍了小蜂窝异构网络的新兴趋势、研究挑战、性能分析、部署策略、标准化活动、环境问题以及能源效率、资源和移动性管理。在参考文献[10]中,作者讨论了小蜂窝的设计和部署,以及相应技术挑战,重点研究了关键技术属性,即移动性管理、干扰管理、覆盖和容量优化、能量效率、回传链路、部署规划、频率分配和接入方法以及异构网络管理。

对于飞蜂窝的部署,业界也存在着多种研究。相关研究多针对管理、运行、访问、干扰管理、本地互联网协议访问(LIPA)和体系架构进行讨论[7,44,54,64]。总的来说,部署飞蜂窝的主要动力之一是低 OPEX/CAPEX。

此外,关于异构网络的性能有以下两项研究。在第一项研究[9]中,作者考虑了在密集城区中混合部署 Open HeNB(终端用户随机部署)和 Macro eNB(由运营商计划部署),其年度总网络成本只有单一宏蜂窝布局的 70%[9]。在第二项研究[32,52]中,作者评估了由 Macro eNB、Pico eNB 和 Open HeNB 组成的异构网络的性能[32,52]。这两项研究得出了相同结论,即异构网络的性能主要受限于小蜂窝的覆盖范围。

15.2.2.2　H-CRAN 系统架构

H-CRAN 是一种新的 RAN 架构,其关键目标是实现控制面和用户面解耦,通过仅在宏基站中实现控制面功能来改善 C-RAN 架构的功能和性能。H-CRAN 结合了 C-RAN 和异构网络的优势,从而实现了更高频谱效率、更低能耗和更高数据速率。H-CRAN 架构包括两种蜂窝布局:宏蜂窝布局(高功率节点,HPN)、小蜂窝或 RRH 蜂窝布局[37,61]。一方面,部署高功率节点是为了扩大网络覆盖范围以及控制网络信令;另一方面,小蜂窝和 RRH 用于扩大网络容量以及满足用户多样化的 QoS 需求。图 15-5 显示了 H-CRAN 的系统架构,它主要由三个功能模块组成[37]。

(1)增强云和实时虚拟化 BBU 池:该功能模块将分散在不同小区的 BBU 集成到一个 BBU 池中。在构建 BBU 池时采用了鲁棒的虚拟化方法和强大的云计算能力。此外,BBU 池和 HPN 之间存在连接,以便协调 HPN 和 RRH 之间的层间接口。

(2)极可靠传输网络:图 15-5 显示了所有 RRH 与其对应 BBU 的连接,所有 BBU 均位于 BBU 池。RRH 和 BBU 通过低延迟、高带宽前传链路(如光纤)互连。BBU 和宏基站之间的数据接口和控制接口分别用 S1 和 X2 表示。

(3)多类型蜂窝共存:在 H-CRAN 架构中,宏基站、小基站、RRH 等多种类型的蜂窝共存。宏基站便于网络控制、移动性管理和性能提升,而小蜂窝和 RRH 则旨在降低传输功率、扩大系统容量。从协议栈功能的角度来看,RRH 集

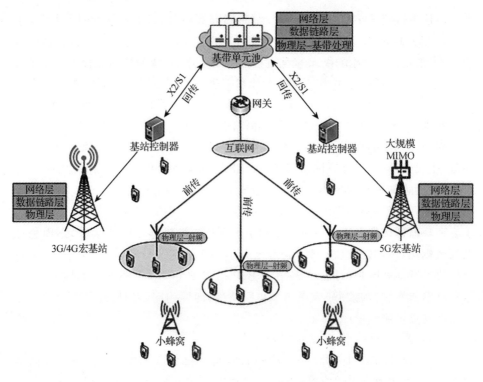

图 15-5 H-CRAN 系统架构

成了符号处理和射频功能,BBU 池融合了物理层基带处理功能和高层功能,高功率节点宏基站则集成了从物理层到网络层的所有功能。

在 H-CRAN 中,增强云计算技术支持所有 BBU 的集中式集成,同时有助于 RRH 和 BBU 之间的功能分离。由于实现了控制面和用户面解耦,异构网络的管理更加简便高效。运营商只需在靠近用户的地方部署新的 RRH 并将它们连接至 BBU 池,即可轻易实现网络覆盖范围扩展或系统容量扩大。此外,敏捷软件开发方法也更容易实施。例如,运营商可以通过部署 SDR 和软件更新来升级 RAN 架构或支持多标准共存。

与 C-RAN 架构相比,一方面,H-CRAN 架构与其存在两个主要相似之处:(1)将大量 RRH 连接到集中式 BBU 池中,以实现高协作增益,提升能源效率;(2)RRH 执行射频和符号处理功能,而所有上层功能都在 BBU 池中执行。

另一方面,H-CRAN 与 C-RAN 架构也存在一定区别:

(1)在 H-CRAN 中,BBU 池和 HPN 通过 S1 和 X2 接口连接(如图 15-5 所示),这减少了在同区域共存的 RRH 和 HPN 之间的跨层干扰;

(2)在 H-CRAN 中,HPN 向用户发送系统广播数据和控制信令,从而减

少了对前传链路的需求,同时也扩大了系统容量并降低了前传链路时延;

(3)在 H-CRAN 中,当 RRH 处于低负载状态时,它会进入休眠模式,由 BBU 管理所有处于休眠模式的 RRH,因此可提高能量效率。

15.2.3 V-CRAN

鉴于 NFV 在高效资源共享和增强调度灵活性方面的显著优势,NFV 受到工业界和学术界的高度关注。在通信网络中,虚拟化最初应用于核心网,目前正在进一步扩展到无线接入网侧。然而,它仍处于早期发展阶段。此外,无线通信系统的特性,如用户移动性、衰减性、干扰性、时变性和广播信道等,使得无线网络虚拟化任务更加复杂。

在蜂窝网络中可能有多个级别的虚拟化,即频谱虚拟化、空口虚拟化、基础设施虚拟化、多种无线接入技术的虚拟化和计算资源的虚拟化。蜂窝网络中的虚拟化可以提高网络性能、有效利用资源、降低 CAPEX/OPEX、增加收入、简化向新技术的迁移,以及在市场上创造新业务。

尽管虚拟化有以上优势,但仍需关注三个关键问题:

(1)需要考虑在各个虚拟网络运营商之间有效、公平地共享和分配无线资源;

(2)应准确评估因资源使用而引入的干扰;

(3)在无线网络中执行虚拟化之前,需要检查相应的技术和管理问题。

为了在 5G 蜂窝网络中实现端到端虚拟化,核心网和无线接入网架构都需要虚拟化。对于核心网虚拟化,可直接复用有线网络的虚拟化解决方案。然而,在进行 RAN 或基站虚拟化时,需考虑无线接入网的特有属性,如用户的动态拓扑、移动性和信道条件变化,因此,需要新的虚拟化解决方案。也正是由于这些特性,虚拟化方案对移动运营商来说变得很有挑战性。

C-RAN 的部署使得网络资源更靠近用户,因此可以使用云数据中心整合所有核心网相关功能和应用。为了进一步实现更低延迟和更好的性能,移动运营商正在将移动边缘云连接到云数据中心。5G 网络有望满足海量用户接入、低延迟服务以及高容量通信等多样化需求,满足这些需求的一个潜在方法是在 C-RAN 中部署 NFV 和 SDN,从而虚拟化所有功能和资源,分离数据面和控制面。这种面向接入网的虚拟化方法引入了一种新型 C-RAN 架构,称为 V-CRAN。

15.2.3.1 V-CRAN 系统架构

图 15-6 所示为 V-CRAN 的系统架构。该架构由数字单元云(DU Cloud)、时分波分堆叠复用光接入网络(TWDM-PON)、前传链路和虚拟化基站(V-BS)等部分组成[59]。提供基带处理、数据链路层和网络层相关功能的商用服务器都被集成在数字单元云中。数据链路层交换机有助于所有 DU 之间的

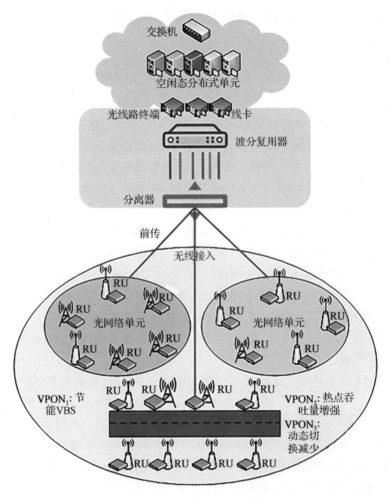

图 15-6 V-CRAN 系统架构

互联,保证数据和信令的交换。

为了在无线射频单元(RU)和 DU 之间传输数据和控制信令,V-CRAN 需要一个具有更大带宽和更低延迟的前传网络,满足这种前传需求的最可行途径之一是使用多个光通道替代单一光纤。前传链路利用 TWDM-PON 技术在 DU 之间分配大容量光通道,TWDM-PON 由一个光线路终端(OLT)和多个光网络单元(ONU)组成。图 15-6 显示了 OLT 与 DU 云的连接,OLT 负责向每个 DU 提供光收发器和线卡(LC),以执行光电转换和后续业务传输。与每个 OLT 相关联的 LC 都连接到波分复用器(WDM-MUX),它会根据波长区分业务。ONU 是光网络中的用户端设备,ONU 远离 DU 云部署,用于扩大 TWDM-PON

的覆盖范围。具体地,ONU 与 RU 共同放置在光通道的末端,并配备了一个可重新配置的收发器。

接入网络中的 ONU 共享一个或多个波长,从而形成虚拟化无源光网络(V-PON)。V-PON 是一个虚拟通道,可以将 RU 与 DU 连接起来。通过使用 LC,DU 云中的每个 DU 都被分配给单个专用 V-PON。这表明 DU 云中的单个 DU 动态组合并控制 V-PON 的多个 RU。当 V-BS 经历高负载情况时(例如,在繁忙时间),每个小区都被分配给一个专用 V-PON。然而,在非繁忙时间,多个小区可聚合成一个 V-PON。因此,能耗和运营成本有所降低,同时网络资源利用效率也有所提高。

最近,业界提出了一种在 V-CRAN 中虚拟化基站计算资源的新想法[59]。基站的虚拟化在两个独立的层面上执行:①硬件层面,即专用频谱;②流量层面,即共享频谱[12]。在硬件层面,一个 V-BS 共享无线设备,而基站的多个协议栈以软件形式运行。硬件虚拟化的标准化工作已经完成,传统移动运营商已经采用这种方法来降低运营成本,提高能效。在基于频谱共享的模型中,需要更高级别的虚拟化(如流量层面的 V-BS)来高效复用资源。此外,对于移动虚拟网络运营商(没有频谱)来说,基于频谱共享的模型有助于场景部署。

15.2.4 Fog-RAN

据估计,未来 IoT 和网络中的数据量、服务多样性和速率需求将以前所未有的速度增长。此外,国际数据公司(IDC)的报告显示,截至 2020 年,连接到互联网的传感器支持对象数量达到了 300 亿左右,联网汽车数量达到了约 1.1 亿辆(配备 55 亿个传感器),联网家庭的数量达到了 120 万,相当于大约 2 亿个传感器的使用量[30]。满足这些需求最合适的解决方案之一是使用云计算,它可以在互联网的远程服务器上处理、存储、管理和分析来自物联网设备的数据。这有助于避免公司在网络基础设施设计、部署和维护方面的投入[53]。

当前云计算方法存在几个局限性,即端到端延迟高、通信费用高、流量过载以及需要批量数据处理。因此,有学者提出了一种新的计算框架,称为雾计算,用于存储、管理、分析和处理网络数据[48]。"雾计算"这一术语源自思科公司,命名依据是"雾是靠近地面的云",类似地,雾计算可以理解为将云计算扩展到网络边缘[49]。雾计算将通信、计算、控制和决策等任务转移至网络边缘,进而为物联网设备附近的延迟敏感数据分析、数据快速操作(在毫秒量级内),以及将特定数据传输到云数据中心进行统计分析或长期存储提供支持。

雾计算能够在移动网络边缘分配大量的存储、处理、控制、通信、配置、测量和管理功能[50]。在雾计算中,协作无线信号处理(CRSP)可以在 BBU 池执行,也可以在 RRH 甚至终端(如可穿戴智能终端)执行。为了有效支持和集成新型终端,需要利用设备上的处理和协同无线资源管理(CRRM)来实现分布式存储。然而,从移动应用的角度来看,终端不需要连接到 BBU 池来下载数据包,只要数据包在本地可用并且存储在最近的 RRH 中即可。

在考虑了雾计算带来的优势之后,提出了一种新的基于雾计算的 RAN 架构,称为 F-RAN。需要注意的是,雾计算和云计算是不同的计算任务[38]。本节主要介绍 F-RAN 的物理架构和文献综述,因此,我们省略了关于雾计算的应用、优势、局限性和系统架构等方面的讨论。尽管如此,我们还是建议读者参考文献[48-50,53],以便了解雾计算的不同方面并对比研究雾计算和云计算。

F-RAN 的设计融合了雾计算和 C-RAN 的优势,有助于为用户提供更好的 QoS,以及处理极端流量需求。F-RAN 架构有两种类型,即分布式 F-RAN 和集中式 F-RAN[38]。在分布式 F-RAN 中,资源管理、计算和存储等特定功能从 BBU 转移到 RRH 和终端。而集中式 F-RAN 使用 SDN 和 NFV 来实现集中控制规划、便捷管理和资源分配。

15.2.4.1 F-RAN 系统架构

图 15-7 所示为 F-RAN 典型系统架构,此架构包括终端层、网络接入层和云计算层[56]。

(1)终端层的雾终端(F-UE)与网络接入层中的雾接入点(F-AP)共同构成移动雾计算层。终端层的 F-UE 接入 HPN 以获取系统信令相关信息。此外,邻近的 F-UE 可以建立端到端(D2D)通信链路。图 15-7 的终端层显示了这种基于 F-UE 的中继模式实例,其中 F-UE7 充当中继来维持 F-UE5 和 F-UE6 之间的通信。在这种模式下,相关的 F-UE(在本例中为 F-UE5 和 F-UE6)可以不依靠 HPN 而进行彼此数据传输。

(2)网络接入层由 HPN 和 F-AP 组成。HPN 的任务是将信令相关系统信息分发给覆盖范围内的每个 F-UE,而 F-AP 的任务是处理并传递来自 F-UE 的数据。F-AP 和 HPN 分别使用前传和回传链路连接到云计算层的 BBU 池。

(3)云计算层的 BBU 池与 H-CRAN 类似。此外,本层可能采用集中式缓存,以存储所有全局数据包流量。

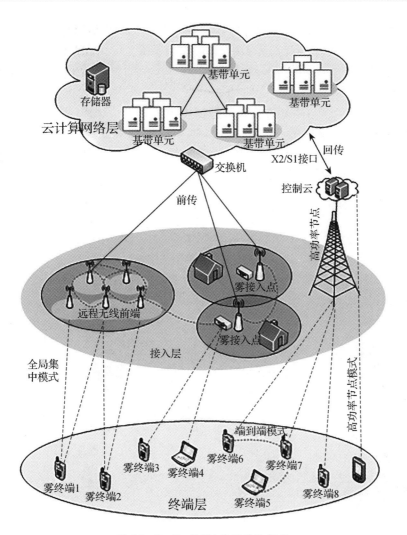

图 15-7 F-RAN 典型系统架构

15.3 NG-RAN

基于 5G 移动通信网络,3GPP 在 Release 15 中规定了新的 RAN 架构,即 NG-RAN,它为 5G 网络引入了新的接口、功能组件、功能切分选项、术语等。NG-RAN 在许多方面已取得进展,其规范在 Release 16 中发布[1]。NG-RAN 支持通过新空口(NR)向终端提供 5G 服务。此外,NG-RAN 还支持通过 LTE-A 向终端提供演进陆地无线接入网(E-UTRAN)服务。

NG-RAN 的大部分功能与传统 RAN 架构相似。然而,它们相应组件的功能之间存在一些重大差异。例如,NG-RAN 应具备切片感知能力,以便满足 eMBB、URLLC 和 mMTC 业务的差异化 QoS 要求。由于在传统 RAN 架构中没有引入这种业务类型的转变,所以在 NG-RAN 组件中应针对差异化 QoS 业务进行有效功能设计。

在 NG-RAN 中,部分功能和组件被虚拟化为四个层次,即应用层、云层、频谱层和协作层。从能量、成本、无线资源、频谱和安全的角度对 NG-RAN 执行虚拟化,其主要目标是在 NG-RAN 层面以一种高效的方式映射和实现所需服务,同时保证满足所需服务水平。

15.3.1 NG-RAN 架构

图 15-8 所示为 NG-RAN 系统架构[1]。NG-RAN 由多个 gNB 和 ng-eNB 组成。gNB 和 ng-eNB 通过 NG 接口与 5G 核心网(5GC)连接,主要连接接入和移动性管理功能(AMF)和用户面功能(UPF)。此外,gNB 和 ng-eNB 也通过 Xn 接口彼此互连。

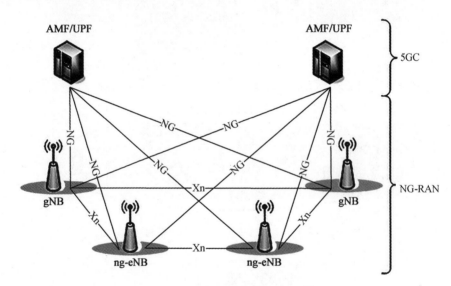

图 15-8 NG-RAN 系统架构[1]

图 15-9 对 NG-RAN 架构中 gNB 的组件和连接做了进一步说明,gNB 包含三个主要功能模块:CU、DU 和 RU。根据业务部署场景和类型,这些功能模块可以进行多种组合部署。每个 CU 可以连接多个 DU,每个 DU 可以连接多个 RU。其中,CU 和 DU 是完全虚拟化的,它们之间通过 F1 接口连接;RU 是天线和射频模块,因此,被认为是物理单元。

在 NG-RAN 中,gNB 和 ng-eNB 通过 Xn 接口相互连接,CU 和 DU 通过

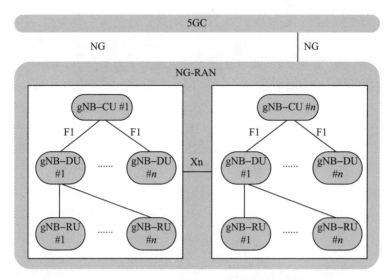

图 15-9 gNB 及其对应组件之间的互连

F1 接口连接。F1 接口负责至少两个端点的数据传输和信令交换,其中信令交换包含 UE 相关和非 UE 相关信令。此外,F1 接口将无线网络层和传输网络层分离。为支持网络中用户请求的服务质量,数据速率超过 10Gb/s 的时分复用无源光网络(TDM-PON)必须满足 F1 和回传链路接口上的延迟和带宽需求。F1 接口的功能分为两部分:F1-控制面(F1-C)相关功能和 F1-用户面(F1-U)相关功能。在 gNB 的功能中,有 8 个功能切分选项(选项 1~选项 8)。在 CU、DU 和 RU 中,这些选项有多种组合。其中,选项 2 通常被视为 CU 和 DU 之间的功能切分,而选项 7 通常被视为 DU 和 RU 之间的功能切分。

如图 15-9 所示,根据用户需求,虚拟化资源(即存储、计算和通信)和物理资源(即功率、频谱、硬件等)在 gNB 之间和单个 gNB 的组件之间动态共享。每个 gNB 的组件及其所需资源在 n 个 RAN 网络切片实例之间共享。根据厂家的特定算法,gNB 的 CU、DU 和 RU 支持 n 个 RAN 切片,它们的计算资源在 RAN 切片之间共享。

15.3.2 NG-RAN 中 RAN 切片的管理与编排

NG-RAN 架构中的新兴方法之一是 RAN 切片,它利用了 SDN 和 NFV 技术。SDN 将控制面和用户面解耦,NFV 将 gNB 的基础设施、资源和功能虚拟化为 eMBB、mMTC 和 URLLC RAN 网络切片子网。

上述每个 RAN 切片子网(以下简称 RAN 切片)都有定制的性能、功能和运营要求,因此,需要对其功能和资源进行良好隔离。RAN 切片所需的资源分为物理资源和虚拟资源。物理资源由 3GPP 网络切片管理系统管理,而虚拟资源由欧洲电信标准化协会(ETSI)的 NFV 管理和编排(MANO)功能实体管理。图 15-10 显示了用于 RAN 切片管理与编排的统一框架。

首先,网络切片管理功能(NSMF)从通信服务管理功能(CSMF)接收切片相关需求,并为网络切片实例(NSI)分配规划的虚拟/物理资源。随后,NSMF 将切片相关需求分解为传输网络(TN)、RAN 和 CN 切片子网相关需求。为了管理三个子网的生命周期和所需资源,NSMF 将这些需求委托给它们相应的网络切片子网管理功能(NSSMF),即 CN、TN 和 RAN NSSMF。NSMF 委托 5GC NSSMF、TN NSSMF 和 NG-RAN NSSMF 分别创建所需的 5GC、TN 和 NG-RAN 网络切片子网(NSS)。每个子网中的组件都必须由其网络功能管理功能(NFMF)进行管理,例如在图 15-10 中可以看出,NG-RAN 子网中的每个组件(即 CU、DU 和 RU)都由其 NFMF 管理。

NFMF、NSSMF、NSMF 是 3GPP 网络切片管理系统的管理实体,负责管理 3GPP 网络的物理资源。然而,NSI,尤其是 RAN 切片,不仅包含物理资源,还包含虚拟资源。虚拟资源的管理和编排由 ETSI NFV 负责,ETSI NFV 引入了负责虚拟资源管理和编排的 MANO 功能实体,它由三个主要功能模块组成:网络功能虚拟化编排器(NFVO)、虚拟网络功能管理器(VNFM)和虚拟化基础设施管理器(VIM)。这些功能模块使用标准接口互连,具体描述如下:

(1) NFVO 负责网络功能虚拟化基础设施(NFVI)、虚拟资源的管理和编排,并在 NFVI 上实现网络服务。另外,NFVO 还负责 NG-RAN 架构中的虚拟网络功能(VNF)、网络服务的生命周期管理和上线。

(2) VNFM 负责控制、管理和监控 VNF 和网络服务的生命周期。此外,VNFM 还控制网元管理系统(EMS)和网络管理系统(NMS)。

(3) VIM 负责管理由 NSI 或网络子网切片实例(NSSI)使用的虚拟化基础设施和资源。同时,它还为 NSI 或 NSSI 分配、升级和释放虚拟功能和资源。

为了分配虚拟化资源,RAN 子网的 NSSMF 触发 NG-RAN 中的 NFV-MANO 实体,为请求的 NSSI 进行实例化并配置所需 VNF 及资源。虚拟资源的配置应考虑共享和专用的 VNF 及资源。RAN NSSMF 还应配置 RAN NSSI 所需的网络管理系统组件。一旦 NSSMF 完成任务,就会向 NSMF 发送确认消息,NSMF 确认并验证分配的虚拟资源。

ETSI 和 3GPP 管理系统的联合框架和统一集成使得 NG-RAN 中的 NSI 或 RAN 切片得以有效管理。

第 15 章 面向 6G 移动网络的全虚拟化、云化和切片感知的无线接入网(RAN)

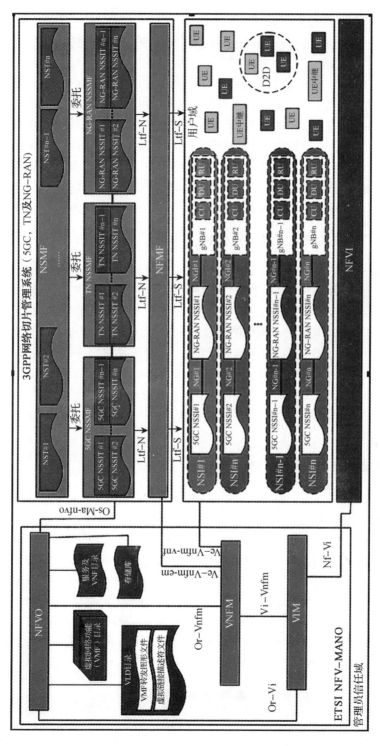

图15-10 NG-RAN中用于RAN切片的3GPP和ETSI统一框架

15.4　面向 6G RAN 架构的关键使能技术

基于 5G RAN 架构的当前进展,6G 无线网络的 RAN 架构预计将包含多种技术、架构及接入方法。最近在移动通信领域引入的技术,包括太赫兹、网络切片、人工智能、机器学习等技术,将在 6G 无线网络中发挥重要作用。此外,资源和基础设施的虚拟化也是一项重要的关键使能技术,将进一步拓展到 6G RAN 中。

本节将详细介绍 6G RAN 架构的主要关键使能技术。与 5G 无线网络相比,这些关键使能技术有望提高频谱效率、降低 CAPEX/OPEX、提升系统性能、满足终端用户和垂直行业的多样化需求。

15.4.1　虚拟化、云化和切片

在 NG-RAN 中,一些无线处理功能将作为 VNF 在 CU、DU 和 RU 上提供,而其他功能则作为物理网络功能(PNF)来提供。VNF 在 VNF 接入点(PoP)之上运行,其中 PoP 是向 VNF 提供虚拟化资源的虚拟化云站点。通常,大多数工业界及学术界的合作伙伴认为在 NG-RAN 中 CU 和 DU 是全 VNF,然而,RU 中仍有一些 PNF 在未来可能作为 VNF 来实现。

CU 和 DU 的全虚拟化,以及 RU 的部分虚拟化,可以提高 RAN 架构的性能、降低 CAPEX/OPEX、简化网络运营,并且能进一步完善 RAN 切片的部署。因此,在面向 6G 移动网络的 RAN 架构研究中,需要进一步研究部分 RU 功能的深度虚拟化。

15.4.2　特定用例的 RAN 切片

NG-RAN 可支持大量 RAN 切片,每个 RAN 切片为单个用户的单个用例提供通信服务。然而,大多数垂直行业包含多个用例。诸如汽车、制造业、电网等,每个垂直行业的每个用例具有不同的服务、网络和连接要求,这种垂直行业的异质性无法有效管理并高效映射到单一类型的 RAN 切片上。

在 NG-RAN 中,为这类垂直行业提供 RAN 切片解决方案至关重要。因此,需要在 NG-RAN 中进一步研究特定用例的 RAN 切片方案。其中,一项关键且必需的研究内容是为 6G RAN 设计一个全面的框架,来支持 RAN 多用例垂直切片。这种管理和编排框架必须能针对每个垂直行业中的每个用例,有效管理 RAN 切片的 PNF 和 VNF。

15.4.3　基于切片的功能拆分和功能布局

在 NG-RAN 中,当前无线处理功能的划分没有考虑业务类型。在支持大

量 eMBB、URLLC 和 mMTC 类型的 RAN 切片时，一刀切的功能拆分架构效率不高，需要个性化划分无线处理功能，才能满足上述多种类型的 RAN 切片要求。因此，在未来对 6G RAN 架构的研究中，一个有待验证的有趣课题是设计一个 gNB 架构，在该架构中，所有无线处理功能都根据 RAN 切片类型进行分配。

gNB 组件中的定制功能拆分可增强 RAN 切片的性能，提高虚拟化资源和物理资源的利用率。此外，它在考虑服务等级协议指标的同时，在不同类型的 RAN 切片之间保持了相当程度的隔离[24]。

15.4.4 新频谱

5G NR 引入了毫米波通信，它利用高达 100GHz 的新频段可以显著拓宽可用带宽。然而，这还不足以满足 6G 的高带宽需求。展望 6G 时代，太赫兹和 VLC 技术有望在 NG-RAN 中发挥重要作用，提供极高带宽[66]。

与毫米波类似，太赫兹和光波也具有高传播损耗，因而高度依赖定向天线和视距信道，同时覆盖范围非常有限。然而，当有信道质量好的视距链路可用时，高频段提供的带宽明显高于任何传统技术，且能同时满足吞吐量、延迟和可靠性的极端要求[26,33]。对于如室内和工业场景这些特定用例，太赫兹和 VLC 技术是对主流射频技术方案的极佳补充。

NG-RAN 能很好地支持异构 RAT，这使得传统低频段 RAT 和依赖视距的 RAT(太赫兹和 VLC)能够很好共存。太赫兹和 VLC 可以在分层 RAN 架构中构建一个新层(如皮蜂窝)，其中具有不同 RAT 的异构小区相互重叠，这种方式类似于在 5G 网络中引入毫米波。

15.4.5 智能反射面

10GHz 以上高频段的高传播损耗和低衍射特性带来了对先进波束成形的极大需求。虽然大规模 MIMO 已被证明是毫米波通信的有效解决方案，但它的能力会受到未来 6G 新频谱的挑战。相比传统的有源天线波束成形，智能反射面(IRS)是一项更为新颖、更有前景的技术，该技术将具有大表面的环境物体转换为智能可编程反射器，利用环境来创建无源波束成形[39,60]。相比有源 MIMO 天线阵列，IRS 在较低的能耗成本下，显著改善 CSI，并实现物理层安全。

虽然 IRS 对新频谱的支持将为 6G 做出巨大贡献，但它依赖于移动运营商之外的外部评估。因此，需要设计和标准化 IRS 相关架构、接口、协议和标准，以便使 6G 运营商能够广泛访问和利用世界不同地区的 IRS。

15.4.6 多点协作

多点协作是指,让多个接入点共同服务于多个终端,从而构建一个网络层 MIMO,这样可比传统基于天线阵列的物理层 MIMO 方法带来更大空间分集增益[45]。多点协作可以应用在下行链路和上行链路中,以获得更高频谱效率和更好的公平性。在下行链路中,多点协作能有效减轻小区间干扰;在上行链路中,多个用户的上行传输可由多个基站联合检测。

在高度依赖视距链路的 6G 新频谱中,天线级空间分集增益微乎其微,因此,基于基站级空间分集的多点协作技术[42]就成为克服这些高频段挑战(如阻挡现象)的重要助力。

需要注意的是,多点协作通常要求每个终端同时保持到不同接入点的多条链路(即使它们属于同一个 RAT),这种方式不同于传统蜂窝网络设计。最近有研究甚至提出无服务器网络概念,它完全依赖于 RU 的多点协作,这些 RU 分别通过前传直接连接到区域 CU[23],这一概念会带来 RAN 架构的彻底变革。

15.4.7 非正交多址

3GPP LTE - A 网络是基于 OFDMA 实现的,它是禁止多用户共享物理资源块(PRB)的正交多址(OMA)技术的典型实例。不同于 OMA 技术,非正交多址(NOMA)技术允许多个用户重用相同的 PRB。NOMA 方法一般可分为两类,即功率域(PD)NOMA 和码域 NOMA。虽然最近提出了 PD-NOMA 并引起了广泛关注,但码域 NOMA 在传统系统(例如 3G 网络中的 CDMA)中有更长的应用历史,并且它的许多变体成为 PD 的替代方案,如网格编码多址(TC-MA)、交织多址(IDMA)、多用户共享接入(MUSA)、图样分割多址(PDMA)和稀疏码多址(SCMA)等[41]。

B5G 和 6G 网络预计都将同时管理大量连接(如在 mMTC 场景及其未来扩展场景),因此,带宽效率比 OMA 方法更高的 NOMA 解决方案,将有广阔的应用前景。最近的研究还表明,NOMA 可以有效应用在新频谱中,包括毫米波[69]、太赫兹[65]和 VLC[46]。此外,当 NOMA 与 CoMP 一起应用时,其在功率效率和频谱效率方面都优于 CoMP-OMA[3,4]。

由于 NOMA 完全基于连续干扰消除,因此,它需要跨不同终端协作解码。为实现在 6G 中部署 NOMA,需要保留特定的 D2D 接口并考虑安全/信任问题。

15.4.8 无线能量收集和无线功率传输

过去几年,智能设备和物联网的快速发展推动了 5G 研究寻求低功耗解决方案,这些方案让网络传感器等低成本终端的电池寿命可长达 10 年。在 5G 之后,面向成为连接万物、泛在信息物理系统(CPS)(即 IoE)这一目标,6G 需要更加密集部署通信设备,因此,需要可持续性更高的方案,使移动设备摆脱电池寿命的限制。为了应对这一问题,新兴的无线能量收集和无线功率传输方法将作为关键使能技术在 6G 中发挥重要作用[63]。

为使功率和信息的联合传输成为未来 10 年的一种主流无线解决方案,在 6G RAN 设计和标准协议中需要融入功率传输机制。

15.4.9 非地面通信

到目前为止,所有传统和现有蜂窝系统基本都被设计为依赖地面基站。为提高覆盖率,部署非地面基础设施作为 6G 网络一部分正成为一个新兴课题,称为天地一体化网络(ISTN)。一个 ISTN 通常包括三层:地面基站构建的地基层、无人机赋能的机载层和卫星实现的星载层[29]。

过去几年中,在蜂窝网络中使用无人机作为移动接入点或者中继已备受关注。作为对地面固定基站的灵活移动补充,无人机使得动态规划无线接入网成为可能。通过将无人机部署到不同地点,可以灵活调整不同区域的网络容量。另外,无人机还提供了一种低成本解决方案,可在紧急情况下(例如救灾)临时向人迹罕至的地区提供无线服务。此外,借助无线功率传输技术,无人机可以用作无线充电器,在密集传感器网络等用例场景中方便地为众多节能终端供电。凭借这些潜力,无人机被认为是未来 6G 基础设施的必要组成部分。

对于地面蜂窝网络不可能或从经济性上难以覆盖的船舶、海洋以及陆地荒野区域,卫星长期以来一直是最常见的通信解决方案。然而,卫星网络和地面网络作为两个分离的系统,彼此之间交换数据一直昂贵且低效。展望未来随时随地全球互联的愿景,迫切需要将卫星网络作为 6G 网络的一部分整合到 6G 网络中。为了给未来 ISTN 铺平道路,有待设计具体的方法和架构,将卫星和无人机无缝集成到 6G 中。

15.4.10 机器学习与人工智能

在 RAN 边缘密集部署机器学习和人工智能技术实现边缘智能,已被视为未来 6G 网络最具特色的特征。一方面,前述 6G 使能技术大多需要大量计算才能充分发挥其性能。例如,完全虚拟化和切片网络将需要机器学习驱动的切片准入控制、编排和无线资源管理解决方案,以最大限度提高资源利用率并减少拥塞[27]。另一方面,机器学习已被广泛考虑用于解决多点协作和 NOMA 应用中的用户聚类问题[13,19,47]。在无线领域,人工智能是解决高复杂度非凸问题(例如 IRS 环境感知[17]和新频谱波束成形[18])的有效方案。

在 RAN 中,超密集和泛在部署机器学习/人工智能解决方案的主要挑战是,需要在优化性能增益与实施成本、延迟和安全性之间进行权衡。更具体地说,集中式网络智能通过汇聚在中央云的全局信息,能够最大限度了解网络和用户行为,从而最大化性能增益。然而,核心网中的集中式机器学习/人工智能服务器与 RAN 之间的数据交换会产生明显延迟,这可能会无法满足某些 6G 用例场景中的延迟约束。此外,集中式网络智能会汇集和利用用户数据,可能会带来数据隐私问题,解决这些问题的一个简单方法是将大多数机器学习/人工智能算法从中央服务器迁移到边缘云,即边缘智能[55]。高度云化的 NG‐RAN 架构和 RU‐DU 拆分可以很好地支持边缘智能,然而,由于数据流量的随机性,不同小区的计算需求可能高度不平衡,并且变化非常动态,如果算法以分层和非合作方式部署,则实现边缘智能的基础设施成本将很高昂。众所周知,分布式/联邦机器学习可以有效地在空间和时间上平滑计算负荷,从而降低成本,但这需要在架构中进行更深入的分布式 RAN 管理,因为在保证数据私密性的同时,需要 DU 和 CU 之间以最小开销进行更多信息交换。

15.4.11 边缘智能

边缘智能是指边缘计算和人工智能的融合是未来 6G 技术的关键使能因素。事实上,由于智能设备、终端和智能物联网(IoIT)的数量不断增加,以及智能服务(例如自动驾驶汽车、无人机和自动机器人)的激增,对边缘智能的需求非常迫切,这些都要求在网络边缘提供低延迟和可靠的机器学习[55]。为此,本小节将阐述边缘智能在 6G 中的作用。

在解决不同垂直行业的关键任务应用方面,边缘智能具有举足轻重的作用。6G 中面向海量和关键 MTC 场景的边缘智能具体例子,包括快速本地化数据分析、(半)集中式资源分配[43]。前者允许在边缘进行快速本地化数据处理、分析和内容缓存,而中央计算单元可以在更长时间范围进行更深入和更全面的数据分析。后者通过在网络边缘加入 MEC 服务器,可使通信和计算资源的(半)集中式快速分配变得切实可行。

此外,为了提高系统效率,边缘智能借助有效的人工智能技术为边缘计算中的约束优化问题提供了更好的解决方案。人工智能技术可用于优化电信基础设施和管理边缘网络生命周期,具体例子包括:学习驱动的通信、智能任务分配、服务质量预测和能量管理[68]等。

此外,在深度学习取得重大突破和边缘硬件升级的推动下,边缘智能提供了运行人工智能模型训练和推理的框架。一方面,越来越多的公司参与到支持边缘计算范式的芯片架构设计中加速了这一趋势;另一方面,近期业界对去中心化机器学习训练和推理过程的浓厚兴趣也契合这一方向。总之,边缘智能为人工智能提供了一个能力丰富的异构平台[16]。

总而言之,边缘智能将为多种应用领域提供新的商机和技术解决方案,以便于实现高效、安全、可靠、稳健和有弹性的无线网络,这些应用领域包括但不限于个人计算、城市计算和制造业。在未来的 6G 时代,边缘智能将成为日常计算和智能技术的重要组成部分。

15.4.12 情境感知

情境感知最初是在普适计算领域展开研究的,计算系统通过获取并利用来自用户及其环境的相关信息(例如位置、用户身份等)来增强适应能力。当前的 RAN 架构通常是为特定 RAT 设计的,无法充分利用现有的异构资源。此外,这种架构无法为在不同 RAN 之间移动的用户提供一致的 QoE 保障。在这种情况下,为实现更准确和智能的管理,情境感知变得很重要。对于蜂窝网络,目前已经提出了几种情境感知方案,以优化无线资源管理、移动性管理和拥塞控制等功能。

预计 6G 网络将完全具备情境感知能力,在情景感知能力下,网络能够不断了解有关其环境中所有设备的信息以及这些设备的能力。然而,建立完全情景感知和有效的系统管理存在多个挑战,其中一些关键挑战包括:对于同一情境,如何处理同一个系统内不同应用或不同网络功能触发的冲突变化;在不对核心网运行造成太大影响的情况下,如何监测和收集情境信息;如何通过对齐监测信息的时间尺度,来保持所获情境的时效性。

15.4.13 软件定义网络

SDN 已成为 5G 网络的关键使能技术,结合 NFV 功能,可有效提升网络管理灵活性和服务模块化能力。在 5G 之后的未来网络演进中,SDN 仍不可或缺,并将继续在网络架构中发挥重要作用[36]。然而,SDN 技术仍然面临许多挑战,阻碍了其潜力的充分发挥,这些挑战包括:如何针对动态网络拓扑及其链路状态维护一个端到端的当前全局视图[34];如何解决 SDN 控制器在网络中的最优布局[2,35];在保证严格 QoS 要求的情况下[58],如何进行流量工程和流量转发;如何利用人工智能和机器学习算法实现网络管理自动化[8]。

15.5 本章小结

现有蜂窝网络面临着工业应用、物联网、海量用户密度、极低延迟、高数据速率连接等新需求的挑战。迄今为止,5G 技术的部署主要集中在解决 eMBB 场景下的高数据速率需求,而面向 URLLC 和 mMTC 场景中的复杂用例仍存在挑战。在此前提下,6G 开始对机器学习、AI、虚拟化等前沿关键使能技术在其 RAN 架构中的应用进行深度反思。基于这一愿景,我们首先研究了与 5G 移动网络相关的传统 RAN 架构,包括 C - RAN、H - CRAN、V - CRAN 和 F - RAN,详细描述了每种 RAN 架构及其分类,讨论了每种 RAN 架构的主要优势和技术挑战,对比了不同 RAN 架构的差异和相似之处,绘制了 RAN 架构在 5G 框架内的演进路线图。之后,我们探讨了 3GPP 在 5G 中引入的 NG - RAN 架构。最后,重点讨论了虚拟化、特定用例的 RAN 切片、AI、机器学习等有望在 6G RAN 中发挥重要作用的关键技术,明确未来潜在的研究方向。

参 考 文 献

[1] 3GPP, NR; Overall description; Stage - 2. Technical Specification TS - 38.300, 3GPP, v16.1.0 (2020) [Z].

[2] ALEVIZAKI V M, ANASTASOPOULOS M, TZANAKAKI A, et al. Joint fronthaul optimiza - tion and SDN controller placement in dynamic 5G networks[C]//TZANAKAKI A, VARVARIGOS M, MUÑOZ R, et al. Optical Network Design and Modeling, ed. Cham: Springer, 2020: 181 - 192.

[3] ALI M S, HOSSAIN E, AL - DWEIK A, et al. Downlink power allocation for CoMP - NOMA in multi - cell networks[J]. IEEE Trans. Commun, 2018, 66(9): 3982 - 3998.

[4] ALI M S, HOSSAIN E, KIM D I. Coordinated multipoint transmission in downlink multi - cell NOMA systems: models and spectral efficiency performance[J]. IEEE Wireless Commun, 2018, 25(2): 24 - 31.

[5] ANPALAGAN A, BENNIS M, VANNITHAMBY R. Design and Deployment of Small Cell Networks [M/OL]. Cambridge: Cambridge University Press, 2015. https://doi.org/10.1017/CBO9781107297333.

[6] CALVANESE STRINATI E, BARBAROSSA S, GONZALEZ - JIMENEZ J L, et al. 6G: The next frontier: from holographic messaging to artificial intelligence using subterahertz and visible light communication[J]. IEEE Veh. Technol. Mag, 2019, 14(3): 42 - 50.

[7] CHANDRASEKHAR V, ANDREWS J G, GATHERER A. Femtocell networks: a survey[J]. IEEE Commun. Mag, 2008, 46(9): 59 - 67.

[8] CHEMOUIL P, HUI P, KELLERER W, et al. Special issue on artificial intelligence and machine learning for networking and communications[J]. IEEE J. Sel. Areas Commun. 2019,37(6):1185-1191.

[9] CLAUSSEN H, HO L T W, SAMUEL L G. Financial analysis of a pico-cellular home network deployment [C]//2007 IEEE International Conference on Communications (2007):5604-5609.

[10] CLAUSSEN H, LOPEZ-PEREZ D, HO L, et al. Front Matter[M]. New York: Wiley-IEEE Press, 2018: i-xix.

[11] CMRI. C-RAN the road towards green Ran[R]//White Paper, CMRI (2011).

[12] COSTA-PEREZ X, SWETINA J, GUO T, et al. Radio access network virtualization for future mobile carrier networks[J]. IEEE Commun. Mag,2013, 51(7):27-35.

[13] CUI J, DING Z, FAN P, et al. Unsupervised machine learning-based user clustering in millimeter-wave-NOMA systems[J]. IEEE Trans. Wireless Commun,2018,17(11): 7425-7440.

[14] DAMNJANOVIC A, MONTOJO J, WEI Y, et al. A survey on 3GPP heterogeneous networks[J]. IEEE Wireless Commun,2011,18(3):10-21.

[15] DANG S, AMIN O, SHIHADA B, et al. What should 6G be? [J]. Nat. Electron, 2020,3(1):20-29.

[16] DENG S, ZHAO H, FANG W, et al. Edge intelligence: the confluence of edge computing and artificial intelligence [J/OL]. IEEE Internet Things J. 2020(7): 7457-7469. https://doi.org/10.1109/JIOT.2020.2984887.

[17] DI RENZO M, ZAPPONE A, DEBBAH M, et al. Smart radio environments empowered by reconfigurable intelligent surfaces: how it works, state of research, and road ahead (2020, preprint) [EB/OL]. arXiv:200409352.

[18] Elbir A M. CNN-based precoder and combiner design in mmWave MIMO systems [J]. IEEE Commun. Lett,2019,23(7):1240-1243.

[19] ELKOURDI M, MAZIN A, GITLIN R D. Optimization of 5G virtual-cell based coordinated multipoint networks using deep machine learning[J]. Int. J. Wireless Mobile Netw,2018(10):1-8.

[20] FITZEK F H, SEELING P. Why we should not talk about 6G[EB/OL]. Preprint arXiv:200302079, 2020.

[21] GE X, TU S, MAO G, et al. 5G ultra-dense cellular networks[J]. IEEE Wireless Commun,2016,23(1):72-79.

[22] GHOSH A, RATASUK R, MONDAL B, et al. LTE-advanced: next-generation wireless broadband technology [invited paper] [J]. IEEE Wireless Commun. 2010,17 (3):10-22.

[23] GRAMAGLIA M, SERRANO P, BANCHS A, et al. The case for serverless mobile networking[C]//The Case for Serverless Mobile Networking (2020).

[24] HABIBI M, NASIMI M, HAN B, et al. The structure of service level agreement of slice-based 5G network (2018) [EB/OL]. arXiv:1806.10426.

[25] HABIBI M A, NASIMI M, HAN B, et al. A comprehensive survey of RAN architectures toward 5G mobile communication system[J]. IEEE Access2019(7):70371-70421.

[26] HAN C, CHEN Y. Propagation modeling for wireless communications in the terahertz band[J]. IEEE Commun. Mag,2018, 56(6):96-101.

[27] HAN B, SCHOTTEN H D. Machine learning for network slicing resource management: a comprehensive survey[J]. ZTE Commun,2020(4):27-32.

[28] HUANG T, YANG W, WU J, et al. A survey on green 6G network: architecture and technologies[J]. IEEE Access,2019(7):175758-175768.

[29] HUANG X, ZHANG J A, LIU R P, et al. Airplane-aided integrated networking for 6G wireless: will it work? [J]. IEEE Veh. Technol. Mag,2019,14(3): 84-91.

[30] IDC. Worldwide Internet of things forecast update 2015-2019[R]//IDC Report US 40983216, 2016.

[31] KARDARAS G, LANZANI C. Advanced multimode radio for wireless mobile broadband commu-nication[C]// 2009 European Wireless Technology Conference (2009):132-135.

[32] KARIMI H R, HO L T W, CLAUSSEN H, et al. Evolution towards dynamic spectrum sharing in mobile communications[C]//2006 IEEE 17th International Symposium on Personal, Indoor and Mobile Radio Communications (2006):1-5.

[33] KATZ M, AHMED I. Opportunities and challenges for visible light communications in 6G[C]// 2020 2nd 6G Wireless Summit (6G SUMMIT), (2020):1-5.

[34] KHAN S, GANI A, ABDUL WAHAB A W, et al. Topology discovery in software defined networks: threats, taxonomy, and state-of-the-art[J]. IEEE Commun. Surv. Tuts,2017,19(1):303-324.

[35] KSENTINI A, BAGAA M, TALEB T. On using SDN in 5G: the controller placement problem[C]//2016 IEEE Global Communications Conference (GLOBECOM), (2016): 1-6.

[36] LETAIEF K B, CHEN W, SHI Y, et al. The roadmap to 6G: AI empowered wireless networks[J]. IEEE Commun. Mag,2019,57(8):84-90.

[37] LI Y, JIANG T, LUO K, et al. Green heterogeneous cloud radio access networks: potential techniques, performance trade-offs, and challenges[J]. IEEE Commun. Mag, 2017, 55(11):33-39.

[38] LIANG K, ZHAO L, ZHAO X, et al. Joint resource allocation and coordinated computation offloading for fog radio access networks[J]. China Commun,2016, 13(suppl 2): 131-139.

[39] LIASKOS C, NIE S, TSIOLIARIDOU A, et al. A new wireless communication paradigm through software-controlled metasurfaces[J]. IEEE Commun. Mag,2018, 56(9): 162-169.

[40] LIN Y, SHAO L, ZHU Z, et al. Wireless network cloud: architecture and system requirements[J]. IBM J. Res. Develop,2010, 54(1):4:1 – 4:12.

[41] LIU Y, QIN Z, ELKASHLAN M, et al. Nonorthogonal multiple access for 5G and beyond[J]. Proc. IEEE,2017, 105(12):2347 – 2381.

[42] MACCARTNEY G R, RAPPAPORT T S. Millimeter – wave base station diversity for 5G coordinated multipoint (CoMP) applications[J]. IEEE Trans. Wireless Commun, 2019, 18(7):3395 – 3410.

[43] MAHMOOD N H, ALVES H, et al. Six key features of machine type communication in 6G[C]//2020 2nd 6G Wireless Summit (6G SUMMIT) (2020):1 – 5.

[44] MAHMOUD H A, GÜVENC I. A comparative study of different deployment modes for femtocell networks[C]//2009 IEEE 20th International Symposium on Personal, Indoor and Mobile Radio Communications,2009: 1 – 5.

[45] MARSCH P, FETTWEIS G P. Coordinated Multi – Point in Mobile Communications: From Theory to Practice[M]. Cambridge: Cambridge University Press, 2011.

[46] MARSHOUD H, KAPINAS V M, KARAGIANNIDIS G K, et al. Non – orthogonal multiple access for visible light communications[J]. IEEE Photon. Technol. Lett,2016, 28(1): 51 – 54.

[47] MISMAR F B, EVANS B L. Machine learning in downlink coordinated multipoint in heteroge – neous networks [EB/OL]. Preprint arXiv:160808306,2016.

[48] MOURADIAN C, NABOULSI D, YANGUI S, et al. A comprehen – sive survey on fog computing: state – of – the – art and research challenges[J]. IEEE Commun. Surv. Tuts, 2018, 20(1):416 – 464.

[49] MUKHERJEE M, SHU L, WANG D. Survey of fog computing: fundamental, network applications, and research challenges[J]. IEEE Commun. Surv. Tuts,2018, 20(3): 1826 – 1857.

[50] NAHA R K, GARG S, GEORGAKOPOULOS D, et al. Fog computing: survey of trends, architectures, requirements, and research directions[J]. IEEE Access,2018(6): 47980 – 48009.

[51] NASIMI M, HASHIM F, NG C K. Characterizing energy efficiency for heterogeneous cellular networks[C]//2012 IEEE Student Conference on Research and Development (SCOReD) (2012):198 – 202.

[52] NIHTILÄ T, HAIKOLA V. HSDPA performance with dual stream MIMO in a combined macro – femto cell network[C]// 2010 IEEE 71st Vehicular Technology Conference (2020): 1 – 5.

[53] OpenFog Consortium Architecture Working Group. OpenFog reference architecture for fog computing [R]//Technical Report OPFRA001.02081, Open Fog Consortium (2017).

[54] PATEL C, YAVUZ M, NANDA S. Femtocells [industry perspectives] [J]. IEEE

Wireless Commun,2010, 17(5):6-7.

[55] PELTONEN E, BENNIS M, CAPOBIANCO M, et al. 6G white paper on edge intelligence [EB/OL]. Preprint arXiv:200414850,2020.

[56] PENG M, YAN S, ZHANG K, et al. Fog-computing-based radio access networks: issues and challenges [J/OL]. Netw. Mag. Global Internet, 2016, 30(4):46-53. https://doi.org/10.1109/MNET.2016.7513863.

[57] TANG F, KAWAMOTO Y, KATO N, et al. Future intelligent and secure vehicular network toward 6G: machine-learning approaches[J]. Proc. IEEE,2019, 108(2):292-307.

[58] TOMOVIC S, RADUSINOVIC I. Toward a scalable, robust, and QoS-aware virtual-link provisioning in SDN-based ISP networks. IEEE Trans[J]. Netw. Service Manag, 2019, 16(3): 1032-1045.

[59] WANG X, CAVDAR C, WANG L, et al. Virtualized cloud radio access network for 5G transport[J]. IEEE Commun. Mag,2017,55(9):202-209.

[60] WU Q, ZHANG R. Towards smart and reconfigurable environment: intelligent reflecting surface aided wireless network[J]. IEEE Commun. Mag,2020,58(1):106-112.

[61] WU J, ZHANG Z, HONG Y, et al. Cloud radio access network (C-RAN): a primer [J]. IEEE Netw,2015,29(1):35-41.

[62] YAACOUB E, ALOUINI M. A key 6G challenge and opportunity—connecting the base of the pyramid: a survey on rural connectivity[J]. Proc. IEEE ,2020,108(4):533-582.

[63] YANG P, XIAO Y, XIAO M, et al. 6G wireless communications: vision and potential techniques[J]. IEEE Netw,2019, 33(4):70-75.

[64] YAVUZ M, MESHKATI F, NANDA S. A. Pokhariyal, N. Johnson, B. Raghothaman, A. Richardson, Interference management and performance analysis of UMTS/HSPA+ femtocells[J]. IEEE Commun. Mag,2009,47(9):102-109.

[65] ZHANG X, HAN C, WANG X. Joint beamforming-power-bandwidth allocation in terahertz NOMA networks[C]// 2019 16th Annual IEEE International Conference on Sensing, Communi-cation, and Networking (SECON) (2019):1-9.

[66] ZHANG Z, XIAO Y, MA Z, et al. 6G wireless networks: vision, requirements, architecture, and key technologies[J]. IEEE Veh. Technol. Mag,2019,14(3):28-41.

[67] ZHAO J, LIU Y. A survey of intelligent reflecting surfaces (IRSs): towards 6G wireless communication networks [EB/OL] (2019, Preprint). arXiv:190704789.

[68] ZHU G, LIU D, DU Y, et al. Toward an intelligent edge: wireless communication meets machine learning[J]. IEEE Commun. Mag,2020,58(1):19-25.

[69] ZHU L, XIAO Z, XIA X, et al. Millimeter-wave communications with nonorthogonal multiple access for B5G/6G[J]. IEEE Access,2019(7):116123-116132.

第 16 章　6G 移动无线网络中的联邦学习

　　本章研究了 6G 移动无线网络中联邦学习(FL)的通信计算资源联合分配问题。在所考虑的模型中，每个用户充分利用有限的本地计算资源训练一个本地 FL 模型，然后将训练好的模型参数发送到基站，基站汇聚接收到的所有本地 FL 模型，并将汇聚后的模型广播给所有用户。由于 FL 涉及用户和基站之间的学习模型交换，学习精度决定了计算和通信的时延，这会影响 FL 算法的收敛速度，因此，可以将这种模型学习和通信联合优化的问题建模为一个最小化延迟的问题，经过证明，该问题的目标函数是一个关于学习精度的凸函数。然后，本章提出一种二分搜索算法来计算最优解，仿真结果表明，与传统的 FL 方法相比，该算法最多可以降低 27.3% 的延迟。

16.1　引言

　　近年来，数据流量呈现爆炸式增长，机器学习和数据驱动方法成为未来 6G 无线网络的关键推动因素，引起了广泛的关注[1]。标准的机器学习方法需要将训练数据集中在单个数据中心或云上，这会导致隐私泄露和较大的通信开销。然而，在无人机、XR、自动驾驶等新兴应用场景中，低延迟和隐私保护非常重要，这使得标准的集中式机器学习方法难以适用这些场景。此外，由于用于数据传输的通信资源有限，让所有参与学习的无线设备将其收集的所有数据都传输到数据中心或云上，再使用集中学习算法进行数据分析或网络自组织的方式是不切实际的，因此，业界对在边缘设备进行本地数据处理更加关注。

　　基于上述分析，需要应用 FL 框架[2]来满足 6G 移动无线网络中的应用需求。联邦学习是一种分布式机器学习算法，在保持本地储存训练数据的同时，多个设备协同训练一个全局的学习模型。具体来说，无线设备使用本地数据训练其本地机器学习模型，并共享训练后的本地模型参数而不是数据集。由于数据中心无法访问用户的本地数据集，联邦学习可以帮助用户保护数据隐私。

　　无线通信中的联邦学习具有以下重要的特点：

　　(1)交换有限的本地机器学习模型参数而不是海量的训练数据，该方式既可以节能，又减少了无线资源的消耗；

(2)在本地训练机器学习模型参数,可以有效降低无线传输延迟;

(3)保护数据隐私,因为在 FL 算法中,每个设备单独保存自己的数据,只上传本地机器学习模型的参数;

(4)基于分布式的数据集,可以采用不同的学习方式训练几个分类器,提高了特别是在大型域上实现更高准确率的可能;

(5)因为可以通过增加计算机或处理器的数量来应对不断增长的数据量,联邦学习本质上是可扩展的,在算法复杂度和内存受限的障碍下,是合理的大规模学习的解决方案。

由于需要同时考虑学习和无线传输,FL 和无线通信网络之间存在交互,特别是,FL 对于下列两个方向的无线通信来说很重要,如图 16-1 所示。

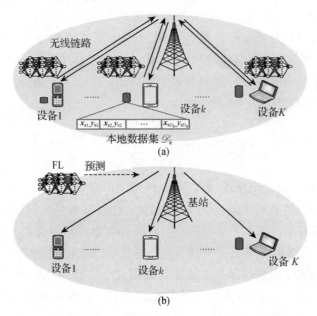

图 16-1 FL 在无线通信中应用的方向

FL 的分布式学习过程需要无线设备通过无线链路进行通信,为了提高 FL 的整体性能(例如延迟和能量),合理分配用于计算和通信的无线资源(例如带宽、发射功率和传输时间)是非常重要的。

FL 在无线通信中有很多应用场景,例如联邦强化学习(RL)可用于解决各种应用场景中出现的复杂的凸和非凸的优化问题,如网络控制、用户聚类、资源管理和干扰消除。此外,FL 能够在本地设备保存本地用户数据的前提下,通过协作学习得到一个共享的预测模型,用于用户行为预测、用户识别和无线环境分析,基于预测的结果,基站可以有效地为这些设备分配无线资源。

在联邦学习中，无线设备单独建立本地学习模型，再通过将本地学习模型参数上传到基站而不是共享训练数据来协同构建一个全局学习模型[3-5]。为了将联邦学习应用到无线网络上，无线设备必须通过无线链路[6]传输本地训练结果，这会影响 FL 的性能，因为本地训练和无线传输都会引入延迟，所以，有必要对无线网络中 FL 的延迟进行优化。

参考文献[7-12]研究了无线网络 FL 存在的一些挑战。参考文献[7]设计了一种用于 FL 的宽带模拟聚合多址方案以最小化延迟。参考文献[8]中的作者提出了一种通过高斯多址信道在设备和接入点之间实现 FL 的方案。参考文献[9]中的作者提出了一种稀疏且低秩的建模方法，以提高分布式训练的统计学习性能。参考文献[10]提出了一种带宽分配中的节能策略，其目标是在满足所要求的学习性能的同时减少设备的总能耗。但是，之前的工作[2,7-10]只关注无线消耗中的时延/能量消耗，却没有考虑学习和传输消耗的延迟/能量之间的平衡。最近，在参考文献[11]和参考文献[12]中，作者同时考虑了本地学习和无线传输的能量，在参考文献[11]中，作者研究了如何在考虑无线链路误包率的同时最小化 FL 损失函数。然而，这项工作忽视了本地 FL 模型的计算延迟，参考文献[12]研究了最小化 FL 的学习和通信能量的问题，其中所有用户都将学习结果上传给基站。然而，参考文献[12]中的解决方案要求所有用户同步上传他们的学习模型。

16.2 联邦学习的基础

16.2.1 联邦学习的基本概念和特点

联邦学习能够使边缘设备协作建立一个共享的学习模型，同时在本地保存收集到的训练数据。通过计算，联邦学习可以充分利用大规模计算资源的计算分布和空间分布。联邦学习可以通过以下两种架构来实现：数据拆分和模型拆分，在数据拆分架构中，数据样本储存在具有相同机器学习模型的多个设备中，相反，在模型拆分中，每个设备共享所有数据样本，但每个设备都有一块拆分的机器学习结构来学习模型参数的一个子集。

16.2.2 联邦学习的分类

联邦学习主要分为三种类型：联邦多任务学习、联邦强化学习和常规联邦学习。

16.2.2.1 联邦多任务学习

联邦多任务学习的目的是通过迭代优化本地学习模型参数和多任务关系矩

阵来构建多任务学习模型。

（1）每个无线设备使用本地数据集和多任务关系矩阵来计算本地学习模型；

（2）所有设备通过上行链路将本地学习模型上传到基站；

（3）基站更新多任务关系矩阵，并通过下行链路将其广播给所有设备。

多任务学习的目标是同时学习多个相关任务的模型，而 FL 的目标是利用分布式无线设备生成的数据来学习模型[13]。在联邦多任务学习中，通过分布式的方式对本地学习模型和多任务关系矩阵进行了优化。

联邦多任务学习可用在未来 6G 中的多种应用场景。例如，可以考虑将 FL 用于蜂窝网络中无线设备处理文本、图像或视频数据相关的任务。由于每个无线设备生成的数据服从的分布不同，每个无线设备自然会根据其本地数据集学习一个本地模型。但是，本地数据模型之间可能存在关联（例如，人们使用手机的习惯相似），便可利用多任务学习来提高每个无线设备的性能。

16.2.2.2 联邦强化学习

联邦强化学习的目标是让无线设备能够记住本身学习到的内容和其他无线设备学到的内容[14]，联邦强化学习用于多个无线设备在不同环境中作决策的场景，在联邦强化学习中，每个无线设备在其他无线设备的协助下建立学习网络。

（1）初始阶段，一台边缘设备通过强化学习在自己的环境中获得自己的策略模型学习网络，并将其作为共享模型上传给基站。

（2）然后，在新环境中期望可以通过 RL 引导无线设备的学习。为此，无线设备下载基站中的共享模型作为强化学习的初始模型，再通过强化学习获得新环境下的私有学习网络。完成训练后，无线设备会将它们自己的私有学习网络再上传到基站。

（3）在基站中，私有学习网络将融入共享模型中，随后生成一个新的共享模型，可供其他无线设备使用，其他无线设备也会将自己的私有学习网络上传给基站，以促进共享模型的演进。

16.2.2.3 常规联邦学习

常规联邦学习是指最常见的联邦学习技术，其通过无线设备和基站之间的信息迭代更新来构建一个统一的学习模型。联邦学习过程的每次迭代包含三个步骤：每个无线设备的本地计算、来自每个无线设备的本地联邦学习模型参数的传输以及基站处的结果汇聚和广播。

（1）每个无线设备都需要用自己的本地数据集计算结果；

（2）所有的无线设备会通过上行链路将本地的预测参数上传给基站；

（3）基站汇聚全部的预测模型参数，并通过下行链路将其广播给所有的无线设备。

根据联邦学习的基础知识,无线通信网络中的联邦学习需要同时考虑通信和计算资源,因此,通过联合通信和计算资源来优化联邦学习的性能是非常重要的。在 16.3 节中,我们将提供无线通信网络中联邦学习的系统模型。

16.3 无线通信网络中联邦学习的系统模型

在本节中,我们考虑了无线通信系统(即 6G 无线通信网络)中联邦学习的资源分配问题。图 16-2 所示为考虑一个,由一个服务于 K 个用户(集合 $\mathcal{K}$)的基站组成的蜂窝网络。每个用户 k 都有一个本地数据集 $\mathcal{D}_k$,其中包含 D_k 个数据样本。每个用户 k 的输入向量是数据集 $\mathcal{D}_k = \{\boldsymbol{x}_{kl}, y_{kl}\}_{l=1}^{D_k}, \boldsymbol{x}_{kl} \in \mathbb{R}^d$,其中,$y_{kl}$ 是每一个输入对应的输出[①]。

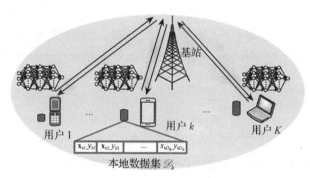

图 16-2 无线通信网络中的联邦学习

16.3.1 联邦学习模型

在联邦学习中,我们定义向量 $\boldsymbol{\omega}$ 来表示所有数据集训练得到的全局联邦学习模型的参数。在下文中,全局联邦学习模型指由所有用户的数据集训练得到的联邦学习模型,而本地联邦学习模型指由每个用户数据集训练得到的联邦学习模型。损失函数 $f(\boldsymbol{\omega}, \boldsymbol{x}_{kl}, y_{kl})$ 表示输入向量 $\boldsymbol{x}_{kl}$ 和输出 y_{kl} 上的联邦学习性能,不同学习任务的损失函数有所不同,由于用户 k 的数据集是 $\mathcal{D}_k$,所以用户 k 的总损失函数为

$$F_k(\boldsymbol{\omega}) = \frac{1}{D_k} \sum_{l=1}^{D_k} f(\boldsymbol{\omega}, \boldsymbol{x}_{kl}, y_{kl}) \qquad (16-1)$$

底层模型的训练对于联邦学习部署是很有必要的,因为隐私和通信问题,训

---

① 为了简化,本章只考虑一个单输出的 FL 算法,我们的方法可以扩展到多输出的情况[2]。

练是为了计算所有用户的全局联邦学习模型,同时不会共享它们的本地数据集。联邦学习的训练问题可以表示如下[15]:

$$\min_{\boldsymbol{\omega}} F(\boldsymbol{\omega}) = \sum_{k=1}^{K} \frac{D_k}{D} F_k(\boldsymbol{\omega}) = \frac{1}{D} \sum_{k=1}^{K} \sum_{l=1}^{D_k} f(\boldsymbol{\omega}, \boldsymbol{x}_{kl}, y_{kl}) \quad (16-2)$$

式中:$D = \sum_{k=1}^{K} D_k$ 为所有用户的数据样本总和。

为了解决问题(16-2),我们采用参考文献[2]中的联邦学习算法,如算法1所示。在算法1中,每一次迭代,每个用户从基站下载全局联邦学习模型参数进行本地计算,同时基站会定期收集所有用户的本地联邦学习模型参数,并将更新后的全局联邦学习模型参数发送回给所有用户。我们用 $\boldsymbol{\omega}^{(n)}$ 表示第 n 次迭代的全局联邦学习模型的参数,在给定准确率下通过使用梯度方法,每个用户需要解决的本地联邦学习问题是:

$$\min_{\boldsymbol{h}_k \in \mathbb{R}^d} G_k(\boldsymbol{\omega}^{(n)}, \boldsymbol{h}_k) \triangleq F_k(\boldsymbol{\omega}^{(n)} + \boldsymbol{h}_k) - (\nabla F_k(\boldsymbol{\omega}^{(n)}) - \boldsymbol{\xi} \nabla F(\boldsymbol{\omega}^{(n)}))^{\mathrm{T}} \boldsymbol{h}_k \quad (16-3)$$

算法1:FL算法	
1:	初始化全局回归向量 $\boldsymbol{\omega}^0$ 和迭代次数 $n = 0$
2:	重复
3:	每个用户 k 计算 $\nabla F_k(\boldsymbol{\omega}^{(n)})$ 并将其发送给基站
4:	基站计算 $\nabla F(\boldsymbol{\omega}^{(n)}) = \frac{1}{K} \sum_{k=1}^{K} \nabla F_k(\boldsymbol{\omega}^{(n)})$,并广播给所有用户
5:	对每个用户 $k \in \mathcal{K}$
6:	已知学习准确率 η,解决本地 FL 问题(16-3),得到解 $\boldsymbol{h}_k^{(n)}$
7:	每个用户把 $\boldsymbol{h}_k^{(n)}$ 发送给基站
8:	基站计算 $\boldsymbol{\omega}^{(n+1)} = \boldsymbol{\omega}^{(n)} + \frac{1}{K} \sum_{k=1}^{K} \boldsymbol{h}_k^{(n)}$,并将其广播给所有用户
9:	$n = n + 1$
10:	直到问题(16-2)的准确率达到 ϵ_0

在问题(16-3)中,$\boldsymbol{\xi}$ 是一个常数值。问题(16-3)中的解 $\boldsymbol{h}_k$ 表示用户 k 在每次迭代时本地联邦学习参数的更新值,也就是说 $\boldsymbol{\omega}^{(n)} + \boldsymbol{h}_k$ 表示用户 k' 在第 n 次迭代时的本地联邦学习参数。由于很难获得问题(16-3)的实际最优解,我们以一定的精度计算得到问题(16-3)的解。给定准确率 η 下,第 n 次迭代中问题(16-3)的解 $\boldsymbol{h}_k^{(n)}$ 说明

$$G_k(\boldsymbol{\omega}^{(n)}, \boldsymbol{h}_k^{(n)}) - G_k(\boldsymbol{\omega}^{(n)}, \boldsymbol{h}_k^{(n)*}) \leqslant \boldsymbol{\eta}(G_k(\boldsymbol{\omega}^{(n)}, \boldsymbol{O}) - G_k(\boldsymbol{\omega}^{(n)}, \boldsymbol{h}_k^{(n)*})) \quad (16-4)$$

式中:$\boldsymbol{h}_k^{(n)*}$ 为问题(16-3)的实际最优解。

在算法 1 中,为了使全局联邦学习模型的全局准确率达到 $\dot{O}_0$,需要经过多次全局迭代(即算法 1 中 n 的值)。已知准确率 $\dot{O}_0$,问题(16-2)的解 $\boldsymbol{\omega}^{(n)}$ 表明

$$F(\boldsymbol{\omega}^{(n)}) - F(\boldsymbol{\omega}^*) \leqslant \epsilon_0 (F(\boldsymbol{\omega}^{(0)}) - F(\boldsymbol{\omega}^*)) \quad (16-5)$$

式中:$\boldsymbol{\omega}^*$ 为问题(16-2)的实际最优解。

为了分析算法 1 的收敛性,我们假设 $F_k(\boldsymbol{\omega})$ 是 L-Lipschitz 连续且 γ 是强凸的,即

$$\gamma\boldsymbol{I} \leqslant \nabla^2 F_k(\boldsymbol{\omega}) \leqslant L\boldsymbol{I}, \quad \forall k \in \mathcal{K} \quad (16-6)$$

在式(16-6)的假设下,下面我们提供关于算法 1 的收敛速度的引理。

引理 16.1 当 $0 < \xi < \dfrac{\gamma}{L}$ 时,如果算法 1 迭代次数

$$n \geqslant \frac{a}{1-\eta} \triangleq I_0 \quad (16-7)$$

且 $a = \dfrac{2L^2}{\gamma^2 \xi}\ln\dfrac{1}{\epsilon_0}$,那么我们有 $F(\boldsymbol{\omega}^{(n)}) - F(\boldsymbol{\omega}^*) \leqslant \epsilon_0(F(\boldsymbol{\omega}^{(0)}) - F(\boldsymbol{\omega}^*))$。

可以在参考文献[16]中找到引理 16.1 的证明过程,从引理 16.1 中可以发现全局迭代次数 n 随本地准确率增加,这是因为当本地计算的准确率较低时,需要的迭代次数更多。

16.3.2 计算与传输模型

在 FL 过程中,用户与服务基站之间的每次迭代包括三个步骤:每个用户的本地计算(包含多次本地迭代)、每个用户的本地联邦学习参数传输以及基站处的结果汇聚和广播。在本地计算中,每个用户通过使用其本地数据集和接收到的全局联邦学习参数来计算本地联邦学习参数。

16.3.2.1 本地计算

我们使用梯度方法解决本地学习问题(16-3),特别地,下式给出第 $(i+1)$ 次迭代中的梯度下降过程

$$\boldsymbol{h}_k^{(n),(i+1)} = \boldsymbol{h}_k^{(n),(i)} - \delta \nabla G_k(\boldsymbol{\omega}^{(n)}, \boldsymbol{h}_k^{(n),(i)}) \quad (16-8)$$

式中:δ 为步长;已知向量 $\boldsymbol{\omega}^{(n)}$、$\boldsymbol{h}_k^{(n),(i)}$ 是第 i 次本地迭代中 $\boldsymbol{h}_k$ 的值;$\nabla G_k(\boldsymbol{\omega}^{(n)}, \boldsymbol{h}_k^{(n),(i)})$ 为函数 $G_k(\boldsymbol{\omega}^{(n)}, \boldsymbol{h}_k)$ 在点 $\boldsymbol{h}_k = \boldsymbol{h}_k^{(n),(i)}$ 处的梯度。我们令初始解 $\boldsymbol{h}_k^{(n),(0)} = \boldsymbol{0}$。

接下来,我们给出达到式(16-4)中的本地准确率 η 所需要计算的本地迭代次数,令 $v = \dfrac{2}{(2-L\delta)\delta\gamma}$。

引理 16.2 如果设置步长 $\delta < 2/L$,并且每个用户运行 $i \geqslant v\log_2(1/\eta)$ 次梯度方法,我们可以解决本地联邦学习问题(16-3),使其准确率达到 η。

参考文献[16]证明了引理16.2，令 f_k 为第 k 个用户的计算能力，以每秒的 CPU 周期数来衡量，则第 k 个用户处理数据所需的计算时间为

$$\tau_k = \frac{vC_k D_k \log_2(1/\eta)}{f_k} = \frac{A_k \log_2(1/\eta)}{f_k}, \quad \forall k \in \mathcal{K} \qquad (16-9)$$

式中：C_k（Cycles/bit）为用户 k 计算一个样本数据所需的 CPU 周期数；$v\log_2(1/\eta)$ 为引理 16.2 给出的每个用户的本地迭代次数，且 $A_k = vC_k D_k$。

16.3.2.2 无线传输

在本地计算之后，所有用户通过 FDMA 将他们本地的联邦学习参数上传给基站，用户 k 可达到的传输速率由下式给出

$$r_k = b_k \log_2\left(1 + \frac{g_k p_k}{N_0 b_k}\right), \quad \forall k \in \mathcal{K} \qquad (16-10)$$

式中：b_k 为分配给用户 k 的带宽；p_k 为用户 k 的发射功率；g_k 为用户 k 与基站之间的信道增益；N_0 为高斯噪声的功率谱密度。因为带宽有限，所以有 $\sum_{k=1}^{K} b_k \leqslant B$，其中 B 为总带宽。

在这一步骤中，用户 k 需要将本地联邦学习的参数上传给基站。对于所有用户来说，向量 $\boldsymbol{h}_k^{(n)}$ 的维度都是固定的，因此，每个用户需要上传的数据量是恒定的，可以用 s 表示，要在传输时间 t_k 内上传大小为 s 的数据，必须有

$$t_k r_k \geqslant s \qquad (16-11)$$

16.3.2.3 信息广播

在这一步骤中，基站汇聚全局预测模型的参数。基站将全局预测模型参数广播给下行链路中的所有用户，由于基站功率大，下行带宽较宽，下行传输的时间可以忽略。值得注意的是，基站无法访问本地数据 $\mathcal{D}_k$，保护了用户的隐私，这也正是联邦学习所要求的。每个用户的时延包括本地计算时间和传输时间，基于式(16-7)和式(16-9)，用户 k 的时延 T_k 为

$$T_k = I_0 (\tau_k + t_k) = \frac{a}{1-\eta}\left(\frac{A_k \log_2(1/\eta)}{f_k} + t_k\right) \qquad (16-12)$$

我们用 $T = \max_{k \in \mathcal{K}} T_k$ 表示整个联邦学习算法的训练时间。

16.3.3 问题描述

现在给出最小化时延问题

$$\min_{T, t, b, f, p, \eta} T \qquad (16-13)$$

$$\text{s.t.} \quad \frac{a}{1-\eta}\left(\frac{A_k \log_2(1/\eta)}{f_k} + t_k\right) \leqslant T, \quad \forall k \in \mathcal{K} \qquad (16-13\text{a})$$

$$t_k b_k \log_2\left(1 + \frac{g_k p_k}{N_0 b_k}\right) \geqslant s, \quad \forall k \in \mathcal{K} \quad (16-13\text{b})$$

$$\sum_{k=1}^{K} b_k \leqslant B \quad (16-13\text{c})$$

$$0 \leqslant f_k \leqslant f_k^{\max}, 0 \leqslant p_k \leqslant p_k^{\max}, \forall k \in \mathcal{K} \quad (16-13\text{d})$$

$$0 \leqslant \eta \leqslant 1 \quad (16-13\text{e})$$

$$t_k \geqslant 0, b_k \geqslant 0, \quad \forall k \in \mathcal{K} \quad (16-13\text{f})$$

式中:$\boldsymbol{t} = [t_1, \cdots, t_K]^T$;$\boldsymbol{b} = [b_1, \cdots, b_K]^T$;$\boldsymbol{f} = [f_1, \cdots, f_K]^T$;$\boldsymbol{p} = [p_1, \cdots, p_K]^T$;$f_k^{\max}$ 和 $p_k^{\max}$ 分别是用户 k 的最大本地计算容量和最大发射功率。式(16-13a)表明本地任务的执行时间和所有用户的传输时间不应超过整个联邦学习算法的时延,式(16-13b)给出数据传输的约束,式(16-13c)给出带宽约束,式(16-13d)表示所有用户的最大本地计算容量和发射功率限制,式(16-13e)给出准确率约束。

16.4 最优资源分配

根据式(16-13a)和式(16-13b)的约束,最小化时延问题(16-13)是非凸的,但仍然可以使用二分法得到全局最优解。

16.4.1 最优资源分配

用 $(T^*, \boldsymbol{t}^*, \boldsymbol{b}^*, \boldsymbol{f}^*, \boldsymbol{p}^*, \eta^*)$ 表示问题(16-13)的最优解,我们通过下列引理说明问题(16-13)可解的条件。

引理 16.3 已知固定的 $T < T^*$,问题(16-13)总是存在解,相反,给定固定的 $T > T^*$,问题(16-13)是不可解的。

证明当 $T = \overline{T} < T^*$,假设 $(\overline{T}, \overline{\boldsymbol{t}}, \overline{\boldsymbol{b}}, \overline{\boldsymbol{f}}, \overline{\boldsymbol{p}}, \overline{\eta})$ 是问题(16-3)的一个解,那么解 $(\overline{T}, \overline{\boldsymbol{t}}, \overline{\boldsymbol{b}}, \overline{\boldsymbol{f}}, \overline{\boldsymbol{p}}, \overline{\eta})$ 的目标函数值比 $(T^*, \boldsymbol{t}^*, \boldsymbol{b}^*, \boldsymbol{f}^*, \boldsymbol{p}^*, \eta^*)$ 的更小,这和 $(T^*, \boldsymbol{t}^*, \boldsymbol{b}^*, \boldsymbol{f}^*, \boldsymbol{p}^*, \eta^*)$ 是最优解的事实相矛盾。当 $T = \overline{T} > T^*$,我们总是可以通过检查所有约束条件找到问题(16-13)的一个可行解 $(\overline{T}, \boldsymbol{t}^*, \boldsymbol{b}^*, \boldsymbol{f}^*, \boldsymbol{p}^*, \eta^*)$。

根据引理16.3,我们可以使用二分法得到问题(16-13)的最优解,表示为

$$T_{\min} = 0, T_{\max} = \max_{k \in \mathcal{K}} \frac{2aA_k}{f_k^{\max}} + \frac{2aKs}{B \log_2\left(1 + \frac{g_k p_k^{\max} K}{N_0 B}\right)} \quad (16-14)$$

如果 $T > T_{\max}$,通过设置 $f_k = f_k^{\max}$,$p_k = p_k^{\max}$,$b_k = B/K$,$\eta = 1/2$ 以及

$$t_k = \frac{Ks}{B\log_2\left(1+\frac{g_k p_k^{\max}K}{N_0 B}\right)} \quad (16-15)$$

问题(16-13)总是有解的,因此,问题(16-13)的最优解 T^* 必定位于区间 $(T_{\min}, T_{\max})$ 中。在每一步迭代中,二分法通过计算中点 $T_{\mathrm{mid}} = (T_{\min}+T_{\max})/2$ 将区间一分为二,现在只有两种可能性:

(1)如果在 $T=T_{\mathrm{mid}}$ 条件下问题(16-13)可解,那么有 $T^* \in (T_{\min}, T_{\mathrm{mid}}]$;

(2)如果在 $T=T_{\mathrm{mid}}$ 条件下问题(16-13)不可解,我们有 $T^* \in (T_{\mathrm{mid}}, T_{\max})$。

二分法选择一个子区间,并确保该子区间是下一步迭代时使用的新区间的一个括号,因此,在每一步迭代中,包含最优解 T^* 的区间的宽度都会减少50%,持续这个过程直到间隔足够小。

给定一个固定的 T,我们仍然需要检查是否存在一个满足约束条件(16-13a)～(16-13g)的可行解,从约束条件(16-13a)和(16-13c)可以看出,总是可以利用最大的计算容量,即 $f_k^* = f_k^{\max}, \forall k\in\mathcal{K}$。此外,从式(16-13b)和式(16-13d)中我们可以看出,可以通过令 $p_k^* = p_k^{\max}, \forall k \in \mathcal{K}$ 最小化时延,将最大化计算容量和最大化传输功率代入式(16-13),最小化时延问题变为

$$\min_{T,t,b,\eta} T \quad (16-16)$$

$$\text{s.t.} \quad t_k \leq \frac{(1-\eta)T}{a} + \frac{A_k \log_2 \eta}{f_k^{\max}}, \quad \forall k\in\mathcal{K} \quad (16-16a)$$

$$\frac{s}{t_k} \leq b_k \log_2\left(1+\frac{g_k p_k^{\max}}{N_0 b_k}\right), \quad \forall k\in\mathcal{K} \quad (16-16b)$$

$$\sum_{k=1}^K b_k \leq B \quad (16-16c)$$

$$0 \leq \eta \leq 1 \quad (16-16d)$$

$$t_k \geq 0, b_k \geq 0, \quad \forall k\in\mathcal{K} \quad (16-16e)$$

我们使用以下引理为式(16-16a)～式(16-16e)提供可解的充分必要条件。

引理 16.4 给定一个固定的 T,式(16-16a)～式(16-16e)是非空的当且仅当

$$B \geq \min_{0\leq \eta \leq 1} \sum_{k=1}^K u_k(v_k(\eta)) \quad (16-17)$$

其中

$$u_k(\eta) = -\frac{(\ln 2)\eta}{W\left(-\frac{(\ln 2)N_0 \eta}{g_k p_k^{\max}} e^{-\frac{(\ln 2)N_0 \eta}{g_k p_k^{\max}}}\right) + \frac{(\ln 2)N_0 \eta}{g_k p_k^{\max}}} \quad (16-18)$$

且

$$v_k(\eta) = \frac{s}{\frac{(1-\eta)T}{a} + \frac{A_k \log_2 \eta}{f_k^{\max}}} \quad (16-19)$$

为了证明上述引理,我们首先定义一个函数 $y = x\ln\left(1 + \frac{1}{x}\right)$,且 $x > 0$,那么有

$$y' = \ln\left(1 + \frac{1}{x}\right) - \frac{1}{x+1}, y'' = -\frac{1}{x(x+1)^2} < 0 \quad (16-20)$$

根据式(16-20),y' 是一个递减函数。由于 $\lim_{t_i \to +\infty} y' = 0$,对于所有 $0 < x < +\infty$,我们有 $y' > 0$,因此,y 是一个递增函数,即式(16-16b)的右边是一个关于带宽 b_k 的递增函数。为了确保最大带宽约束式(16-16c)得到满足,式(16-16b)的左侧应尽可能小,即 t_k 应尽可能长,基于式(16-16a),最优的时间分配应该是

$$t_k^* = \frac{(1-\eta)T}{a} + \frac{A_k \log_2 \eta}{f_k^{\max}}, \quad \forall k \in \mathcal{K} \quad (16-21)$$

将式(16-21)代入式(16-16b),我们可以得到下列问题

$$\min_{b,\eta} \sum_{k=1}^{K} b_k \quad (16-22)$$

$$\text{s.t.} \quad v_k(\eta) \leq b_k \log_2\left(1 + \frac{g_k p_k^{\max}}{N_0 b_k}\right), \forall k \in \mathcal{K} \quad (16-22a)$$

$$0 \leq \eta \leq 1 \quad (16-22b)$$

$$b_k \geq 0, \quad \forall k \in \mathcal{K} \quad (16-22c)$$

其中,式(16-19)中定义了 $v_k(\eta)$。我们可以观察到当且仅当式(16-22)的最优目标值小于 B 时,式(16-16a)~式(16-16e)是非空的,由于式(16-16b)的右手边是一个递增函数,因此,等号在问题(16-22)得到最优解(16-16b)时成立。假设式(16-16b)的等号成立,问题(16-22)可以简化为式(16-17)。

为了有效解决引理 16.4 中的(16-17),我们提供以下引理。

引理 16.5 在式(16-18)中,$u_k(v_k(\eta))$ 是一个凸函数。

证明 我们首先证明 $v_k(\eta)$ 是一个凸函数,为此,我们定义

$$\phi(\eta) = \frac{s}{\eta}, \quad 0 \leq \eta \leq 1 \quad (16-23)$$

且

$$\varphi_k(\eta) = \frac{(1-\eta)T}{a} + \frac{A_k \log_2 \eta}{f_k^{\max}}, \quad 0 \leq \eta \leq 1 \quad (16-24)$$

根据式(16-19)，我们有 $v_k(\eta)=\phi(\varphi_k(\eta))$，然后 $v_k(\eta)$ 的二阶导数可以由下式给出

$$v_k''(\eta)=\phi''(\varphi_k(\eta))(\varphi_k'(\eta))^2+\phi'(\varphi_k(\eta))\varphi_k''(\eta) \quad (16-25)$$

根据式(16-23)和式(16-24)，我们有

$$\phi'(\eta)=-\frac{s}{\eta^2}\leqslant 0,\quad \phi''(\eta)=\frac{2s}{\eta^3}\geqslant 0 \quad (16-26)$$

且

$$\varphi_k''(\eta)=-\frac{A_k}{(\ln 2)f_k^{\max}\eta^2}\leqslant 0 \quad (16-27)$$

将式(16-25)~式(16-27)组合，可以发现 $v_k''(\eta)\geqslant 0$，即 $v_k(\eta)$ 是一个凸函数。

然后，我们可以证明 $u_k(\eta)$ 是一个递增的凸函数，根据引理16.4的证明，$u_k(\eta)$ 是式(16-16b)右手边的反函数，如果我们进一步定义函数

$$z_k(\eta)=\eta\log_2\left(1+\frac{g_k p_k^{\max}}{N_0\eta}\right),\quad \eta\geqslant 0 \quad (16-28)$$

给定 $u_k(z_k(\eta))=\eta$，$u_k(\eta)$ 是 $z_k(\eta)$ 的反函数。

根据式(16-20)，函数 $z_k(\eta)$ 是一个递增的凹函数，即 $z_k'(\eta)\geqslant 0$ 且 $z_k''(\eta)\leqslant 0$，由于 $z_k(\eta)$ 是一个递增函数，其反函数 $u_k(\eta)$ 也是一个递增函数。

根据凹函数的定义，对于任何 $\eta_1\geqslant 0,\eta_2\geqslant 0$ 和 $0\leqslant\theta\leqslant 1$，我们有

$$z_k(\theta\eta_1+(1-\theta)\eta_2)\geqslant \theta z_k(\eta_1)+(1-\theta)z_k(\eta_2) \quad (16-29)$$

将递增函数 $u_k(\eta)$ 应用到式(16-29)的两边可以得到

$$\theta\eta_1+(1-\theta)\eta_2\geqslant u_k(\theta z_k(\eta_1)+(1-\theta)z_k(\eta_2)) \quad (16-30)$$

符号 $\bar{\eta}_1=z_k(\eta_1)$ 和 $\bar{\eta}_2=z_k(\eta_2)$，即我们有 $\eta_1=u_k(\bar{\eta}_1)$ 和 $\eta_2=u_k(\bar{\eta}_2)$。因此，式(16-30)可以重写为

$$\theta u_k(\bar{\eta}_1)+(1-\theta)u_k(\bar{\eta}_1)\geqslant u_k(\theta\bar{\eta}_1+(1-\theta)\bar{\eta}_2) \quad (16-31)$$

这表明 $u_k(\eta)$ 是一个凸函数，因此，我们证明了 $u_k(\eta)$ 是一个递增的凸函数，这表明

$$u_k'(\eta)\geqslant 0,\quad u_k''(\eta)\geqslant 0 \quad (16-32)$$

为了证明 $u_k(v_k(\eta))$ 的凸性，我们有

$$u_k''(v_k(\eta))=u_k''(v_k(\eta))(v_k'(\eta))^2+u_k'(v_k(\eta))v_k''(\eta)\geqslant 0$$

根据 $v_k''(\eta)\geqslant 0$ 和式(16-32)，因此，$u_k(v_k(\eta))$ 是一个凸函数。

引理16.5说明式(16-17)中的优化问题是一个凸问题，可以有效解决。通过找到式(16-17)的最优解，可以采用下列定理来简化式(16-16a)~式(16-16e)可解的充分必要条件。

定理 16.1 给定一个固定的 T，式(16-16a)~式(16-16e)是非空的，当且仅当

$$B \geqslant \sum_{k=1}^{K} u_k(v_k(\eta^*)) \tag{16-33}$$

式中：η^* 为 $\sum_{k=1}^{K} u'_k(v_k(\eta^*)) v'_k(\eta^*) = 0$ 的解。

定理 16.1 直接来自引理 16.4 和引理 16.5，由于函数 $u_k(v_k(\eta))$ 的凸性，$\sum_{k=1}^{K} u'_k(v_k(\eta^*)) v'_k(\eta^*)$ 是 η^* 的递增函数，因此，$\sum_{k=1}^{K} u'_k(v_k(\eta^*)) v'_k(\eta^*) = 0$ 的唯一解 η^* 可以通过二分法有效求解得到。根据定理 16.1，总结了计算最小延迟的算法，如算法 2 所示。

算法 2：最小化时延	
1：	初始化 $T_{\min}$、$T_{\max}$ 和公差 ϵ_0
2：	重复
3：	设置 $T = \dfrac{T_{\min} + T_{\max}}{2}$
4：	检查可解条件(16-33)
5：	如果集合(16-16a)~(16-16e)有解，设置 $T_{\max} = T$，否则 $T_{\min} = T$
6：	直到 $(T_{\max} - T_{\min})/T_{\max} \leqslant \epsilon_0$

16.5 仿真结果

在仿真中，设定 $K = 50$ 个用户均匀地部署在 500m×500m 的正方形区域内，基站位于区域中心，路径损耗模型为 $128.1 + 37.6\lg d$（d 以 km 为单位），阴影衰落的标准差为 8dB[17]。此外，噪声功率谱密度为 $N_0 = -174$dBm/Hz。采用参考文献[18]中真实开放的博客反馈数据集，该数据集共包含 60021 个来源于博客文章的数据样本，每个数据样本的维度为 281，任务是预测未来 24h 的评论数，参数 C_k 均匀分布在 $[1,3] \times 10^4$ 个循环/样本中，本地计算的有效开关电容为 $\kappa = 10^{-28}$。在算法 1 中，设 $\xi = 1/10$，$\delta = 1/10$ 和 $\dot{O}_0 = 10^{-3}$。除非另有说明，选择相同的最大平均发射功率 $p_1^{\max} = \cdots = p_K^{\max} = p^{\max} = 10$dBm，相同的最大计算能力 $f_1^{\max} = \cdots = f_K^{\max} = f^{\max} = 2$GHz，传输数据大小 $s = 28.1$kbits，带宽 $B = 20$MHz，每个用户有 $D_k = 500$ 个数据样本，均是等概率的从数据集中随机选择的，所有统计结果是超过 1000 次独立运行后的平均结果。

图 16-3 展示了凸和非凸损失函数值随迭代次数的变化。对于这个反馈预

测问题,考虑两个不同的损失函数:凸损失函数 $f_1(\boldsymbol{\omega},\boldsymbol{x},y)=\frac{1}{2}(\boldsymbol{x}^T\boldsymbol{\omega}-y)^2$ 和非凸损失函数 $f_2(\boldsymbol{\omega},\boldsymbol{x},y)=\frac{1}{2}(\max\{\boldsymbol{x}^T\boldsymbol{\omega},0\}-y)^2$。由图 16-3 可知,随着迭代次数的增加,凸损失函数和非凸损失函数的值都会先快速减小,然后缓慢减小。根据图 16-3,损失函数的初始值为 $F(\boldsymbol{\omega}^{(0)})=10^6$,经过 500 次迭代后,对于凸损失函数的值减少到 $F(\boldsymbol{\omega}^{(500)})=1$。对于预测问题,最优模型 $\boldsymbol{\omega}^*$ 表示没有任何误差地预测输出的模型,即损失函数的值 $F(\boldsymbol{\omega}^*)=0$,因此,在 500 次迭代后,所提算法的实际准确率为 $\frac{F(\boldsymbol{\omega}^{(500)})-F(\boldsymbol{\omega}^*)}{F(\boldsymbol{\omega}^{(0)})-F(\boldsymbol{\omega}^*)}=10^{-6}$。同时,图 16-3 清楚地表明,具有凸损失函数的联邦学习算法比具有非凸损失函数的算法收敛得更快,根据图 16-3,即使是非凸损失函数,损失函数也会随着迭代次数的变化而递减,这表明所提出的 FL 方案也可以应用于非凸损失函数。

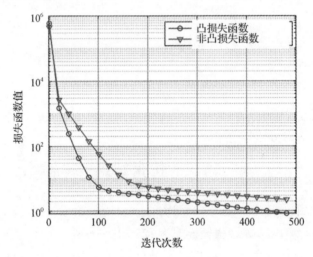

图 16-3 凸损失函数和非凸损失函数的函数值随迭代次数的变化(见彩图)

我们对比了所提出的 FL 方案和具有相等带宽 $b_1=\cdots=b_K$ 的 FLFDMA 方案(标记为 EB-FDMA)、具有固定本地准确率 $\eta=1/2$ 的 FLFDMA 方案(标记为 FE-FDMA)以及参考文献[12]中的 FL TDMA 方案(标记为 TDMA)。图 16-4 展示了延迟是如何随着每个用户的最大平均发射功率的变化而变化的,可以看到,所有方案的延迟都随着每个用户的最大平均发射功率而减小,这是因为较大的最大平均发射功率可以减少用户与基站之间的传输时间。可以明显看出,在所有方案中,所提出的 FL 方案具有最好的性能,这是因为所提出的方案联合优化了带宽和本地准确率 η,而 EB-FDMA 中的带宽是固定的,FE-

FDMA 没有优化 η。与 TDMA 相比，所提出的方案可以降低高达 27.3% 的延迟。

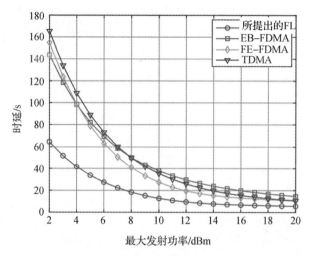

图 16-4　时延随每个用户的平均最大发射功率的变化（见彩图）

图 16-5 展示了时延与 η 的关系。从图中可以看出，时延始终是本地准确率 η 的一个凸函数，还可以发现最优的 η 随着最大平均发射功率的增加而增加，这是因为较小的 η 会导致全局迭代次数的减少，这会缩短传输时间，尤其是对于较小的最大平均发射功率。

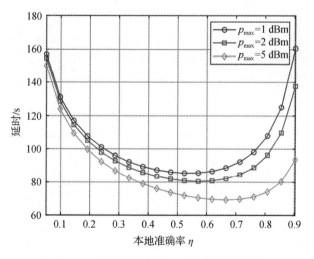

图 16-5　时延随本地准确率的变化（见彩图）

16.6 本章小结

在本章中,我们解决了将联邦学习技术与无线网络相结合的关键挑战。此外,我们研究了无线通信网络中联邦学习的最小化时延问题,学习准确率决定了计算时延和传输时延之间的权衡。为了解决这个问题,我们首先证明了总时延是学习准确率的凸函数,然后通过二分法得到了最优解,仿真结果证明了所提解决方案的各种特性。

参 考 文 献

[1] SAAD W, BENNIS M, CHEN M. A vision of 6G wireless systems:applications, trends, technologies, and open research problems[J]. IEEE Netw. ,2020(34):134-142.

[2] KONECN˙Y J, MCMAHAN H B, RAMAGE D, et al. Federated optimization:distributed machine learning for on-device intelligence(2016)[EB/OL]. Preprint arXiv:1610.02527.

[3] MCMAHAN H B, MOORE E, RAMAGE D, et al. Communication-efficient learning of deep networks from decentralized data(2016)[EB/OL]. Preprint arXiv:1602.05629.

[4] YANG H H, LIU Z, QUEK T Q S, et al. Scheduling policies for federated learning in wireless networks[J]. ieee trans. commun,2020(68):317-333.

[5] WANG S, TUOR T, SALONIDIS T, et al. Adaptive federated learning in resource constrained edge computing systems[J]. IEEE J. Sel. Areas Commun,2019,37(6):1205-1221.

[6] ZHU G, LIU D, DU Y, et al. Towards an intelligent edge:wireless communication meets machine learning(2018)[EB/OLJ]. Preprint arXiv:1809.00343.

[7] ZHU G, WANG Y, HUANG K. Low-latency broadband analog aggregation for federated edge learning(2018)[EB/OL]. Preprint arXiv:1812.11494.

[8] AHN J H, SIMEONE O, KANG J. Wireless federated distillation for distributed edge learning with heterogeneous data(2019)[EB/OL]. Preprint arXiv:1907.02745.

[9] YANG K, JIANG T, SHI Y, et al. Federated learning via over-the-air computation (2018)[EB/OLJ]. Preprint arXiv:1812.11750.

[10] ZENG Q, DU Y, LEUNG K K, et al. Energy-efficient radio resource allocation for federated edge learning(2019)[EB/OL]. Preprint arXiv:1907.06040.

[11] CHEN M, YANG Z, SAAD W, et al. A joint learning and communications framework for federated learning over wireless networks(2019)[EB/OL]. Preprint arXiv:1909.07972.

[12] TRAN N H, BAO W, ZOMAYA A, et al. Federated learning over wireless networks:optimization model design and analysis[C]// Proceedings of the IEEE Conference on

Computer Communications. Paris,2019:1387-1395.

[13] SMITH V, CHIANG C K, SANJABI M, et al. Federated multi-task learning, in Advances in Neural Information Processing Systems[M]. Red Hook: Curran Associates, Inc. , 2017:4424-4434.

[14] LIU B, WANG B, LIU M, et al. Lifelong federated reinforcement learning: a learning architecture for navigation in cloud robotic systems (2019) [EB/OL]. Preprint arXiv: 1901.06455.

[15] WANG S, TUOR T, SALONIDIS T, et al. When edge meets learning: adaptive control for resource-constrained distributed machine learning[C]// IEEE International Conference on Computer Communications, Honolulu, HI (2018): 63-71.

[16] YANG Z, CHEN M, SAAD W, et al. Energy efficient federated learning over wireless communication networks (2019) [EB/OL]. Preprint arXiv:1911.02417 (2019).

[17] YANG Z, CHEN M, SAAD W, et al. Energy-efficient wireless communications with distributed reconfigurable intelligent surfaces (2020) [EB/OL]. Preprint arXiv:2005.00269 ,2020.

[18] BUZA K. Feedback prediction for blogs, in Data Analysis, Machine Learning and Knowledge Discovery[M]. Berlin: Springer, 2014:145-152.

第 17 章　开源在 6G 无线网络中的作用

通信领域在提升网络部署的灵活性、敏捷性方面，面临着诸多挑战，电信服务提供商（TSP）一直在寻求简化网络部署的新型解决方案。此外，与 5G 相比，6G 对网络性能的要求将更加严格，比如需支持 Tb/s 的吞吐量和 0.1ms 或微秒量级的延迟。为解决上述问题，需要采用协同和创新解决方案，OpenDaylight、OPNFV、OpenStack、M-CORD、ONAP 等各类开源项目将在其中扮演关键性角色。运营商还采取了其他多种措施，如无线网络中节点的解耦、电信网络中引入人工智能等，这些措施为开源平台提供了协作式的开发环境，促成了兼顾成本优化和技术创新的解决方案。5G 标准中定义了基于服务的架构（SBA）等概念，基于此，安全可信、可编程"即插即用"的开放式架构将在 6G 标准化过程中发挥关键作用。本章将探讨 6G 无线网络中智能化和自动化两个关键技术方向，并阐述开源将如何在其中发挥作用。

17.1　引言

5G 旨在基于通用平台连接人和物，被视为第四次工业革命的关键因素，电信服务提供商俨然这场变革的关键推动者。如今，在利用 5G 实现垂直领域应用服务的过程中，电信服务提供商一直在努力应对收入萎缩、传统流程及服务部署周期过长等因素带来的多重挑战，同样也促使他们在运营领域寻求革新。相较前几代通信系统，这标志着 5G 产生了新趋势。标准化机构也开始关注除核心技术和支持基于软件的网络功能之外的其他领域，以赋能电信服务提供商。网络功能软件化使电信服务提供商拥有全新的软件编排层，为实现网络自动化奠定了基础；同时，推动了电信世界更加 IT 化，使基于云原生的解决方案成为了电信服务提供商转型的关键推动力。许多云原生和虚拟化概念均源于开源平台或工具，令开源平台和通信网络之间拥有了共生关系。这种趋势不但不会逆转，还将更深入地影响以物为中心的 6G 网络。

通信网络正面临特有的挑战，应对这些挑战对于降低网络部署成本、提升服务部署模式的灵活性、敏捷性等方面至关重要。如今，各电信服务提供商将开源视为应对部分挑战的关键工具，OpenDaylight、OPNFV、OpenStack、M-

CORD、ONAP 等开源项目将加速跨网络组件的创新。目前典型的基于开源的 5G 网络如图 17-1 所示①。

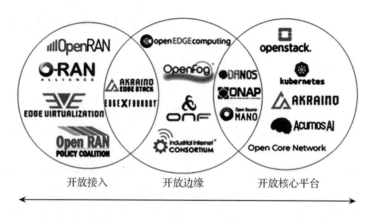

图 17-1　目前流行的开源 5G 网络产品

过去，RAN 是各运营商资本投入的大头。RAN 的建设一直以来都基于专有解决方案，从硬件设施直至应用层，这使它在创新进程中很难与网络其他部分保持同步。因此，电信服务提供商正在促使 O-RAN 联盟将下一代 RAN 推动到更加开放的新水平。O-RAN 将基于更开放、更易互操作的标准化接口，开发参考性设计，使 RAN 相较于前几代更智能、更开放。这项工作的关键是白盒网络(物理)元素和软件应用程序[1]。运营商正在推动网络节点解耦(主要用在无线网络部分)，并引入机器学习和人工智能，从而基于开源技术改进运营方式，这些均表明运营商正在追求超越 5G 标准的敏捷性和创新性。此外，为了打造更开放、更易互操作的 RAN 解决方案，还建立了 Open RAN 政策联盟，为鼓励技术创新、刺激市场竞争和扩展下一代无线网络供应链提供有力手段[2]。在美国，DARPA 初步设计了一个开放、可编程、强调安全性的 5G 网络(OPS-5G)，构建了一个开源且与标准兼容的可移植性 5G 移动网络堆栈[3]。

在 5G 通信时代，NFV 和 SDN 概念已十分成熟。同时，3GPP 定义了基于服务的架构(SBA)以及控制面和用户面分离(CUP)，使得各电信服务供应商实现了灵活的模块化部署。同样，可以预见开放、可编程的安全部署架构将成为 6G 网络标准的核心。6G 对网络功能提出了非常严格的要求，如需支持 Tb/s 的吞吐量、0.1 ms 或微秒量级延迟，从而对实现底层算法开发的开源平台提出了更高要求[4]。这需要开源平台能够支持底层算法开发，与此同时，与迄今为止

---

① Linux 基金会：https://www.linuxfoundation.jp/full-stack-slide-2/

的任何开源软件/硬件相比，这类开源平台需要更深入地融合底层算法开发技术。此外，我们期望能实现动态空口配置，这就意味着网络堆栈需要包含人工智能算法。

6G 愿景的实现会使得物理层和基带处理技术的复杂性大幅增加；为设计最优空口，网络也将大量使用即插即用的人工智能技术。在移动通信环境中，由机器学习驱动的智能表面可能需要进行持续训练，这对充足的训练数据、高效的计算能力以及低训练收敛性都有明确需求；应用层需要 6G 将成像技术与无线通信技术融合，以实现全息通信。5G 网络已构建基本自动化框架，而 6G 需要在无人值守情况下完成网络运营自动化，对自主运营网络提出了更高要求。可以预见，为实现 6G 愿景，开发运维（DevOps）模式会成为首选。此外，还应考虑自主运营模式（AO），它实现了人机跨越，大幅缩短了运行事故的解决时间，降低了 IT 运营成本。综上，基于 5G 最佳实践，开源将成为 6G 基本架构之一，依托开源平台建设，即插即用的人工智能及自动化技术将被赋予无限可能。本章中，我们将讨论开源技术如何赋能 6G 无线网络的核心方向——智能化和自动化。

17.2　智能化

无线智能被认为是 6G 网络的关键驱动力之一，我们将在本节中描述 6G 智能的使能因素：环境 AI、数据集市、底层算法开发和语义通信，并探索开源将如何推动这些因素发挥作用。

17.2.1　无线环境与人工智能

自现代通信时代开始，人们习惯性地将传播环境排除在外，认为只有通信链路两端（发射机、接收机）的优化才对提升网络性能有益，在 5G 时代亦如此。如今，得益于强大的计算云，实现复杂的人工智能技术变得更易实现，更多关于如何优化无线环境资源的研究也随之开展，这促使 6G 聚焦 AI 使能的网络优化。

可重构超表面（RMS）是无线资源管理的关键创新之一。RMS 可以实现无线传播环境的重新配置，能够同时转移或改变多个电磁波，并具有较低能量损失。RMS 使电磁传播环境从当今的不可预测变为可自由配置。参见参考文献[5]和[6]可了解更多关于 RMS 及其生态系统的有关信息。

随着大量网络组件的跨域分布，网络部署和控制变得更为复杂，为了满足与环境交互、对输入数据响应和处理的需求，在 6G 中建立基于 AI 的网络实体极为关键，从而实现对网络环境的优化，以及对无线传播链路的配置。

AI 可以基于强化训练模型、深度学习模型、迁移学习模型等各类算法模型以获得所需结果。对模型的部署需要谨慎规划、权衡取舍。参考文献[7]和[8]介绍了不同算法的发展情况及可能使用场景。

为容纳 AI 关键组件并提供有效的信息交互环境,需要构建分布式开源框架。这些组件主要用于:

(1) 数据收集和存储;
(2) 面向环境状态信息解码、数据预处理等数据分析过程;
(3) 面向适应环境或网络优化的集中式或分布式 AI;
(4) 贯穿全网的 AI 自适应策略;
(5) 接收机和发射机等组件(如天线、RMS、终端)。

实际中,还会不断出现更丰富的网络增强组件。

用开源框架替换专有网络,有利于多个供应商共同维护网络运行平台。所有开源组件开放通用接口,既有利于组件解耦,也方便运营方或客户方使用任意供应商的组件产品。运营商将基于最适合的组件集完成定制化部署,从而降低部署成本。可见,统一的开源框架和开放接口能够实现组件之间高效互通,帮助运营商分配特定组件给专有客户,提升服务的互操作性。在人们普遍认为 6G 技术成本高昂的当下,这种开源组件方式无疑优于构建专有的端到端堆栈。结合统一框架与开放接口,网络能够不断自驱发展,并有助于小型运营商轻松推出自己的服务,打造一个更加蓬勃、多样化的生态系统,推动学术界和工业界的创新。

由此可见,我们将构建一个全自动化网络,实现包括无线环境在内的相关资源管理,实现任意时间的最优配置。对工程师们来说,完成这一目标既是梦想,也是挑战,而 6G 时代正是迎接这一挑战的最好时机。

17.2.2 数据集市

随着 5G 技术的日趋成熟及逐步商业化,它成了网络技术发展的助推剂。借助 6G,我们将进入一个全数字化和人机超连接的新时代,并涌现海量数据促进智能化管理及提升网络性能。这些数据可以通过 IoT 传感器、自动驾驶汽车、无人机或移动网络等渠道采集,用于市场定位、运营决策或运营商网络优化[9]。例如,通过融合 IP 地址数据库与网页记录日志,可以了解用户地理位置,进一步融合人口统计数据,了解客户群体的社会经济等级和消费能力。这些数据除了用于商业分析,也同样能为客户提供价值。利用现有资源形成的实时数据分析成果,为运营商争取了更多数据货币化机会。

由于 6G 网络会产生大量业务敏感数据和个人数据,数据的安全性和隐私性变得至关重要。未来,各级系统的安全性将变得更加重要,这促使 6G 需要内生安全。公共或专有 6G 系统中的数据,对许多社会功能具有价值,不限于数据收集方,其他周边私营企业也能从中获益。

6G 改变了数据的收集、处理和共享方式,它所形成的开放性网络成了未来价值创造的驱动力,但定位信息与数据使用可能会带来严重的隐私泄露和伦理道德问题。在从 6G 创新获利的过程中,解决方案的模块化和互补性变得非常重要,这需要构建一个开放、透明和协作的环境,并依托开源平台来管理、共享数据,同时通过各方约定以保障敏感数据的隐私和安全。平台的开放性赋予了数据生命,而开源的代码托管平台赋予了代码生命。

将各公共数据库与商业可用数据库融合至统一通用平台,是 6G 大数据应用的驱动目标。数据查找、组合更加灵活,促使数据集之间相互融合以发挥更大价值。比如,通过将页面请求的 IP 地址与 IP 地址数据库相映射,可以在网页中显示地理位置[10]。得益于网络的开源架构,人们可以跨领域使用数据,从数据的最大化利用中获益(图 17-2)。

图 17-2　数据集市与开源

开源平台使私有数据透明,利于运营商之间协作,通过数据共享造福整个网络产业,在改善网络的同时从数据货币化中受益。除了上述优势,基于与开源相关的区块链、大数据等技术,能够形成"智能合约",解决数据价格标准化和维护数据交易完整性的问题。另外,需要专门的社区或机构设立数据隐私法规,以维持市场公平性。数据所有权、数据访问权愈加成为创造价值的主要因素,限制访问权成了市场公平性的控制手段之一。此外,如何使用数据也是个关键问题。同属一个通信生态的不同成员,可基于合约规定的权利和义务对信息和数据进行规范化使用[4]。然而,挑战在于,高度自适应自治系统或智能设备收集、使用的数据,如何与这些权利和义务合约相匹配,进而成功创建新服务。因此,6G普及并发挥全部潜力的关键,在于对隐私信息的保护。基于此,开源将成为数据集市管理技术发展的驱动力。

17.2.3 底层算法开发

未来将有数以万亿计的设备能够享受 6G 提供的服务,相较于 5G,这些服务功能更加丰富,用例也更为复杂。6G NR 独立组网将覆盖数百万台机器,它们能够处理多样化信息,具备不同的操作要求。例如,从调度的角度看,不同种类的设备和用例会有不同的调度算法,在单个基站下运行的诸多用例需要基于即插即用的底层算法开发,这些算法能够深入理解每个用例的调度和资源需求,有助于资源的高效利用。为确定每个区域用例的重要性及具体需求,必须将机器学习技术与调度程序融合,以便调度程序在预执行期间决策各用例的最佳调度算法。底层算法设计是选择合适的调度和机器学习算法的关键,为服务提供商和运营商在算法选择中提供了灵活度,使他们选择最优决策。开源将在提供灵活性方面发挥关键作用,服务提供商及开发人员依据不同用例编写不同的调度算法,并嵌入通用服务调度平台运行。此外,若在同一时间、同一设备中运行多个用例,则需要开放的算法以支持程序互操作。从物理层角度看,系统中的大量天线、RF 收发器、信号处理单元等设备使底层算法开发变得非常关键,开源平台亦在其中发挥至关重要的作用。

17.2.4 语义通信

香农的经典信息论奠定了现代通信的基础。现代通信已经达到了香农理论的预期极限,而语义通信有望在 6G 网络中实现飞跃[11]。比较典型的案例是全息通信,演讲者一人可以共享多个摄像头视频远程链路,并创建自己的全息图[12],当然,这需要传输大量视频数据。由于毫米波或亚太赫兹链路的不确定性,过去的系统易发生部分数据包丢失的情况,导致需要重传,并引起全息视频或图像失真。因此,通信发射端和接收端应当具有在丢包情况下预测和构建全息图的能力。如果消息发送者和消息传输设备可以共同访问演讲者内容,语义推理就能基于共享知识有效恢复演讲内容。在 B5G 和 6G 网络中,发射端和接收端设备都很可能植入语义智能,但两者创建视频或图像的算法可能不同。因此,构建通用的开放平台和语言体系非常必要,其中语义应用程序或算法由开发人员自行开发并嵌入,用于实现各种通信任务或超现代通信用例(如针对指定环境和需求进行在线空口设计)。简而言之,语义通信的开放平台可以提升通信效率，帮助实现知识共享的基本需求，从而使系统获得更强的语义推理能力。

17.3 自动化

可以预见，B5G 和 6G 通信系统将实现完全自动化，从设计、安装到网络设备的编排和运维，全过程都将自动执行，无需运营商或服务提供商干预。DevOps（开发运维）和 AO（自主运营）在电信服务自动化中发挥着重要作用，但不同厂商的设备之间缺乏互操作性。开源在应对这些挑战中发挥了重要作用，下文将对此展开详细描述。

17.3.1 DevOps

类似于 IT 领域，电信软件正在向微服务架构方向发展，DevOps 将在电信行业中发挥关键作用。当前，电信供应商提出了在 5G 中实行 DevOps 模式[13]；6G 中，DevOps 将在快速交付高质量和复杂软件项目中发挥更关键的作用。大部分 DevOps 概念和工具已存在多年，并成熟应用于 IT 产业，不少服务于 DevOps 的开源工具也在非电信领域得到了广泛使用。在开发团队中，这些开源工具经常进行功能更新。同样，这些先进的开源工具可以在电信领域复用，而不必做重复开发。与 5G 相比，6G 增加了许多关键需求，如超低延迟和超大吞吐量。6G 时代，软硬件复杂度，以及垂直领域的覆盖度都将急剧增加，为满足各行业 6G 需求，电信领域专家面临着巨大压力。面向 DevOps 使用开源软件将加快 6G 新特性的上市时间，同时减少开发量，促使电信行业专家将工作重点放在基于微服务架构和虚拟化方案的软件研发上。

在 6G 中，DevOps 在电信领域（尤其在 RAN 中）应用的主要挑战是时间敏感条件下的软件动态升级，因为即使是微秒级的停机过程也会直接影响用户体验，故需要寻求新方法实现 6G 组件的动态升级，避免对服务级别 KPI 造成任何影响。电信领域专家需要专注于电信软件设计，开发动态升级相关全新解决方案，同时复用成熟的开源工具以创建端到端 DevOps 流程。减少 DevOps 工具开发量，以及复用其他领域的开源工具都可以提高电信领域的创新速度。

此外，DevOps 各阶段的自动化验证过程将包含测试和反馈，其中关键在于被测组件和其他开源组件可以共同参与完成自动化验证。使用开源软件和工具进行自动化验证将大幅提高软件质量，并显著减少部署过程中面临的各种互操作性挑战。在 6G 网络部署期间，运营商更愿意采用多家供应商的软件或硬件组件，以避免出现供应商锁定现象；同时运营商将尽可能使用 DevOps 开源工具，并使用标准化接口，轻松实现来自不同供应商的组件集成。6G 网络部署的复杂度也促使运营商使用 DevOps 流程开源工具以保持成本竞争力。图 17-3 描述了 DevOps 流程及相关开源工具。

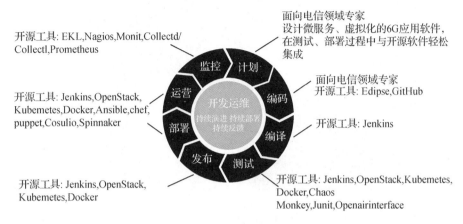

图 17-3 DevOps 流程及相关开源工具

17.3.2 自主运营

当今,运营系统与突发事件管理系统多为人工管理,由需要大量互相协作及人工评估、分类、分配作业的分散团队(自主运营中的第 1 级到第 3 级)提供静态规则,从而给出半自动化管理方案。伴随 5G 革命,微服务和边缘虚拟化成了主角,也产生了很多需要立即响应(T2R)的关键工作,比如在虚拟化设施上部署网元。此外,随着服务的复杂化,IT 运营需要跨分散的混合云环境、云运营商及其他微运营商监控移动应用、mIoT(大规模物联网)设备,为终端用户提供服务。所有这些复杂性将推动 IT 运营在 2030 年底形成更加自主的运营模式。自主运营即下一代 IT 自动化,使企业 IT 从传统基于规则的运营模式迈向自主化的未来。通过人机结合,自主运营(AO)可大大缩短突发事件的处理时间,减轻 IT 运营负担,不仅可提高服务可用性,也可降低运营成本。图 17-4 描述了 AO 分级与开源的关系。

到 2030 年底,中心化和专有化的 IT 自主运营将不足以支撑 6G 服务,下一代服务将更为复杂、互相依存、智能和自主,这将推动下一代 IT 运营的改革浪潮,形成支持边缘部署、完全自主、开放包容的运营模式。

B5G 的通信服务由量子机器学习驱动,并将实现完全自主。自动驾驶[14]被定为 2030 年后塑造社会的关键主题。越来越多的手动操作项目(如现场作业、运载工具(无人机)、建筑用重型车辆作业等)变得完全自动化,这将依赖于边缘托管的云计算应用。自主性要求突发事件必须在微秒量级内解决,否则会导致

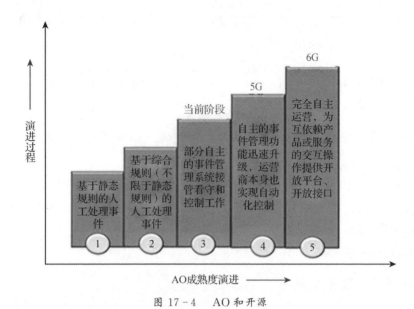

图 17-4　AO 和开源

严重后果；同时，也要求业务操作应当完全自主、开放并实现一定程度的边缘部署，在检测、优先级编排、调查分析和突发事件补救方面，无须人工干预，最终实现完全自主运营。

预测表明，到 2030 年，全球将有大约 500 亿台物联网设备投入使用，涵盖从可穿戴设备到厨房用具等各类设备，形成庞大的互联设备网络[15]。随着 6G 的出现，越来越多的设备将加入网络，这些服务将由不同的供应商提供，演变成为一个高度复杂又相互依赖的生态服务系统。因此，需要创建拥有开放接口的公共运营平台，支持不同供应商嵌入自己的智能应用程序，开展协同合作，并依据关键度确定最优服务方案。

到 2030 年，大部分网络将实现虚拟化，同时网络运营和 IT 运营之间的界限将逐渐消失，这使签订跨层 SLA（服务等级协议）等问题变得更为复杂。为节省运营支出（OPEX）和资本支出（CAPEX），微运营商、ORAN 和频谱共享等新兴概念将随之出现，并在 6G 中占据核心地位。各电信运营商、云提供商、顶级服务提供商等需要相互协作以解决运营问题，这对网络运营来说是全新的挑战。

采用开源技术不但能降低运营支出和资本支出（预计这将是 6G 最大挑战之一），而且能大大缩短网络和服务等相关问题的处理时间。开源软件和标准能促使电信运营商联合顶级服务提供商、云/基础设施提供商和其他新兴服务供应商共同构建生态系统，实现协同运营，而非传统的孤岛作业，从而使 6G 实现微秒级 SLA 成为现实。

17.4 待解决问题

下一代无线系统采用开源技术将产生新的问题。下文主要对安全和隐私、支持和运营、商业模式这三项关键性挑战展开讨论。

17.4.1 安全和隐私

开源的安全性一直是人们担心的问题。任何人都可以不被限制地部署开源软件,并寻找其中的漏洞。被找到的漏洞汇入漏洞数据库,引发更多滥用安全漏洞的行为。此外,由于从事开源工作的技术人员不受组织监管,部分人员会形成非道德团体,给软件留后门,以致其受攻击。随着 6G 开源软件的开发和使用量急剧增多,此类安全和隐私问题将更为棘手[16]。

17.4.2 服务支持和运营的复杂性

专有软件会附带供应商的服务支持合同,合同中定义了双方协商的 SLA,能够为解决各类突发事件和软件缺陷提供依据和保障。通常情况下,开源社区无法快速响应并解决缺陷和故障,因此,需要企业具备自行解决开源软件缺陷和故障的能力。伴随着 6G 革命,越来越多的专有网络硬件设施实现虚拟化,开源软件的覆盖范围和渗透度也在提升,迫使供应商投入更多技术和成本,这对 6G 中开源技术的推广提出了巨大挑战。

17.4.3 商业模式

开源项目日益激增,尤其在电信领域,越来越多的电信服务提供商开始采用开源平台,同时软件和网络设备供应商也对该领域逐步产生了兴趣。随着专有平台的开放,这些供应商失去了竞争优势和利润空间,为了摆脱生存困境,他们必须了解如何充分利用平台获取商业收益。从长远看,必将出现新的开源商业模式,以避免软硬件供应商无力支撑的局面。

17.5 本章小结

本章介绍了 6G 无线网络对开源的需求。首先介绍了 6G 两大技术支撑——智能化和自动化,随后探讨了开源的敏捷性和互操作性对智能化、自动化的驱动作用,最后研究了开源带来的问题和挑战。

参 考 文 献

[1] How O-RAN SC completes the open source networking telecommunications stack [EB/OL]. https://www.linuxfoundation.org/blog/2019/04/how-o-ran-sc-completes-the-open-sourcenetworking-telecommunications-stack/

[2] Open RAN policy coalition. https://www.openranpolicy.org/about-us/[Z].

[3] Open, programmable, secure 5G (OPS-5G) [EB/OL]. https://www.darpa.mil/program/openprogrammable-secure-5G.

[4] LATVA-AHO M, LEPPÄNEN K, et al. 6G research visions 1. Key drivers and research challenges for 6G ubiquitous wireless intelligence, 6G Flagship[D]. Oulu: University of Oulu, 2019.

[5] RENZO M D, DEBBAH M, PHAN-HUY D, et al. Smart radio environments empowered by reconfigurable AI meta-surfaces: an idea whose time has come [J/OL]. J. Wireless Commun. Netw, 2019(2019):129. https://doi.org/10.1186/s13638-019-1438-9.

[6] GACANIN H, DI RENZO M. Wireless 2.0: towards an intelligent radio environment empowered by reconfigurable meta-surfaces and artificial intelligence (2020) [EB/OL]. arXiv:2002.11040.

[7] YANG H, ALPHONES A, XIONG Z, et al. Artificial intelligence-enabled intelligent 6G networks (2019) [EB/OL]. arXiv:1912.05744.

[8] SHAFIN R, LIU L, CHANDRASEKHAR V, et al. Artificial intelligenceenabled cellular networks: a critical path to beyond-5G and 6G[J]. IEEE Wireless Commun, 2020, 27 (2):212-217. https://doi.org/10.1109/MWC.001.1900323.

[9] White Paper on Business of 6G "6G Research Visions", No. 3 (2020) [R].

[10] Data markets compared [EB/OL]. http://radar.oreilly.com/2012/03/data-markets-survey.html.

[11] BAO J, et al. Towards a theory of semantic communication[R/OL]//2011 IEEE Network Science Workshop, West Point (2011), pp. 110-117. https://doi.org/10.1109/NSW.2011.6004632.

[12] CALVANESE STRINATI E, et al. 6G: the next frontier (2019) [EB/OL]. https://arxiv.org/pdf/1901.03239.pdf.

[13] DevOps: fueling the evolution toward 5G networks [EB/OL]. https://www.ericsson.com/en/reportsand-papers/ericsson-technology-review/articles/devops-fueling-the-evolution-toward-5gnetworks.

[14] White paper on critical and massive machine type communication towards 6G[EB/OL]. arXiv:2004.14146v2.

[15] Number of internet of things (IoT) connected devices worldwide in 2018, 2025 and 2030 [EB/OL]. https://www.statista.com/statistics/802690/worldwide-connected-devices-by-

accesstechnology/

[16] GUI G, LIU M, TANG F, et al. 6G: opening new horizons for integration of comfort, security, and intelligence[J/OL]. IEEE Wireless Commun, 2020. https://doi.org/10.1109/MWC.001.1900516.

第 18 章 区块链与 6G 技术的交叉

5G 无线网络正在世界各地部署,5G 技术旨在通过连接异构设备和机器来支持多样化垂直应用,其服务质量、网络容量和系统吞吐量等特性得到了显著提升。然而,相关研究表明 5G 系统仍存在许多已被研究人员和机构指出的安全性挑战,包括中心化、透明度、数据互操作性风险和网络隐私漏洞,而传统技术可能难以满足对 5G 的安全性要求。鉴于 5G 通常部署在具有海量泛在设备的异构网络中,因此,非常有必要提供安全和去中心化解决方案。基于现状,本章给出了关于区块链与 5G 及未来网络集成的最新研究。在详细研究的基础上,全面论述了区块链在赋能 5G 关键技术方面的潜力,包括云计算、边缘计算、网络功能虚拟化、网络切片和设备到设备(D2D)通信等。接着,本章探索并分析了区块链为 5G 业务提供支持的可能,包括频谱管理、数据共享、网络虚拟化、资源管理、干扰控制、联邦学习、隐私和安全。对于区块链在 5G 物联网中应用的最新进展,本章在智能医疗、智慧城市、智能交通、智能电网和无人机等新兴应用领域展开了研究。接着,总结了针对区块链-5G 融合网络和服务的全面研究成果,并提出了开放性问题可能带来的挑战。最后,阐述了这一新兴领域的未来研究方向。

18.1 引言

"我们必须相信中央银行不会放任货币贬值,但法定货币的发展史上多是辜负这种信任。我们必须相信银行始终持有我们的资金,只是以电子数据方式传递,但他们在信贷泡沫浪潮中将其借出,只留下少得可怜的储备金。"

——中本聪,2009 年 2 月

加密货币比特币[1]的首次出现是在 2008 年,在过去的 10 年中,比特币因其资产价值暴涨一万倍引起了极其广泛的关注,尽管此后出现了许多与之竞争的加密货币,但比特币的先发优势确保了它的受欢迎程度,并因此获得了加密货币市场中的最高市值。

比特币成功的背后是比特币技术,它使货币交易不再需要可信中介机构。更详细地说,比特币交易不是通过可信中介,而是以区块链技术为核心在一大群匿名参与者之间进行交易。区块链本质上是一个分布在参与者网络中的公共数据库。它依赖于一个独特的按时间排列的不可篡改数据区块链,该链在所有参与者之间共享,并随着交易量的增加而不断增长。

作为一般去中心化系统的潜在关键组成部分,区块链技术在货币交易之外的应用也得到了深入研究。这些应用的共同点是需要信任,即假设(某些)参与者所采取的行动和提供的数据不是欺骗性或虚假的。例如,此类应用包括在物流网络[2,3]中跟踪包裹,保存土地所有者记录[4-6],或多方环境中的计费系统[7,8],历史上这些应用依赖于一个中央权威实体来维持信任和管理记录。

然而,区块链旨在建立一种去信任①系统,它使用共识机制将信任分布到参与者之间,从而潜在消除对中央权威机构的需求。

另外,6G 移动网络有望在延迟、数据速率、频谱效率、用户移动性、连接密度、网络能源效率和可配置性以及区域通信容量等方面得到改善。在此基础上,6G 将为交互式服务和技术提供更好的发展环境。

多功能化、AI 和 IoT 将极大受益于 6G。具体地说,在 6G 时代预计将部署数十亿物联网设备,设备内部及其与驻留在云端或边缘的 AI 代理之间的通信需要底层网络提供前所未有的性能[9,15,16]。

区块链也有望在 6G 时代蓬勃发展,有三个因素促进了区块链与 6G 的交叉融合。

(1)区块链需要参与者之间进行大量通信,以保证账本的一致性和完整性,而 6G 有能力解决由此产生的网络负担。比如说从 5G 变迁到 6G,从 URLLC 到大规模 URLLC 的转变将使区块链的延迟、可靠性和流量容量得到改善。

(2)由于实现了去中心化服务且减少了对可信方的需求,区块链技术被认为是针对下一代通信的最先进解决方案[9,13,17-19]。事实上,6G 网络可以从基于区块链的功能解决方案中获益,比如频谱共享、设备到设备内容缓存和资源管理。

(3)除区块链之外,整个技术赋能生态系统有望在 6G 时代进一步发展[9,20],这些驱动因素与区块链的相互作用将有利于平台和服务。例如,物联网将同时受益于 6G 网络性能的提升以及区块链提供的去中心化和透明特性。此外,许多应用、平台和垂直领域,如车辆边缘网络、智能城市、共享经济和社会责任合规,有望从 6G 和区块链的交汇[19,21]中获益。

本章将研究上述两个驱动因素,即区块链为 6G 网络和服务提供的潜在优势以及区块链与 6G 关键使能技术的相互作用。此外,我们还提供了区块链技术及其相关概念的简介,并分析了利用移动网络的基于区块链应用程序。最后,提出了基于区块链应用面临的相关挑战。

---

① 译者注:去信任需求是指在区块链中,一个节点无须信任任何其他节点,在假设其他节点都是不合作、不可信的前提下,最终仍可以根据共识机制从区块链中获得可信数据。

区块链技术的概述见18.2节,18.3节是区块链应用简介,18.4节介绍6G和区块链的交汇,18.5节列举了面临的挑战,18.6节对本章进行了总结。

18.2 区块链

虽然分布式数据库至少在20世纪70年代就已经存在[22],但区块链组件在1990年才开始整合到一起,当时哈伯和斯托内塔为了防止数字文件被修改,提出了数字文件的安全时间戳[23]。此外,参考文献[24]提出了默克尔树[25],即基于单向函数构建的完整二叉树,提高了时间戳的效率和可靠性。区块数据完整性由Mazieres和Shashatha[26]和参考文献[27]进行了验证,而比特币的工作量证明(PoW)共识机制部分基于早期数字货币的共识机制,如B-Money[28]、哈希现金(具有可重复使用的PoW[29]),特别是比特金。此外,比特币依赖非对称加密(1973)[30]、P2P网络(如肖恩·范宁的Napster,1999)和加密哈希函数(如SHA-2(2001)[31])等技术。

区块链的发展带来了智能合约等新应用。智能合约概念由Szabo[32]在1996年提出,他将智能合约定义为在满足特定条件后转移和自动执行交易的协议。2014年,该概念在以太坊区块链平台[33]上成功实现。智能合约的可用性进一步拓宽了基于区块链的交互式应用的领域。

受区块链技术的启发,自2016年以来出现了一系列分布式账本技术(DLT)。作为一个比区块链更通用的概念,DLT的目标仍然是在参与者之间分布数据库,但它在结构、设计和网络架构方面更灵活。因此,区块链是分布式账本的一种类型,而分布式账本则是分布式数据库的实例。

驱动区块链发展的技术时间线如图18-1所示。

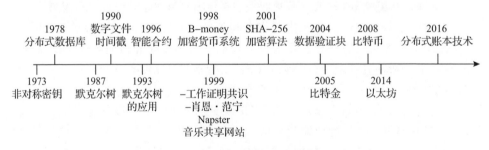

图18-1 促进区块链发展的技术时间线

18.2.1 架构

区块链架构可以分为两个组成部分:网络架构和数据架构。区块链网络架构是指查询和维护节点的通信方式、所使用的路由协议以及传输中所使用的数据加密方案。如图18-2所示，区块链数据架构是指其数据结构之间的关系以及用于确保数据完整性和不可篡改性的加密方案。

更具体地说，区块链可以分解为三个部分，即交易、数据区块和数据区块组成的链。交易分别使用哈希函数和非对称密码来保持完整性和真实性，而数据区块使用哈希指针和默克尔树[25]来保证交易的完整性和顺序性。每个区块都通过一个哈希指针引用前一区块，该哈希指针是利用前一区块的整个部分计算出来的，从而确保了整个链的完整性。链的第一个区块称为起源区块。

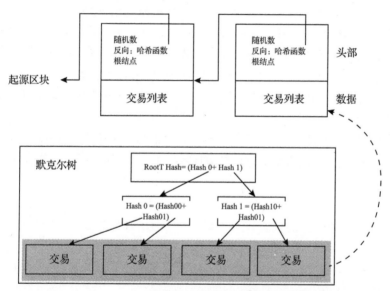

图18-2　区块链由链接区块的线性链组成，每个链接区块都由区块头部分和数据部分组成。区块头存储元数据，包括PoW结果(nonce)、前一区块的哈希值(Prev)以及默克尔树交易的根值(RootT)。每个区块的RootT值是包含交易及其哈希值的默克尔数[25]的最终值。两个交易的两个哈希值被连接起来，形成一个更高层值，直到到达树的根(RootT)。

18.2.2　数据模型

根据参考文献[34]的理论，区块链有四种用于跟踪交易的数据模型：未使用的交易输出(UTXO)模型、基于账户的模型、UTXO+模型和键值模型。

UTXO由比特币推广，指未使用的交易输出。UTXO代表一种数字资产①，由其列出所有曾经拥有者的所有权链来定义。为了计算比特币参与者的

---

① 译者注：UTXO是指关联比特币地址的比特币金额的集合，是一个包含数据和可执行代码的数据结构。

余额,所有收到的 UTXO 的所有权链在计算求和前都会被跟踪。交易,即两个参与者之间的资产转移,需要对用作新交易生成输入的 UTXO 进行验证。反过来,新区块上的每笔交易都包含一组来自先前交易的新输出。

换句话说,所有 UTXO 状态的聚合就是整个区块链的状态。然而 UTXO 模型使得链状态验证代价越来越昂贵,因为它需要跟踪所有交易的完整历史记录。此外,随着旧交易的输出成为新交易的输入,相同数据被复制也会导致数据冗余。因此,UTXO 模型应该仅在影响整个区块链状态的操作较少时才使用,例如加密货币。

UTXO 模型被许多基于区块链的加密货币所采用,以太坊是第一个使用基于账户模型的区块链。基于账户的模型让每个账户管理自己的交易,系统中的所有账户状态形成了区块链全局状态。此外,该模型还通过不同类型的账户来支持智能合约。例如,以太坊使用外部账户跟踪余额,使用合约账户保存已执行代码和内部状态。因此,基于账户的模型为区块链系统实现了区块链状态操作的直观性和效率。

UTXO+模型旨在将 UTXO 模型扩展为基于账户的模型,但无需实际生成账户。然而,其结果被认为使用起来复杂且不直观[34]。Corda[35] 是实现 UTXO+模型的一个区块链案例。

目前人们正在积极研究键值模型(表-数据模型),它可以根据应用程序要求支持基于交易的区块链状态或基于账户的状态,因此能提供广泛用例。例如,Hyperledger Fabric 区块链[36] 利用键值模型来表示数字货币和资产交换的键值对集合。Fabcoin[36] 是一种基于 Hyperledger Fabric 的加密货币,在键值模型上实现了 UTXO。

18.2.3 共识机制

共识协议是在去中心化区块链网络中实现信任的最重要方法。作为一种高抽象网络通信协议,共识协议在许多低置信参与者之间共享,在形成区块链和确保其数据完整性方面起着重要作用。特别是共识协议决定了哪些交易形成区块和哪些区块被链接在一起。

区块链共识协议由提案、传播、验证、最终确定等要素以及激励策略组成[37]。虽然不同区块链实现的具体细节有所不同,但总体上比特币区块链首先会有一个参与者,找出随机数并完成其比特币工作量证明,然后提出一个区块的交易集合。提议的区块被发送给所有其他参与者,然后进行验证以避免冲突。最后,如果区块满足某些条件(以比特币为例,需要添加到最长分支之后),则该区块被接受成为区块链的下一个扩展。区块链共识协议的激励策略是通过奖励的方式激励参与者遵守协议,奖励由系统中新创建的数字资产组成,没有任何中介机构。

比特币令人瞩目的成功也使共识机制成为焦点,极大地增加了业界对该主题的研究兴趣。然而,共识机制其实早在几十年前就已提出,例如,1982年提出的拜占庭将军问题(BGP)[38]。

事实上,在区块链之前,BGP被认为是共识机制的主要候选方案。更具体地说,BGP描述了一群将军试图用相同策略攻击一座城市。为了决定策略,将军们必须相互交流,就遵循哪一个计划达成共识(实际上有一部分将军是敌方间谍,试图阻挠达成共识或扭曲共识以采用较差计划)。

在1992年和1999年,引入了PoW[39,40]和实用拜占庭容错(PBFT)[41]协议,作为达成共识的潜在解决方案。他们的理念已被两种主要区块链类型(公共链和私有链(见2.4节)所采纳。其中基于PoW的Nakamoto共识由公共比特币区块链实施,而基于PBFT的共识则由私有YAC区块链实施[42]。

18.2.4 访问机制

基于对交易数据的访问,区块链实现可分为三类:公共链、私有链和联盟链[43-45]。

(1)公共(开放访问、无需许可)区块链给予所有参与者完全控制权限,包括访问、贡献或维护区块链的数据;

(2)私有(许可)区块链仅有特定预定义参与者可访问交易数据;

(3)联盟区块链允许授权参与者管理区块链并贡献。授权由开始处默认节点或者根据特定区块链模型的特定要求赋予参与者。

这三种方案体现了去中心化和效率之间的权衡。具体地说,去中心化区块链中参与者可以完全控制交易数据、验证和管理区块,但需要参与者间发送大量消息来建立共识并确保链完整性。这就导致区块链性能受到影响,计算成本会上升,交易延迟和吞吐量受到影响。而高度集中系统具有大吞吐量和低延迟的优点,可以非常高效。

中心化概念与信任密切相关。在一个高度去中心化系统中,公共区块链是去信任的,它不需要可信任方(即一些特定的预定义节点)来管理交易,而是依赖共识协议确保区块链的完整性。相反,私有集中式区块链需要一个高置信的中央权威实体来管理区块链。作为两者的折中,联盟区块链则试图通过建立一个高置信的参与者群体来维护交易,从而减轻公共链和私有链之间严格划分的情况,实现二者的折中。

除此之外,基于区块链的系统以去中心化、不可篡改性、完整性和可审计性[34]为特征。如上所述,去中心化是指区块链数据和数据的管理如何在参与者之间分布。只有保证区块链数据的完整性才能在参与者之间建立信任。如果不能保证完整性,区块链数据就会发生冲突或遭到恶意参与者侵害。此外,区块链数据对网络不同部分中各方的可见性有助于实现基于区块链的应用程序中数据的可审计性和可追溯性。

18.2.5 脆弱性

区块链存在许多攻击面,使用区块链的服务和应用程序都会受到漏洞的影响。区块链的漏洞大致可分为协议漏洞(包括区块链架构问题和区块链协议问题)和智能合约漏洞(包括智能合约编程语言问题和执行合约的虚拟机问题)。

18.2.5.1 协议漏洞

区块链的目标是在参与者之间分发一个不可篡改的数据区块链。但是恶意参与者可能会出于自身利益而破坏数据块的完整性,从而危及此目的的达成。下面将介绍一些特定于区块链的攻击,区块链同时也可能容易受网络层攻击。此类攻击包括 DNS 攻击和分布式拒绝服务攻击等[46]。

(1)"女巫攻击"与"自私挖矿"。

一个分叉是指两组参与者在其链中有不同的区块,从而创建了两个相互竞争的链分支。分叉分为预先确定的硬分叉和无预警出现的软分叉。极少数情况下,硬分叉可能是合法创建的,参与者给需要新区块链网络的应用创建一个新分支。例如,2017 年比特币现金加密货币[47]由一群比特币开发人员建立,作为经典比特币的硬分叉以增加区块的大小。

然而,软分叉是协议错误的结果。这可能是无意的,也可能是恶意节点试图破坏区块链完整性的结果。例如,"女巫攻击"[48],一个恶意实体使用多个系统身份来不公平地推广一个不诚实区块;"自私挖矿攻击"[49],一群串通的参与者迫使剩余的诚实参与者浪费其计算资源,从而促使诚实参与者加入不诚实群体。

(2)多数攻击。

多数攻击(51%攻击)旨在打破共识,从而为票数超过总体半数以上的不诚实群体谋利。更具体地说,多数人攻击的目标是基于多数投票的共识过程。例如攻击的目标是通过将错误的区块注入区块链来逆转交易。例如不诚实群体可以首先出售比特币,然后撤销出售交易,最后同时保留比特币和销售收益[50]。

18.2.5.2 智能合约漏洞

基于区块链的智能合约的两种主要漏洞类型是编程语言中的漏洞和运行合约代码的虚拟机中的漏洞[51]。具体来说,智能合约是计算机程序,在参与者计算节点上的虚拟机上执行。因此,智能合约会受到漏洞的影响并暴露出新的攻击面。下面,我们将介绍以太坊区块链及其编程语言 Solidity 中此类漏洞的一些示例,以及更多信息来源。

(1) 未知调用。

如果无法在目标合约中找到具有给定签名的函数,远程函数将调用默认回退(Fallback)函数。通过巧妙地利用回退机制,恶意合约可能在目标合约中注入恶意代码并运行,从而使目标合约的程序流[51]去向难以预测。

(2) 重入攻击。

重入攻击[51]也利用了回退函数,使得恶意合约可以递归消耗另一个智能合约的资产。具体地说,一个公开信用提取接口的智能合约应该在向调用者发送征信证明之前更新其余额。然而,恶意合约可能会设置一个特殊的后退函数,在征信证明到达时触发,再次撤销,再次触发回退,之后以这种方式循环下去。2016 年中期,DAO 攻击①利用这个漏洞窃取了 ca.② 价值 6000 万美元的以太币。

(3) 上溢和下溢攻击。

智能合约编程语言的变量类型可能会遭受上溢和下溢攻击[46,52]。例如,在 Solidity 中,一个 uint256 型变量用 8 位表示,其最小值为 0,最大值为 $2^{256}-1$。如果一个 uint256 型变量的值比最大值大 1,它将回到零,反之亦然。下溢攻击利用了这种特性,通过余额转移将攻击者的余额减到低于最小值,最终获得极高信用度③。

(4) 短地址攻击。

以太坊虚拟机(EVM)有一个与 ERC20 标准④相关的漏洞[46,52]。如果地址小于一定长度,EVM 会在最后用额外的 0 来填充用户地址。如果某个用户地址结尾实际就是 0,攻击者可以利用其地址并删除地址结尾的零来冒充该用户,因为 EVM 会补充确实缺失的 0。此外,这个问题也会增加转移情况后的代币量。

(5) 不可改的错误。

为了维持所有用户信任,智能合约一旦在区块链上发布就不能更改,并根据其程序代码独立运行。因此,如果某个智能合同有漏洞或缺陷,区块链无法直接修复这些漏洞和缺陷,这就导致合约所积累的资源可能存在风险[51]。

(6) 生成随机性。

智能合约有时使用伪随机数,由来自外部来源的种子值生成。然而,这些合

---

① https://www.coindesk.com/understanding-dao-hack-journalists.
② 译者注:区块链业界最大的众筹项目 TheDAO。
③ https://nvd.nist.gov/vuln/detail/CVE-2018-10299.
④ https://eips.ethereum.org/EIPS/eip-20.

约是分布式的，同时在所有参与者节点上部署。因此，大多数情况下，在不同节点上运行的合约函数应该返回相同的结果，否则节点之间就存在相互矛盾的风险。

作为一种解决方案，智能合约通常使用未来区块的哈希值作为其随机种子。如果该种子可用，所有节点的种子都将是相同的，这一方法保证了利用该种子生成的伪随机数都相同。而未来区块的哈希值在合约部署时是未知的，这似乎确保了随机性，但当资源充足时，恶意参与者可能影响区块链的形成，从而在合约部署时未来区块及其哈希值将被知晓[51]。

18.3 区块链的应用

智能合约是最简单的去中心化自动化形式，其最简单、最准确的定义如下：智能合约是一种涉及两方或多方及其数字资产的机制，一部分或全部参与者投入资产，基于某些数据根据某一公式在各方间自动重新分配资产，而这些数据在合约生效时尚不为人所知。

——维塔利克·布特林，2014 年 5 月

基于区块链的应用已经经历了三个主要演进步骤。首先，比特币的成功吸引了加密货币和数字货币资产转移和交换的关注。然而，使用数字货币的社区规模仍然很小。许多问题阻碍了加密货币触及更广泛受众，例如除了进行两个用户之间数字资产的低延迟转移之外，其应用场景有限。

为了支持更广泛应用，人们的注意力转向了基于区块链的智能合约。第一个带有智能合约的区块链是以太坊，它的以太坊虚拟机(EVM)是一个支持任意操作的图灵完备机。通过 EVM，以太坊不仅为智能合约提供了一个平台，同时也为包含多个合约、服务于金融和半金融用例的去中心化应用(Dapp)提供了一个平台。此外，EVM 还可以将很多 Dapp 组合成一个去中心化自治组织(DAO)。DAO 是一个虚拟实体，其整个生命周期都在区块链上执行。

最后，DLT(分布式账本技术)将应用范围从区块链扩展到更通用的分布式账本实现。这些账本可通过调整和修改区块链技术来满足特定应用需求。由于其灵活性，分布式账本技术将变得非常流行，尤其是在物联网应用中。物联网应用中可能会有数以亿计的设备进行交互，需要账本具有高性能和适应性。

物联网 DLT 最著名例子是 IOTA[53]，它是一种以 tangle 结构——一个有向无环图(DAG)——存储交易数据的账本。具体来说，tangle 结构不是区块链中链接数据区块的线性链，而是由交易组成的图，每个交易都指向之前的两个交易。因此，该结构账本相较区块链有明显的性能提升。

18.3.1 物联网应用

当前的集中式物联网系统给供应商带来了高昂的维护成本,同时由于透明原则[①]不利于其安全性[54]。区块链和 DLT 可以通过提供一个智能合约平台来克服这些问题。该平台封装所需功能,并由客户验证操作,从而既促进物联网系统去中心化又提高了其透明度。

智慧城市为区块链和基于 DLT 的物联网技术提供了潜在的垂直应用领域,提高了透明度、民主性、分散化和安全性[55]。其他重要区块链垂直应用领域包括供应链管理、医疗健康和交通运输。

区块链于 2016 年首次用来进行供应链管理[56]。基于区块链的供应链管理为数据交换和跟踪提供了一个可信的环境,有望确保运输中产品的持续质量,同时降低出错可能性。此外,利用智能合约可支持供应链管理流程的透明、自动执行和验证。基于区块链的供应链提供了产品路径的追溯方式,提高了可追溯性,有助于预测需求并降低欺诈和假冒风险。

在医疗健康领域,区块链可以扩充当前系统的通信和管理范围并促进去中心化,包括医院、患者和药房等各方的许多独立应用程序。区块链记录的不可篡改和支持数据来源追溯使得数据审计更简单,提高了存储数据的可追溯性以及对保险交易和患者同意记录等关键数字资产的可管理性。此外,基于区块链的医疗健康应用程序通过其分散式架构以及内置的共识机制和加密方案[58]可提高容错性和安全性。当前基于区块链的医疗健康应用程序包括医疗记录管理、保险索赔流程、远程医疗数据共享、阿片类药物处方跟踪和医疗健康数据存储[59,60]。然而,如果敏感数据存储在区块链上,则需要对其进行保护,以便于验证其有效性。然而只采用简单加密可能还不够强,需要应用到零知识论证方案。

对于交通运输,第一个区块链用例涉及车辆通信和身份管理[61,62],其可以减少对异构车辆网络的信任需求。此外,区块链还可以应用于移动即服务[63]模式,在这种模式下许多移动服务提供商(如出租车、公共交通运营商和私人共享乘车服务提供商)可以聚集在一个用户界面的后端,将重点从以提供商为中心的视角转变为基于用户的视角。基于区块链的移动即服务概念透明且可验证,可通过去信任的区块链协议减少服务提供商的相互信任需求。

18.3.2 安全应用

区块链可以用于安全垂直领域的许多应用,提供去中心化、信任、完整性和

---

① 译者注:消费者在使用智能设备时,后台会跟踪用户记录并提供将其发送给制造商,而制造商可能会分享给第三方以此来分析用户喜好并推送广告。可查阅 https://www.propublica.org/article/own-a-vizio-smart-tv-its-watching-you。

不可篡改性。

举个例子,传统的信誉系统是集中式的,存在单点故障问题。而区块链可以帮助促进系统去中心化[64,65]。参考文献[66]将区块链应用于电子商务的信誉系统的公共数据库来存储从用户对产品/服务提供商的反馈。受到基于区块链信誉系统成功的鼓舞,群智感知[64,67]、车载自组网[68]、机器人[69]和教育[70]等多个应用领域利用使用区块链技术实现信任、隐私保护和数据完整性[71]。

此外,传统的公钥基础设施(PKI)和域名系统(DNS)是基于集中式架构的,需要用户信任,并存在恶意证书、中间人攻击、拒绝服务攻击、DNS 缓存投毒和 DNS 欺骗[72,73]等问题。作为一种去中心化、防篡改的公共数据库,区块链有望解决这些问题。事实上,许多研究为 DNS[73-75]、PKI[73,76-79]和边界网关协议[75,80]提出了基于区块链的解决方案。同时,区块链已经被提议作为一种去信任的信誉系统[81]来取代证书颁发机构,例如域名系统安全扩展(DNSSEC)或安全套接字层(SSL)背后的证书颁发机构。

事件日志为系统中问题、漏洞和事件的存在提供证据[82],是法院调查必不可少的丰富信息来源[83]。因此,有经验攻击者的第一目标就是消除关于攻击历史的跟踪日志[84]。

为了不被篡改,事件日志需要去中心化,并在完整性和可信度[83]方面有出色表现。而区块链可以提供一个去中心化和防篡改的日志系统,保证日志数据的不可篡改性和完整性[85-87]。

对于恶意软件检测,区块链可以作为存储恶意软件数字签名[88-90]的共享数据库,提高了恶意软件检测的准确性并降低其传播可能。

18.4 区块链与 6G

区块链能以多种方式使 6G 网络受益,特别是区块链能提供去中心化、信任管理、数据完整性以及自组织和自我可持续性。

首先,基于去中心化 P2P 网络,区块链可以通过消除某些单点故障来提高 6G 服务的可靠性和可用性。此外,区块链促成一个去信任环境,6G 利益相关者不需要依赖个别权威机构来确保服务的完整性[91]。这样的环境会有很多益处,例如对于使用多个运营商进行连接的异构网络。通过使用区块链,一组服务(可能作为智能合约实现)某种程度上会普遍适用于利益相关者,而无须运营商进行仲裁或移交责任。

其次,区块链能保证数据的完整性。6G 业务事件可以存储在区块链上,保证这些业务对第三方的可审计性和可追溯性。

基于区块链的智能合约是自治实体,支持自组织和自我持续。具体地说,网络中的自组织目的是简化其管理流程并加以优化。智能合约可以观察6G业务的操作环境,定义触发条件,并根据这些触发器启动操作以调整操作环境。此外,合约可以跨越利益相关者边界,以去信任操作确保公平,把全局优化而不是局部优化当作目标。

举个例子,运用频谱共享或资源管理作为自组织合约,网络可以高效响应系统需求。此外,智能合约可以管理访问控制,跟踪访问条件,并跟踪存储在区块链上的数据资产等关键资产的访问历史。

区块链对6G选定的使能技术以及预期6G业务的影响将在下面的小节中进一步详述。

18.4.1 使能技术

(1)网络功能虚拟化。

网络功能虚拟化(NFV)是指用易部署、迁移和链接在一起的虚拟化组件(虚拟化网络功能、VNF)替换负载平衡器或防火墙等固定网络组件。由此,NFV可减少定制硬件需求并简化网络管理流程,可降低资本和运营费用。

然而,分布式系统中VNF的编排存在几个漏洞。为识别和跟踪潜在安全事件,NFV需要通信流量和VNF更新历史记录可审计和可追溯。这些信息可以由基于区块链的应用程序管理[92]。此外,区块链可以给NFV提供身份验证、访问控制、权限管理、资源管理,给异构NFV利益相关者提供一种去信任环境[93]。

(2)云计算。

云计算是指一种计算模型,其中计算资源,如网络、服务器、存储、应用程序和相关服务,集中在无处不在、方便且按需获取的资源池中,可通过互联网普遍访问,并以最少的管理工作量提供给需要此类资源的人[94]。对于移动网络,云计算为NFV以及C-RAN提供了一种平台,平台中的某些基站功能集中于基站资源池[95]。

区块链可以通过验证利益相关者的身份和控制数据访问[96]以及存储访问日志等元数据[97]来为6G中基于云的服务提供安全性、可追溯性和源头查询。此外,参考文献[98,99]基于供应商、网络运营商和网络用户之间的去中心化三方协议,提出了一种基于区块链的架构,可用于光网络上的可信云无线电。

参考文献[100]研究的另一个增强信任应用是在许可区块链上使用智能合约。该应用为物联网设备构建一个安全可靠的环境以交易资产,并使其免受DDoS攻击。此外,参考文献[101]提出了基于区块链的物联网访问控制分布式密钥管理架构,该架构包括一个云系统和一组雾系统。最后,参考文献[102]提出了智能合约,用于最小化由多个云服务提供商组成的联邦云环境中的违规检测漏洞。

(3)边缘计算。

边缘计算旨在降低设备和基于云应用程序之间的通信延迟,同时降低数据速率并提高隐私性。上述性能是通过在设备、网络中心或基站附近的计算服务器和云之间统一连续分布基于云的应用程序来实现[15,16,103]。

区块链可作为改善边缘计算许多方面的潜在解决方案[104]。例如,参考文献[105]提出了一种基于在边缘服务器上运行的联盟区块链的认证方案。该方案通过在链上存储身份验证数据和事件日志来保证来源和可追溯性,而智能合约为身份验证服务提供了可靠机制。此外,参考文献[106]研究了智能电网的匿名认证和密钥协商协议,其中智能合约记录公钥为更新等关键操作提供自主触发器。

除此之外,许多研究提出了用于边缘资源编排和代理的区块链[107-109],智能合约为资源销售和分配提供了一个可信的市场,并保留交易记录。参考文献[110]提出了一种在异构多访问边缘计算(MEC)系统中维护拓扑隐私的可信跨域路由方案,而参考文献[111]研究了一种提供元数据提取、存储、分析和访问控制的智能合约应用。

(4)联邦学习。

联邦学习是一种分布式机器学习体系结构。网络中的每个节点都训练一个基于局部数据的神经网络模型,并假设该模型在节点间独立同分布。中心节点在保证用户隐私的前提下,将所有本地模型聚合成一个全局模型,并将全局模型分发回本地节点[112]。

如上所述,联邦学习提出了一种集中式体系结构,需要中心节点与全局模型存储之间的协作。而区块链可以促进该体系结构去中心化[113-115],避免显式合作和单点故障。此外,在区块链上跟踪模型的生命周期以及访问这些模型可以提高透明度和信任度[116]。

此外,区块链可以在鼓励本地节点参与模型共享的同时避免搭便车问题[117],并管理节点的声誉系统,以确保高质量本地模型[117]。最后,区块链可以为本地模型训练[118]提供分布式架构,也可以为从分布式大型数据池[119]中转移高质量数据的联邦学习应用程序提供分布式存储。

18.4.2 6G服务

频谱共享和管理。大数据处理、多媒体流和AR/VR/XR等数据密集型业务和应用需要高性能数据传输能力,然而物理限制可能会给旨在支持这些服的 5G 网络运营商带来障碍[120]，此外频谱碎片化和当前的固定频谱分配政策降低了频谱资源的可用性[121]。而区块链可以通过两个特定链上应用:安全数据库和自组织频谱市场[122]来缓解频谱管理压力。

首先，区块链可以为频谱管理提供一个公共的安全数据库。由于区块链保证了所包含数据的完整性，它可以记录电视空白频段和其他频段[123]信息。此外，区块链可以存储免授权频段的访问历史，促进用户之间的公平。同时主用户(PU)和次级用户(SU)之间的频谱拍卖结果和交易也可以存储在链上，以防止主用户欺诈，确保拍卖付款的不可否认性，并防止次级用户未经授权的访问[124,125]。

其次，去中心化和基于感知的动态频谱访问可以采用区块链存储频谱感知数据，以支持次级用户选择利用率低的频段[126]。在这样的解决方案中，SU 不仅是感知节点，还是成熟的区块链参与者，为共识和验证区块做出贡献。可以使用比如类似基于区块链的加密货币奖励的激励策略鼓励 SU 参与。

此外，作为基于区块链的智能合约实现的频谱管理机制能够实现自组织。一个自组织的频谱与实现诸如频谱传感服务或传输容量[127,128]交易等服务有着复杂联系。具体来说，主用户通过智能合约确定要求和策略，而传感设备随后同意并加入这些合约。因此，移动网络运营商可以从终端购买频谱感知服务，从而减少部署频谱传感器的资本支出。

最后，自组织的频谱管理器还可以为频谱市场提供身份和可信度管理服务[129]。服务寻求者在链上注册，并且访问凭证可以跨运营商边界进行验证。

(1)信息共享。

不断上升的数据速率要求数据在用户之间安全有效共享。区块链提供了一种透明、不可篡改、去信任和去中心化存储，可以减轻共享[130]带来的负担。虽然高昂的成本开销导致在区块链中存储实际内容可能不可行，但区块链可以管理数据访问，尤其是密钥管理。例如，参考文献[131]以及参考文献[132]提出了通过智能合约管理敏感数据访问的解决方案，而参考文献[133]研究了许可区块链上的智能合约以管理用户授权。

(2)资源管理。

当前的资源管理解决方案是集中式的，引入了单点故障问题。然而，5G 和 6G 中分散的异构网络需要分布计算、容量和带宽，这需要高效的资源管理能力。例如，区块链无线接入网[134,135]平衡了移动网络中的频谱使用情况。智能合约能根据成本、需求和服务时间来控制对网络的访问。

(3)干扰管理。

一个小蜂窝中同一频谱上运行的设备可能会干扰彼此的连接，从而降低整体服务质量。参考文献[136]旨在利用基于区块链的激励方案[136]来实现最佳干扰管理。此外,为了用户设备的利益,区块链可以为跨层干扰和控制对该数据的访问提供分布式数据库[137]。

(4)D2D 通信。

在物联网设备部署数量快速增长的趋势下,设备到设备(D2D)通信量预计在未来几年[138]将显著增加。区块链可以为 D2D 通信提供去信任环境,对各方进行身份验证和授权,缓存各方数据并确保通信的完整性[139,140]。

(5)网络切片。

网络切片是一种在物理移动网络上创建具有可预测关键性能指标的虚拟信道的方法。这些指标针对需要保证性能的客户和用例,例如关键通信网络[141]。作为 NFV 的一个用例,网络切片还可提供 VNF 和虚拟网络的统一视图[142]。

许多研究提议以安全、自动和可扩展的方式使用区块链进行网络切片代理和资源管理[143-145]。此外,区块链可以为利益相关者提供一种去信任的环境[146]。

18.5 挑战

区块链与 6G 移动网络的集成虽然提供了许多机会,但也并非没有挑战,尤其是在隐私、安全和性能方面。区块链固有的透明性可以建立信任并促进可验证性和可追溯性,但事实上它也可能会影响参与者的隐私。

此外,区块链系统的安全性不仅基于密码算法,还基于共识的安全性和活跃性。安全性保证了网络在多个故障参与者在场时的一致性。活跃性确保网络始终保持在决定接收或拒绝消息的状态。这些特征与共识的性质有关,如有效性、完整性/协议和终止[147,148]。通过共识机制,我们实现了去中心化,但降低了性能。

事实上,对性能的影响是区块链在 6G 中应用的主要研究方向之一。对于需要极低延迟的应用来说,区块链并不是最佳选择。特别是共识机制需要大量的局部计算来实现验证、提案、共识计算和相关加密任务。此外,由于没有中心管理机构(由于去中心化特性),区块链协议会因建立共识所需的数据传输而产生高昂的带宽开销成本。例如,区块链交易向所有参与者传输两次,首先是在交易中,然后是在确认的区块中。此外,虽然零知识论证方案等密码协议可以缓解隐私问题,但它们的应用将进一步影响系统性能。

最后,因为要将链上数据视为有效,可能需要收集多个区块,分叉也会损害区块链的性能[149]。例如,比特币的分叉解决方案是在决定某一区块是否有效,要根据之前的七个连续区块的集合[150]判定。根据区块序列的等待期时长，系统可以决定获得最多参与者认可的分支。例如，在比特币中，最长的分支会引起系统最强大计算的注意。

尽管如此，由于需要大量计算开销，类似于比特币的 PoW 共识机制对于 6G 的应用来说并非最优。需要一种更有效的共识机制以降低区块确认延迟。目前有诸如权益证明之类的替代方案，但需要进一步研究，确定它们用于本章所介绍服务的效率。

18.6 本章小结

区块链是下一代移动网络的潜在技术。6G 以前所未有的速度、容量、延迟和连接性扩充了区块链的领域和应用。相应地，利用区块链可提供具有去中心化、去信任、透明性、数据完整性和自组织性等特点的 6G 服务。

本章介绍了区块链技术的主要内容，包括体系结构、数据模型和漏洞。重点介绍了一些与移动网络相关的应用，并考虑了 6G 和区块链在使能技术和 6G 服务间的交集。最后，讨论了基于区块链应用的固有挑战，特别是在隐私、安全性和性能方面的挑战。

参 考 文 献

[1] NAKAMOTO S. Bitcoin: a peer-to-peer electronic cash system[R]. Manubot, 2008.

[2] PERBOLI G, MUSSO S, ROSANO M. Blockchain in logistics and supply chain: a lean approach for designing real-world use cases[J]. IEEE Access, 2018(6): 62018-62028.

[3] TIJAN E, AKSENTIJEVIC S, IVANIC K, et al. Blockchain technology implementation in logistics[J]. Sustainability, 2019, 11(4): 1185.

[4] BARBIERI M, GASSEN D. Blockchain-can this new technology really revolutionize the land registry system? [C]// Responsible Land Governance: Towards an Evidence Based Approach: Proceedings of the Annual World Bank Conference on Land and Poverty (2017): 1-13.

[5] THAKUR V, DOJA M, DWIVEDI Y K, et al. Land records on blockchain for implementation of land titling in India[J]. Int. J. Inf. Manag, 2020(52): 101940.

[6] DANIEL D, IFEJIKA SPERANZA C. The role of blockchain in documenting land users' rights: the canonical case of farmers in the vernacular land market[J]. Front. Blockch, 2020(3): 19.

[7] JEONG S, DAO N N, LEE Y, et al. Blockchain based billing system for electric vehicle and charging station[C]//2018 Tenth International Conference on Ubiquitous and Future

Networks (ICUFN) (IEEE, Piscataway, 2018): 308 – 310.

[8] ZHANG H, DENG E, ZHU H, et al. Smart contract for secure billing in ride – hailing service via blockchain[J]. Peer – to – Peer Netw. Appl,2019,12(5):1346 – 1357.

[9] AAZHANG B, AHOKANGAS P, LOVÉN L, et al. , Key drivers and research challenges for 6G ubiquitous wireless intelligence (White Paper), 1st edn[D]. 6G Flagship, (University of Oulu, Oulu, 2019).

[10] ZHANG Z, XIAO Y, MA Z, et al. 6G wireless networks: vision, requirements, architecture, and key technologies[J]. IEEE Vehic. Technol. Mag,2019,14(3):28 – 41.

[11] YANG P, XIAO Y, XIAO M, et al. 6G wireless communications: vision and potential techniques[J]. IEEE Netw,2019, 33(4):70 – 75.

[12] STRINATI E C, BARBAROSSA S, GONZALEZ – JIMENEZ J L, et al. 6G: The next frontier (2019) [EB/OL]. Preprint arXiv:1901.03239.

[13] SAAD W, BENNIS M, CHEN M. A vision of 6G wireless systems: applications, trends, technologies, and open research problems (2019) [EB/OL]. Preprint arXiv: 1902.10265.

[14] DOCOMO N. White paper 5G evolution and 6G. Accessed, vol. 1 (2020) [R].

[15] LOVÉN L, LEPPÄNEN T, PELTONEN E, et al. Edgeai: a vision for distributed, edge – native artifificial intelligence in future 6G networks[C]//The 1st 6G Wireless Summit Levi, Finland (2019): 1 – 2.

[16] PELTONEN E, BENNIS M, CAPOBIANCO M, et al. 6G white paper on edge intelligence (2020) [EB/OL]. Preprint arXiv:2004.14850.

[17] DAI Y, XU D, MAHARJAN S, et al. Blockchain and deep reinforcement learning empowered intelligent 5G beyond[J]. IEEE Netw,2019,33(3):10 – 17.

[18] AHMAD I, KUMAR T, LIYANAGE M, et al. Overview of 5G security challenges and solutions[J]. IEEE Commun. Stand. Mag,2018, 2(1):36 – 43.

[19] NGUYEN T, TRAN N, LOVEN L, et al. Privacy – aware blockchain innovation for 6G: challenges and opportunities[C]//2020 2nd 6G Wireless Summit (6G SUMMIT) (IEEE, Piscataway, 2020):1 – 5.

[20] BURKHARDT F, PATACHIA C, LOVÉN L, et al. 6G White paper on validation and trials for verticals towards 2030's[D]. 6G Flagship (University of Oulu, Oulu, 2020)

[21] LU Y, ZHENG X. 6G: a survey on technologies, scenarios, challenges, and the related issues[J]. J. Ind. Inf. Integr,2020(19):100158.

[22] DAVENPORT R. Distributed database technology—a survey[J]. Comput. Netw. (1976) [J]. 1978, 2(3): 155 – 167.

[23] HABER S, STORNETTA W S. How to time – stamp a digital document[C]//Conference on the Theory and Application of Cryptography (Springer, Berlin, 1990): 437 – 455.

[24] BAYER D, HABER S, STORNETTA W S. Improving the effifificiency and reliability of digital time stamping[M]//Sequences II. Berlin: Springer, 1993:329 – 334.

[25] MERKLE R C. A digital signature based on a conventional encryption function[C]// Conference on the Theory and Application of Cryptographic Techniques (Springer, Berlin, 1987): 369-378.

[26] MAZIERES D, SHASHA D. Building secure fifile systems out of byzantine storage [C]//Proceedings of the Twenty-First annual Symposium on Principles of Distributed Computing (2002):108-117.

[27] LI J, KROHN M N, MAZIERES D, et al. Secure untrusted data repository (SUNDR) [C]//OSDI, vol. 4 (2004): 9.

[28] DAI W. B-money. Consulted 1, 2012 (1998) [Z].

[29] FINNEY H. Rpow-reusable proofs of work [EB/OL]. Internet https://cryptome.org/rpow.htm (2004).

[30] COCKS C C. A note on non-secret encryption[Z]. CESG Memo ,1973.

[31] BROWN K. Announcing approval of federal information processing standard (fifips) 197, advanced encryption standard (aes)[R]. National Institute of Standards and Technology, Commerce,2002.

[32] SZABO N. The idea of smart contracts[Z]//Nick Szabo's Papers Concise Tutorials, vol. 6 ,1997.

[33] WOOD G, et al. Ethereum: a secure decentralised generalised transaction ledger [J]. Ethereum Project Yellow Paper ,2014,151(2014):1-32.

[34] BELOTTI M, BOŽIC N, PUJOLLE G, et al. A vademecum on blockchain technologies: when, which, and how[J]. IEEE Commun. Surveys Tutor,2019,21(4):3796-3838.

[35] BROWN R G, CARLYLE J, GRIGG I, et al. Corda: an introduction. R3 CEV 1, 15 (2016) [Z].

[36] ANDROULAKI E, BARGER A, BORTNIKOV V, et al Hyperledger fabric: a distributed operating system for permissioned blockchains[C]// Proceedings of the Thirteenth EuroSys Conference (2018):1-15.

[37] XIAO Y, ZHANG N, LOU W, et al. A survey of distributed consensus protocols for blockchain networks[J]. IEEE Commun. Surveys Tutor,2020,22(2):1432-1465.

[38] LAMPORT L, SHOSTAK R, PEASE M. The byzantine general's problem[J]. ACM Trans. Program. Lang. Syst,1982,4(3):382-401.

[39] DWORK C, NAOR M. Pricing via processing or combatting junk mail[C]// Annual International Cryptology Conference (Springer, Berlin, 1992):139-147.

[40] JAKOBSSON M, JUELS A. Proofs of work and bread pudding protocols[M]// Secure Information Networks. Berlin: Springer, 1999:258-272.

[41] CASTRO M, LISKOV B, et al. Practical byzantine fault tolerance[C]// e Proceedings of the Third Symposium on Operating Systems Design and Implementation, vol. 99 (1999):173-186.

[42] MURATOV F, LEBEDEV A, IUSHKEVICH N, et al. YAC: BFT consensus algorithm

for blockchain (2018) [EB/OL]. Preprint arXiv:1809. 00554.

[43] LIN I C, LIAO T C. A survey of blockchain security issues and challenges[J]. IJ Netw. Security,2017, 19(5):653 – 659.

[44] ZHENG Z, XIE S, DAI H N, et al. Blockchain challenges and opportunities: a survey [J]. International Journal of Web and Grid Services,2018, 14(4):352 – 375. (Inderscience Publishers (IEL), 2018)

[45] WANG W, HOANG D T, HU P, et al. A survey on consensus mechanisms and mining strategy management in blockchain networks[J]. IEEE Access,2019(7):22328 – 22370.

[46] SAAD M, SPAULDING J, NJILLA L, et al. Exploring the attack surface of blockchain: a comprehensive survey[J]. IEEE Commun, Surveys Tutor,2020(22):1977 – 2008.

[47] JAVARONE M A, WRIGHT C S. From bitcoin – to – bitcoin cash: a network analysis [C]// Proceedings of the 1st Workshop on Cryptocurrencies and Blockchains for Distributed Systems (2018):77 – 81.

[48] DOUCEUR J R. The sybil attack[M]// International Workshop on Peer – to – Peer Systems. Berlin: Springer, 2002:251 – 260.

[49] EYAL I, SIRER E G. Majority is not enough: bitcoin mining is vulnerable[J]. Commun. ACM,2018, 61(7): 95 – 102.

[50] LI X, JIANG P, CHEN T, et al. A survey on the security of blockchain systems [J]. Future Gener. Comput. Syst,2017(107): 841 – 853.

[51] ATZEI N, BARTOLETTI M, CIMOLI T. A survey of attacks on ethereum smart contracts (SOK)[C]// International Conference on Principles of Security and Trust. Berlin: Springer, 2017:164 – 186.

[52] CHEN H, PENDLETON M, NJILLA L, et al. A survey on ethereum systems security: vulnerabilities, attacks, and defenses[J]. ACM Comput. Surveys,2020, 53(3):1 – 43.

[53] POPOV S, SAA O, FINARDI P. Equilibria in the Tangle[J]. Computers & Industrial Engineering ,2019(136):160 – 172. (Elsevier, 2019)

[54] CHRISTIDIS K, DEVETSIKIOTIS M. Blockchains and smart contracts for the internet of things[J]. IEEE Access,2016(4):2292 – 2303.

[55] XIE J, TANG H, HUANG T, et al. A survey of blockchain technology applied to smart cities: research issues and challenges[J]. IEEE Commun. Surveys Tutor,2019,21(3): 2794 – 2830.

[56] TIAN F. An agri – food supply chain traceability system for china based on RFID & blockchain technology[C]//2016 13th International Conference on Service Systems and Service Management (ICSSSM) (IEEE, Piscataway, 2016):1 – 6.

[57] DUJAK D, SAJTER D. Blockchain applications in supply chain[M]//SMART Supply Network. Berlin: Springer, 2019:21 – 46.

[58] HÖLBL M, KOMPARA M, KAMIŠALIC A, et al. A systematic review of the use of blockchain in healthcare[J]. Symmetry,2018, 10(10):470.

[59]KUO T T, KIM H E, OHNO-MACHADO L. Blockchain distributed ledger technologies for biomedical and health care applications[J]. J. Am. Med. Inf. Assoc,2017,24(6): 1211-1220.

[60]ZHANG P, SCHMIDT D C, WHITE J, et al. Blockchain technology use cases in healthcare [C]// Advances in Computers, vol. 111 (Elsevier, Amsterdam, 2018): 1-41.

[61]LEI A, CRUICKSHANK H, CAO Y, et al. Blockchain-based dynamic key management for heterogeneous intelligent transportation systems[J]. IEEE Int. Things J,2017, 4(6):1832-1843.

[62]LI L, LIU J, CHENG L, et al. Creditcoin: a privacypreserving blockchain-based incentive announcement network for communications of smart vehicles[J]. IEEE Trans. Intell. Transport. Syst,2018,19(7): 2204-2220.

[63]NGUYEN T H, PARTALA J, PIRTTIKANGAS S. Blockchain-based mobility-as-a-service[C]//2019 28th International Conference on Computer Communication and Networks (ICCCN) (IEEE, Piscataway, 2019):1-6.

[64]ZHAO K, TANG S, ZHAO B, et al. Dynamic and privacy-preserving reputation management for blockchain-based mobile crowdsensing[J]. IEEE Access ,2019(7): 74694-74710.

[65]LEE Y, LEE K M, LEE S H. Blockchain-based reputation management for custom manufacturing service in the peer-to-peer networking environment[J]. Peer-to-Peer Netw. Appl,2020,13(2):671-683.

[66]SCHAUB A, BAZIN R, HASAN O, et al. A trustless privacy-preserving reputation system[C]//IFIP International Conference on ICT Systems Security and Privacy Protection. Berlin: Springer, 2016:398-411.

[67]LI M, WENG J, YANG A, et al. Crowdbc: a blockchain-based decentralized framework for crowdsourcing[J]. IEEE Trans. Parallel Distrib. Syst,2018,30(6): 1251-1266.

[68]YANG Z, YANG K, LEI L, et al. Blockchain-based decentralized trust management in vehicular networks[J]. IEEE Int. Things J,2018, 6(2):1495-1505.

[69]DORIGO M, et al. Blockchain technology for robot swarms: a shared knowledge and reputation management system for collective estimation[C]// Swarm Intelligence: 11th International Conference, ANTS 2018, Rome, Italy, October 29-31, 2018. Proceedings, vol. 11172 (Springer, Berlin, 2018): 425.

[70]SHARPLES M, DOMINGUE J. The blockchain and kudos: a distributed system for educational record, reputation and reward[C]// European Conference on Technology Enhanced Learning. Berlin: Springer, 2016:490-496.

[71]BELLINI E, IRAQI Y, DAMIANI E. Blockchain-based distributed trust and reputation management systems: a survey[J]. IEEE Access,2020(8):21127-21151.

[72]YU J, RYAN M. Evaluating web pkis[C]//Software Architecture for Big Data and the Cloud (Elsevier, Amsterdam, 2017):105-126.

[73] KARAARSLAN E, ADIGUZEL E. Blockchain based DNS and PKI solutions[J]. IEEE Commun. Stand. Mag,2018,2(3):52-57.

[74] FROMKNECHT C, VELICANU D, YAKOUBOV S. A decentralized public key infrastructure with identity retention[J]. IACR Cryptol. ePrint Arch,2014(2014):803.

[75] HARI A, LAKSHMAN T. The internet blockchain: a distributed, tamper-resistant transaction framework for the internet[C]// Proceedings of the 15th ACM Workshop on Hot Topics in Networks (2016):204-210.

[76] AXON L, GOLDSMITH M. PB-PKI: a privacy-aware blockchain-based PKI[C/OL]//Proceedings of the 14th International Joint Conference on e-Business and Telecommunications-SECRYPT, (ICETE 2017) (SciTePress, 2017). pp. 311-318. https://doi.org/10.5220/0006419203110318.

[77] ALEXOPOULOS N, DAUBERT J, MÜHLHÄUSER M, et al. Beyond the hype: on using blockchains in trust management for authentication[C]// 2017 IEEE Trustcom/BigDataSE/ICESS (IEEE, Piscataway, 2017):546-553.

[78] LONGO R, PINTORE F, RINALDO G, et al. On the security of the blockchain bix protocol and certifificates[C]//2017 9th International Conference on Cyber Conflflict (CyCon) (IEEE, Piscataway, 2017): 1-16.

[79] ORMAN H. Blockchain: the emperors new PKI? [J]. IEEE Int. Comput,2018,22(2):23-28.

[80] SAAD M, ANWAR A, AHMAD A, et al. Routechain: towards blockchain-based secure and effificient BGP routing[C]//2019 IEEE International Conference on Blockchain and Cryptocurrency (ICBC) (IEEE, Piscataway, 2019):210-218.

[81] VYSHEGORODTSEV M, MIYAMOTO D, WAKAHARA Y. Reputation scoring system using an economic trust model: a distributed approach to evaluate trusted third parties on the internet[C]//2013 27th International Conference on Advanced Information Networking and Applications Workshops (IEEE, Piscataway, 2013):730-737.

[82] REILLY D, WREN C, BERRY T. Cloud computing: Forensic challenges for law enforcement[C]//2010 International Conference for Internet Technology and Secured Transactions (IEEE, Piscataway, 2010): 1-7.

[83] ZAWOAD S, DUTTA A, HASAN R. Towards building forensics enabled cloud through secure logging-as-a-service[J]. IEEE Trans. Depend. Secure Comput,2016,13(1):1.

[84] BELLARE M, YEE B. Forward-security in private-key cryptography[C]// Cryptographers' Track at the RSA Conference. Berlin: Springer, 2003: 1-18.

[85] CUCURULL J, PUIGGALÍ J. Distributed immutabilization of secure logs[C]//International Workshop on Security and Trust Management. Berlin: Springer, 2016: 122-137.

[86] POURMAJIDI W, MIRANSKYY A. Logchain: blockchain-assisted log storage[C]//in 2018 IEEE 11th International Conference on Cloud Computing (CLOUD) (IEEE, Piscat-

away, 2018):978-982.

[87] SUTTON A, SAMAVI R. Blockchain enabled privacy audit logs[C]//International Semantic Web Conference. Berlin: Springer, 2017: 645-660.

[88] NOYES C. Bitav: fast anti-malware by distributed blockchain consensus and feedforward scanning (2016) [EB/OL]. Preprint arXiv:1601.01405.

[89] GU J, SUN B, DU X, et al. Consortium blockchain-based malware detection in mobile devices[J]. IEEE Access,2018(6):12118-12128.

[90] FUJI R, USUZAKI S, ABURADA K, et al. Investigation on sharing signatures of suspected malware fifiles using blockchain technology[C]//International Multi Conference of Engineers and Computer Scientists (IMECS) (2019):94-99.

[91] Ylianttila M, Kantola R, Gurtov A, et al. 6G white paper: Research challenges for trust, security and privacy (2020) [EB/OL]. Preprint arXiv:2004.11665.

[92] REBELLO G A F, ALVARENGA I D, SANZ I J, et al. Bsec-nfvo: a blockchain-based security for network function virtualization orchestration[C]// ICC 2019-2019 IEEE International Conference on Communications (ICC)(IEEE, Piscataway, 2019):1-6.

[93] ALVARENGA L D, REBELLO G A, DUARTE OCM. Securing confifiguration management and migration of virtual network functions using blockchain[C]// NOMS 2018-2018 IEEE/IFIP Network Operations and Management Symposium (IEEE, Piscataway, 2018):1-9.

[94] MELL P, GRANCE T. The NIST defifinition of cloud computing: Recommendations of the National Institute of Standards and Technology (Computer Security Resource Center, 2012)[Z].

[95] WU J, ZHANG Z, HONG Y, et al. Cloud radio access network (C-RAN): a primer [J]. IEEE Netw,2015, 29(1):35-41.

[96] ZHANG Y, HE D, CHOO K K R. Bads: blockchain-based architecture for data sharing with ABS and CP-ABE in IoT[J/OL]. Wirel. Commun. Mobile Comput,2018: 9. https://doi.org/10.1155/2018/2783658.

[97] ALI S, WANG G, BHUIYAN M Z A, et al. Secure data provenance in cloud-centric internet of things via blockchain smart contracts[C]//2018 IEEE SmartWorld, Ubiquitous Intelligence & Computing, Advanced & Trusted Computing, Scalable Computing & Communications, Cloud & Big Data Computing, Internet of People and Smart City Innovation (SmartWorld/SCALCOM/UIC/ATC/CBDCom/IOP/SCI) (IEEE, Piscataway, 2018): 991-998.

[98] YANG H, ZHENG H, ZHANG J, et al. Blockchain-based trusted authentication in cloud radio over fifiber network for 5G[C]//2017 16th International Conference on Optical Communications and Networks (ICOCN) (IEEE, Piscataway, 2017):1-3.

[99] YANG H, WU Y, ZHANG J, et al. Blockonet: blockchain-based trusted cloud radio over optical fifiber network for 5G fronthaul[C]//Optical Fiber Communication Confer-

ence (Optical Society of America, Washington, 2018: W2A - 25.

[100] YANG H, YUAN J, YAO H, et al. Blockchain - based hierarchical trust networking for jointcloud[J]. IEEE Int. Things J,2019,7(3):1667 - 1677.

[101] MA M, SHI G, LI F. Privacy - oriented blockchain - based distributed key management architecture for hierarchical access control in the IoT scenario[J]. IEEE Access 2019 (7):34045 - 34059.

[102] MALOMO O O, RAWAT D B, GARUBA M. Next - generation cybersecurity through a blockchain enabled federated cloud framework[J]. J. Supercomput,2018,74(10): 5099 - 5126.

[103] HAAVISTO J, ARIF M, LOVÉN L, et al. Open - source RANs in practice: an over - the - air deployment for 5G MEC (2019) [EB/OL]. Preprint arXiv:1905.03883.

[104] YANG R, YU F R, SI P, et al. Integrated blockchain and edge computing systems: a survey, some research issues, and challenges[J]. IEEE Commun. Surveys Tutor, 2019,21(2):1508 - 1532.

[105] GUO S, HU X, GUO S, et al. Blockchain meets edge computing: a distributed and trusted authentication system[J]. IEEE Trans. Ind. Inf,2019 16(3):1972 - 1983.

[106] WANG J, WU L, CHOO K K R, et al. Blockchain - based anonymous authentication with key management for smart grid edge computing infrastructure [J]. IEEE Trans. Ind. Inf,2019,16(3):1984 - 1992.

[107] LIU Y, YU F R, et al. Resource allocation for video transcoding and delivery based on mobile edge computing and blockchain[C]// 2018 IEEE Global Communications Conference (GLOBECOM) (IEEE, Piscataway, 2018): 1 - 6.

[108] XIA C, CHEN H, LIU X, et al. Etra: effifficient three - stage resource allocation auction for mobile blockchain in edge computing[C]// 2018 IEEE 24th International Conference on Parallel and Distributed Systems (ICPADS) (IEEE, Piscataway, 2018):701 - 705.

[109] LIU Y, YU F R, LI X, et al. Decentralized resource allocation for video transcoding and delivery in blockchain - based system with mobile edge computing[J]. IEEE Trans. Vehic. Technol,2019,68(11):11169 - 11185.

[110] YANG H, LIANG Y, YUAN J, et al. Distributed blockchain - based trusted multi - domain collaboration for mobile edge computing in 5G and beyond [J]. IEEE Trans. Ind. Inf,2020(16):7094 - 7104.

[111] RAHMAN M A, RASHID M M, HOSSAIN M S, et al. Blockchain and iot - based cognitive edge framework for sharing economy services in a smart city[J]. IEEE Access ,2019(7):18611 - 18621.

[112] YANG Q, LIU Y, CHEN T, et al. Federated machine learning: concept and applications[J]. ACM Trans. Intell. Syst. Technol,2019,10(2):1 - 19.

[113] PREUVENEERS D, RIMMER V, TSINGENOPOULOS I, et al. Chained anomaly detection models for federated learning: an intrusion detection case study. Appl. Sci,

2018,8(12):2663.

[114] KIM H PARK J, BENNIS M, et al. Blockchained on-device federated learning[J]. IEEE Commun. Lett,2019(24):1279-1283.

[115] WENG J, WENG J, ZHANG J, et al. Deepchain: auditable and privacy preserving deep learning with blockchain-based incentive[J/OL]. IEEE Trans. Depend. Secure Comput, 2019: 1. https://doi.org/10.1109/TDSC.2019.2952332.

[116] LU Y, HUANG X, DAI Y, et al. Blockchain and federated learning for privacy-preserved data sharing in industrial IoT[J]. IEEE Trans. Ind. Inf,2019,16(6):4177-4186.

[117] KANG J, XIONG Z, NIYATO D, et al. Incentive mechanism for reliable federated learning: a joint optimization approach to combining reputation and contract theory[J]. IEEE Int. Things J,2019,6(6):10700-10714.

[118] SHAE Z, TSAI J. Transform blockchain into distributed parallel computing architecture for precision medicine[C]//2018 IEEE 38th International Conference on Distributed Computing Systems (ICDCS) (IEEE, Piscataway, 2018):1290-1299.

[119] DOKU R, RAWAT D B, LIU C. Towards federated learning approach to determine data relevance in big data[C]//2019 IEEE 20th International Conference on Information Reuse and Integration for Data Science (IRI)(IEEE, Piscataway, 2019):184-192.

[120] NGUYEN D C, PATHIRANA P N, DING M, et al. Blockchain for 5G and beyond networks: a state of the art survey[J/OL]. J. Netw. Comput. Appl,2020(166): 102693 (2020). https://doi.org/10.1016/j.jnca.2020.102693.

[121] SHARMA S K, BOGALE T E, LE L B, et al. Dynamic spectrum sharing in 5G wireless networks with full-duplex technology: recent advances and research challenges[J]. IEEE Commun. Surveys Tutor,2017, 20(1):674-707.

[122] LIANG Y C. Blockchain for dynamic spectrum management[M]// Dynamic Spectrum Management. Berlin: Springer, 2020: 121-146.

[123] WEISS M B, WERBACH K, SICKER D C, et al. On the application of blockchains to spectrum management[J]. IEEE Trans. Cognitive Commun. Netw,2019,5(2):193-205.

[124] KOTOBI K, BILÉN S G. Blockchain-enabled spectrum access in cognitive radio networks[C]// 2017 Wireless Telecommunications Symposium (WTS)(IEEE, Piscataway, 2017):1-6.

[125] KOTOBI K, BILEN S G. Secure blockchains for dynamic spectrum access: a decentralized database in moving cognitive radio networks enhances security and user access[J]. IEEE Vehic. Technol. Mag,2018, 13(1):32-39.

[126] PEI Y, HU S, ZHONG F, et al. Blockchain-enabled dynamic spectrum access: cooperative spectrum sensing, access and mining[C]//2019 IEEE Global Communications Conference (GLOBECOM) (IEEE, Piscataway, 2019): 1-6.

[127] BAYHAN S, ZUBOW A, WOLISZ A. Spass: spectrum sensing as a service via smart contracts[C]// 2018 IEEE International Symposium on Dynamic Spectrum Access Net-

works (DySPAN)(IEEE, Piscataway, 2018):1-10.

[128] BAYHAN S, ZUBOW A, GAWŁOWICZ P, et al. Smart contracts for spectrum sensing as a service[J]. IEEE Trans. Cognit. Commun. Netw,2019, 5(3):648-660.

[129] RAJU S, BODDEPALLI S, GAMPA S, et al. Identity management using blockchain for cognitive cellular networks[C]//2017 IEEE International Conference on Communications (ICC)(IEEE, Piscataway, 2017):1-6.

[130] FAN K, REN Y, WANG Y, et al. Blockchain-based effificient privacy preserving and data sharing scheme of content-centric network in 5G[J]. IET Commun,2017,12(5):527-532.

[131] ZHANG X, CHEN X. Data security sharing and storage based on a consortium blockchain in a vehicular ad-hoc network[J]. IEEE Access,2019(7):58241-58254.

[132] WANG S, ZHANG Y, ZHANG Y. A blockchain-based framework for data sharing with fifinegrained access control in decentralized storage systems[J]. IEEE Access,2018(6):38437-38450.

[133] BHASKARAN K, ILFRICH P, LIFFMAN D, et al. Double-blind consent-driven data sharing on blockchain [C]// 2018 IEEE International Conference on Cloud Engineering (IC2E)(IEEE, Piscataway, 2018):385-391.

[134] LE Y, LING X, WANG J, et al. Prototype design and test of blockchain radio access network[C]// 2019 IEEE International Conference on Communications Workshops (ICC Workshops)(IEEE, Piscataway, 2019):1-6.

[135] LING X, WANG J, BOUCHOUCHA T, et al. Blockchain radio access network (B-RAN): towards decentralized secure radio access paradigm[J]. IEEE Access2019(7):9714-9723.

[136] EL GAMAL A, EL GAMAL H. A single coin monetary mechanism for distributed cooperative interference management[J]. IEEE Wirel. CommunLett,2019,8(3):757-760.

[137] LIN D, TANG Y. Blockchain consensus-based user access strategies in D2D networks for data-intensive applications[J]. IEEE Access,2018(6):72683-72690.

[138] JAMEEL F, HAMID Z, JABEEN F, et al. A survey of device-to-device communications: research issues and challenges[J]. IEEE Commun. Surveys Tutor,2018,20(3):2133-2168.

[139] JIANG L, XIE S, MAHARJAN S, et al. Joint transaction relaying and block verifification optimization for blockchain empowered D2D communication [J]. IEEE Trans. Vehic. Technol,2019, 69(1): 828-841.

[140] ZHANG R, YU F R, LIU J, et al. Deep reinforcement learning (DRL)-based deviceto-device (D2D) caching with blockchain and mobile edge computing. IEEE Trans[J]. Wirel. Commun,2020(19):6469-6485.

[141] HÖYHTYÄ M, LÄHETKANGAS K, et al. Critical communications over mobile operators' networks: 5G use cases enabled by licensed spectrum sharing, network

slicing and QoS control[J/OL]. IEEE Access, 2018(6): 73572 – 73582. . https://doi. org/10. 1109/ACCESS. 2018. 2883787.

[142] AFOLABI I, TALEB T, SAMDANIS K, et al. Network slicing and softwarization: a survey on principles, enabling technologies, and solutions[J]. IEEE Commun. Surveys Tutor, 2018, 20(3): 2429 – 2453.

[143] ZANZI L, ALBANESE A, SCIANCALEPORE V, et al. Nsbchain: a secure blockchain framework for network slicing brokerage (2020) [EB/OL]. Preprint arXiv: 2003. 07748.

[144] ADHIKARI A, RAWAT D B, SONG M. Wireless network virtualization by leveraging blockchain technology and machine learning[C]// Proceedings of the ACM Workshop on Wireless Security and Machine Learning (2019): 61 – 66.

[145] RAWAT D B, ALSHAIKHI A. Leveraging distributed blockchain – based scheme for wireless network virtualization with security and qos constraints[C]//2018 International Conference on Computing, Networking and Communications (ICNC) (IEEE, Piscataway, 2018): 332 – 336.

[146] NOUR B, KSENTINI A, HERBAUT N, et al. A blockchain – based network slice broker for 5G services[J]. IEEE Netw. Lett, 2019, 1(3): 99 – 102.

[147] COULOURIS G F, DOLLIMORE J, KINDBERG T. Distributed Systems: Concepts and Design[M]. London: Pearson Education, 2005.

[148] RAYNAL M. Fault – Tolerant Message – Passing Distributed Systems: An Algorithmic Approach[M]. Berlin: Springer, 2018.

[149] WAN L, EYERS D, ZHANG H. Evaluating the impact of network latency on the safety of blockchain transactions[C]//2019 IEEE International Conference on Blockchain (Blockchain) (IEEE, Piscataway, 2019): 194 – 201.

[150] CONTI M, KUMAR E S, LAL C, et al. A survey on security and privacy issues of bitcoin[J]. IEEE Commun. Surveys Tutor, 2018, 20(4): 3416 – 3452.

第19章 量子技术在6G中的作用

近几年,实用量子系统取得了重大进展。业界已成功实现1200km以上距离的量子纠缠,从而显著加快了一些组合问题的解决速度。研究表明,现代通信系统可以借助量子通信技术对某些现有技术进行增强,例如安全密钥分发。但是,量子通信技术暂未成熟,无法跻身技术前沿之列。本章研究量子通信的相关原理,指出量子通信在6G及后续通信演进中的挑战和作用。

19.1 引言

用户连接数量、带宽需求和数据密集型服务的空前增长推动了移动通信从4G向5G的飞跃。特别是,URLLC还有严格的实时要求。着眼于当前提出的6G通信框架,业界提出了几种技术来解决这些问题,包括用于端到端通信的机器学习框架以及量子辅助和纯量子通信框架。本章重点讨论后一内容,并研究相关技术应用。

经典通信和计算使用比特作为最小信息存储单位,比特由逻辑0和逻辑1组成,是所有通信和计算的基础。而量子计算和通信以量子比特为单位,量子比特基于量子现象,可以视为一种泛化。与经典技术不同,量子技术主要存在两种现象:

(1) 状态叠加(薛定谔的猫);
(2) 量子纠缠(幽灵般的超距作用)。

这是量子技术区别于经典技术的原因,本章将在后续内容进行详细介绍。

19.1.1 叠加

在二维空间 $\mathbb{C}^2$ 中,定义正交基向量 $|0\rangle = \begin{bmatrix} 1 \\ 0 \end{bmatrix}$ 和 $|1\rangle = \begin{bmatrix} 0 \\ 1 \end{bmatrix}$ 作为计算基矢。$\mathbb{C}^2$ 中的任意一个向量都可以用基向量的复线性组合表示,例如向量 $a|0\rangle + b|1\rangle$,如果 $|a|^2 + |b|^2 = 1$,则该向量称为量子比特。经典计算只存在 $|0\rangle$ 和 $|1\rangle$ 两种状态,而量子计算可以将量子比特置于叠加态 $|\psi\rangle = a|0\rangle + b|1\rangle$,叠加态的存在可以有效提高计算能力,本章后续内容将会涉及。

算子是向量到向量的映射,量子计算主要涉及线性等距算子中的一种,即酉算子。对于量子比特,Pauli 算子是 $\mathbb{C}^2$ 中所有线性算子的基础,包括 4 个酉算子:

(1) 恒等算子 $I = \begin{bmatrix} 1 & 0 \\ 0 & 1 \end{bmatrix}$,此运算不会以任何方式改变向量;

(2) 比特翻转算子 $X = \begin{bmatrix} 0 & 1 \\ 1 & 0 \end{bmatrix}$,此运算将 $|0\rangle$ 翻转为 $|1\rangle$,反之亦然;

(3) 相位翻转算子 $Z = \begin{bmatrix} 1 & 0 \\ 0 & -1 \end{bmatrix}$,此运算保留基本状态 $|0\rangle$ 不变,将 $|1\rangle$ 进行翻转;

(4) Y 算子 $Y = \begin{bmatrix} 0 & -i \\ i & 0 \end{bmatrix}$,其中,$i = \sqrt{-1}$,此运算本质上是比特翻转算子和相位翻转算子的组合,即 iXZ。

需要注意的是,所有 Pauli 算子都具有酉性和自反性。本章后续讨论的应用将使用这些算子。

建立叠加时会涉及一个重要的算子,即 Hadamard 算子(或 Hadamard 门) $H = \frac{1}{\sqrt{2}} \begin{bmatrix} 1 & 1 \\ 1 & -1 \end{bmatrix}$。在计算基矢上运算 Hadamard 门不仅会产生叠加态,还会产生一个新的正交基,正交基表示如下:

$$|+\rangle = H|0\rangle = \frac{1}{\sqrt{2}}(|0\rangle + |1\rangle) \qquad (19-1)$$

$$|-\rangle = H|1\rangle = \frac{1}{\sqrt{2}}(|0\rangle - |1\rangle) \qquad (19-2)$$

Hadamard 门同样具有酉性和自反性。下文将阐述量子比特叠加的定义及其测量。其中,"量子比特"和"状态"一词会交替出现(当量子比特维数不一定为 2 时,"状态"更为通用)。

19.1.2 状态测量

正算子值测量(POVM)是一组非负算子 $\{M_m = E_m^* E_m\}$ 的集合,其中,$\sum_m M_m = I$。根据量子定理,当通过 POVM 测量一个状态(比如 $|\psi\rangle$)时,这意味着量子比特将以概率 $\langle\psi|M_m|\psi\rangle$ 演化到 $\dfrac{E_m|\psi\rangle}{\sqrt{\langle\psi|M_m|\psi\rangle}}$,并且输出测量值 m,其中,$\langle\psi|$ 是 $|\psi\rangle$ 的共轭转置。

当在计算基矢上进行测量时,即 POVM 采用 $M_0 = \begin{bmatrix} 1 & 0 \\ 0 & 0 \end{bmatrix}$ 和 $M_1 =$

$\begin{bmatrix} 0 & 0 \\ 0 & 1 \end{bmatrix}$时,状态$|\psi\rangle=a|0\rangle+b|1\rangle$存在一个有趣的解释。对于测量之前的状态,不能明确地称为$|0\rangle$或$|1\rangle$,而是$|0\rangle$和$|1\rangle$的混合态(参考"薛定谔的猫")。然而,一旦使用上述POVM进行测量,状态将以$|a|^2$的概率塌缩到$|0\rangle$,以及$|b|^2$的概率塌缩到$|1\rangle$。因此,在测量前,不能将其理解为"量子比特为$|0\rangle$的概率是$|a|^2$,为$|1\rangle$的概率是$|b|^2$",两者概念不同。后者称为混合态,业界也进行过相关研究,本章节暂不讨论。

19.1.3 纠缠

量子理论第二个吸引人的特性是量子纠缠。解释量子纠缠至少需要一个包含两个量子比特的系统。通过两个单独空间的张量积,可以将计算基矢扩展到两个(通常为 n 个)量子比特。在有两个粒子的情况下,我们可以将$|00\rangle:=|0\rangle\otimes|0\rangle$、$|01\rangle$、$|10\rangle$和$|11\rangle$作为计算基矢。那么,这是否意味着通过简单的空间之间的张量积可以获得张量系统的所有状态?答案是否定的。由于在线性关系下必须封闭空间,所以存在简单张量积以外的状态,称为纠缠态。下面举例进行说明。

定义以下状态,称为 **Bell** 对或 **Bell** 态

$$|\Phi^+\rangle=\frac{|00\rangle+|11\rangle}{\sqrt{2}},\ |\Phi^-\rangle=\frac{|00\rangle-|11\rangle}{\sqrt{2}} \qquad (19-3)$$

$$|\psi^+\rangle=\frac{|01\rangle+|10\rangle}{\sqrt{2}},\ |\psi^-\rangle=\frac{|01\rangle-|10\rangle}{\sqrt{2}} \qquad (19-4)$$

Bell 态之间相互正交,且为张量空间的基。只需在本地执行一次 Pauli 算子,即可实现两个 Bell 态之间的转换。为了更深入理解纠缠,假设 Alice 和 Bob 共享一个纠缠态$|\Phi^+\rangle$,其中,Alice 拥有第一个量子比特,Bob 拥有第二个。假设 Alice 在她的量子比特计算基矢上进行了一次本地测量,测量结果为 0。那么,即使 Bob 从未接触过他的量子比特,Alice 的测量行为也会迫使 Bob 的量子比特变为$|0\rangle$。这种现象称作幽灵般的超距效应。

使用受控非(CNOT)门可以实现两个量子比特的纠缠。CNOT 门的输入为两个量子比特,例如$|ab\rangle$,其中,$|a\rangle$是控制输入,$|b\rangle$是真实输入。CNOT 门的输出为$|a\rangle|a\oplus b\rangle$,其中,$\oplus$是模二加法。为了生成 Bell 态$|\Phi^+\rangle$,只需将$|+\rangle$作为控制输入,将$|0\rangle$作为真实输入。这样就实现了两个量子比特的纠缠。

19.2 Deutsch–Jozsa 算法

量子计算方法会尝试将所有可能的输入叠加到相关系统,因而常被认为优

于经典计算方法。下面通过 Deutsch 问题,来说明量子计算方法的增益[1]。

令 $\boldsymbol{B}:=\{0,1\}$ 且 $f:\boldsymbol{B}^n \to \boldsymbol{B}$,其中,$f$ 是一个函数,可将 n 位二进制向量映射到二进制符号。如果对于所有输入 $\boldsymbol{x}$,$f(\boldsymbol{x})$ 均为 0 或均为 1,则称 f 为常函数。如果对于严格一半的输入 $\boldsymbol{x}$,$f(\boldsymbol{x})=0$,对另一半 $\boldsymbol{x}$,$f(\boldsymbol{x})=1$,则称 f 为平衡函数。假设存在一个实现此功能的黑盒,称为 f 的数据库(Ŏracle)。函数 f 未知,但是通过提供的任何输入可以对其进行评估(称为查询)。当前问题是需要最小化查询次数,以判断 f 是否为平衡函数。

对于经典计算,在最坏的情况下,该问题的复杂度呈指数级。由于 f 未知,我们只能查询长度为 n 的不同取值的二进制向量,直到输出变化(由 0 变为 1,或由 1 变为 0)或 $2^{n-1}+1$ 个查询结果均相同。使用概率策略可以大幅减少查询次数。

对于量子计算,存在 Deutsch–Jozsa 算法[1],该算法
(1)使用多项式的查询数解决该问题……(好);
(2)其中多项式为常数……(很好);
(3)常数为 1(**非常好!!**)。

为了了解算法改进的程度,假设函数评估一次查询需要时间 1ns。那么当 $n=100$ 时,对于经典系统,在最坏的情况下,需要查询 $2^{99}+1$ 个输入,假设没有开销存在,则需要约 20 万亿年!! 而借助 Deutsch–Jozsa 算法,仅需几纳秒即可得到答案。当 $n=50$ 时,查询时间由数万亿年缩短到约一周,但仍属于计算密集型。若使用并行计算,复杂度将明显降低,最坏情况下为 $2^{n-M}+1$,但仍呈指数级,其中 M 是所使用的机器数量。

Deutsch–Jozsa 算法基于量子 Ŏracle。对于任意函数 $f:\boldsymbol{B}^n \to \boldsymbol{B}$,均可通过算法 1 实现 Oracle,如算法 1 所示。

算法 1   Deutsch–Jozsa 算法

(1)初始化量子比特 $|0\rangle^{\otimes n}|1\rangle$。

(2)让所有量子比特经过 Hadamard 门,状态变为 $\dfrac{1}{2^{n/2}}\sum_{x \in \boldsymbol{B}^n}|\boldsymbol{x}\rangle|-\rangle$,其中 $|\boldsymbol{x}\rangle$ 是量子比特形式下 $\boldsymbol{x}$ 的二进制扩展(n 个比特),例如 $n=4$,则 $|9\rangle=|1001\rangle$。当前输入为所有可能的长度为 n 的二进制输入的统一叠加。

(3)将上述量子比特输入量子 Ŏracle,经过一些简单的运算得到

$$\frac{1}{2^{n/2}}\sum_{x \in \boldsymbol{B}^n}(-1)^{f(\boldsymbol{x})}|\boldsymbol{x}\rangle|-\rangle \tag{19-5}$$

(4)丢弃最后一个量子比特,并让剩余的所有量子比特经过 Hadamard 门,得到状态

$$\frac{1}{2^n}\sum_{x \in \boldsymbol{B}^n}\sum_{y \in \boldsymbol{B}^n}(-1)^{f(\boldsymbol{x})+\boldsymbol{x}^T\boldsymbol{y}}|\boldsymbol{y}\rangle \tag{19-6}$$

式中:$\boldsymbol{x}^T\boldsymbol{y}=\sum_{i=1}^{n}x_i y_i \bmod 2$。

(5)测量 $|0\rangle^{\otimes n}$ 状态。如果 f 为常函数,则测量结果必为全零;如果 f 为平衡函数,则测量结果不会为全零。因此,通过测量即可区分这两个类别。

Deutsch 问题展示了量子计算的能力,虽然该问题影响力巨大,但是并无实际用途。具有实际用途的算法,比如 Shor 算法,可用于大数质因子分解。读者可阅读参考文献[2],进一步了解算法细节。

2019 年,谷歌使用名为"Sycamore"的 54 量子比特量子处理器解决了类似 Deutsch 的一个玩具问题,从而验证了量子计算的加速计算优势[3]。虽然解决的问题没有任何实际用途,但它验证并展示了量子计算的能力和优势。

19.3　超密编码

19.2 节展示了量子理论中叠加的能力,本节讨论另一种能力,即纠缠。在经典通信中,对于理想的二进制通信信道,可以可靠传输的最大信息为每个信道一比特。但是,在量子范式中:借助纠缠最大可传输信息将翻倍,这种方法称为超密编码[4]。

超密编码涉及发送者(Alice)和接收者(Bob),两者共享一个 Bell 对,即 Alice 和 Bob 的一个纠缠态。Alice 可以访问共享对中属于她的量子比特以及到 Bob 的理想量子信道,Bob 可以访问他的量子比特以及理想量子信道的输出。Alice 试图传递两比特的经典信息,比如 $b_0 b_1$,其中,b_0、$b_1 \in \{0,1\}$。但 Alice 只能执行本地操作和测量,即她只能与属于她的量子比特进行直接交互。超密编码协议如算法 2 所示。

算法 2　超密编码

(1) Alice 和 Bob 共享一个当前处于状态 $|\Phi^+\rangle$ 的 Bell 对。

(2) 令比特对 00 对应 Bell 对 $|\Phi^+\rangle$,01 对应 $|\psi^+\rangle$,10 对应对 $|\Phi^-\rangle$,11 对应 $|\psi^-\rangle$。这些 Bell 对中的每一对都可以通过本地酉变换(Pauli 算子)进行相互转换。

(3) 根据 Alice 想要发送给 Bob 的比特对,Alice 选择合适的 Pauli 算子,在本地对她的量子比特进行运算,并将 $|\Phi^+\rangle$ 转换为对应的量子比特。如果需要发送 00,则无需转换。

(4) Alice 使用理想信道将她的量子比特发送给 Bob。现在 Bob 可以访问整个状态。

(5) 基于上述编码,Bob 在 Bell 基上测量这两个量子比特,并恢复对应的比特对。

利用共享纠缠态进行的通信称为纠缠辅助(EA)通信。超密编码协议表明,在没有噪声的量子信道中发送一个量子比特,即可传输两个经典比特。反之亦然,通过没有噪声的经典信道发送两个经典比特,可以传输一个量子比特,即量子隐形传态。相关的具体协议见参考文献[2,4],本章暂不讨论。

需要注意的是,共享纠缠态在协议结束时即被破坏。建立共享态需要纠缠制备,存在一定开销,且必须在每次信道使用前完成。因此,如果建立纠缠本身具有挑战性,这可能是不切实际的。该领域一项里程碑式的成就是 Yin 等人通过距离地面1200km的卫星试验了光子纠缠[5]。但是,试验中的两个站点都位于山顶,通过卫星发射纠缠光子后,约600万分之一的光子被成功接收。因此,真正实现纠缠长路漫漫,这仅仅是朝着正确方向迈出了一步。

19.4 纠错

纠错码是实际通信的一个基本内容[6]。信道的引入会导致传输符号错误,例如二进制对称信道(Binary Symmetric Channel,BSC),当输入二进制符号时,输出正确符号的概率为$1-\alpha$,比特翻转的概率为α,其中,$0<\alpha\leqslant 1/2$。纠错码可以通过对被传输符号添加冗余来避免信道引入的错误。在经典纠错理论中,符号通常来自有限域,因此只有有限多种错误可能。经典纠错码包括分组码(例如Hamming码、LDPC码)、多项式码(例如Reed Solomon码)和卷积码(例如Turbo码)。Turbo码和LDPC码等目前用于4G和5G通信。

量子纠错致力于保证量子比特的可靠性[2]。与经典比特不同,量子比特可以任意叠加,从而导致可能存在无数种错误。因此,需要指定一类错误,通过纠错方案可以对其检测或进行纠正。量子比特的错误可以视为比特翻转错误($|0\rangle$变为$|1\rangle$,或$|1\rangle$变为$|0\rangle$)和相位翻转错误(如果为$|1\rangle$,则翻转量子比特的符号)的结果。我们可以用类似方式将经典纠错码扩展到量子领域。但是,不同于经典纠错码,量子比特无法创建任意量子态的多个副本(不可克隆定理)。

19.4.1 比特翻转错误的检测和纠正

比特翻转本质上是让量子比特通过一个Pauli X门。由于Pauli门是自翻转的,因此,可以通过在错误量子比特上使用Pauli X门来纠正比特翻转错误。为了检测单个比特翻转,可以使用重复码,即0映射为000,1映射为111。如果这3个比特中的任意一个发生错误,利用多数规则均可检测并纠正。

为了在量子编码中实现重复码,将$|0\rangle$映射到$|000\rangle$,$|1\rangle$映射到$|111\rangle$。假设量子比特在$|q_0 q_1 q_2\rangle$中,其中,q_0是需要保护的量子比特。假设接收端最多发生了一个比特翻转,使用CNOT门后,可以更新$|q_0 \oplus q_1\rangle$到$|q_1\rangle$,更新$|q_0 \oplus q_2\rangle$到$|q_2\rangle$。然后,测量q_1和q_2。如果测量得到11,则使用Pauli X门对$|q_0\rangle$进行翻转;否则,用于测量的辅助量子比特发生了错误。图19-1为使用CNOT门和测量的具体实现。该方案的强大之处在于,即使$|q_0\rangle$处于任意叠加态时也能奏效。验证这一点并不困难。但是需要注意的是,对于$|\psi\rangle=a|0\rangle+b|1\rangle$,图中第一步会将其映射为$a|000\rangle+b|111\rangle$,而非$|\psi\psi\psi\rangle$(基于不可克隆定理,除非$a$和$b$已知,否则无法映射为$|\psi\psi\psi\rangle$)。

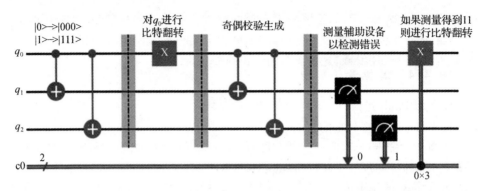

图 19-1 使用国际商业机器 Qiskit 实现比特翻转校正
(其中量子比特 q_1 和 q_2 初始化为 $|0\rangle$,该电路中假设 q_0 存在比特翻转错误)

19.4.2 相位翻转错误的检测和纠正

对于相位翻转错误,可以基于 $X=HZH$ 进行纠正,式中:H 为 Hadamard 门,Z 为相位翻转算子。如果在相位翻转前后需要将输入的量子比特经过 Hadamard 门,则无法使用该方案。19.4.1 节和本节提到的两种方案均无法同时纠正比特翻转和相位翻转错误,而接下来讨论的 Shor 码可以同时纠正。

19.4.3 九量子比特 Shor 码

在经典编码理论中,可以将两种或两种以上不同的编码技术结合,构成混合编码,混合编码在某种意义上具有其组成编码的显著特征。该技术称为编码串联,广泛用于从旧码(长度较短)派生出新码(通常长度较长),例如 Justesen 码[7,8]。

九量子比特 Shor 码串联比特翻转码和相位翻转码,可以纠正由 Pauli 矩阵 (I, X, Y, Z) 引起的任意一个错误,其编码算法如算法 3 所示。

算法 3 九量子比特 Shor 码

(1) 给定量子比特 $|\psi\rangle = a|0\rangle + b|1\rangle$;
(2) 使用相位翻转码将 $|0\rangle$ 映射到 $|+++\rangle$,$|1\rangle$ 映射到 $|---\rangle$;
(3) 将 $|+\rangle$ 映射到 $\frac{|000\rangle + |111\rangle}{\sqrt{2}}$,$|-\rangle$ 映射到 $\frac{|000\rangle - |111\rangle}{\sqrt{2}}$;
(4) 得到一个九量子比特码。

该编码除了能够防止上述 Pauli 性质的错误,还可以防止任意单量子比特的错误[2]。相比经典纠错码,这是 Shor 码的特别之处。但是,使用 Shor 码保护一个量子比特需要 8 个量子比特的开销。而 Hamming 码只使用 3 个附加比特,即可避免 4 个比特发生一项错误。因此,Shor 码的纠错成本极高。

19.4.4 其他量子纠错码

仅考虑 Pauli 错误,可以找出保护一个量子比特所需的最小附加量子比特数。根据量子汉明界,这种情况至少需要 4 个附加量子比特,并且这个界限是可实际实现的。读者可直接参考 CSS(Calderbank - Shor - Steane)码的结构描述,其中 Steane 码(七量子比特码)较为流行[9,10]。五量子比特 Laflamme 码利用稳定器理论达到了汉明界[11]。

但是,与经典比特相比,保证量子比特的可靠性代价很大。如果使用 5 个量子比特来表示一个逻辑量子比特,那么可靠量子计算将付出高昂代价。此外,除非环境得到适当控制,否则量子比特往往会与环境相互作用并退相干。量子比特固有地存在可靠性问题,因此需要某种容错计算,这就导致在量子比特数量方面需要付出更大代价。

19.5 实际考虑和未来研究展望

前面每一节都是高调开场,但以灰暗的音符结束,这就是目前量子计算和通信的不幸现实。目前业界正开展大量研究,以使其达到工业水平。虽然目前量子辅助通信仅实现了某些方面,如量子密钥分发,但其发展前景广阔。

通常,量子比特本身存在两种类型。请注意,这些名称是口语而非官方名称。

19.5.1 昂贵但精确的量子比特(冷比特)

目前,实用化量子计算机的实现涉及过冷量子比特。特别是,包括离子阱、核磁共振(NMR)和最近的传输线分流等离子体振荡(TRANSMON)量子比特。量子比特通常被过冷到几十毫开尔文量级,以减缓退相干以及与环境相互作用。在激光辅助下,通过合适的测量机制可以按需设置状态。其中,冷却由称为稀释制冷机的复杂设备执行,该设备实际占据了量子处理器的大部分空间。

这些量子比特的关键优势在于精确,且适合量子计算需求。然而,它们的设计和维护成本高昂,从通信方面来说也并非特别有用。事实上,谷歌用来宣称量子霸权的量子处理器 Sycamore 芯片,由 TRANSMON 量子比特制成,且仅包含 54 个量子比特,这在当时是里程碑式的突破[3]。此外,国际商业机器量子体验项目还允许程序员在 Python 上使用他们的工具包 Qiskit 来为量子处理器编写代码,这些代码可以在他们自己的物理处理器上实现[12]。

19.5.2 快速但粗糙的量子比特（热比特）

冷比特本质上更偏向于物理性质,而热比特则是光学性质。光子本身可被认为是一个量子比特,具有不同但离散的能量状态。使用相干激光器和电磁腔可以产生单光子[2],使用诸如分束器之类的光学器件可以产生叠加态,借助克尔非线性器件甚至可以得到纠缠态。

产生单光子成本低廉,且无须过冷。但是,克尔器件允许弱耦合,因此,很难强制这些光子进行有意义的相互作用。此外,用于通信光缆往往会引起光子吸收,导致该方案更加不受推崇。

19.6 本章小结

近年来,量子技术取得了多项关键进展,但仍需很长时间(至少20年)的发展才能进入工程领域。正如经典计算机,从最初用于研究和国防领域,到后来彻底改变了普通消费者生活一样,量子技术亦是如此。量子技术正处于起步阶段,希望随着一系列问题的逐一解决,该技术能够取得进一步突破。目前,包括量子机器学习在内的量子辅助技术正被研究纳入B5G和6G通信,这涉及使用量子计算来加速神经网络中的必要运算(例如自动编码器)[13,14]。虽然当前业界正考虑使用自动编码器替代5G和B5G端到端通信模型,但量子辅助版本应提供必要的加速以支持未来通信。总之,在撰写本书时,除量子辅助通信外,其他量子技术仍有望在6G中实现。

参 考 文 献

[1] DEUTSCH D, JOZSA R. Rapid solution of problems by quantum computation[J]. Proc. R. Soc. London Ser. A Math. Phys. Sci,1992,439(1907):553-558.

[2] NIELSEN M,CHUANG I. Quantum Computation and Quantum Information [M]. Cambridge:Cambridge University Press,2002.

[3] ARUTE F,ARYA K,BABBUSH R,et al. Quantum supremacy using a programmable superconducting processor[J]. Nature,2019,574(7779):505-510.

[4] WATROUS J. The Theory of Quantum Information [M]. Cambridge:Cambridge University Press,2018.

[5] YIN J,CAO Y,LI Y H,et al. Satellite-based entanglement distribution over 1200 kilometers[J]. Science,2017,356(6343):1140-1144.

[6] LIN S, COSTELLO D J. Error Control Coding, vol. 2 [M]. Upper Saddle River: Prentice Hall, 2001.

[7] FORNEY G D. Concatenated codes, 1965 [Z].

[8] JUSTESEN J. Class of constructive asymptotically good algebraic codes [J]. IEEE Trans. Inf. Theor, 1972, 18(5): 652-656.

[9] CALDERBANK A R, SHOR P W. Good quantum error-correcting codes exist [J]. Phys. Rev. A, 1996, 54(2): 1098.

[10] STEANE A. Multiple-particle interference and quantum error correction [J]. Proc. R. Soc. Lond. Ser. A Math. Phys. Eng. Sci, 1996, 452(1954): 2551-2577.

[11] LAFLFLAMME R, MIQUEL C, PAZ J P, et al. Perfect quantum error correcting code [J]. Phys. Rev. Lett, 1996, 77(1): 198.

[12] IBM quantum experience [EB/OL]. https://quantumcomputing.ibm.com/

[13] NAWAZ S J, SHARMA S K, WYNE S, et al. Quantum machine learning for 6G communication networks: state-of-the-art and vision for the future [J]. IEEE Access, 2019 (7): 46317-46350.

[14] O'SHEA T, HOYDIS J. An introduction to deep learning for the physical layer [J]. IEEE Trans. Cognit. Commun. Netw, 2017, 3(4): 563-575.

第 20 章　6G 中的后量子密码

量子计算范式与经典计算范式有着本质区别。很多不能在普通计算机上完成的计算问题可以在量子计算机上得以高效解决,离散对数问题(DLP)是其中之一,它是现代非对称密码学的基石。一旦大规模量子计算成为现实,这些密码学原语将被具有后量子安全的密码学原语所替代。尽管我们仍处于量子计算的早期阶段,但我们已经开展探索,为实现后量子密码安全做了准备。根据目前的知识,即使出现量子计算,当代对称密码学很大程度上仍然是安全的。非对称加密算法中基于离散对数和大整数分解问题的密码学原语需要被替代。本节中,我们将对后量子密码安全算法的密钥建立、公钥加密和数字签名进行介绍,并对它们的特性及其对 6G 网络的影响展开讨论。

20.1　引言

近年来,量子密码吸引了很多人的关注和兴趣。量子计算发展迅速,商用量子计算机也会在不久的将来出现[7],量子计算将会对现代密码学算法产生巨大影响。密码算法的安全性通常取决于计算复杂度,相比于当代计算机,量子计算机能更轻松求解某些特定问题。虽然我们仍旧处于量子计算的早期阶段,量子计算的大规模普及还需要十年或者更长时间。但是,我们已面向后量子密码学展开了探索,为实现后量子密码安全做了准备。

根据设想,6G 将提供近乎无限的无线连接数量、极高的通信可靠性以及极低的通信延迟,甚至对电子医疗等关键应用领域也能保证高可信度[10]。同时,可以将计算任务部署在网络边缘,以降低复杂信任机制带来的网络延迟。这些特征将对网络安全体系提出复杂的要求。为了实现 6G 网络的预期特性,需要研究并解决网络安全相关问题[16]。很明显,6G 复杂的安全机制将依赖于对称和非对称加密,而量子计算将会影响这些机制。即使可以实现针对量子计算的安全性,通信效率也会遭受损失。可见,使用量子安全算法以满足未来 6G 需求绝非易事。

本章中,我们分析了量子安全密码学的发展现状,对密码学的基础概念进行了简要介绍,如对称和非对称原语,以及当代非对称密码学背后的计算问题。同时,我们也对当前量子计算研究成果进行了介绍,对其未来发展进行了展望。在美国,NIST 正在主持名为 NIST PQC 的遴选程序,以制定一项后量子密码学标准。这些原语将为后量子安全密钥交换、公钥加密和数字签名提供标准化方案。我们描述了当前正在参与竞争的密码学算法,并讨论了它们在 6G 中的特性和效率。

本章结构如下:20.2 节介绍了密码学和量子计算的基本概念,20.3 节介绍了量子计算工程的当前进展,20.4 节介绍了面向 6G 的密码学应用进展,20.5 节描述了后量子安全密钥建立、公钥加密和数字签名的最先进候选方案,20.6 节和 20.7 节对全章进行了讨论和总结。

20.2 密码学与量子计算

20.2.1 密码学

密码学是研究保护交易、信息和计算安全的技术。它包括现代通信的基础技术,如信息机密性、完整性、密钥交换以及数字签名。加密算法的安全性来自假设特定计算问题的不可行性。首先,构想出一个严格精确的定义,在这个安全性定义的基础上,通过将某一不可行问题简化为算法破解问题,证明了密码算法能够满足安全性要求。这意味着,如果一个攻击者可以攻破该算法的安全性,他也可以完成对该计算难题的求解。因此,加密算法的安全性最多和它所选用的计算难题相同,很多对密码算法的研究都集中在了对这些计算难题的研究。

密码主要分为以下两类。

(1)对称密码:交互双方使用一个共享密钥,主要包括流加密、分组加密、哈希算法以及消息认证等。对称加密需要存在一个可靠通信信道来进行密钥交换。

(2)非对称密码:也称为公钥加密,不需要一个共享密钥。事实上,公钥加密使用一个公钥私钥对来进行信息传输。主要包括为对称加密完成密钥交换的方案、公钥加密以及数字签名。对于一个密钥对,只有私钥需要保密,公钥被用来加密发送的消息以及验证发送方身份,而私钥需要用于对消息进行解密以及完成数字签名。

相对于对称加密而言,非对称加密更易受到量子计算的影响,我们会重点描述公钥加密。关于计算问题的可解性,多项式时间的计算复杂度被认为是可解的。也就是说,如果一种算法可以在相对于其输入长度的多项式时间内完成,它就会被认为在实践中是可完成的,一个不能在多项式时间内完成的计算被认为是不可行的。

任意一个非素数 n 都可以被分解为一系列更小整数的乘积。对于已知的经典算法而言,大整数分解问题已经被证明很困难并且没有可在多项式时间内完成计算的算法。大整数分解问题是多种非对称加密算法的基本计算问题。这些方案,包括著名的 RSA 公钥加密[14]。另一比较熟知的计算难题是有限循环群上的离散对数(DLP)问题。DLP 问题的目的是给定 g^x,找到一个整数 x,其中 g 是群上的生成元。DLP 是另一类广泛使用的非对称方案的基础:那些基于 Diffle-Halleman 密钥交换的方案[3]。其原始方案采用模算法,没有多项式时间的经典算法可以解决这类问题。Elgamal 公钥加密方案和 DSA 签名方案也是基于 DLP 问题。基于椭圆曲线的循环群 DLP 问题似乎更为困难,它被称为椭圆曲线 DLP(ECDLP)问题。考虑到密钥长度和效率问题,基于椭圆曲线的 DIffle-Halleman 密钥交换方案是最高效的密钥交换方案。

20.2.2 量子计算

量子计算是基于量子比特的,不同于传统"比特"可以表示为 0 或 1,量子比特可以表示 0 和 1 的叠加态。此外,多个量子比特可以纠缠,这意味着单个量子比特的量子态不能脱离其他量子比特来描述。与普通计算机类似,也可以对量子比特进行操作。在量子电路模型中,应当使用可逆变换来构造量子逻辑门。这样的逻辑门可以连接到执行任意计算的电路中,从而实现量子计算机。也存在其他等效计算模型,如绝热或基于测量的量子计算。然而,本章的讨论将基于量子电路模型。

在普通计算机上完成的计算任务也可以在量子计算机上来完成。反之也是如此,任何可以在量子计算机上完成的计算任务也可以在普通计算机上完成。然而,与普通计算机相比,纠缠量子比特的叠加有利于完成对计算任务的指数级加速。这意味着,虽然任何一类任务都可以在两类计算机上完成,但实际上量子计算机解决特定问题的难度要小得多。然而,这类算法受纠缠量子比特数目的制约,只有当可用纠缠量子元数目足够多时,这些算法才能快速执行并完成。因而,纠缠和相关量子比特数目决定了是否可以在实践中实现这一算法。

量子计算对这两类密码学都有影响,但影响程度不同。对称密码大概率可以继续使用,与之相对,现存的广泛使用的非对称加密原语需要被替代。有两个重要的量子算法影响了加密,Grover 算法和 Shor 算法。前者对对称加密和非对称加密都有影响,而后者主要影响对称加密算法。

20.2.2.1 Grover 算法

假定 f 是一个有着 N 个不同输入的单设函数,我们仅能通过输入和输出对

f 进行研究。这意味着，f 像是一个黑盒。要找到 f 的一个秘密输入，最坏情况下，如果最后一次查询才输出正确答案的话，我们需要进行 N 次查询。在量子计算中，我们能够更快找到秘密值。Grover 算法可以在 $O(\sqrt{N})$ 时间内找到该秘密值[6]，这看起来只是二次改进[1]，但在实践中很重要。

Grover 算法对对称加密和非对称加密都有影响。例如，通过 Grover 算法，可以在 2^{64} 步内完成对 128 位加密算法的破解，在 2^{128} 步内完成对 256 位加密算法的破解。因此，为保证密码在量子计算模型下的安全性，需要将密钥长度至少加倍。而最低的安全性保证算法，比如 128 位 AES 算法，在后量子时代需要被舍弃。而更高安全性的 AES-196 和 AES-256，可以保证低水平的安全性。对于任何其他对称加密方案，如消息身份验证方案，也是如此。

对于加密哈希函数，Grover 算法适用于寻找原像问题。在量子模型中，原像限制减半。然而，由于生日攻击及其对哈希函数抗碰撞能力的影响，摘要长度已经在一个足够的水平上。生日攻击是一种经典算法，它可以在 $O(\sqrt[3]{N})$ 步内找到一个碰撞 (m_1, m_2)，使 $H(m_1) = H(m_2)$，其中 H 是一个加密哈希函数。由于生日攻击，使用加密哈希函数计算的消息摘要长度需要至少是安全参数的两倍。也就是说，要实现抗碰撞的 128 位安全级，摘要必须是 256 位。在量子计算模型中，生日攻击理论上可以在 $O(\sqrt[3]{N})$ 步内完成[2]。然而，这样的攻击也需要 $O(\sqrt[3]{N})$ 个量子比特，这使得它在实践中不可行。针对特定哈希函数结构的碰撞发现量子算法也存在[9]。然而，就目前所知，哈希函数的安全性在量子计算模型中很大程度上不受影响。

20.2.3 Shor 算法

Shor 算法是一种在多项式时间[15]内整数分解的量子算法。在经典计算机上，整数分解最快的算法复杂度为次指数时间。因此，整数分解代表了传统计算模型和量子计算模型的实际差别。由于分解的多项式时间可解性，RSA 在量子电路模型下是不安全的。对于原始的模矩阵群和椭圆曲线群，利用 Shor 算法也可以在多项式时间内求解 DLP 问题。

整数分解和 DLP 在量子计算机上的可解性取决于它所使用的安全参数。当求解乘数 p，群 Z_p^* 上的 DLP 问题（p 是一个 n 位素数），Shor 算法需要至少 $2n+3$ 个量子比特。对于分解问题也是如此，对于 ECDLP 问题，至少需要 $5n+8\sqrt{n}+4\lceil \log_2 n \rceil +10$ 个量子比特[13]。因此，未来决定整数分解问题和 DLP 问题安全性的是量子比特数量的发展。表 20-1 和表 20-2 收集了 NIST 建议的基于分解的方案复数 n 或基于 DLP 和 ECDLP 的方案所需素数 p 的最小二进制长度以及解决对应安全级别算法所需的最小量子比特数。请注意，在量子计算模型下,基于分解和模乘的加密方案比基于椭圆曲线的加密方案更安全。

表 20-1 左侧是基于分解的方案需要的复数 n 的位长,以及基于使用特定安全级别的 DLP 方案需要的素数模 p 的位长;右侧是在多项式时间内求解这些问题所需要的最小量子比特数

安全参数/位	分解问题和DLP/位	量子比特数
80	1024	2051
112	2048	4099
128	3072	6147
196	7680	15363
256	15360	30723

表 20-2 左侧是基于使用有限域的 ECDLP 方案需要的素数 p 的位长,右侧是在多项式时间内求解这些问题所需的最小量子比特数目

安全参数/位	分解问题和DLP/位	量子比特数
80	160	944
112	224	1282
128	256	1450
196	384	2124
256	512	2788

20.3 量子计算的发展

为了利用量子电路建立一个物理量子计算机,需要满足以下五个要求[4]:

(1)我们需要一个可扩展的物理系统,其中量子比特能够被实例化;

(2)我们必须能够初始化和重新初始化这个物理系统到某一初始状态,在初始状态下量子比特是相互纠缠的;

(3)纠缠量子比特需要保持足够长的相干性,才能进行有意义的计算。相干性意味着量子比特相互纠缠,在特定情况下(例如计算环境受到干扰)仍能保持纠缠;

(4)必须有一套通用的量子逻辑门,可以在实践中实现,以能够进行任意计算;

(5)我们必须能够测量量子比特来读出计算结果。

在实践中解决这些工程问题并不容易。例如,与外部环境的相互作用很容易引起量子比特的退相干。事实上,退相干和噪声正是当代量子计算的限制因素。在大规模量子计算成为可能之前,需要新的方法或者发展量子纠错。

尽管存在许多工程上的挑战,但量子计算在过去的 10 年中发展迅速,尤其是量子比特数量的发展在过去 5 年中特别迅速。2020 年,最先进的计算处理器可以在 53 个量子比特上实际运行。这样的处理器由国际商业机器和谷歌发布。2019 年,谷歌宣布它已经实现了"量子霸权":解决了一个在经典计算机上不可行的问题。国际商业机器(IBM)、谷歌、英特尔和里盖蒂计算公司公开发布的量子处理单元以及它们各自的量子比特长度如图 20-1 所示。但是,需要注意的是,由于错误和纠错,逻辑量子比特数可能少于物理量子比特数。此外,所有这些计算机的相干时间并不相同。这些问题并没有反映在图表中。事实上,量子比特数量并不能反映量子计算的发展全景。国际商业机器使用"量子体积"指标来度量开发进展,该指标基于量子计算机可以成功计算的电路宽度和深度。除了量子比特数量,量子体积试图通过纳入量子门保真度等手段体现量子计算机所有五个要求的进展。

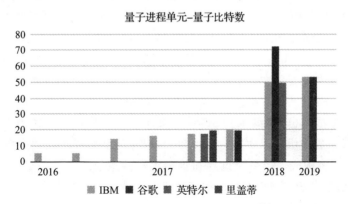

图 20-1　已发布的量子处理单元中量子比特数的发展

(需要注意的是,相干性和其他影响可计算性因素的发展并没有反映在这张图表中)

对量子体积或量子比特数量的发展进行精确预测显然是不可能的。然而,有一些预测是基于在过去 10 年中观察到的发展速度。国际商业机器预测未来量子体积将会每年翻一番,还有其他乐观估计。"尼文定律"被认为是量子领域的摩尔定律,它预测量子计算能力相对于经典计算将经历双指数增长。当然,这个预测不一定成立,它也有可能呈现出较缓的增长曲线。然而,基于量子计算的最新发展,大规模量子计算在未来 6G 网络的生命周期中将成为现实,为此做好准备极有意义。

20.4 密码学和 6G 的发展

4G 和 5G 的认证是基于对称密码学,共享密钥存储在用户身份模块(SIM)卡中。4G 中的身份验证和密钥协议(AKA)功能基于对称原语,身份验证仅在终端(UE)和移动性管理实体之间执行。在 5G 中,服务提供商和其他第三方也需要进行验证,需要更灵活的验证机制[5]。此外,将密钥储存在 SIM 卡的方法并不能很好地用于 IoT 设备,因此已经设计出了替代方法。5G 规范目前包括三种认证协议:5G AKA、EAP-AKA 和 EAP-TLS。前两种方法都是基于对称密码学的,而第三种则基于非对称加密,特别是第三种已经被纳入物联网环境支持。可扩展身份验证协议(EAP)直接支持数据链路层上的多种身份验证机制。传输层安全(TLS)是一套旨在提供验证、机密性和消息完整性的加密协议,已在互联网上广泛使用。

目前的 5G 标准并没有解决量子计算问题。截至 2020 年 8 月,5G 标准指定了三个对称加密和完整性密码:SNOW 3G、高级加密标准(AES)和 ZUC。SNOW 3G 和 ZUC 是流密码,而 AES 是采用整数计数模式的分组密码。消息完整性使用以 CMAC 模式应用 AES 的相同的三种算法实现。对于加密和消息完整性,该标准将每种算法的密钥长度定义为 128 位。然而,正如我们之前所观察到的,这样的长度在量子计算模型中是不够的。TLS 中的身份验证是基于证书和公钥基础设施(PKI)的。将 EAP-TLS 纳入 5G 中,使互联网及其 PKI 成为无线通信架构中不可分割的组成部分,将继承到 6G 中。事实上,5G 核心网将作为一套通过互联网进行通信的微服务来实现。预计在 6G 和未来将继续向互联网技术发展。

预计 6G 将构成连接数字世界和物理世界的主要边界。关键应用程序,如远程健康监测,将基于 6G 网络的连接性进行构建。从 5G 开始的向云计算和边缘原生基础设施的发展预计将在 6G 中继续。虚拟化和软件定义功能将会增加。计算将在云中和网络边缘同时执行以降低延迟。随着网络攻击危险性增加,其甚至可能危及个人的物理安全,信任机制鲁棒性的重要性将会随之增加。IoT 设备的数量将大幅增加,6G 核心网的安全性也将在很大程度上依赖于互联网的安全及其在 TLS 上的安全机制。

TLS 和 PKI 曾是基于不满足后量子安全的非对称密码学构建的。然而,人们正在努力实现后量子安全密码学的标准化,而这深受 TLS 影响。事实上,在 TLS 中,一个特定方案作为替代椭圆曲线原语的适用性将是后量子安全方案最终能否标准化的最重要决定因素之一。我们将在 20.5 中讨论后量子时代的替代方案及其特性。

20.5 用于6G的后量子安全非对称密码

有一些公钥原语通常被认为具备量子安全性,这些方法包括经典方案,如McEliece密码体系[11]和NTRU密码体系[8]。这些方案在经典模型和量子模型中都经受住了几十年的攻击,因此可以被认为是后量子安全的。然而,与基于ECDLP的方案相比,其效率较低或密钥规模较大。近年来,大量研究已经致力于设计高效的后量子安全密码,标准化工作正在进行中。NIST PQC对后量子密码学标准的竞争有望提供后量子安全密钥交换和公钥加密方案,并提高数字签名标准(DSS)的安全系数。

2020年,安全方案竞争已进入第三轮,预计在2024年的第四轮即最后一轮之后,产生一套标准化量子安全公钥原语。目前,有四个密钥交换方案和三个数字签名方案进入第三轮决赛,并将在第三轮结束后入选标准化草案。此外,已经选择了八种算法作为替代方案,并可能在第四轮测试后被纳入标准。尽管还有其他标准化努力,但加密社区的注意力目前已被吸引在NIST竞争上。目前最新结果也反映在其成果中,可以认为,被选入第三轮的方案将提供最佳安全-性能均衡性,因此,将是6G后量子安全实现的主要竞争者。后文我们简要描述和分析这些方案的安全保证、密钥生成效率、加密/签名和解密/验证性能。此外,我们还将讨论私钥和公钥长度,以及密文长度。这些参数将会影响安全协议和6G通信的性能。

20.5.1 密钥建立和公钥加密

后量子安全密钥建立方法(KEM)和公钥加密算法试图取代Diffle-Halleman密钥交换方案和RSA密码体系。一般情况下,公钥加密方案需要在一个自适应选择明文攻击(IND-CCA2)下满足一个完善的不可区分性安全定义。对于使用时间较短的情况,在所选择明文攻击(IND-CPA)下实现不可区分性就足够了。下面,我们将描述NIST PQC的第三轮决赛方案,以及KEMs和公钥加密的替代方案。安全保证、密钥和密文长度已收集到表20-3中。在对安全性进行评估时,可以理解为一种相对保证,可以是对根本问题安全性的相对保证,也可以是对所提供安全证明的相对保证。值得注意的是,有些方案存在了几十年,有些则是最近的提议。基于Intel体系结构实现的性能见表20-4。这些表格中的数字来自官方网页和NIST提交的文件。

表 20-3 安全和私钥和公钥长度,以及 NIST PQC 第三轮竞赛决赛后量子密钥建立和公钥加密的密文长度(最低安全级别)

方案	安全性	私钥/B	公钥/B	密文/B
Classic McEliece	++++	6352	61120	128
CRYSTALS-Kyber	+++	1632	800	736
NTRU	++++	935	699	699
SABER	+	992	672	736

表 20-4 NIST PQC 第三轮决赛后量子密钥建立和公共密钥加密的表现(最低安全级别,英特尔 Haswell 架构)

方案	产生密钥(周期)	加密(周期)	解密(周期)
Classic McEliece	93309536	44576	132452
CRYSTALS-Kyber	118044	161440	190206
NTRU	12506668	761236	1940870
SABER	98000	139000	151000

20.5.1.1 Classic McEliece

McEliece 方案是基于 1978 年[11]公司最初的 McEliece 密码系统。它的安全性依赖于解码随机线性码,是一个 NP 难问题。私钥包括 Goppa 纠错码生成器矩阵,通过对生成器矩阵进行置乱得到公钥。由于其悠久的历史,McEliece 密码系统及其基础问题已被广泛研究,因此可以认为是后量子安全的一种保守、安全的选择。其私钥和公钥非常大,在量子设置中安全参数为数百万位。密文的大小非常小,加密和解密高效,这使得 McEliece 在不需要经常生成和交换公共密钥的情况下成为一个很好的选择。

20.5.1.2 CRYSTALS-Kyber

CRYSTALS 是一个加密套件,其中包含密钥封装机制 Kyber,以及数字签名方案 Dilithium。CRYSTALS 的安全性基于模格和模容错学习问题(ML-WE),即使在量子计算机上处理也很困难。容错学习问题(LWE)是一个经过充分研究的问题,是安全的。MLWE 问题更年轻,尚未被仔细研究过,但是,目前没有发现攻击 MLWE 的算法。Kyber 有一个简单的规范,即使对于优化实现,也可以相对容易地调整安全参数。在当前规范中,对于 128 位安全性(Kyber-768)的密钥长度,私钥 2400B,公钥 1184B,密文 1088B。根据 NIST 的描述,性能对大多数应用程序都很好。CRYSTALS-基伯是第三轮比赛中的一种结构晶格方案,最有可能被选为 PQC 方案标准。

20.5.1.3 NTRU

NTRU 是另一种基于格构造的方案,最初在 20 世纪 90 年代[8]提出。其安全性基于多项式分解问题,并依赖于晶格中的最短向量问题(SVP)。与竞争中仍然存在的其他结构化晶格方案不同,NTRU 并不是基于 LWE 问题。虽然之前已获得专利,但目前仍处于公共领域。由于其诞生较早,NTRU 是一种完善的方案,并且已经被 IEEE(IEEEP1363.1)和美国国家标准协会(ANSI)的金融服务(X9.98)标准化,并且已经被研究了 20 多年,因此,与其他基于格的方案相比,具有更高安全性。对于设计为提供 128 位安全性的最低参数集 ntruhps2048509,私钥为 935B,公钥和密文都为 699B。加密速度相对较快。然而,性能比 Kyber 或 Saber 差。与其他基于格的方案相比,密钥生成和解密的成本较高。

20.5.1.4 Saber

Saber 是一种基于舍入模块学习(MLWR)问题的结构化格方案。它是 MLWE 问题的一种变体,其采用舍入取代错误的方案来完成保密。该算法设计简单、灵活、高效。只使用二进制整数模,使安全软件和硬件实现更容易。由于 MLWR 问题相对较新,Saber 的安全性目前还不能简单缩减为 MLWE 问题,NIST 对该方案的安全性略有存疑。对于最低的安全级别,私钥为 992B,公钥为 672B,密文为 736B。Saber 是第三轮中表现最好的基于格的方案。

20.5.1.5 候选方案

除三个决赛方案之外,还有五个方案被选中进入第三轮。这些方案可能会在以后进行标准化,备选方案如下。

(1)BIKE 是一种类似于 McEliece 的基于代码的方案。采用特殊结构化代码来提供更平衡性能,接近于基于格的方案。然而,由于结构的增加,安全性低于 McEliece。

(2)FrodoKEM 是一种基于格的方案,它应用原始 LWE 问题。LWE 问题是晶格密码学中研究最多的计算原语。因此,可以认为 FrodoKEM 能够提供比结构化晶格方案更好的安全保证。然而,性能比结构化方案更差。

(3)HQC 是一种采用奇偶性问题进行准循环综合解码的安全编解码方案,它具有良好的安全保证,但公钥和密文长度比 BIKE 大。

(4)NTRUPrime 由两种基于格的方案组成,其中一个是基于原始 NTRU 的假设,另一个基于 RLWE 问题。

(5)SIKE 采用了一种与以往方案完全不同的方法,它的安全性是基于计算椭圆曲线等分分布的困难度,即超奇异等分分布 Diffie - Hellman(SIDH)问题。其公钥和密文在所描述方案中最小,但是其性能比大多数其他方案差,SIDH 问题的研究仍然比其他问题少。

20.5.2 数字签名

后量子数字签名方案用来取代或增强数字签名标准(DSS)。在自适应选择明文攻击(EUF-CMA)下,参与竞争的方案须满足不可伪造性。下面我们将描述在 NIST PQC 竞赛中,三个后量子数字签名的第三轮决赛入围者,以及同样进入第三轮的其他备选方案。安全保证、公钥和签名长度见表 20-5 中。与密钥建立方案一样,其安全性被评估为对本质问题安全性的相对保证,以及对所提供安全证明的相对保证。参考实现的性能见表 20-6。这些表格中的数字是根据提交给 NIST PQC 的文件收集的。

表 20-5 后量子数字签名第三轮决赛的安全保证和公钥和签名长度(最低安全级别)

方案	安全性	公钥/B	签名/B
CRYSTALS-Dilithium[a]	+++	1184	2044
Falcon[b]	+++	897	657.38
Rainbow[c]	+	148500	64

表 20-6 后量子数字签名的第三轮决赛选手的表现(最低安全级别,英特尔架构)

方案	产生密钥(周期)	签名(周期)	验签(周期)
CRYSTALS-Dilithium[(1)]	242532	1058483	272800
Falcon[(2)]	26136000	814464	158040
Rainbow[(3)]	1302000	601000	350000

(1) Haswel 结构;
(2) 使用本地浮点硬件的 Skylake 架构(SSE2);
(3) Skylake 架构。

20.5.2.1 CRYSTALS-Dilithium

Dilithium 是一种基于晶格的数字签名方案,同样基于 Kyber 密钥建立方案底层的加密套件 CRYSTALS,其安全性基于 MLWE 问题。该方案对所有安全级应用相同的参数集,易于安全有效地实现。出于同样的原因,与许多其他基于晶格的数字签名不同,它单独使用均匀分布产生随机性,因而无论平台如何,都很容易实现。Dilithium 在密钥生成、签名和验证方面性能良好,在现实世界中表现良好。对于后量子方案,密钥和签名长度也相对较小;对于最低安全级,公钥为 1184B,签名为 2044B。

需要注意的是,只有一个基于格的数字签名方案会纳入 NIST 标准。

20.5.2.2 Falcon

Falcon 是另一种基于格的数字签名方案,因此,它也是一个 Dilithium 标准化的竞争者。Falcon 的安全性基于与 NTRU 相同晶格结构上的最短整数解(SIS)问题。与 Dilithium 进行比较,由于浮点运算和高斯采样问题,Falcon 的实现更加复杂。由于 NTRU 格的应用,签名比其他格方案短。对于最低安全级,公钥为 897B,签名为 657.38B。当安全性提高时,签名和验证也是高效且可扩展的。然而,与 NTRU 类似,它密钥的生成效率较低。表 20-6 列出了由 Skylake 架构和 SSE2 指令集[12]提供的参考实现的性能。

20.5.2.3 Rainbow

Rainbow 与其他进入第三轮决赛的方案相比,采用了一种不同方法,是一种基于多元多项式的数字签名方案,其基础结构是一种所谓的多层不平衡油醋方案。这种构造没有像格方案的基本问题那样得到充分研究。Rainbow 签名很小,对于最低安全级,可以减少到 64B(512 位)。但是,公钥很大,对于同一安全级有 148500B。表 20-6 列出了在无特殊指令的英特尔 Skylake 架构上的 Rainbow 参考实现性能。但是,如果 AVX2 向量指令可用,性能可以提高 80% 以上,从而实现非常快的签名和验证。然而,密钥生成代价高昂,并且不能随安全参数很好地扩展。由于这些密钥规模很大,NIST 认为 Rainbow 不适合作为通用数字签名方案,如 FIPS186-4 中的标准化数字签名方案。Rainbow 适用于以下场景:向量指令可用,不需要经常生成和交换密钥,并需要小的签名。

20.5.3 候选方案

(1) GeMSS 遵循类似于 Rainbow 的多元多项式方法,但它基于另一种被深入研究的计算假设,其公钥比 Rainbow 更大,签名速度更慢,但是,签名更短;

(2) Picnic 是一种基于非交互式零知识知识证明的签名方案,是高度模块化的,它的构建模块可以很容易替换为替代模块,公钥很小,但签名很大,而且签名和验证都很慢;

(3) Sphincs+ 完全由一个加密哈希函数构造,它的后量子安全性是提交方案中最强的,而且它的公钥非常小,签名也很大,但签名速度非常慢,这意味着如果现代数字签名被 Sphincs+ 取代,性能将会很差。

20.6 讨论

量子计算机工程在过去的五年中发展迅速,根据国际商业机器的预测,量子体积在不久的将来会每年翻一番。如果以这样的速度发展,当代密码方案将在

6G网络的生命周期中受到量子攻击。同时,6G还被预期为远程健康状况监控等应用程序提供连接。为了保障关键应用的可靠性,需要采取策略来保护无线连接免受量子攻击。

在5G规范中,对称算法如SNOW3G、AES和ZUC与128位密钥一起用于加密和消息完整性。这些密钥的长度在后量子世界中是不够的。由于采用Grover算法,对称原语的密钥长度需要加倍。在未来6G网络中,对称加密必须实现至少256位密钥以保持当前的安全级来抵御量子攻击。幸运的是,像AES这样的分组加密仍然是安全和适用的。当代加密哈希函数,如SHA-2和SHA-3也是如此。根据目前的知识,只要调整密钥长度,量子计算就不会对仅使用对称原语实现的协议构成重大挑战。然而,如果通信从6G转换到老一代网络,也需要保持这些密钥长度。也就是说,需要对6G前的网络标准和设备进行调整,以确保后量子安全性。还应注意的是,将密钥长度增加到256位会造成性能损失。

在5G中,核心网功能已经依赖于互联网。这样的发展将在6G中进一步继续,将6G的安全性与互联网的安全性分开是不可能的。然而,目前互联网上安全性的不足以及安全和隐私威胁数量巨大将给6G网络的可靠性带来重大挑战,特别是在远程健康监测等关键应用方面。安全体系结构将变得非常复杂,难以安全实现。安全机制将基于那些为互联网开发的安全策略,如TLS、IPSec和DNSSEC及其加密原语。然而,这些协议是为典型互联网应用程序设计的,并未针对6G网络的应用和延迟要求进行优化。

目前,由于量子攻击,基于分解和基于DLP的公钥密码学、TLS等互联网安全协议并不安全,但后量子安全替代方案的标准化正在进行中。NIST PQC第三轮的决赛入围者为TLS的典型应用提供了足够的性能和密钥规模。然而,这些方案对6G的适用性可能与它们对互联网上TLS标准使用的适用性不同。例如6G预期的严格延迟要求,对加密密钥大小和算法效率提出了严格要求。

关于密钥建立和公钥加密,需要仔细评估和指定其在6G中的用例。如果公钥不需要经常生成或交换,那么经典的McEliece将提供最简洁的密文和有效的加密和解密。但是,它的公钥非常大,密钥生成速度非常慢。如果经常生成和交换新密钥,这意味着需要应用短密钥,Kyber和Saber将提供最佳的性能。NTRU提供了比McEliece更快的密钥生成速度,并且密钥长度类似于Kyber和Saber,但它的加密和解密速度要慢得多。

数字签名将通过PKI和EAP-TLS协议及其在6G中的后续协议进行大量应用。Falcon在三个NIST PQC第三轮决赛选手中公钥最小,其签名量也较少,具有合理的签名和验证性能,然而,其密钥生成速度非常缓慢,安全实现比Dilithium更困难。对于需要新密钥的用例,Dilithium的密钥生成速度比其他两个候选方案快得多。如果同时需要密钥建立和数字签名，它还可以与 Kyber 共享相同的设计基础。Rainbow 是一个有趣的候选方案。它的签名明显小于其他方案，其性能在支持向量指令的硬件上也很好。然而，这种硬件对于资源有限的物联网设备可能很少见。此外，其公钥非常大，这使得该方案不适合那些公钥没有预先存储在设备上的情况。

没有一种后量子安全密码算法可在提供非常小的密钥和密文/签名的前提下，具有高的密钥生成、加密和解密或签名和验证效率。当代的非对称原语被后量子安全原语取代时，需要做出权衡，这种替换必然会导致网络通信或运营效率方面的成本上升。为了满足 6G 体系结构的预期性能和功能，需要进行研究来确定后量子安全密码学的正确应用。

20.7　本章小结

量子计算有望在 6G 网络的生命周期中成为现实，因此，未来 6G 的安全架构需要具备能够抵御量子攻击的安全性。对称密码可以通过更新密钥长度来保持安全。我们注意到，对称原语将需要至少 256 位的密钥长度才能达到当前安全级别，而目前的公钥密码无法保证安全性。由于其基于互联网和云架构，而这两者又处于发展之中，6G 将依赖互联网的公钥基础设施及其安全机制。我们回顾了参与第三轮 NIST PQC 后量子安全密码标准化竞争的候选方案，即基于最先进后量子安全公钥原语的密钥建立、加密和数字签名方案。这些方案在密钥或签名长度、算法性能等操作特性上存在显著差异，需要仔细考虑如何将它们更好地应用于 6G 安全体系之中。

参 考 文 献

[1] BENNETT C H, BERNSTEIN E, BRASSARD G, et al. Strengths and weaknesses of quantum computing[J/OL]. SIAM J. Comput, 1997, 26(5): 1510 - 1523. https://doi.org/10.1137/S0097539796300933.

[2] BRASSARD G, HØYER P, TAPP A. Quantum cryptanalysis of hash and claw - free functions[C]//LUCCHESI C L, MOURA A V. LATIN'98: Theoretical Informatics. Berlin, Heidelberg: Springer, 1998: 163 - 169.

[3] DIFFIFIE W, HELLMAN M. New directions in cryptography[J]. IEEE Trans. Inf. Theory, 1976, 22(6): 644 - 654.

[4] DIVINCENZO D P. The physical implementation of quantum computation[J/OL]. Fortschritte der Physik, 2000, 48(9 - 11): 771 - 783. https://doi.org/10.1002/1521 - 3978

(200009)48:9/11＜771:AID-PROP771＞3.0.CO;2-E.

[5] FANG D,QIAN Y,HU R Q. Security for 5G mobile wireless networks[J]. IEEE Access,2018(6):4850-4874.

[6] GROVER L K. A fast quantum mechanical algorithm for database search[C/OL]//Proceedings of the Twenty-Eighth Annual ACM Symposium on Theory of Computing,STOC '96 (Association for Computing Machinery,New York,NY,1996):212-219. https://doi.org/10.1145/237814.237866.

[7] GYONGYOSI L,IMRE S. A survey on quantum computing technology[J]. Comput. Sci. Rev,2019 (31):51-71. https://doi.org/10.1016/j.cosrev.2018.11.002. http://www.sciencedirect.com/science/article/pii/S1574013718301709.

[8] HOFFSTEIN J,PIPHER J,SILVERMAN J H. NTRU:a ring-based public key cryptosystem[C]// BUHLER J P. Algorithmic Number Theory. Berlin,Heidelberg:Springer,1998:267-288.

[9] HOSOYAMADA A,SASAKI Y. Finding hash collisions with quantum computers by using differential trails with smaller probability than birthday bound[C]// CANTEAUT A,ISHAI Y. Advances in Cryptology-EUROCRYPT 2020. Cham:Springer International Publishing,2020:249-279.

[10] LATVA-AHO M,LEPPÄNEN K. Key drivers and research challenges for 6G ubiquitous wireless intelligence[R/OL]. Tech. rep. ,6G Flagship,University of Oulu,Finland (2019). http://urn.fifi/urn:isbn:9789526223544.

[11] MCELIECE R J. A public-key cryptosystem based on algebraic coding theory[J]. DSN Progr. Rep,1978(44):114-116.

[12] PORNIN T. New effificient,constant-time implementations of Falcon (2020) [EB/OL]. https://falcon-sign.info/falcon-impl-20190918.pdf. Accessed 14 Aug 2020.

[13] PROOS J,ZALKA C. Shor's discrete logarithm quantum algorithm for elliptic curves [J]. Quantum Inf. Comput,2003,3(4):317-344.

[14] RIVEST R L,SHAMIR A,ADLEMAN L. A method for obtaining digital signatures and publickey cryptosystems[J/OL]. Commun. ACM,1978,21(2):120-126. https://doi.org/10.1145/359340.359342

[15] SHOR P W. Algorithms for quantum computation:discrete logarithms and factoring [C]// Proceedings 35th Annual Symposium on Foundations of Computer Science (1994):124-134.

[16] YLIANTTILA M,KANTOLA R,GURTOV A,et al. 6G white paper:research challenges for trust, security and privacy [EB/OL]. Tech. rep. , arXiv eprint 2004.11665 (2020). https://arxiv.org/abs/2004.11665.

第21章　6G：待解决问题与结束语

随着通信技术的产生，人类社会的联系越来越紧密。通信也不再受到束缚，无线通信已经变得无孔不入。随着5G系统在全球主要地区的部署，学术界和产业界已经启动对6G通信系统的概念化研究。除增强5G系统的某些特性外，6G更有望满足一些5G可能无法满足的需求。这些需求与推动技术发展的大趋势相一致。本书描述了先进通信系统的架构、性能和完整性的基本要求。

用户正在体验大量富媒体服务。不仅仅是语音，数据、图像、动画、视频、多媒体都已成为我们通信内容中不可分割的一部分。此外，用户还想要进行即兴编辑、增强和分享。媒体实时交互意味着需要快速计算和高速传输能力以实现低延迟。从互联网出现开始，越来越多的人被连接起来，这种连接近年来更是呈现出无线化趋势。物联网的实现，则使通信超越了人与人之间通信的范畴。一个范式的转变正在发生——其中，人被认作终端点，而机器也在人-机多媒体交互中赢得了一定位置。

人-机和机-机通信都在不断发展。在另一领域中，物理世界和数字世界也在缓慢而稳步地交织在一起，以构建集成系统。这些新系统通常称为"数字实体"（Phygital）系统或信息物理系统（CPS）。按照设想，6G通信网络将成为实现这种系统的骨干。当6G完全实现时，它将成为一种丰富人们日常生活的社会基础设施。趋势表明，每一代无线系统的研究、开发、标准化、产品化和部署都需要大约10年时间。6G系统也不例外。目标远大的6G系统可能要到2030年才能广泛部署。

总的来说，6G的愿景[1-3]是打造一个"超连接"世界：既实现内容更快分享，也能呈现富媒体内容。随着通信以及传感、成像与显示等相关技术的进步，将出现新型6G服务。AI、IoT、机器人等前沿技术的指数级发展，正在推动这一行业发生方向性转变。技术的交叉使用和新业务定义将塑造6G系统全貌。世界上许多研究群体正在积极研究各种6G愿景可能支持技术。本章中，来自全球各地的学者提出了他们关于6G的观点和解决方法。

本章涵盖了6G研究的七个维度：
（1）太赫兹通信底层设计；
（2）高精度网络、动态拓扑和开源；

(3)实现能效大幅提升的物联网中机器通信;
(4)具有学习能力和可解释性的全普适人工智能;
(5)具备分割处理能力的边缘计算和雾计算;
(6)系统安全性、隐私性和可信性;
(7)富媒体用例和服务。

21.1 太赫兹通信

由于单位立方米区域内设备连接数量的大幅增加,与连接物相关的无线数据业务量预计也将增长。此外,发送全息视频之类富媒体业务所需的带宽也是目前毫米波频谱无法提供的。因此,必须找到一个更宽的 RF 频谱带宽,而这只能在亚太赫兹和太赫兹频段找到。FCC 已经开放了 95~3000GHz 频谱用于实验性使用和免授权应用,以鼓励新型无线通信技术的发展。随着这一趋势的发展,太赫兹频段(0.1~10THz)有可能用于 6G 通信系统。氧气和水的吸收谱线大多位于太赫兹频段。这就需要研究适用于室内外环境的易处理且精准的太赫兹多径信道模型。这带来了严峻挑战,因为能产生和检测太赫兹频率信号的现有有效设备非常匮乏。由于太赫兹频段存在严重路径损耗与非常明显的大气吸收,必须在基站采用超大天线阵列来克服这一问题。此外,还需开发先进的波束成形技术,以提高能效。而 MIMO 目前也正发展成为超级 MIMO,以提升系统整体性能。

太赫兹频段通信链路取决于视距和聚焦反射路径,而不是散射和衍射路径。这会带来一个问题:OFDM 仍是首选波形,还是有其他波形更适合支持太赫兹频段运行的吉赫兹宽信道且仍可实现低复杂度?智能反射面(IRS)可利用 IRS 单元阵列来调节无线传播环境,有望在 6G 系统设计中发挥关键作用。基于磷化铟(InP)、砷化镓(GaAs)、锗硅(SiGe)甚至互补金属氧化物半导体(CMOS)的半导体技术能以合理效率生成毫瓦范围功率,但仍需要在这一方向上深入研究,使其成为 6G 通用技术。在这个范围内,实现高能效更需要在从 ADC-DAC 到低损耗天线的集成电路(IC)和射频(RF)技术方面进行相关系统改进。本书前几章介绍了物理和访问控制层设计,并提出了能够解决其中某些难题的技术。

21.2 高精度网络配置

灵活网络部署取代固定拓扑配置,有助于适应数据业务的增长,或者填补人口覆盖的空白,甚至可以构成一个自组织网络提供关键服务。在 6G 中,网状网可能将成为部署灵活自适应网络的一种主要拓扑结构。节点可以自动添加、配置和优化,从而大大减少网络规划工作量。为了实现高性能网络,还需要考虑多路径、多宿主和动态移动性。因此,需要额外进行高精度动态网络配置研究来保持服务连续性。

6G 通信系统力求覆盖全球,设计复杂性与软件模块间的交互量也不断增长。为了实现各种复杂的网络功能,正在研究用于核心网和基站的开源模块概念。这可降低市场准入门槛,提升互操作性,并缩短开发周期。开放式智能无线接入网(O-RAN)和开放网络自动化平台(ONAP)这两个已建立的开源平台,正在为网络设计带来革命。在架构上,6G 系统很可能包含基于"开源"的智能软件模块。然而,通信的开放性将增加系统脆弱性和攻击面,需要通过其他手段来抵消这一问题。

蜂窝结构这一概念正在不断演变,到 6G 部署时,它将成为一种"无蜂窝"系统。另外,群组移动性正变得司空见惯。研究人员正在对通信系统进行设计,使之能有效支持公共汽车、火车或飞机上各种以群组形式移动的移动设备。为实现 6G 的全球性覆盖,还将纳入非地面网络组件。(纳米)卫星、HAPS 正成为一体化通信系统的重要组成部分。从支持大型蜂窝、移动蜂窝、长传播延迟、大路径损耗和大多普勒频移等多方面看,它们在性质上均有别于地面网络。本书有三章重点讨论了网络相关挑战和可能的解决办法。

21.3　机器类通信

到 2030 年,智慧城市、智能制造和其他智能实体将初具规模[4]。随时随地的泛在连接将为家庭、娱乐、工作和国民服务带来新的可能。最近推出的 5G NR 就是以支持机器类通信(MTC)为原生设计的,目的是提高从医疗保健到物流等不同垂直领域的整体效率。然而,就机器通信而言,这只是第一代技术。MTC 的许多苛刻需求是 5G 网络无法完全支持的。而这些需求预计在未来十年将会有飞速增长。

机器类设备(MTD)有不同的类别、形式和大小,它们大多是低功耗传感器,在物联网生态系统的最末端,由微型电池或能量收集器供电。这就产生了一个根本问题:对于这类低成本、低功耗接收机,需要施加什么样的设计赋能。如何实现高效睡眠模式支持超低功耗机器类通信(MTC)设备?如何通过多方面连接支持面向任务的新型服务类可靠 MTC?在这个 10 年中,有望在车间、互联物流和应急响应中部署无人机蜂群,无人机蜂群将以分布式分组执行的方式完成任务。对于这种复杂且本地化的 MTC 网络,我们需要鲁棒的连接解决方案。

由于机器类设备(MTD)的异构性和服务需求的多样化,6G 的机器类通信(MTC)服务类别将不得不扩大。目前资料表明,关键 MTC(cMTC)和大规模 MTC(mMTC)这两大领域将包含五个类别:

(1)可靠 cMTC,支持极端超可靠性、低延迟、安全性和定位信息,如自动驾驶;

(2)宽带 cMTC,支持高可靠和低延迟移动宽带数据,如机器人辅助手术;

(3)可扩展 cMTC,支持具有高可靠性和低延迟特性的大规模连接,如工厂监控;

(4)全球可扩展 mMTC,支持所有空间维度的超广网络覆盖,如水下通信;

(5)零能耗 mMTC,支持大规模部署长电池寿命和长网络寿命设备,如精准农业。

本书中有两章描述了 6G 如何在物联网背景下促进 MTC 的增长。

21.4 增强智能

6G 需要实现更高水平的自主性,改善人机互动,并在不同环境中实现韧性连接。6G 系统必须在通信栈的不同层纳入 AI。充分认识采用 AI 所带来的各种可能可以使 6G 系统走得更远。这种情况下,设计阶段就要融入适当智能,而不是像 5G 那样采用"后验"应用[5,6]。AI 可用于本地决策,诸如信源压缩或信道编码,也可用于联合参数优化,如信源-信道编码,甚至还可用于端到端分析,如系统差错性能,包括提供产生差错的可能原因。

不可否认,频谱是一种稀缺资源。因此,即使一家运营商拥有特定频谱许可证,在未来也会因频谱利用率不足需要与其他有迫切服务需求的运营商共享频谱。AI 算法让他方可择机使用未充分利用的频谱,从而实现有限频谱资源的最佳利用。这种动态频谱共享过程的关键挑战是避免不同实体之间的频谱使用发生冲突。理论上说,为了防止这种冲突,网络运营商可以交换所有相关频谱接入信息。但是,这会大幅增加通信开销。因此,使用 AI 有助于以有限的信息交换量预测其他实体的频谱使用情况。就像频谱共享问题一样,AI 也可以合理用于解决 6G 系统中许多焦点问题。

此外,随着从传统算法向深度学习方法的迁移,我们会一定程度失去对系统的信任,因为算法结果通常不可解释。我们无法理解这类解决方案中糟糕、偏差或恶意数据带来的影响。从法律角度看,可解释人工智能(XAI)将成为通信系统的必需品。利用神经网络模型剪枝可降低复杂度,从而提升可解释性。但是,在保持算法高性能的同时提高结果可解释性,却是一项真正的挑战。在这方面,

PHY 层和 MAC 层研究进展非常明显，但还需要扩展到更远。由于 6G 管理着众多安全关键任务和任务关键服务，因此，一个具有增强 XAI 的框架必不可少，如此才能在未来无线系统中实现信任。

AI 的另一项应用体现在机器类通信（MTC）和物联网背景下。在虚拟世界中，一个物理实体（包括人、设备、物体、系统甚至场所）的数字复制品被称为数字孪生。用户将在虚拟世界中分析和监控现实，不会受到时间或空间的限制。有趣的是，通过事件定义、设备状态捕捉和适当修改，物理世界中的行动也能通过与其数字孪生的互动而触发。事实上，AI 可以在没有人类干预的情况下自动完成任何动作。然而，这意味着要监测一立方米的区域，就需要每秒太字节的数据传输能力。6G 系统能否纳入可解释的 AI 数字孪生，使真实系统能提供必要的性能且 XAI 孪生可提供解释？本书中，有两章讨论了 AI 在 6G 中的作用。

21.5 采用计算拆分方式的边缘计算

智能手机曾是最典型的智能设备。但现在的智能设备还包括智能手表到无线耳机，VR 头戴设备到 AR 眼镜，智能传感器到智能显示屏，家用电器到辅助机器人，送货无人机到自动驾驶汽车，等等。未来，智能设备将利用更高的感觉分辨率和 6G 通信基础设施，提供比人类更好的性能。事实上，智能设备将会以感知上有意义的方式为人类利用、处理和呈现信息，这也将成为一种常态。然而，由于设备将趋向于更加轻薄，处理并不总能在设备上进行。例如，AR 眼镜要像普通眼镜一样轻薄小巧，才能满足用户期望。

对 6G 服务和软件方面的期许十分之高，以至于未来硬件发展可能无法以相同速度跟上。5G 带来边缘计算，6G 将迎来通信与计算的融合。设备将进行本地计算和执行，以快速处理和保护隐私。然而，当算法复杂度较高时，处理过程可能会被拆分，部分计算量可能被卸载转移到其他相邻设备。比起任何一种计算卸载边界的专有定义，开发一个开源框架或一个灵活的开放标准则更为明智。例如，它可以给设备一种完整运算选项；或者在选项预先指定的级别进行运算，并移交给其他处理实体。这还需要在网络实体间同步大量数据、背景信息和程序本身。

6G 边缘智能的广阔愿景正在酝酿，包括从物联网向"智能物联网"转化。例如，嵌入车辆内的传感器和边缘处理系统将利用智能交通系统（ITS）的实时无线连接。在这样的智能系统中，处理有时是在靠近核心网的少数强大雾服务器上完成的，而有时计算则是在离用户设备更近的众多边缘服务器完成。本书中，有两章以上的内容讨论了边缘计算和雾计算，以及部署在智能设备上的联邦学习。

21.6　安全、隐私和可信性

一个相互连接的世界能带来巨大利益,但安全问题也同样很多。用户设备可能会遭到黑客攻击,除非这些设备可提供一种足够安全的可信环境。传统的认证、授权和计费过程,如果直接应用于大量连接的机器类设备(MTD),既没有成本效益,也不具备可扩展性。为了在量子计算时代确保机器类通信(MTC)的数据安全,需要考虑轻量级且灵活的抗量子计算机(或后量子)加密和认证方案。量子密钥分发(QKD)是保证数据长期安全的另一种方式。QKD 的安全性是建立在需要一种光通道的量子效应基础上,而后量子密码学的目的是规避量子计算机带来的威胁。

未来的交易系统将建立在"零信任"的前提下。分布式账本技术(DLT)让各方可通过去中心化信任机制进行价值交易。到 2030 年,随着物联网和智能设备间传输各种有价值的、认证的传感器数据、服务或小额支付需求的增加,机器类通信(MTC)网络将扩展 DLT 的应用范围。一旦数据隐私协议得到充分尊重,就可以对用户信息进行分析以改善服务。事实上,即使是匿名的个人识别信息(PII)也可用来提高网络运营商提供的服务体验质量。6G 设想的网络结合度和沉浸度要高得多。新型物联网设备及其控制系统的多样性和体量将持续构成重大安全和隐私风险。而随着 6G 系统的临近,还将会出现更多威胁因素。

创建一个可信 6G 的挑战在本质上具备多学科性。这些挑战涵盖从技术、规章制度、技术经济、政治到伦理道德等诸多方面。随着 6G 向带宽大幅提高的太赫兹频谱发展,人们正在利用安全功能软件化和虚拟化概念,使超连接世界更为密集和云化。AI 的发展模糊了真实内容和虚假内容之间的界限,推动了智能攻击的发展。因此,需要对信任建模、信任策略和信任机制进行全面定义。现在,随着 AI 的广泛部署,即使是神经网络模型也必须能抵抗攻击,这需要开发防御机制,识别出针对深度学习和 XAI 引擎的攻击。本书有三章讨论了信任、安全和隐私在下一代网络中的作用,分析了它们独特和相互交织的部分。本书还特别介绍了量子技术在 6G 中的作用,以及后量子时代密码技术的出现。

21.7　富媒体服务

通过 6G 实现的超连接将创造许多新业务,即真正沉浸式 XR、高保真移动全息图,以及数字复制品。XR 实现需要先进的设备形式,例如支持移动和活动软件内容的手持组件。然而,硬件性能的进步,尤其是移动计算能力和电池容量,还不能完全跟上 XR 蓬勃发展的需求。必须通过将计算卸载到周围更强大设备或服务器的方式来克服这些问题。无论是交互式触觉互联网,还是快速移动的游戏,系统延迟都必须很低。性能目标将包括空中延迟小于 100μs,端到端延迟小于 1ms,以及微秒量级的极低抖动。

全息图是一种下一代媒体技术,它可以通过全息显示呈现手势和面部表情。实时捕捉、传输和 3D 渲染技术将确保移动设备能够渲染用于 3D 全息显示的媒体。此类实时业务,需要百倍于当前 5G 系统的数据传输速率。详细计算表明[1],在移动设备上进行全息显示至少需要 0.5Tb/s 的数据速率,而目前 5G 系统的典型峰值数据速率是 20Gb/s。

连接机器数量正呈指数级增长,这需要 6G 能支持每平方千米约 10^7 个设备。是 5G 连接密度要求的 10 倍。工业物联网设备的超密集部署需要 3D 连接。无人机蜂群已经开始在许多用例中得到应用。工业 4.0 中,数据收集和分析占主导地位。而工业 5.0 将涉及更多交互,无论是本地交互还是远程交互。融入了 AI 的数字孪生和信息物理系统需要 6G 系统。我们的社会正在向数字化社会、数据驱动型社会转变,许多物联网垂直领域将受益于新兴技术。本书的前几章概述了导致产生新商业模式的一些有意义用例。

总而言之,联合国 2030 年可持续发展目标(SDG)旨在建立一个包容、可信和自身可持续的社会,而一个强大的通信基础设施可以直接或间接实现诸多目标。全球许多国家正紧锣密鼓开展认真研究,以期在这场革命中取得领先地位。就 6G 而言,ITU-R 将很快开始定义 6G 愿景。6G 系统的商业化预计最早将于 2028 年启动,而更广泛部署可能会在 2030 年左右开展。

参 考 文 献

[1] Samsung Research. 6G:The Next Hyper-Connected Experience for All,2020[Z].

[2] 6Gchannel.com. Series of whitepapers on 6G (key drivers,networking,machine learning, edge intelligence,trust,and other themes),6G Flagship Project,University of Oulu,Finland,2019 and 2020[Z].

[3] NTT Docomo. '5G Evolution and 6G'[R]. Whitepaper,January 2020.

[4] MAHMOOD N H,et al Critical and massive machine type communication towards 6G[R/OL]. Whitepaper in arXiv,April 2020.

[5] ALI S,et al. Machine learning in wireless communication networks[R]. 6G Whitepaper, April 2020.

[6] GUO W. Explainable artificial intelligence (XAI) for 6G:improving trust between human and machine,November 2019[Z].

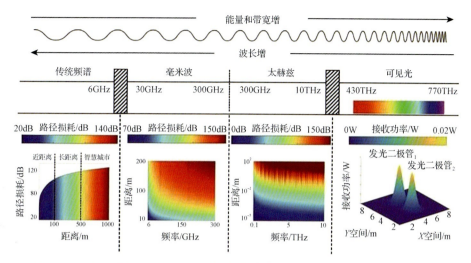

图 3-3 sub-6GHz、毫米波和太赫兹频段的路径损耗和可见光通信的接收功率
（在视距和非视距条件下，sub-6GHz 和毫米波路径损耗遵循 3GPP 模型，
而太赫兹[19]和可见光[20]通信仅考虑了视距条件[1]）

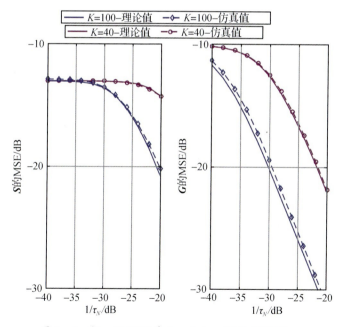

图 5-6 归一化 DFT 基 $\boldsymbol{A}_{B,v}$ 和 $\boldsymbol{A}_{B,h}$ 下的 MSE 与 τ_N
（对 $K=40$，设置 $L_1=L_1'=4$ 和 $L_2=L_2'=5$；对 $K=100$，
设置 $L_1=L_1'=10$ 和 $L_2=L_2'=5$[4]）

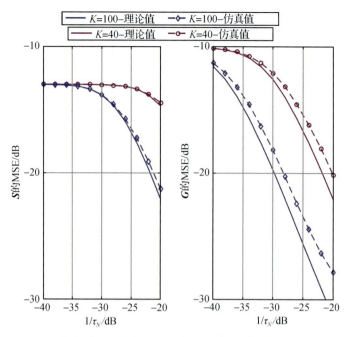

图 5-7 过完备基 $A_{B,v}$ 和 $A_{B,h}$ 下的 MSE 与 τ_N

(对 $K=40$,设置 $L_1=L_1'=4$ 和 $L_2=L_2'=5$;对 $K=100$,

设置 $L_1=L_1'=10$,$L_2=5$ 以及 $L_2'=7$[4])

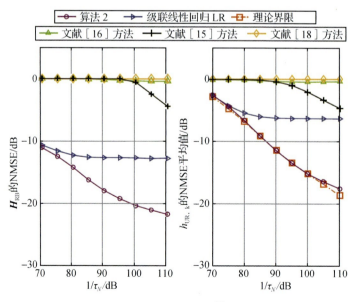

图 5-8 NMSE 性能与 $T=35$[4] 时的噪声功率

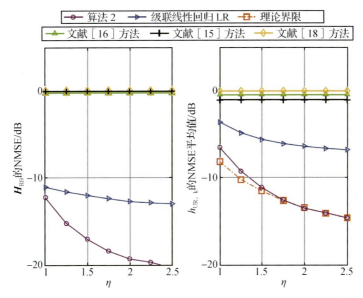

图 5-9 NMSE 性能与采样分辨率 η 的关系(设置 $\tau_N = -95\mathrm{dB}$[4])

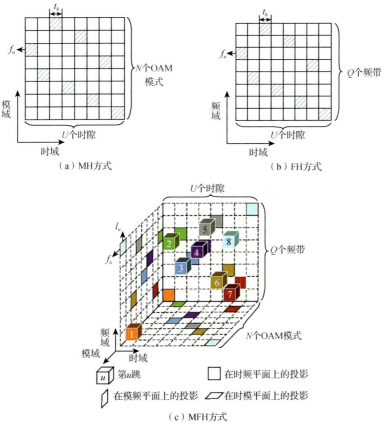

图 8-2 MH、FH 及 MFH 方式

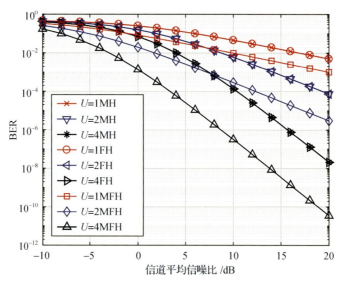

图 8-3 FH,MH 及 MFH 方案在不同平均信噪比下的
误比特率(使用二进制 DPSK 调制)

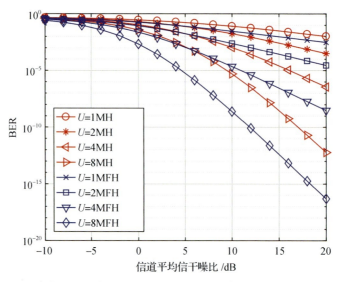

图 8-4 在多用户场景下,MH 和 MFH 方案时在不同平均信干噪比下的
误比特率(使用二进制 DPSK 调制)

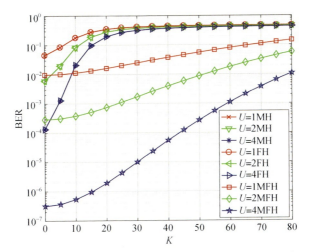

图 8-5 FH、MH 及 MFH 方案在不同干扰用户数下的
误比特率(使用二进制 DPSK 调制)

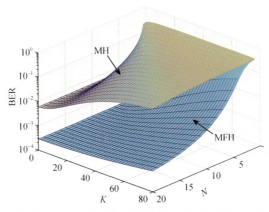

图 8-6 MH 及 MFH 方案在不同干扰用户数和 OAM 模式数下的
误比特率(使用二进制 DPSK 调制)

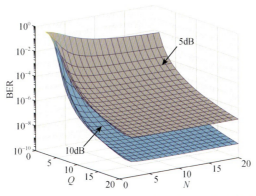

图 8-7 MFH 方案在不同可用频带数和 OAM 模式数下的
误比特率(使用二进制 DPSK 调制)

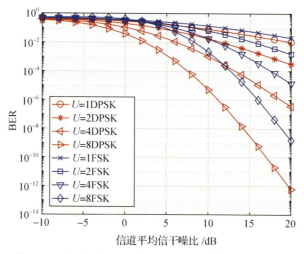

图 8-8 MH 方案下二进制 DPSK 与 FSK 调制在不同平均信干噪比下的误比特率对比

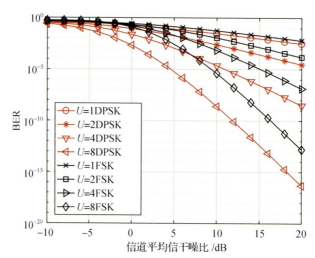

图 8-9 MFH 方案下 DPSK 与 FSK 调制不同平均信干噪比下的误比特率对比

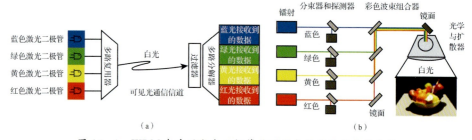

图 10-1 WDM 在采用激光二极管的可见光通信系统中的应用

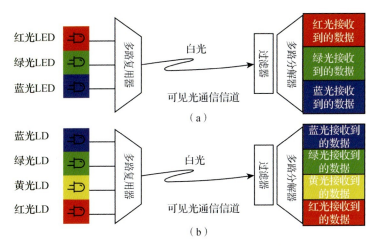

图10-3 可见光通信系统中使用的波分复用器
(a)LED/LD发射器;(b)波分复用接收器。

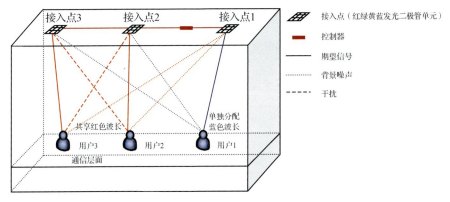

图10-4 室内光无线通信环境下MILP模型的分配示例

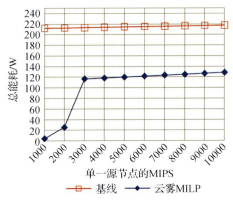

图14-3 场景一中云雾架构和基准架构的总能耗对比

7

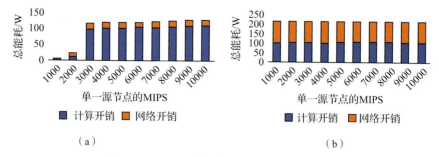

（a） （b）

图 14-4　场景一中的总能耗分解为网络开销和处理开销后云雾架构和基准架构的对比

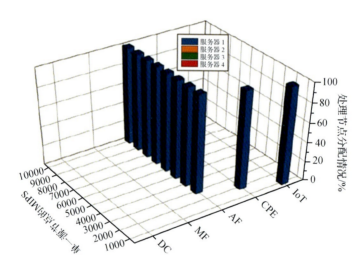

图 14-5　场景一中任务处理分配情况

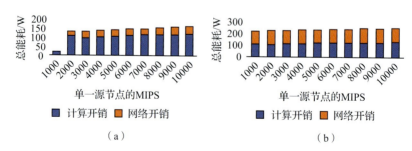

（a） （b）

图 14-6　场景二中的总能量消耗分解为网络开销和处理开销后云雾架构和基准架构的对比

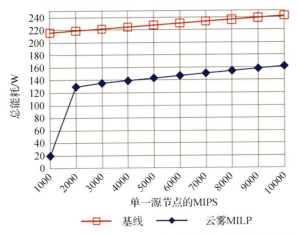

图 14-7 场景二中云雾架构和基准架构的总能量消耗对比

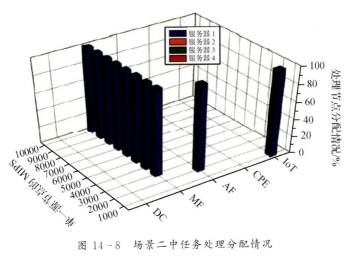

图 14-8 场景二中任务处理分配情况

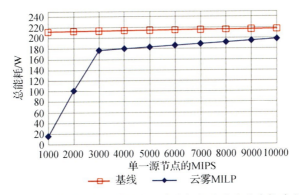

图 14-9 场景三中云雾架构和基准架构的总能量消耗对比

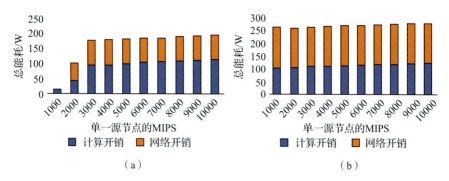

图 14-10 场景三中的总能量消耗分解为网络开销和处理开销后云雾架构和基准架构的对比

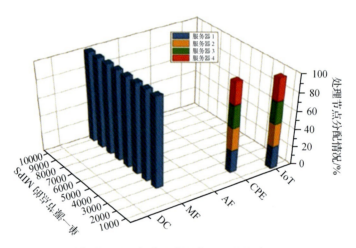

图 14-11 场景三中任务处理分配情况

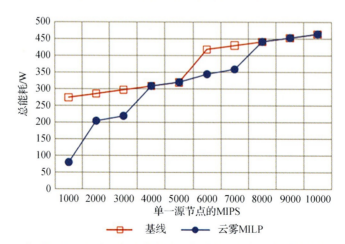

图 14-12 场景四中云雾架构和基准架构的总能量消耗对比

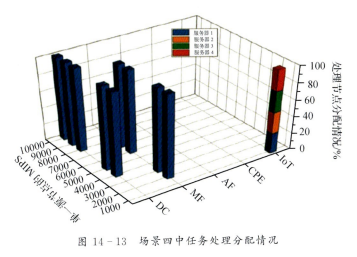

图 14-13 场景四中任务处理分配情况

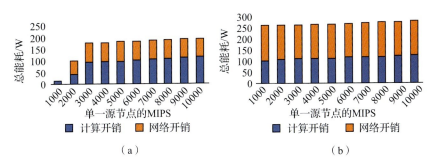

图 14-14 场景四中的总能量消耗分解为网络开销和处理开销后云雾架构和基准架构的对比

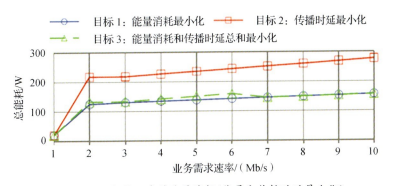

图 14-16 评估一中总能量消耗(能量和传播时延最小化)

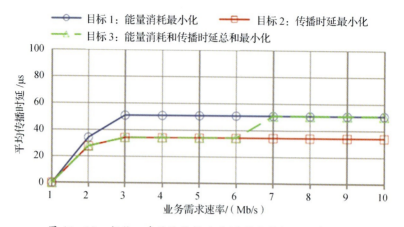

图 14-17 评估一中平均传播时延(能量和传播时延最小化)

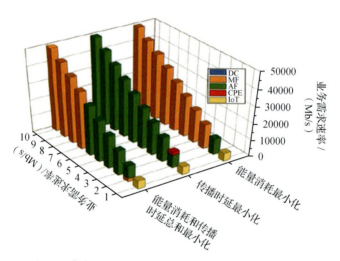

图 14-18 评估一中每个节点的处理任务分配情况(能量和传播时延最小化)

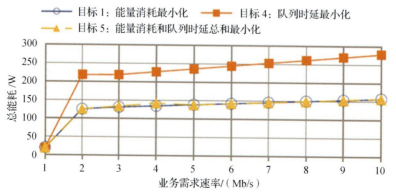

图 14-19 评估二中总能量消耗(能量和队列时延最小化)

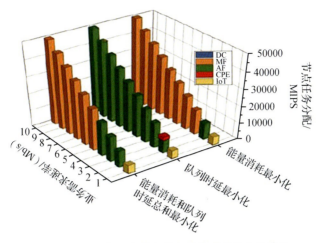

图 14-20 评估二中每个节点的处理任务分配情况
（能量和队列时延最小化）

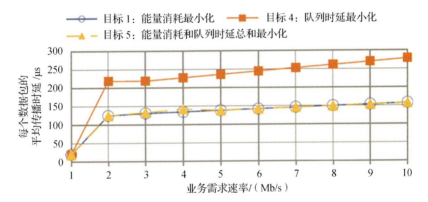

图 14-21 评估二中平均传播时延（能量和队列时延最小化）

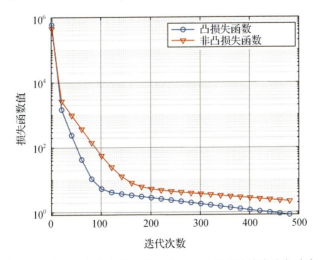

图 16-3 凸损失函数和非凸损失函数的函数值随迭代次数的变化

13

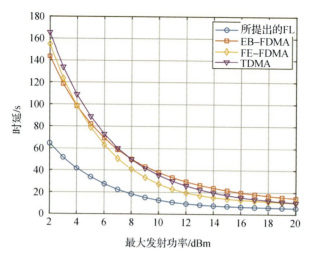

图 16-4 时延随每个用户的平均最大发射功率的变化

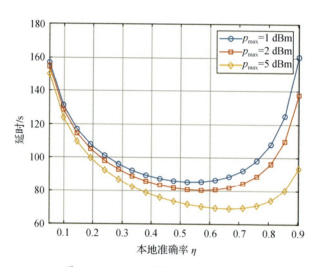

图 16-5 时延随本地准确率的变化